西安科技大学规划教材(编号:JC16003)

自然地理学应用案例

郭力宇　著

中国矿业大学出版社

内 容 简 介

本书是为满足社会对地理学科专业及其他相关专业大学本科生专业人才培养的要求,以提升大学生就业竞争力、突出实践应用能力为目的而编写的。本书选择与专业密切相关的地质灾害危险性评估、土地整治、地质遗迹与地质公园规划、现代农业产业园规划及环境影响评估等应用方向组成五大模块,每个模块由涉及专业基础知识、国家行业技术规范的基本理论和相应的案例组成,强调案例与自然地理要素、国家行业法规及项目科研人员专业能力的统一,系统介绍了案例的目的确定、基础资料收集、工作依据、具体过程、成果提炼、成果提交等具体环节,具有极强的实用和指导价值。

本书可作为地理学、环境科学、遥感科学、旅游规划等专业的课程教材,也可供相应专业科研技术人员参考使用。

图书在版编目(CIP)数据

自然地理学应用案例/郭力宇著. —徐州:中国矿业大学出版社,2018.6

ISBN 978 - 7 - 5646 - 4023 - 1

Ⅰ. ①自… Ⅱ. ①郭… Ⅲ. ①自然地理学—案例

Ⅳ. ①P9

中国版本图书馆 CIP 数据核字(2018)第 140642 号

书　　名	自然地理学应用案例
著　　者	郭力宇
责任编辑	侯　明
出版发行	中国矿业大学出版社有限责任公司
	(江苏省徐州市解放南路　邮编 221008)
营销热线	(0516)83885307　83884995
出版服务	(0516)83885767　83884920
网　　址	http://www.cumtp.com　E-mail:cumtpvip@cumtp.com
印　　刷	虎彩印艺股份有限公司
开　　本	787×1092　1/16　印张 20.5　字数 512 千字
版次印次	2018 年 6 月第 1 版　2018 年 6 月第 1 次印刷
定　　价	38.00 元

(图书出现印装质量问题,本社负责调换)

前 言

随着社会经济发展方式的转变和大学生毕业人数的日益攀升,大学生就业已是大学教育必须面对的问题。企业在选用人才的过程中,希望减少培训过程,录用的大学生具有较强的专业应用能力,到岗后即可直接从事生产科研工作,也就是强的专业应用能力可以提高获得理想就业岗位的概率。这样,面向社会不同行业提升大学生专业应用能力就成为我们的主要责任。

自然地理学是一门专业基础课,涉及的领域广泛,但又没有一个行业与之对应。该学科如何应用,对其他行业、学科的作用,仅用理论知识很难讲授清楚,直接的方法就是利用案例进行解析,使学生了解其中的过程、方法、思路及学科关系。本书涉及自然地理学主要应用领域,包括地质灾害危险性评估、土地整理复垦与开发、地质遗迹与地质公园、现代农业产业园规划、环境影响与评价等五大模块,每个模块进一步由相应的国家行业规范、基础知识,以及由作者等主导的科研项目案例组成。案例紧扣社会热点行业和领域,突出国家行业标准和规范要求与指导性,体现自然地理学知识的应用性和实用性,有利于学生逐渐形成对国家行业相关法律法规的认识和运用的思维和意识;同时,案例是在现实科研项目工作过程中完成的,具有较强的实践性和可操作性;由于对案例的理解存在不同的角度,学生在学习过程中也能够训练发散式思考方式。

本书主要面向地理学、遥感应用、灾害学、旅游规划等领域的本科生及研究生层次的教学,教学阶段建议设置于基础专业课程之后,规划授课课时56学时,具体授课可以根据不同学科和层次的教学需要进行调整。

本书在编写过程中,得到吴成基、宁建宏、尤向治、陈秋计、王涛、郭斌、罗鹏涛等同仁的帮助,特别是在项目案例成果形成方面的慷慨指导和支持;另外,陕西商南金丝峡地质公园、山西黄河蛇曲地质公园、陕西延川黄河蛇曲地质公园、陕西腾辉矿业有限公司双山煤矿、煤炭科学研究总院西安研究院等单位给予大力协作和帮助,以致本书得以成稿;同时,校教材科在教材使用方面给予细致性的指导,西安科技大学教材质量工程专项提供了支持。对此,表示由衷的感谢。

由于作者水平有所限,加之时间仓促,本书还存在不完善之处,敬请读者予以指正。

作 者
2017 年 11 月

目　录

第一篇　地质灾害危险性评估

第二篇　土地整理复垦与开发

第三篇　地质遗迹与地质公园

第四篇 现代农业产业

第五篇 环境影响与评价

附　　录

第一篇 地质灾害危险性评估

随着社会的不断发展,地质灾害的危险性越来越受到重视。地质灾害的形成具有复杂性,有其突发性和隐蔽性。为了有效降低和避免地质灾害发生带来的生命财产损失,地质灾害危险性评估十分重要和必要。本模块主要介绍地质灾害相关理论、地质灾害危险性及其评估影响因素、等级划分、评估过程等内容,并针对金丝峡景区建设项目的地质灾害危险性评估实例进行介绍。

1 地质灾害与危险性评估

1.1 地质灾害概念及主要类型

1.1.1 相关概念

地质灾害是指自然地质作用和人类活动造成的地质环境恶化,降低了环境质量,直接或间接危害人类安全,导致地质环境或地质体发生变化,当这种变化达到一定程度,其产生的后果便给人类和社会造成危害,又称不良地质现象。

地质灾害易发区:指容易产生地质灾害的区域。

地质灾害危险区:指明显可能发生地质灾害且将可能造成较多人员伤亡和严重经济损失的地区。

地质灾害危害程度:指地质灾害造成的人员伤亡、经济损失与生态环境破坏的程度。

1.1.2 主要类型

（1）按成因不同划分

地质灾害的分类:有不同的角度与标准,十分复杂。就其成因而论,主要由自然变异导致的地质灾害称自然地质灾害;主要由人为作用诱发的地质灾害则称人为地质灾害。就地质环境或地质体变化的速度而言,地质灾害可分突发性地质灾害与缓变性地质灾害两大类。前者如崩塌、滑坡、泥石流等,即习惯上的狭义地质灾害;后者如水土流失、土地沙漠化等,又称环境地质灾害。根据地质灾害发生区的地理或地貌特征,地质灾害可分山地地质灾害,如崩塌、滑坡、泥石流等;平原地质灾害,如地面沉降等。

根据 2003 年通过的《地质灾害防治条例》,地质灾害主要包括山体崩塌、滑坡、泥石流、地面塌陷、地裂缝、地面沉降等与地质作用有关的灾害。

山体崩塌:指较陡的斜坡上的岩土体在重力的作用下突然脱离母体崩落、滚动堆积在坡脚的地质现象。

滑坡:指斜坡上的岩体由于某种原因在重力的作用下沿着一定的软弱面或软弱带整体向下滑动的现象。

泥石流:山区特有的一种自然现象。它是由于降水而形成的一种带大量泥沙、石块等固体物质条件的特殊洪流。

地面塌陷:指地表岩、土体在自然或人为因素作用下向下陷落,并在地面形成塌陷坑的自然现象。

地裂缝:是地面裂缝的简称,指地表岩层、土体在自然或人为因素作用下,产生开裂,并在地面形成一定长度和宽度的裂缝的一种地质现象,当这种现象发生在有人类活动的地区时,便可成为一种地质灾害。

地面沉降:又称为地面下沉或地陷,是指在人类工程经济活动影响下,由于地下松散地层固结压缩,导致地壳表面标高降低的一种局部的下降运动(或工程地质现象)。

(2) 按危害程度划分

地质灾害按危害程度和规模大小可分为特大型、大型、中型、小型地质灾害险情和地质灾害灾情 4 个级别。

特大型地质灾害险情:受灾害威胁,需搬迁转移人数在 1 000 人以上或潜在可能造成的经济损失 1 亿元以上的地质灾害险情。特大型地质灾害灾情:因灾死亡 30 人以上或因灾造成直接经济损失 1 000 万元以上的地质灾害灾情。

大型地质灾害险情:受灾害威胁,需搬迁转移人数在 500 人以上、1 000 人以下,或潜在经济损失 5 000 万元以上、1 亿元以下的地质灾害险情。大型地质灾害灾情:因灾死亡 10 人以上、30 人以下,或因灾造成直接经济损失 500 万元以上、1 000 万元以下的地质灾害灾情。

中型地质灾害险情:受灾害威胁,需搬迁转移人数在 100 人以上、500 人以下,或潜在经济损失 500 万元以上、5 000 万元以下的地质灾害险情。中型地质灾害灾情:因灾死亡 3 人以上、10 人以下,或因灾造成直接经济损失 100 万元以上、500 万元以下的地质灾害灾情。

小型地质灾害险情:受灾害威胁,需搬迁转移人数在 100 以下,或潜在经济损失 500 万元以下的地质灾害险情。小型地质灾害灾情:因灾死亡 3 人以下,或因灾造成直接经济损失 100 万元以下的地质灾害灾情。

1.2 地质灾害危险性评估

1.2.1 概述

(1) 地质灾害危险性评估概念

地质灾害危险性评估是指在查明各种致灾地质作用的性质、规模和承灾对象社会经济属性(承灾对象的价值、可移动性等)的基础上,从致灾体稳定性和致灾体与承灾对象遭遇的概率上分析入手,对其潜在的危险性进行客观评估,是指对建设项目工程遭受地质灾害的可能性和该工程建设中、建成后引发地质灾害的可能性做出评价,提出具体的预防治理措施的工作。

(2) 评估内容

地质灾害危险性评估的主要内容是:阐明工程建设区和规划区的地质环境条件基本特征;分析论证工程建设区和规划区各种地质灾害的危险性,进行现状评估、预测评估和综合评估;提出防治地质灾害的措施与建议,并做出建设场地适宜性评价结论。

(3) 评估范围

地质灾害危险性评估范围,不能局限于建设用地和规划用地面积内,应视建设和规划项目的特点、地质环境条件和地质灾害种类予以确定。

崩塌、滑坡其评估范围应以第一斜坡带为限;泥石流必须以完整的沟道流域面积为评估范围;地面塌陷和地面沉降的评估范围应与初步推测的可能范围一致;地裂缝应与初步推测的可能延展、影响范围一致。

建设工程和规划区位于强震区,工程场地内分布有可能产生明显错位或构造性地裂的全新活动断裂或发震断裂,评估范围应尽可能把邻近地区活动断裂的一些特殊构造部位(不同方向的活动断裂的交汇部位、活动断裂的拐弯段、强烈活动部位、端点及断面上不平滑处等)包括其中。重要的线路工程建设项目,评估范围一般应以相对线路两侧扩展 500~1 000 m 为限。

1.2.2 地质灾害危险性评估分级

地质灾害危险性评估分级,可根据地质环境条件复杂程度与建设项目重要性划分为一级、二级、三级 3 个级别(表 1-1)。

表 1-1 地质灾害危险性评估分级表

评估分级 复杂程度 项目重要性	复 杂	中 等	简 单
重要建设项目	一级	一级	一级
较重要建设项目	一级	二级	三级
一般建设项目	二级	三级	三级

(1) 地质环境条件复杂程度

地质环境条件复杂程度分为复杂、中等及简单 3 种类型(表 1-2)。

表 1-2 地质环境条件复杂程度分类表

复 杂	中 等	简 单
1. 地质灾害发育强烈	1. 地质灾害发育中等	1. 地质灾害一般不发育
2. 地形与地貌类型复杂	2. 地形较简单,地貌类型单一	2. 地形简单,地貌类型单一
3. 地质构造复杂,岩性岩相变化大,岩土体工程地质性质不良	3. 地质构造较复杂,岩性岩相不稳定,岩土体工程地质性质较差	3. 地质、构造简单,岩性单一,岩土体工程地质性质良好
4. 工程地质、水文地质条件不良	4. 工程地质、水文地质条件较差	4. 工程地质、水文地质条件良好
5. 破坏地质环境的人类工程活动强烈	5. 破坏地质环境的人类工程活动较强烈	5. 破坏地质环境的人类工程活动一般

注:每类 5 项条件中,有一条符合复杂条件者即划为复杂类型。

(2) 建设项目重要性

建设项目按重要程度分为重要建设项目、较重要建设项目及一般建设项目 3 类(表 1-3)。

表 1-3 建设项目重要性分类表

项目类型	项目类别
重要建设项目	开发区建设,城镇新区建设,放射性设施,军事设施,核电,二级(含)以上公路,铁路,机场,大型水利工程、电力工程、港口码头、矿山、集中供水水源地、工业建筑、民用建筑、垃圾处理场、水处理厂等
较重要建设项目	新建村庄,三级(含)以下公路,中型水利工程、电力工程、港口码头、矿山、集中供水水源地、工业建筑、民用建筑、垃圾处理场、水处理厂等
一般建设项目	小型水利工程、电力工程、港口码头、矿山、集中供水水源地、工业建筑、民用建筑、垃圾处理场、水处理厂等

（3）一级评估要求

一级评估应有充足的基础资料，进行充分论证。

① 必须对评估区内分布的各类地质灾害体的危险性和危害程度逐一进行现状评估；

② 对建设场地和规划区范围内，工程建设可能引发或加剧的和本身可能遭受的各类地质灾害的可能性和危害程度分别进行预测评估；

③ 依据现状评估和预测评估结果，综合评估建设场地和规划区地质灾害危险性程度，分区段划分出危险性等级，说明各区段主要地质灾害种类和危害程度，对建设场地适宜性做出评估，并提出有效防治地质灾害的措施与建议。

（4）二级评估要求

二级评估应有足够的基础资料，进行综合分析。

① 必须对评估区内分布的各类地质灾害的危险性和危害程度逐一进行初步现状评估；

② 对建设场地范围和规划区内，工程建设可能引发或加剧的和本身可能遭受的各类地质灾害的可能性和危害程度分别进行初步预测评估；

③ 在上述评估的基础上，综合评估其建设场地和规划区地质灾害危险性程度，分区段划分出危险性等级，说明各区段主要地质灾害种类和危害程度，对建设场地适宜性做出评估，并提出可行的防治地质灾害措施与建议。

（5）三级评估要求

三级评估应有必要的基础资料进行分析，参照一级评估要求的内容，做出概略评估。

1.2.3 地质灾害危险性分级及主要评估项目

（1）地质灾害危险性分级

根据地质灾害防御程度及地质灾害危害程度可将地质灾害危险性分为危险性大、危险性中等及危险性小3个等级（表1-4）。

表 1-4　　　　　　　　　　　　地质灾害危险性分级表

危险性分级	地质灾害发育程度	地质灾害危害程度
危险性大	强发育	危害大
危险性中等	中等发育	危害中等
危险性小	弱发育	危害小

（2）地质灾害危险性评估项目

地质灾害危险性评估项目包括地质灾害危险性现状评估、地质灾害危险性预测评估和地质灾害危险性综合评估。

① 地质灾害危险性现状评估：基本查明评估区已发生的崩塌、滑坡、泥石流、地面塌陷（含岩溶塌陷和矿山采空塌陷）、地裂缝和地面沉降等灾害形成的地质环境条件、分布、类型、规模、变形活动特征，以及主要诱发因素与形成机制，对其稳定性进行初步评价，在此基础上对其危险性和对工程危害的范围与程度做出评估。

② 地质灾害危险性预测评估：对工程建设场地及可能危及工程建设安全的邻近地区可能引发或加剧的和工程本身可能遭受的地质灾害的危险性做出评估。

地质灾害的发生，是各种地质环境因素相互影响、不等量共同作用的结果。预测评估必须在对地质环境因素做系统分析的基础上,判断降水或人类活动因素等激发下,某一个或一个以上的可调节的地质环境因素的变化,导致致灾体处于不稳定状态,预测评估地质灾害的范围、危险性和危害程度。

地质灾害危险性预测评估内容包括:

对工程建设中、建成后可能引发或加剧崩塌、滑坡、泥石流、地面塌陷、地裂缝和不稳定的高陡边坡变形等的可能性、危险性和危害程度做出预测评估。

对建设工程自身可能遭受已存在的崩塌、滑坡、泥石流、地面塌陷、地裂缝、地面沉降等危害隐患和潜在不稳定斜坡变形的可能性、危险性和危害程度做出预测评估。

对各种地质灾害危险性预测评估可采用工程地质比拟法、成因历史分析法、层次分析法、数字统计法等定性、半定量的评估方法进行。

③ 地质灾害危险性综合评估:依据地质灾害危险性现状评估和预测评估结果,充分考虑评估区的地质环境条件的差异和潜在的地质灾害隐患点的分布、危险程度,确定判别区段危险性的量化指标,根据"区内相似,区际相异"的原则,采用定性、半定量分析法,进行工程建设区和规划区地质灾害危险性等级分区(段),并依据地质灾害危险性、防治难度和防治效益,对建设场地的适宜性做出评估,提出防治地质灾害的措施和建议。

地质灾害危险性综合评估,危险性划分为大、中等、小三级。

地质灾害危险性小,基本不设计防治工程的,土地适宜性为适宜;地质灾害危险性中等,防治工程简单的,土地适宜性为基本适宜;地质灾害危险性大,防治工程复杂的,土地适宜性为适宜性差(表1-5)。

表1-5 建设用地适宜性分级表

级 别	分 级 说 明
适宜	地质环境复杂程度简单,工程建设遭受地质灾害危害的可能性小,引发、加剧地质灾害的可能性小,危险性小,易于处理
基本适宜	不良地质现象较发育,地质构造、地层岩性变化较大,工程建设遭受地质灾害危害的可能性中等,引发、加剧地质灾害的可能性中等,危险性中等,但可采取措施予以处理
适宜性差	地质灾害发育强烈,地质构造复杂,软弱结构成发育区,工程建设遭受地质灾害的可能性大,引发、加剧地质灾害的可能性大,危险性大,防治难度大

1.2.4 评估结论要求与提交成果

(1)评估结论要求

① 地质灾害危险性综合评估应根据各区(段)存在的和可能诱发的灾种多少、规模、稳定性和承灾对象社会经济属性等,综合判定建设工程和规划区地质灾害危险性的等级区(段)。

② 分区(段)评估结果,应列表说明各区(段)的工程地质条件、存在和可能诱发的地质灾害种类、规模、稳定状态、对建设项目危害情况并提出防治要求。

(2)提交成果

① 地质灾害危险性一、二级评估,提交地质灾害危险性评估报告书;三级评估,提交地质灾害危险性评估说明书。

② 地质灾害危险性评估成果包括地质灾害危险性评估报告书或说明书,并附评估区地质灾害分布图、地质灾害危险性综合分区评估图和有关的照片、地质地貌剖面图等。

③ 地质灾害危险性评估报告是评估工作的最终成果,应在综合分析全部资料的基础上进行编写。报告书要力求简明扼要、相互连贯、重点突出、论据充分、结论明确,附图规范、时空信息量大、实用易懂,图面布置合理、美观清晰、便于使用单位阅读。

思 考 题

1. 简述地质灾害认识过程及其理解。
2. 简述地质灾害易发区、地质灾害危险区、地质灾害危害程度的要点。
3. 简述地质灾害的分类及主要类型。
4. 简述地质灾害险情与地质灾害灾情的差异。
5. 简述地质灾害危害程度的分类及其指标。
6. 简述地质灾害危险性及其分级。
7. 简述地质灾害危险性评估及其分级。
8. 简述确定地质灾害危险性评估范围的主要因素。
9. 简述地质灾害危险性评估主要类型及其主要特点。
10. 简述地质灾害危险性评估三大分级的主要要求。
11. 简述地质灾害危险性评估的基本过程及环节。
12. 简述地质灾害危险性评估的主要结论及其要求。

2 旅游景区建设项目地质灾害危险性评估

2.1 项目概况

2.1.1 任务来源

为了完善商南县金丝峡景区基础设施,提升金丝峡旅游景区的档次与品位,提高景区旅游接待能力,拟在景区北大门东侧原有国际大酒店周边进行金丝峡综合服务区基础设施项目建设。该项目建设区位于商南县地质灾害易发区内,按照《地质灾害防治条例》(国务院令第 394 号)第 21 条的规定和《国土资源部关于加强地质灾害危险性评估工作的通知》(国土资发〔2004〕69 号)的要求,在地质灾害易发区进行工程建设应当在可行性研究阶段进行地质灾害危险性评估。为此,对拟建的金丝峡综合服务区基础设施建设项目进行地质灾害危险性评估。

2.1.2 目的任务

评估工作的目的:通过对拟建的金丝峡综合服务区基础设施建设项目建设用地地质灾害危险性评估,对拟建场地的适宜性做出评价,为拟建工程防灾、减灾提供科学依据。

具体目标:

① 查明拟建场地及其周边地质环境条件基本特征及地质灾害发育基本情况;

② 确定调查区范围、评估区范围及评估级别;

③ 对拟建场地建设可能遭受的地质灾害危险性进行评估;

④ 对拟建场地建设可能诱发、加剧地质灾害危险性的可能性及其危险性进行评估;

⑤ 对建设场地适宜性做出评价;

⑥ 对拟建场地建设过程中地质灾害防治提出建议及宜采取的针对性措施。

2.1.3 评估依据

①《地质灾害防治条例》(国务院令第 394 号);

②《国务院办公厅转发国土资源部建设部关于加强地质灾害防治工作意见的通知》(国办发〔2001〕35 号);

③《陕西省地质环境管理办法》(陕西省人民政府令第 71 号);

④《国土资源部关于加强地质灾害危险性评估工作的通知》(国土资发〔2004〕69 号)及附件《地质灾害危险性评估技术要求(试行)》;

⑤《金丝峡综合服务区建设项目地质灾害危险性评估委托书》;

⑥ 委托方提供的建设项目总体规划;

⑦ 本次评估野外实地调查资料。

2.1.4 前人研究程度及主要参考资料

与本项目密切相关的前人地质工作和研究主要有：

① 1956 年，秦岭区测队进行了 1∶20 万区域地质测量，对该区地层、构造、岩体及矿产进行了不同程度的调查研究工作，奠定了区域地层构造基本框架。

② 1994～1996 年，由西安地质学院对金丝峡地区进行 1∶5 万的区域地质调查，完成梁家湾 1∶5 万区域地质调查报告，系统地对金丝峡地区的地层、构造、岩浆岩等特征进行了总结。

③ 2009 年后，金丝峡旅游景区成功申报、规划和建设省级和国家级地质公园，在申报、规划和建设过程中，对金丝峡地区的地质遗迹、地形地貌、地层、构造进行了多个专题研究，探讨了金丝峡地区地质演变工程、峡谷地貌与新构造运动的关系等课题。

④ 2011～2012 年，由西安科技大学承担的对金丝峡景区峡谷与十三级瀑布群的研究，总结了岩溶峡谷和瀑布群的空间展布、类型、成因的特征。

⑤ 2012 年，由陕西机械工业勘察设计研究院完成金丝峡地质灾害科研工作，系统地对金丝峡景区地质灾害类型、特征及机理等进行了分析和研究，提出较具体的防治对策。

上述成果是这次评估工作的基础资料，为本次工作的顺利完成奠定了基础。

2.1.5 技术路线与工作方法

（1）资料搜集

搜集评估区有关的社会经济、自然地理、区域地质环境、水文气象、地质构造、拟建工程勘察和所在县（市）地质灾害调查与区划等基础资料，开展综合研究，初步确定地质灾害的评估范围、评估级别和调查区范围等，以指导野外调查工作。

（2）野外工作方法

① 路线调查法：根据调查路线应基本垂直于地貌单元、岩层走向、地质构造线走向这一原则，按南北向布置调查线路，迅速了解区内土地利用、土壤植被、人类工程活动、地质界线、构造线、岩层产状和不良地质现象，调查区内斜坡坡度、沟谷比降、水文等情况，编绘评估区地质环境图。

② 地质灾害点调查法：对调查区内地质灾害点、隐患点逐点调查，查明其位置、规模、现状、危害对象及稳定性、损失程度、发灾原因等。

（3）室内资料整理

根据搜集和实地调查所取得的资料，综合整理、系统分析研究后，进行拟建项目区地质灾害及其危险性现状、预测和综合评估，编制危险性综合评估图和评估报告，做出建设场地适宜性评估，对重要地质灾害隐患点和可能产生地质灾害的危险地段提出防治措施建议。

2.1.6 投入工作量

本次评估的野外工作完成时间为 2013 年 4 月 6～10 日，共完成地质路线调查 15 km，地质调查点 30 个，其中地质灾害点调查 7 处，搜集各类资料 5 份，拍摄照片 45 张。室内资料整理、综合研究和报告编写工作从 2013 年 4 月 11 日开始，2013 年 5 月 6 日结束，2013 年 5 月 8 日提交了评估报告的送审稿。投入的实物工作量见表 2-1。

表 2-1 完成实物工作量统计表

序 号	工作项目	完成工作量	说 明
1	调查面积	1.83 km²	
2	调查路线	20 km	
3	地质调查点	30个	含地质界线点、构造点、灾害点
4	搜集资料	5份	
5	照片	45张	

2.1.7 评估质量综述

本次调查与评估工作严格按照国务院颁布的《地质灾害防治条例》和国土资发[2004]69号文及其附件《地质灾害危险性评估技术要求(试行)》的要求组织实施。野外调查工作是在广泛搜集评估区地质普查、地质灾害调查等资料的基础上开展的,并由甲方人员一起协同调查,保证了原始资料的准确性和可靠性;所有资料实行公司抽检、项目组全检、个人自检三级检查制度,质量可靠,满足相关技术规范、规定和业主的要求。

2.2 建设项目

2.2.1 项目名称及交通位置

(1)建设项目名称、地理位置及交通情况

项目名称:陕西省商南县金丝峡综合服务区基础设施建设。

地理位置:项目位于商南金丝峡旅游景区东侧国际大酒店周边,行政区划隶属商南县金丝峡镇管辖,地理坐标:东经110°33′41″~110°34′28″,北纬33°21′20″~33°21′52″。

金丝峡景区— 金丝峡镇公路(简称金丝峡专线,下同)从评估区通过,该公路南至金丝峡景区北大门,北接沪陕高速公路。评估区距商南县城约60 km,距沪陕高速公路金丝峡出口约18 km;西(安)—南(京)铁路从商南县城通过。经上述铁路、公路可向西至商洛市商州区、西安市,向东经河南达南京,入湖北达武汉,交通便利。

(2)社会经济状况

本区属秦岭山区,人口居住分散,土地较少,主要分布在沟谷两边及山坡脚下,粮食作物以小麦、玉米、花生、芝麻为主,农副产品购销两旺;以茶叶、核桃、板栗为主的林果业和畜牧业蓬勃发展,已成为农民收入的重要来源,2006年全镇农民人均纯收入达1 535元。矿产资源品目众多,以钠长石、镁橄榄石为主的矿产储量丰富、品位高,极具开发价值。自然资源十分丰富:境内的金丝大峡谷国家级生态旅游风景区得天独厚,成为秦岭生态旅游的品牌;丹江漂流富有地方特色,深得游客青睐;在金丝峡景区旅游的带动下,当地农家乐已是金丝峡镇居民的主要经济活动。小河水资源源远流长,一、二、三、四级水电站的梯级开发,为当地能源建设提供了便利条件,镇内投资环境极为优越。

2.2.2 建设项目概况

商南县金丝峡综合服务区基础设施建设项目由商南金丝峡旅游发展有限责任公司筹建,浙江智典江山旅游规划有限公司设计,项目所在地位于商南县金丝峡旅游区东侧国际大酒店周边地块。作为金丝峡旅游区的门户和重要组成部分,拟建的金丝峡综合服务区基础设施大力开发生态休闲、度假、餐饮、会议功能,将提高大金丝峡旅游区的档次与品位,以便推动整个金丝峡旅游区的品牌提升。

项目占地面积 0.69 km²,预计总投资约 3.5 亿元人民币,园区建设分近、中、远 3 期(近期:2013~2015 年;中期:2016~2018 年;远期:2019~2021 年),规划近期投资约 1.2 亿元人民币,中期投资约 1.7 亿元人民币,远期 5 900 万元人民币(表 2-2)。

表 2-2　　　　　　　　金丝峡综合服务区基础设施项目建设时序表

功能区	项目名称	建设时期		
		近期	中期	远期
综合服务区	入口景观门楼	★		
	芳香仙径	★		
	游客服务中心	★		
	生态停车场	★		
	文化交流中心	★		
	秦风商业街		★	
	国际餐厅	★		
	交通干线	★		
	景区专线	已建成		
陕南风情区	陕南人家别墅群		★	★
	秦岭农家		★	
	阳光会所			★
	时尚养生馆			★
	日光咖啡	★		
植物观赏区	智能温室集群	★	★	
	温室大棚植物园		★	★
	生态餐厅	★	★	
	植物园	★	★	
	生态养殖场			★
	书屋茶吧		★	
水上娱乐区	垂钓园		★	
	水上餐厅		★	
	滨水码头	★		
	水上娱乐场		★	
	游泳池	★		

注:★表示建设时期。

目前,正在进行绿色停车场建设(图 2-1),开挖的碎石运至国际大酒店东侧堆积,用于植物观赏区场地建设,已形成＋720 m、＋715 m 两个平台(图 2-2)。

2.2.3　场地范围及平面布置

场地范围由 10 个拐点圈定,拐点坐标见表 2-3,总面积 0.69 km²,建设区场地标高＋845~＋640 m。

图 2-1　生态停车场开挖现场（镜向 290°）

图 2-2　植物观赏区场地一角（镜向 160°）

表 2-3　　　　　　　　　　　　评估区拐点坐标（1980 西安坐标）

拐点号	X	Y	拐点号	X	Y
1	3 692 280	37 459 750	6	3 693 225	37 460 106
2	3 692 750	37 460 400	7	3 693 242	37 459 970
3	3 692 950	37 460 400	8	3 693 050	37 459 702
4	3 693 025	37 460 202	9	3 692 950	37 459 288
5	3 693 144	37 460 170	10	3 692 625	37 459 170

　　根据旅游功能与建筑内容要求，基于旅游资源特点及用地现状条件，将金丝峡综合服务区基础设施分为接待服务中心和综合服务区、陕南风情区、植物观赏区、水上娱乐区 4 个功能分区，形成"一心四区"的总体布局。主要设施平面布置见图 2-3。

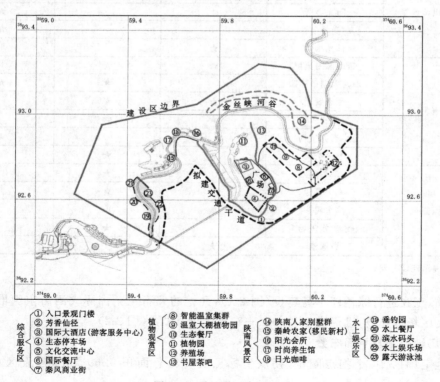

图 2-3　项目平面布置图

2.2.4　建设项目重要性

金丝峡旅游区旅游资源主要为森林旅游资源和地质遗迹旅游资源,以观光旅游产品为主,年游客接待量达 46 万人次。同时,金丝峡景区又以峡谷景观为特色,而旅游接待和服务用地严重不足和滞后。金丝峡综合服务区基础设施项目作为景区休闲度假旅游精品,是金丝峡景区旅游产品的重要补充,对金丝峡景区申报世界级地质公园、提升金丝峡景区品牌十分必要。

2.3　自然地理环境条件

2.3.1　气候、水文

(1) 气候条件

评估区地处亚热带向暖温带的过渡气候带,气候随海拔高度有一定的差异,具有明显的山地小气候特征。海拔 600 m 以下丘陵属低热区,600~1 000 m 属中温区,1 000 m 以上属高寒区。据资料,本区年平均气温为 14.0 ℃,1 月平均气温 1.5 ℃,7 月平均气温 26.0 ℃,极端最高气温 40.5 ℃,极端最低气温−12.1 ℃,≥10 ℃活动积温 4 406.2 ℃;评估区在 12 月中旬到 2 月底为霜冻期,气温较低,出现冰冻现象,冻土冻深一般 0.1~0.25 m,最大冻深 0.35 m;年日照 1 973.5 h,日照百分率 45%。评估区具有气候湿润、四季分明、冬无严寒、夏无酷暑的特点,是理想的避暑度假胜地。

金丝峡峡谷年降雨量平均 829.8 mm,最大降雨量 1 131.8 mm,月最大降雨量 256.1 mm。近 5 年日最大降雨量分别是 108 mm(2008)、119 mm(2009)、188 mm(2010)、120 mm(2011)、98 mm(2012),降水多集中在 7~9 月,占全年降水量的 49.5%(表 2-4,图 2-4)。评估区位于季风区,风向一般为北西—南东向,最大风速为 25 m/s,年平均风速为 2.0 m/s。

表 2-4　　　　金丝峡地区多年月平均降水量及气温统计表(1971~2011)

月份	1	2	3	4	5	6	7	8	9	10	11	12
月平均降雨量/mm	11.6	17.2	40.7	63.8	79.6	84.1	166.1	145.5	105	72.5	33.5	10.2
月平均气温/℃	1.6	3.2	8.2	14.7	19.4	23.5	25.5	24.6	19.6	14.4	8.5	3.3

降水与地质灾害的关系密切,大气降水下渗一方面增加土体重量,一方面软化软弱结构面,降低其强度,促使坡体变形。丰沛的降水,尤其是暴雨、连阴雨为泥石流、滑坡等地质灾害的形成提供了水的条件。

(2) 水文条件

评估区地处长江流域丹江水系之太吉河支流的中游,区内羽状支流发育。太吉河常年流水,一般流量 1.8~3.5 m³/s,洪水期可达 32 m³/s,洪水位最高 2.12 m(2010 年 7 月 24 日),在金丝峡峡谷出现泥石流,景区旅游环线被冲毁,地表洪流主要由雨季大气降水提供,枯水期则由地下水补给。

评估区有泉水五处,主要分布于靶场沟、椿树沟及太吉河河岸坡脚地带,涌水量为:0.02~0.39 m³/s,其涌水量与大气降水密切相关,属于水质良好的天然泉水,具有硬度较高、低钠、弱碱性、水质良好的特点,建设工程基本不受泉水影响。

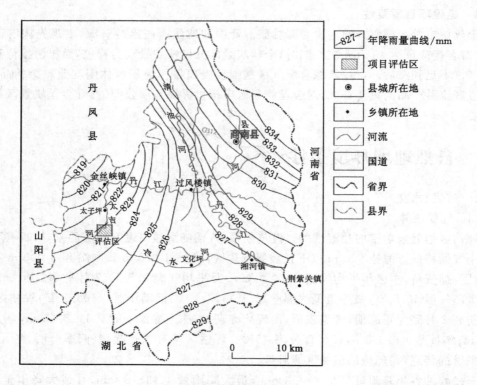

图 2-4　商南县年降雨量分布图

2.3.2　地形地貌

评估区地处秦岭山脉南麓中低山地区,地势南北高、中部低,侵蚀切割强烈,沟谷底部多呈"V"字形。海拔最高 845 m,位于国际大酒店南侧边坡上,最低 640 m,位于太吉河沟底,相对高差 205 m。

评估区山体主要由浅变质片岩、变砂岩等变质杂岩构成,上缓下陡,一般坡体上部坡度 25°～40°,中部坡度 30°～50°;坡体下部坡脚地带坡度 50°～85°。第四系残坡积物在缓坡和坡脚地段较厚,一般厚 1.0～10.0 m;在坡顶和陡坡处较薄,一般 0～2.5 m。坡体表面植被发育,以天然林、杂草灌木为主。

本区的峡谷地貌特征,主体由稳定基岩组成,峡谷边坡容易发生崩塌、滑坡为主的地质灾害,因此建设项目要避让峡谷陡崖。

2.4　评估区地质

2.4.1　评估区地层

评估区地层产状总体为倾向北东、高角度倾角,北西西—南东东向展布。区内主要出露地层包括晚元古界青白口系耀岭河群、震旦系灯影组、第四系全新统。

(1) 青白口系耀岭河群(Qby)

耀岭河群地质体,南界在景区仙人湖一带,北界在石人沟口一带,呈近东西向展布,南北两侧以断层或片理化带与震旦系灯影组接触,主体呈背斜构造,其中评估区位于耀岭河群倒转背斜构造的西南翼。主要岩性为灰绿色绿帘石英片岩、深绿色角闪片岩、变质砂岩夹大理岩透镜体。

（2）震旦系灯影组（Z_2d）

震旦系灯影组分布于耀岭河群的南侧。地层走向与耀岭河群基本一致，呈北西—南东向展布，倾向 NE，属于耀岭河群的上覆地层，二者以逆冲推覆构造带相接触。灯影组岩性岩性主要为灰白色硅质粉晶白云岩、纹层状粉晶白云岩、土黄色-紫红色厚层晶质白云岩，夹硅质白云岩。该组岩性层理、层面刀砍纹发育。

（3）第四系全新统（Q_4）

第四系全新统按成因类型可分为人工堆积物、残坡积物、冲积物。分述如下：

① 人工堆积物（Q_4^{s}）：主要分布于国际大酒店东侧边坡上，为开挖绿色停车场之人工堆积物，厚 10～30 m，主要由基岩碎石及残坡积物构成，松散、混杂。

② 残坡积物（Q_4^{eld}）：分布于坡体表部，层厚 0.10～1.5 m，岩性以含碎石粉质黏土为主，碎石一般粒径 0.5～2 cm，最大粒径 5～10 cm，稍湿-饱和，可塑-坚硬。

③ 冲积物（Q_4^{al}）：分布于金丝峡峡谷河道及支沟内，主要由砾石和砂构成，岩性以石英变质砂岩为主，砾径一般为 1～20 cm，最大砾径可达 200 cm 以上。

2.4.2　地质构造与地震

（1）地质构造

① 区域构造背景

评估区位于南秦岭构造带北部，其北以竹林关—青山断裂带为界与中秦岭构造带相邻，南以扬子北缘襄樊—城口断裂为界与扬子板块相接（图 2-5）。

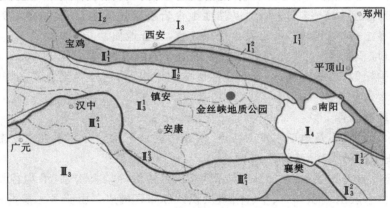

图 2-5　评估区大地构造位置

Ⅰ——华北板块构造单元；Ⅱ——秦岭构造带单元；Ⅲ——扬子板块构造单元

秦岭构造带是华北板块与扬子板块漫长的地壳运动过程中经历分离成海、相互碰撞成山、板内裂陷成谷等地质作用所形成的横隔于地球中纬度地区的巨型造山带，是大地构造区划的一级地质构造单元，赋存有丰富的地质遗迹景观和信息，具有认识和研究华北板块与扬子板块之间地壳演化的重要地质记录。

② 金丝峡片理化构造带

金丝峡片理化构造带分布于金丝峡景区北大门陆督堂的东西两侧，位于评估区的南侧，沿耀岭河群与灯影组分界线展布,断层带主要由耀岭河群强片理化构造层组成,片理化带内发育大理岩透镜体构造体。该断层带在地形上具有明显的阶梯状地貌形态显示,断层带南侧的灯影组白云岩一侧为陡立地貌,北侧的耀岭河群为低凹地貌。断层带产状 20°～35°∠64°～75°,断层带性质为挤压型韧性断层带。

该构造带是挤压作用条件下所形成,片理构造发育,片理带紧密、稳定,同区域结构基本一致,对建设工程影响较小。

（2）新构造运动与地震活动

本区新构造运动较强烈,更新世喜马拉雅运动以来,地壳持续上升,河流不断下切形成现今峡谷地貌景观。

本区属华南地震区秦岭—大巴山地震亚区,地震强度、频度均不高。评估区新构造活动微弱,历史上有记载的地震仅有数次小范围的弱地震,震级不高,危害较小。

依据《建筑抗震设计规范》,商南县抗震设防烈度应为 6 度,基本地震加速度值为 $0.05g$,特征周期为 $0.45\ s$。

2.4.3　岩土体类型及特征

根据岩石和土体的结构、构造和力学性质,本区岩土体可分为坚硬层状变质岩类、残坡积碎石黏性土类和松散碎石堆积物类。

坚硬薄层状变质岩类:主要分布于评估区晚元古界青白口系耀岭河群,岩性以粉砂质板岩、石英片岩、变质砂岩为主,节理构造发育,原岩坚硬,工程地质特性好。该类岩石抗风化能力较强,工程地质特性较好。

残坡积碎石黏性土类:以含碎石粉质黏土、粉质黏土为主,多分布于建设区斜坡的缓坡段和坡脚地带,厚度 0.5～5 m。岩性以黏性土夹岩石碎块为主,结构松散,渗透性强,易饱水软化,在外界工程活动影响下,易发生滑塌灾害,工程地质性能一般。

松散碎石堆积物类:主要分布在评估区东南部的填埋区,厚度可达 50 m。岩性以变质砂岩为主,结构松散,渗透性强,在砾间往往形成固定水路,在外界工程活动影响下,易发生滑塌灾害,工程地质性能一般。

2.4.4　水文地质条件

依据含水介质类型及地下水水力特点,将评估区地下水划分为第四系松散岩类孔隙潜水和基岩裂缝水两种类型,其特征如下:

第四系松散岩类孔隙水:主要分布于靶场沟、椿树沟等较大沟系,沿沟谷及两岸斜坡地带狭长分布,含水层由坡积碎石、土、冲积、洪积砂砾卵石构成。由于含水层薄（一般 0.5～5 m）,分布局限,未胶结,易流失,储水性能差。主要受大气降水入渗补给及上部岩体中的基岩裂缝水补给,以侧向径流或补给地下水的形式排泄,泉流量小于 0.5 L/s,属极弱富水区。

基岩裂缝水:主要分布于片岩夹大理岩地层中,赋存于岩石的上部风化裂缝带和岩体的节理、裂缝中,富水性弱,无统一水面。主要受大气降水补给,沿风化裂缝带径流,在坡体中下部转换为松散岩类孔隙潜水或在河谷坡脚段以渗流形式排泄于地表。本次调查在项目区发现源于基岩裂缝中泉眼 3 处,水量随季节变化,一般流量 0.05～0.39 L/s。

评估区以大气降水为补给形式,经过停蓄流入地下、沿岩石裂缝、节理等构造渗流、漫流,形成沟谷径流和泉水,水文地质条件相对简单。

2.4.5　人类活动对地质环境的影响

人类工程活动是引发地质灾害的主要因素之一,本区与地质灾害关系密切的人类工程建设活动主要为切坡修路、房屋建设和场地平整。

由于修路及建房开挖坡脚,引发坡体局部蠕滑变形,在评估区内公路旁可见多处。这些地质灾害的发生都是由于人类不规范工程活动——开挖不稳定斜坡坡脚引发的。

本项目绿色停车场工程开挖山体产生的碎石,经汽车运输堆积于国际大酒店东侧山坡处,形成人工堆填边坡,拟建工程对区域地质环境产生影响。堆积物岩石碎块大小混杂,砾径一般为 5~50 cm,大的超过 1 m。堆体平面形上呈不规则带状,剖面呈梯形,高为 30~45 m,宽约 310 m,坡角 45°~75°,在降水作用下,易形成滑坡(图 2-6、图 2-7)。

图 2-6　人工堆积体 Z_1 西段(镜向 290°)

图 2-7　人工堆积体 Z_1 东段(镜向 210°)

2.5　评估级别及评估范围的确定

2.5.1　评估级别的确定

按照《国土资源部关于加强地质灾害危险性评估工作的通知》(国土资发[2004]69 号)附件 1《地质灾害危险性评估技术要求(试行)》之规定,地质灾害危险性评估分级是按地质环境条件复杂程度和建设项目重要性确定的。

(1)地质环境条件复杂程度分类

区内地形、地貌类型较单一,以缓坡—陡坡为主;地层岩性以石英片岩、变质砂岩为主。岩体主要为块状较坚硬—坚硬中深变质岩组,岩体基本稳定;地震烈度分布区属Ⅵ度区;断裂构造及裂缝较发育,工程地质条件中等,水文地质条件简单。人类活动主要以旅游活动为主,对建设工程影响较小。确定该区地质环境条件复杂程度为中等。

(2)建设项目重要性分类

陕西省商南县金丝峡综合服务区基础设施建设项目属新建度假村,预计总投资约 3.5 亿元人民币,其中近期投资约 1.2 亿元人民币,中期投资 1.7 亿元人民币,远期投资 5 900 万元人民币。按建设项目重要性分类指标,属较重要建设项目。

(3)评估级别的确定

依照《地质灾害危险性评估技术要求(试行)》之规定,陕西省商南县金丝峡综合服务区基础设施建设工程属地质环境条件中等的较重要建设项目,地质灾害的评估级别应确定为二级。

2.5.2 评估范围的确定

按照《地质灾害危险性评估技术要求(试行)》之规定,地质灾害危险性评估范围应以工程建设场地边界向外扩展50~200 m为准,金丝峡综合服务区基础设施建设工程评估区面积为0.95 km²。调查区范围是在评估区的基础上适当向外围扩展50~200 m,对斜坡地带,调查范围扩展至第一斜坡带来圈定,调查区面积1.83 km²。

2.6 地质灾害危险性现状评估

根据国务院394号令《地质灾害防治条例》,地质灾害包括自然因素或人为活动引发的危害人民生命和财产安全的山体崩塌、滑坡、泥石流、地面塌陷、地裂缝和地面沉降等与地质作用有关的灾害。根据国土资源部国土资发[2004]69号文及附件《地质灾害危险性评估技术要求(试行)》,地质灾害危险性评估的灾种有崩塌、滑坡、泥石流、地面塌陷、地裂缝和地面沉降6种。

本次调查确认评估区地质灾害有滑坡1处,崩塌2处。现对地质灾害危险性现状评估如下。

2.6.1 滑坡

野外调查,在评估区内发现1处滑坡(H_1)(图2-8)。

图 2-8 滑坡 H_1(镜向 12°)

H_1滑坡位于靶场沟对面农家乐旁边坡处,地理坐标 X:3092905,Y:37459739,由人工开挖坡脚导致边坡失稳引起。

该处原始斜坡长16 m,坡向220°,坡度30°~37°。出露岩性为粉砂质板岩,岩层产状:25°∠55°,岩石褶曲、裂缝发育;上覆残坡积碎石土,厚为1~3.5 m,基岩强风化层厚大于10 m。坡体上植被较发育,天然林茂盛。

滑体长20 m,上下宽度基本一致,约35 m,平均厚约4 m,体积1 200 m³,滑向220°,推测滑面产状220°∠80°。平面形态为板状,剖面为直线状。滑体由残坡积碎石土和强风化粉砂质板岩组成。

H_1滑坡规模较小,目前已趋于稳定,但由于斜坡上岩土体结构松散,受切坡工程和滑坡的影响,滑坡体边界外侧斜坡的临空面增大,受降水及工程活动影响,有可能发生新的滑坡活动,直接威胁周边居民生命,现状评估危险性中等。

2.6.2　崩塌

本次调查发现崩塌 2 处,均位于金丝峡专线边坡上,见图 2-9、图 2-10。

图 2-9　崩塌 B₁(镜向 220°)　　　　　　　图 2-10　崩塌 B₂(镜向 85°)

B₁ 崩塌位于景区大门北 150 m 处,地理坐标 X:3692423,Y:37459494。出露岩性为绢云绿帘石英片岩,岩层产状:20°∠75°,岩石裂缝发育;上覆残坡积层,厚为 0.5~2 m,基岩强风化层厚大于 10 m。坡体上植被较发育,杂草、灌木丛生。崩塌面为岩石节理面,长 12 m,上窄下宽,宽 5~8 m,崩向 130°,崩塌体积 70 m³。

B₂ 崩塌位于评估区东部金丝峡专线南边坡,地理坐标 X:3692901,Y:37460260。出露岩性为石英片岩,岩层产状:46°∠58°,岩石裂缝发育;上覆残坡积碎石土,厚为 0.8~3.5 m。坡体上植被较发育,杂草、灌木丛生。崩塌面呈三角形,为岩石节理面,长 6 m,宽 8 m,崩向 285°,崩塌体积约 30 m³。

两处崩塌均为表层风化物崩塌,规模较小,目前已趋于稳定,现状评估危险性小。

2.6.3　泥石流

本次调查未见拟建区及附近区域有发生过泥石流的迹象。本区属亚热带季风气候区,属暴雨多发地区,具备发生泥石流的水动力条件。

太吉河自西向东蜿蜒而过,常年流水,两岸山坡陡峭,风化层较薄,河谷纵坡降小,不具备发生泥石流的地形条件和物源条件,发生泥石流的可能性小。

靶场沟和椿树沟溪流水量随降雨量变化,河谷纵坡降在 25%~35%,沟谷两岸风化松散层较发育,具备形成泥石流的 3 个条件。野外调查对其进行了泥石流易发性量化评估,评估结果为低易发等级。因此,根据以上分析,评估区发生泥石流危害的可能性小。

2.6.4　地面塌陷

本次调查,评估区未发现地面塌陷,拟建场地下伏基岩主要为绿帘石英片岩、角闪片岩、变质砂岩,基本无可溶新岩石,拟建区及周边无地下采矿形成的采空区和其他硐室工程分布,不具备发生地面塌陷的条件。因此,本项目建设遭受地面塌陷危害的可能性小。

2.6.5　地裂缝

本次调查未见拟建区及附近区域有地裂缝存在。拟建区及周边无地下采矿形成的采空区和其他硐室工程分布,也未抽汲承压水,不具备发生地裂缝的条件。因此,本项目建设遭受地裂缝危害的可能性小。

2.6.6 地面沉降

本次调查未见拟建区及附近区域有地面沉降迹象。拟建场地为基岩出露区,基本无土层分布,不存在土层固结压密而造成的大面积地面下沉现象;同时,拟建区及周边没有地下采矿形成的采空区,也未抽汲承压水,不具备发生地面沉降的条件。因此,本项目建设遭受地面沉降的可能性小。

2.6.7 小结

调查区未发现自然作用形成的泥石流、地面塌陷、地裂缝和地面沉降地质灾害,但有滑坡 1 处(H_1)、崩塌 2 处(B_1、B_2)。

调查区内的 1 处滑坡,由于人类工程活动使边坡失稳引起。滑坡体规模相对较小,滑坡处节理构造发育、岩石破碎,残坡积层较厚,受降水和工程建设活动影响,有引发新的滑坡可能,危险性中等;2 处崩塌均为表层风化物崩塌,规模较小,目前已趋于稳定,现状评估危险性小。

2.7 地质灾害危险性预测评估

根据工程建设的整体布局和地质环境条件特征,地质灾害危险性预测评估按照建设工程项目区块分别评估,共划分为综合服务区、陕南风情区、植物观赏区和水上娱乐区 4 个区块。

2.7.1 工程建设可能遭受的地质灾害危险性预测

(1)综合服务区可能遭受地质灾害的危险性预测评估

① 入口景观门楼、生态停车场位于国际大酒店广场南侧,其后缘边坡未发现滑塌等地质灾害隐患,预测遭受的地质灾害危险性小。

② 游客服务中心、国际餐厅、文化交流中心、秦风商业街位于国际大酒店广场上,广场建于基岩之上,场地周边未发现大的断裂构造,预测遭受的地质灾害危险性小。

③ 芳香仙径拟建于国际大酒店两侧,总体呈南北向展布,与坡向一致,场地未发现地质灾害隐患,预测遭受的地质灾害危险性小。

④ 景区专线公路位于建设区中部峡谷谷底,边坡坡度较大,岩石节理发育,在雨季发生崩塌的可能性较大,威胁车辆通行及人员安全,预测遭受的地质灾害危险性中等。

⑤ 交通干线拟建于建设区南侧边坡上,连接景区专线和景区大门,总体呈东西向展布,场地沿线未发现地质灾害隐患,预测遭受的地质灾害危险性小。

(2)陕南风情区可能遭受地质灾害的危险性预测评估

① 陕南人家别墅群位于太吉河北侧边坡上,坡度 30°~45°,主要出露石英片岩、变质砂岩,地层倾向与坡向相反,第四系残坡积层厚一般为 0.10~0.35 m,其后缘边坡未发现崩塌等地质灾害隐患,预测遭受的地质灾害危险性小。

② 秦岭农家、时尚养生馆、日光咖啡均位于太吉河北侧坡脚下,系利用已有建筑设施,其后缘边坡稳定,预测遭受的地质灾害危险性小。

③ 阳光会所位于太吉河北侧坡脚下,系利用已有建筑设施,场地东侧存在滑坡(H_1),该滑坡在雨季有复活的可能,威胁人员安全,预测遭受的地质灾害危险性中等。

(3)植物观赏区可能遭受地质灾害的危险性预测评估

① 智能温室集群、温室大棚植物园、生态餐厅均位于国际大酒店东侧边坡上,拟由生态

停车场开挖碎石堆积场地,已建成标高 715 m 平台,在东北侧形成了 45 m 高的堆积体,在雨季有滑坡的危险,威胁场地安全,预测遭受的地质灾害危险性中等。

② 植物园、生态养殖场、书屋茶吧均位于太吉河南侧边坡上,其后缘边坡未发现滑塌等地质灾害隐患,预测遭受的地质灾害危险性小。

(4) 水上娱乐区可能遭受地质灾害的危险性预测评估

① 垂钓园、水上餐厅、滨水码头后缘边坡出露岩性为绢云绿帘石英片岩,岩层产状:20°∠75°,岩石裂缝发育;上覆残坡积层,厚为 0.5~2 m,基岩强风化层厚大于 10 m。在雨季有崩塌的危险,威胁建设工程运行安全,预测遭受的地质灾害危险性中等。

② 水上娱乐场、游泳池均位于库区东侧,后缘边坡未发现崩塌等地质灾害隐患,预测遭受的地质灾害危险性小。

2.7.2　工程建设引发或加剧地质灾害危险性预测

陕西省商南县金丝峡综合服务区基础设施建设项目所在地为峡谷地貌,太吉河自西向东从评估区中部通过,地势南、北高,中间低,河谷两岸坡度一般 40°~80°,坡体表面基岩风化强烈,强风化岩层和第四系覆盖层厚为 5~12.5 m。受多期构造运动影响,评估区内岩石节理裂缝发育,岩石破碎。本区地质构造复杂,地质灾害较发育,人类工程活动强烈,地质环境条件较复杂。

预测本项目引发的地质灾害主要有崩塌、滑坡,主要集中在峡谷两岸的开挖和充填区,相关工程包括生态停车场、智能温室、温室大棚植物园、生态餐厅、陕南人家别墅群、拟建交通干道等。

(1) 综合服务区建设引发或加剧地质灾害的危险性预测评估

① 入口景观门楼位于国际大酒店广场南侧边坡上,平整场地形成的陡边坡高度不会超过 2 m,预测引发滑塌等地质灾害危险性小。

② 游客服务中心、国际餐厅、文化交流中心、秦风商业街为国际大酒店广场已有建筑,无须建设,不会引发地质灾害。

③ 芳香仙径拟建于国际大酒店两侧,总体呈南北向展布,与坡向一致,工程建设形成的陡边坡高度为 0~3 m,预测引发滑塌等地质灾害危险性小。

④ 生态停车场建设将在场地南侧形成约 25 m 的高陡边坡,出露岩性主要为石英变质砂岩,岩层倾向与坡向斜交,岩石裂缝发育;上覆残坡积层,厚 0.5~1 m,基岩强风化层厚大于 10 m,引发岩体崩塌的可能性较大,预测引发地质灾害的危险性中等。

⑤ 交通干线拟建于建设区南侧边坡上,东西两端公路走向与坡向基本垂直,工程建设将在公路内侧形成高 3~5 m 的陡边坡,在雨季引发滑坡的可能性较大,预测引发地质灾害的危险性中等。

⑥ 景区专线为已有工程,不再建设,不会引发地质灾害。

(2) 陕南风情区引发或加剧地质灾害的危险性预测评估

① 陕南人家别墅群建于太吉河北侧边坡上,出露基岩为石英片岩夹石英变质砂岩,岩石节理发育,岩层倾向与坡向相反,场地建设采用"前桩后挖",工程建设将在其后缘形成高 3~4 m 的陡边坡,引发崩塌的可能性较大,预测引发地质灾害的危险性中等。

② 秦岭农家、时尚养生馆、日光咖啡、阳光会所均利用已有建筑设施,预测遭受的地质灾害危险性小。

（3）植物观赏区引发或加剧地质灾害的危险性预测评估

① 智能温室集群、温室大棚植物园、生态餐厅、植物园均位于国际大酒店东侧边坡上，拟由生态停车场开挖碎石堆积场地，最终在东北侧将形成高约 50 m 的堆积体，在雨季有滑坡的危险，预测引发的地质灾害危险性中等。

② 生态养殖场、书屋茶吧均位于太吉河南侧边坡上，工程建设将形成高 2 m 左右的陡边坡，预测引发滑塌等地质灾害危险性小。

（4）水上娱乐区可能遭受地质灾害的危险性预测评估

水上娱乐区包括垂钓园、水上餐厅、滨水码头、水上娱乐场、游泳池，均位于库区周边，工程建设不会形成陡边坡，预测引发地质灾害危险性小。

2.7.3 小结

① 金丝峡综合服务区基础设施建设工程的智能温室集群、温室大棚植物园、生态餐厅场地堆积体前缘，在雨季有滑坡的危险，威胁场地安全，预测遭受的地质灾害危险性中等；景区专线公路位于建设区中部峡谷谷底，边坡坡度较大，岩石节理发育，在雨季发生崩塌的可能性较大，威胁车辆通行及人员安全，预测遭受的地质灾害危险性中等；阳光会所位于滑坡（H_1）西侧，该滑坡在雨季有复活的可能，威胁场地人员安全，预测遭受的地质灾害危险性中等；垂钓园、水上餐厅、滨水码头后缘边坡岩石裂缝发育，基岩风化强烈，有滑坡隐患，威胁建设工程运行安全，预测遭受的地质灾害危险性中等。

② 金丝峡综合服务区基础设施建设工程有引发（台阶）陡坎坍塌、变形和高陡边坡滑塌的危险。预测生态停车场、陕南人家别墅群、拟建交通干道建设引发滑塌灾害的危险性中等；智能温室集群、温室大棚植物园、生态餐厅、植物园场地建设形成的堆积体前缘，引发滑坡的危险性中等。

2.8 地质灾害危险性综合评估

2.8.1 地质灾害危险性分级评估原则及方法

根据项目建设的工程类型、规模、区段特点，结合地质灾害现状评估和预测评估的结果，"以人为本，以工程建设为本"，根据"区内相似、区际相异"原则，依据地质灾害形成发育的地质环境条件、发育现状、人类工程活动强弱等因素进行综合评估。具体评估以定性为主。

本次地质灾害危险性综合评估采用定性分析法。具体步骤如下：

根据工程建设遭受、引发或加剧地质灾害的情况，结合评估区地质环境条件、人类工程活动强弱等因素的具体特点，本次危险性综合评估主要选择地质环境复杂程度、工程建设引发或加剧地质灾害的程度、地质灾害对工程的威胁程度 3 个差异性因子为评价指标，不同评价指标的危险性判别标准见表 2-5。

表 2-5　　地质灾害危险性划分标准

评价指标	划分标准	危险程度
地质环境复杂程度	简单	小
	中等	中等
	复杂	大

评价指标	划分标准	危险程度
工程建设引发或加剧 地质灾害的程度	不引发或加剧	小
	引发或加剧程度中等	中等
	引发或加剧程度高	大
地质灾害 对工程的威胁程度	不威胁	小
	中等	中等
	大	大

2.8.2　地质灾害危险性分区综合评估

根据表 2-5 的标准,对工程建设不同工程区块进行地质灾害危险性综合评判,每个工程区块的危险性程度取值"就高不就低",即该区块的危险程度值取 3 个判别因子中危险程度最大者。然后,依据"区内相似、区际相异"的原则,各工程区块进行合并,并根据合并后的区块危险程度进行危险性分级。

2.8.3　地质灾害危险性综合分区评述

根据定性分析结果,结合评估区的地质环境条件和现状评估、预测评估的成果,对各区块界线进行必要修正后,得到评估区地质灾害危险程度分区。陕西省商南县金丝峡综合服务区基础设施建设工程评估区划分地质灾害危险性中等区(B)7 处(B₁~B₇)、小区(C)1 处(表 2-6)。

表 2-6　　　　　　　　　　地质灾害危险性分区特征一览表

评估分区	地质灾害危险性中等(B)							地质灾害危险性小(C)
亚区	B₁	B₂	B₃	B₄	B₅	B₆	B₇	C
位置	生态停车场南侧	温室大棚植物园东侧	陕南人家别墅群建设区	交通干道建设区东段	交通干道建设区西段	水上餐厅一带	阳光会所东侧滑坡处	中等区以外的其他区域
面积(km²)	0.004	0.038	0.034	0.006	0.008	0.008	0.002	0.847
地质环境条件	岩石节理裂缝发育,人类工程活动强烈,地质环境复杂程度中等	堆积体的工程性能差,人类工程活动强烈,地质环境复杂程度中等	岩石节理裂缝发育,人类工程活动强烈,地质环境复杂程度中等	岩石节理裂缝发育,人类工程活动强烈,地质环境复杂程度中等	岩石节理裂缝发育,人类工程活动强烈,地质环境复杂程度中等	岩石节理裂缝发育,强风化层厚度大,地质环境复杂程度中等	岩石节理裂缝发育,人类工程活动强烈,地质环境复杂程度中等	岩石节理裂缝较发育,人类工程活动较弱,地质环境条件良好
现状评估	未遭受地质灾害的威胁	遭受滑坡的威胁	未遭受地质灾害的威胁	未遭受地质灾害的威胁	未遭受地质灾害的威胁	未遭受地质灾害的威胁	遭受滑坡灾害(H₁)威胁	未遭受地质灾害的威胁
预测评估	引发高陡边坡崩塌灾害,危险程度中等	引发或加剧滑坡灾害,危险程度中等	引发陡边坡滑塌灾害,危险程度中等	引发陡边坡滑塌灾害,危险程度中等	引发陡边坡滑塌灾害,危险程度中等	遭受滑坡灾害威胁,危险程度中等	遭受滑坡灾害威胁,危险程度中等	工程建设活动引发或加剧地质灾害的危险性小

续表 2-6

评估分区	地质灾害危险性中等（B）							地质灾害危险性小（C）
亚区	B$_1$	B$_2$	B$_3$	B$_4$	B$_5$	B$_6$	B$_7$	C
综合评估	地质环境复杂程度中等,工程建设有引发地质灾害的可能				地质环境复杂程度中等,工程建设有遭受地质灾害的可能			地质环境条件良好,工程建设不易遭受和引发地质灾害
危险等级	中等	中等	中等	中等	中等	中等	中等	小
土地适宜性评估	基本适宜。在经过适当的防御后,建设场地是适宜的							适宜

① B区:包括综合服务区、陕南风情区、植物观赏区、水上娱乐区 4 个功能分区的若干个子项目,面积 0.100 km²,占评估面积的 10.6%。区内主要出露石英片岩、变质砂岩、粉砂质板岩和第四系松散堆积物,基岩风化强烈,节理裂缝发育;人类工程活动强烈,岩土体的工程性能差,地质环境条件中等。工程建设易遭受和引发高陡边坡滑塌灾害的威胁及松散堆积体滑坡的威胁,危险性中等。各子区特征如下:

B$_1$:生态停车场建设区,岩石节理裂缝发育,地质环境复杂程度中等。在南侧将形成约 25 m 的高边坡,有崩塌隐患,威胁停车场车辆和人员安全,危险性中等。

B$_2$:生态农业场地东侧碎石堆积体边缘最终将形成 50 m 高的陡边坡,雨季有滑坡危险,威胁金丝峡专线车辆、行人安全和场地建筑物安全,危险性中等。

B$_3$:陕南人家别墅群建设区,岩石节理裂缝发育,地质环境复杂程度中等。场地原生态地形坡度达 30°～45°,工程建设将形成高 3～4 m 的陡边坡,有滑塌危险,威胁建筑及居民安全,危险性中等。

B$_4$、B$_5$:拟建交通干道规划路面宽 7 m,工程建设将形成高 4～6 m 的陡边坡,有滑塌危险,威胁车辆和行人安全,危险性中等。

B$_6$:垂钓园、水上餐厅、滨水码头后缘边坡岩石裂缝发育,基岩风化强烈,地质环境复杂程度中等。区内有崩塌存在,建设工程遭受崩塌灾害威胁,危险性中等。

B$_7$:H$_1$ 滑坡体位于阳光会所东侧,该滑坡在雨季有复活的可能,威胁人员安全,危险性中等。

② C区:包括评估区内除 B 区之外的大部,面积 0.847 km²,占评估面积的 89.4%。区内主要出露粉砂质板岩、石英片岩和第四系残坡积层、冲洪积层,岩石节理较发育,地质环境条件良好,人类工程活动较轻,地质灾害危险性小。

2.9 项目建设场地适宜性评估

B区:地质环境条件中等,工程建设易遭受或引发陡边坡滑塌灾害的危险,危险性中等。工程建设场地基本适宜。在经过适当的防御后,建设工程场地是适宜的。

C区:地质环境条件中等—良好,拟建工程不易遭受和引发地质灾害,危险性小,工程建设场地是适宜的。

根据金丝峡综合服务区基础设施建设项目的工程类型、规模、区段特点,结合地质灾害现状评估和预测评估的结果,将建设工程评估区划分为地质灾害危险性中等区(B)7处、小区(C)1处。

B区工程建设地质灾害危险性中等,在经过适当的防御后,建设工程场地是适宜的;C区工程建设地质灾害危险性小,工程建设场地是适宜的。

2.10 地质灾害的防治措施

地质灾害防治要坚持"以避让、预防、治本为主,防治结合,不留后患"的原则,最大限度地减少地质灾害造成的损失,保证建设项目生产顺利开展,并与环境相协调。根据评估区特点及可能出现的地质灾害危险性,对其提出以下防治措施:

① 对建设工程形成的陡坎和高陡边坡,采取抗滑挡墙、锚杆框架梁、地下和地表排水等方法进行综合治理。

② 对碎石堆积形成的边坡,在坡底修建挡墙,坡面上做防护坡。

③ 边坡挡墙要坐到基岩上,过高的挡墙应分级建设,应有正规设计。

④ 重视拟建工程中的排水设施设计和建设,碎石堆积区施工要做好防漏、防渗层,防止因漏水引发的基础变形或滑坡。

⑤ 加强对各灾害点和危险地段的监测和巡查工作,发现险情,应及时采取预警和防治措施,避免造成人员伤亡和财产损失。

2.11 结论与建议

2.11.1 结论

① 陕西省商南县金丝峡综合服务区基础设施建设工程属地质环境条件中等的较重要建设项目,地质灾害的评估级别确定为二级。

② 现状调查认为:调查区未发现自然作用形成的泥石流、地面塌陷、地裂缝和地面沉降地质灾害,但存在崩塌2处、滑坡1处。其中,调查区内的1处滑坡由于人类工程活动使边坡失稳引起,滑坡处节理构造发育、岩石破碎,强风化层厚度较大,受降水和工程建设活动影响,有引发新的滑坡的可能,危险性中等。

③ 按照工程建设规划方案和地质环境条件,预测评估认为:金丝峡综合服务区基础设施建设工程有引发和遭受(台阶)陡坎坍塌、变形和高陡边坡滑塌的危险。预测智能温室集群、温室大棚植物园、生态餐厅场地建设形成的堆积体边坡,引发和遭受滑坡的危险性中等;预测景区专线、阳光会所、垂钓园、水上餐厅、滨水码头遭受滑坡灾害危险性中等;预测生态停车场、陕南人家别墅群、交通干道建设引发滑塌灾害的危险性中等。

④ 根据评估区地质环境条件、地质灾害现状和预测评估等因素,采用定性分析法进行综合评估,划定地质灾害危险性分区:

金丝峡综合服务区基础设施建设工程评估区划分出地质灾害危险性中等区和危险性小区2个级别。其中,危险性中等区(B)7块,面积0.100 km²,占评估面积的10.6%;危险性小区(C)1块,面积0.847 km²,占评估面积的89.4%。地质灾害危险性中等的地段(B),适宜性较差,在经过适当的防御后,建设工程场地是适宜的;危险性小的地段(C),场地是适宜的。

2.11.2 建议

① 建议生态停车场建设区南侧边坡采取台阶式建设,设置 3 m 左右的宽平台,沿台阶设横向排水沟。

② 对生态农业区场地建设形成的堆积体边坡采取抗滑挡墙、修建护坡、地下和地表排水等方法进行综合治理。

③ 对生态停车场、陕南人家别墅群、拟建交通干道建设工程形成的陡坎和高陡边坡,采取抗滑挡墙、锚杆框架梁、地下和地表排水等方法进行综合治理。

④ 建设工程和灾害防治工程应由有资质的单位设计和施工,确保工程方案合理、施工质量优良。

⑤ 在项目建设期间,应严格执行工程建设的相关规范、规程和制度,避免因不规范工程活动引发地质灾害。

⑥ 加强地质灾害的监测和预报,确保工程建设和生产安全。

⑦ 地质灾害具有动态性,不定期对地质灾害危险(易发)地段进行巡查、监测、预报,对险情及时采取措施,最大限度地降低灾害损失,防患于未然。

思 考 题

1. 简述金丝峡综合服务区基础设施建设项目地质灾害危险性评估确定的主要任务及其原因。
2. 简述金丝峡综合服务区基础设施建设项目地质灾害危险性评估的主要依据。
3. 简述金丝峡综合服务区基础设施建设项目的自然地理条件特征。
4. 简述金丝峡综合服务区基础设施建设项目的主要特征。
5. 简述确定金丝峡综合服务区基础设施建设项目地质灾害危险性评估级别的过程及依据。
6. 简述金丝峡综合服务区基础设施建设项目区的主要地质灾害类型及其特征。
7. 简述金丝峡综合服务区基础设施建设项目地质灾害危险性评估的结论及建议。

第二篇　土地整理复垦与开发

　　土地整理复垦与开发也称土地整治。土地是社会发展的基本生产资料,是人类生活生存的保证。由于不当的人为活动和自然灾害的原因,造成大量的土地发生地形地貌状态改变、生产能力下降、生态功能失衡的问题。同时,面对盘活存量土地、强化节约集约土地、新农村建设、城镇化发展新形势的要求,土地整治及土地供给侧改革已是必须面对的课题。本模块主要介绍土地整治主要类型、特征、相互关系,以及土地整理、复垦、开发的措施、程序,并以煤矿开采沉陷区为例,论述矿区土地损毁评述、复垦目标标准及复垦措施设计等内容。

3 土地开发整理

　　2008 年 10 月 12 日,中国共产党第十七届中央委员会第三次全体会议通过的《中共中央关于推进农村改革发展若干重大问题的决定》中,提出了"土地整理复垦开发"的概念,对土地开发整理的三大块内容进行了重新排序,这明显突出了土地整理的重要性,强调了以土地整理为重点、土地复垦为辅助、土地开发为补充的精神。

　　根据国土资源部 2003 年发布《全国土地开发整理规划(2001~2010)》,"土地开发整理"明确包含土地整理、土地复垦和土地开发 3 项内容。

3.1　相关概念

3.1.1　土地整理

　　土地整理是指采用工程、生物等措施,对田、水、路、林、村进行综合整治,增加有效耕地面积,提高土地质量和利用效率,改善生产、生活条件和生态环境的活动。主要内容有:① 采用工程生物措施平整土地,归并零散地块,修筑梯田,整治养殖水面,规整农村居民点用地;② 建设道路、机井、沟渠、护坡防护林等农田和农业配套工程;③ 治理沙化地、盐碱地、污染土地、改良土壤、恢复植被;④ 界定土地权属、地类、面积,进行土地变更调查和登记。

　　广义土地整理一般可分为两大类,即农地整理与市地整理。根据我国国情,现阶段土地整理的重点在农村地区。土地整理的主要内容包括:① 调整农地结构,归并零散地块;② 平整土地,改良土壤;③ 道路、林网、沟渠等综合建设;④ 归并农村居民点、乡镇工业用地等;⑤ 复垦废弃土地;⑥ 划定地界,确定权属;⑦ 改善环境,维护生态平衡。

　　狭义土地整理指农地整理,包含土地开发、土地复垦,即在一定地域范围内,按照土地利用计划和土地利用的要求,采取行政、经济、法律和工程技术手段,调整土地利用和社会经济关系,改善土地利用结构,科学规划,合理布局,综合开发,增加可利用土地数量,提高土地的利用率和产出率,确保经济、社会、环境三大效率的良性循环。

3.1.2　土地复垦

　　土地复垦在 20 世纪 50 年代末称为"造地复田"。当时为了克服自然灾害带来的吃粮困难,矿山职工自发地在排土场、尾矿场上垫土种植蔬菜和粮食。在"以粮为纲"的年代,土地复垦的概念一般是指将废弃的土地重新开垦为农田种植农作物。随着时代的发展,土地复垦的内涵在扩展,即土地复垦后的用途不再仅仅是种植农作物,也可以植树造林,进行水产养殖,或是作为建设用地。1988 年国务院颁布的《土地复垦规定》将土地复垦定义为"对在生产建设中,因挖损、塌陷、压占等造成破坏的土地,采取整治措施,使其恢复到可供利用状态的活动"。2011 年国务院颁布的《土地复垦条例》称,"土地复垦,是指对生产建设活动和自然灾害损毁的土地,采取整治措施,使其达到可供利用状态的活动"。

由此,我们可以将土地复垦定义为:采用工程、生物等措施,对在生产建设过程中因挖损、塌陷、压占造成破坏、废弃的土地和自然灾害造成破坏、废弃的土地进行整治,恢复利用的活动。

其广义定义是指对被破坏或退化土地的再生利用及其生态系统恢复的综合性技术过程;狭义定义是专指对工矿业用地的再生利用和生态系统的恢复。

生产建设活动损毁的土地,按照"谁损毁,谁复垦"的原则,由生产建设单位或者个人(以下称土地复垦义务人)负责复垦。但是,由于历史原因无法确定土地复垦义务人的生产建设活动损毁的土地(以下称历史遗留损毁土地),由县级以上人民政府负责组织复垦。

自然灾害损毁的土地,由县级以上人民政府负责组织复垦。但下列损毁土地由土地复垦义务人负责复垦:

① 露天采矿、烧制砖瓦、挖沙取土等地表挖掘所损毁的土地;

② 地下采矿等造成地表塌陷的土地;

③ 堆放采矿剥离物、废石、矿渣、粉煤灰等固体废物压占的土地;

④ 能源、交通、水利等基础设施建设和其他生产建设活动临时占用所损毁的土地。

3.1.3 土地开发

土地开发是指对未利用过但具有利用潜力和开发价值的土地,采取工程或其他措施,将荒山、荒地、荒水和荒滩等改造为可供利用的土地,将未利用土地资源开发成宜农地,提高土地的利用率、扩大土地利用空间与利用深度,充分发挥土地在生产和生活中的作用的活动。

3.2 土地整理、复垦与开发的关系

3.2.1 联系

均是通过一定手段挖掘土地的固有潜力,扩大农用地中的耕地空间与利用深度。

3.2.2 区别

土地整理:对田、水、路、林、村等实行综合整治,以增加有效耕地面积、提高耕地质量的行为。

土地复垦:侧重于因各种自然和人为因素造成破坏的农用地、耕地、林地,使其恢复到原先的地类,把受到破坏的耕地恢复成耕地。

土地开发:侧重于将宜农土地开发成耕地或农用地,即把非耕地变成耕地。

3.3 土地整理类型划分

土地整理主要包括农用地整理和建设用地整理。

3.3.1 农用地整理

农用地整理可根据整理后的主导用途分为耕地整理、园地整理、林地整理、牧草地整理和养殖水面整理等。

① 耕地整理。耕地整理是指对农田进行的整理。耕地整理的主要工程内容包括:土地平整工程、农田水利工程、田间道路工程、其他工程(如农田防护林工程、生态环境保护工程等)。

    ② 园地整理。园地整理主要指果园、桑园、橡胶园和其他经济园林用地的整理。

    ③ 林地整理。林地整理包括防护林、用材林、经济林、薪炭林、特种林地的整理。

    ④ 牧草地整理。牧草地整理包括放牧地整理和割草地整理。

    ⑤ 养殖水面用地整理。养殖水面用地整理主要指人工水产养殖用地整理。

3.3.2　建设用地整理

    建设用地整理是以提高土地集约利用为主要目的,采取一定措施和手段,对利用率不高的建设用地进行综合整理。建设用地整理包括村镇用地、城镇用地、独立工矿用地、交通用地和水利设施用地以及其他建设用地的整理。

    ① 村镇用地整理。村镇用地整理包括村镇的撤并、撤迁和就地改扩建。

    ② 城镇用地整理。城镇用地整理主要指城镇建成区内的存量土地的挖潜利用、旧城改造、用途调整和零星闲散地的利用。

    ③ 独立工矿用地整理。独立工矿用地整理主要指就地开采、现场作业的工矿企业和相配套的小型居住区用地的布局调整、用地范围的确定和发展用地选择,一般不包括大规模废弃地复垦。

    ④ 基础设施用地整理。基础设施用地整理包括公路、铁路、河道、电网、农村道路、排灌渠道的改线、裁弯取直、疏挖和厂站的配置、堤坝的调整,也包括少量废弃的路基、沟渠等的恢复利用。

3.4　土地复垦标准、范围与类型

3.4.1　土地复垦的标准

    决定土地复垦的标准主要取决于4个方面的因素:一是待复垦土地被破坏的类型及其程度;二是待复垦土地在被破坏前的自然适宜性和生产潜力;三是复垦土地的工程地质条件和应用机械的可能性;四是社会环境条件和经济因素。根据上述4个因素的综合影响,一般有3类不同的复垦标准。

    (1) 接近破坏前的自然适宜性和土地生产力水平

    一般来说,任何一种土地资源被破坏以后,都很难使其绝对地恢复成原有的状况,而只能通过尽量地减少由于破坏所造成的后果,使其达到原有的适宜性和生产力。实际上,这是土地复垦所能达到的最高标准。

    (2) 通过复垦改造为具有新适宜性的另一种土地资源

    考虑到有些待垦土地的破坏形式和程度,一般很难使其达到前一种复垦标准,往往只能拟定适应所在地环境条件下的新适宜性、新生产力与潜力水平的复垦标准。

    (3) 恢复植被,保持其环境功能

    对于某些地区来说,由于经济实力的制约或复垦工程的困难,土地复垦的目标主要是让其恢复生态系统,减少水土流失,防止土地质量的进一步退化。

3.4.2　土地复垦范围

    根据《土地复垦条例实施办法》(2012),土地复垦的范围大体包括以下6种情况:① 由于露天采矿、取土、挖砂、采石等生产建设活动直接对地表造成破坏的土地;② 由于地下开采等生产活动中引起地表下沉塌陷的土地;③ 工矿企业的排土场、尾矿场、电厂储灰场、钢厂灰渣、城市垃圾等压占的土地;④ 工业排污造成对土壤的污染池;⑤ 废弃的水利工程,因改线等原因废弃的各种道路(包括铁路、公路)路基、建筑搬迁等毁坏而遗弃的土地;⑥ 其他荒芜废弃地。

根据《土地复垦条例》,土地复垦应当坚持科学规划、因地制宜、综合治理、经济可行、合理利用的原则。复垦的土地应当优先用于农业。

据有关资料介绍,国外土地复垦率一般为 70%～80%,而在中国的一些地区土地复垦率还不到 1%。因此,对于中国这个土地资源相对贫乏的国家,加强土地复垦工作,对于有效缓解人地矛盾,改善被破坏区的生态环境,促进社会安定团结,具有十分重要的意义。

3.4.3　土地复垦类型

按造成废弃的原因不同,可将土地复垦分为 5 种类型:

第一类是各类工矿企业在生产建设过程中挖损、塌陷、压占等造成破坏土地的复垦;

第二类是因道路改线、建筑物废弃、村庄搬迁以及垃圾压占等遗弃荒废土地的复垦;

第三类是农村砖瓦窑、水利建设取土等造成的废弃坑、塘、洼地的废弃土地的复垦;

第四类是各种工业污染引起的污染土地的复垦;

第五类是水灾、地质灾害及其他自然灾害引起的灾后土地复垦。

3.5　土地分级开发

土地开发一般分为一级开发和二级开发。

土地一级开发,是指政府实施或者授权其他单位实施,按照土地利用总体规划、城市总体规划及控制性详细规划和年度土地一级开发计划,对确定的存量国有土地、拟征用和农转用土地,统一组织进行征地、农转用、拆迁和市政道路等基础设施建设的行为,包含土地整理、复垦和成片开发。

土地二级开发是指土地使用者从土地市场取得土地使用权后,直接对土地进行开发建设的行为。

长时期以来,我国土地一级开发市场由政府垄断,市场化运作经验缺失,“生地出让”、“一二级联动”等土地开发模式占据主流。但从近些年土地开发业务的发展情况来看,土地一级开发越来越成为一项独立的业务,“政府主导、市场化运作”趋势明显。在大力推进城镇化建设背景下,各级地方政府都面临新城扩张和旧城改造升级的压力,对新增建设用地和存量建设用地的开发需求放量增长,政府建设融资需求大增,土地一级开发迎来市场化蜕变良机。

不少企业及投资机构开始在土地一级开发市场布局,进入企业呈递增趋势。根据前瞻网调研情况,目前业内竞争者主要包括各级政府的城投公司,市场呈现出较为明显的地域特征,开发规模较小,缺乏区域间的资源整合和有效竞争,尚未出现跨区域运作的专业品牌开发企业,与二级开发市场的市场化程度相差甚远。

随着城镇化进程的加快,土地作为一种稀缺资源,政府对其管理和控制将更加严格。在政府主导的土地一级开发市场上,那些具备较强实力且具有良好运作模式的投资人将更受政府青睐,有机会取得更多的市场份额,并以此树立企业品牌。目前,政府还未对一级开发投资人的资质、注册资本等方面做出严格要求,但政府对土地一级开发市场制定相应规范是迟早的事情,企业应及早介入土地一级开发业务,在市场上占得先机。

3.6 土地整理复垦及开发程序

根据 2004 年修订的《中华人民共和国土地管理法》的规定,结合各地实践,土地整理复垦及开发程序一般如下:

① 确定土地整理复垦及开发区域,提出工作方案。县、乡(镇)人民政府根据当地经济社会发展需要和对土地利用的要求,依据土地利用总体规划确定的土地利用分区和有关专项规划,选定实施土地整理复垦及开发区域,制定实施土地整理复垦及开发工作方案。土地整理复垦及开发区域一般集中连片,规模视当地具体情况而定。

② 组织进行土地整理复垦及开发规划设计。具体分析土地整理复垦及开发潜力、综合效益,提出具体的规划设计方案和权属调整的意见等,广泛征求有关方面意见后,完善有关规划及各类备件。

③ 依法报上级人民政府或土地管理部门审核、批准。上级人民政府或土地管理部门依照有关法规、政策、技术标准等,结合当地情况,审核、批准土地整理复垦及开发规划设计与工作方案并进行备案。土地整理复垦及开发规划设计及工作方案批准后,向社会公布。

④ 组织土地整理复垦及开发实施。按照批准的土地整理复垦及开发规划设计和工作方案,县、乡(镇)人民政府组织农村集体经济组织,有计划、有步骤地进行土地整理复垦及开发建设。

⑤ 确认权属。按照有关法律和政策规定,对调整后的土地,办理确定土地所有权、土地使用权等手续。

⑥ 检查验收。按土地整理复垦及开发规划设计的要求,依法由批准土地整理的人民政府或土地管理部门组织进行检查验收并确定土地利用调整情况,包括耕地面积调整情况。有关资料、图件等整理归档。

思考题

1. 简述土地整治的主要类型。
2. 简述土地整理、土地复垦及土地开发的区别与联系。
3. 简述农用土地的主要类型。
4. 简述建设用地的主要类型。
5. 简述土地复垦的主要标准及要求。
6. 简述土地复垦的主要类型。
7. 简述土地复垦的主要环节及要点。

4 煤矿矿区土地复垦方案

该项目主要针对河南新密超华煤矿矿区土地复垦。该煤矿始建于 1958 年,设计生产能力为 15 万 t/a。1983～1985 年进行了技术改造,设计生产能力提高到 30 万 t/a,开采对象为 2^1 号煤层。2^1 号煤层层位稳定,结构简单,为全区可采厚煤层,煤层厚度有一定的规律性变化,矿井西部 2^1 号煤层厚度较薄,多为 4.8 m 左右,矿井东部 2^1 号煤层厚度较大,多为 10.00 m 左右。共查明探明的基础储量(111b)1 167 万 t,矿井历年累计动用资源储量 935 万 t。根据 2012 年年底储量动态报告,矿井剩余利用储量为 232 万 t,扣除煤柱等不开采储量,矿井剩余可采储量为 99.9 万 t,矿井服务年限 3.33 a。[①]

矿区工业广场分两个部分,分别为主井工业广场和副井工业广场。主井工业广场位于矿区的东北部,面积约 5.51 hm²;副井工业广场位于近矿区的中部,面积约 4.05 hm²。该矿井工业场地已经初具规模,已有场外道路基本满足矿井以后生产期间的运输需要。

4.1 项目区自然地理条件

4.1.1 地形地貌

矿区地貌类型属黄土覆盖冲沟切割的丘陵,地势总体西北略高,东南略低。矿区地面标高 256.7～215.2 m 之间,相对高差约 41.6 m。地貌特点呈开阔"V"字形冲沟发育,东西向冲沟发育,沟底坡度不大,沟深 10～20 m,有利于大气降水的排泄(图 4-1)。

图 4-1 项目区内地貌

4.1.2 气候

项目区位于暖温带亚湿润型气候大区和副热带华北区季风区,气候温和,四季分明。冬

---

① 本项目矿山已于 2016 年闭矿,实施煤矿开采沉陷区土地复垦方案。

季寒冷少雪,春季干燥多风,夏季炎热多雨,秋季湿润凉爽。年平均气温14.3 ℃,极端最高气温41.7 ℃,极端最低气温−15.1 ℃,多年月平均最高气温26.9 ℃,多年月平均最低气温0.4 ℃,≥10 ℃的积温为4 400 ℃。多年平均水面蒸发量1 214.7 mm,干旱指数1.8。全年平均无霜期222 d,最大冻土深度19 cm。

多年平均降水量为654 mm,降水年度变率较大,最大降雨量为1 207.0 mm,最小降雨量为184 mm,降水年内分配不均,冬春雨少干旱,夏秋降水集中,汛期6～9月降水占全年降水量的65.9%。10年一遇24 h最大降水量为136.6 mm,20年一遇24 h最大降水量为154.4 mm。多年平均风速为2.8 m/s,年平均大于5.0 m/s风速的大风日数为26 d。灾害性天气多干热风天气,发生频率为每10年5～6遇,多发生在6月上旬。

4.1.3　土壤

矿区的土壤类型是黄土质褐土。该土壤土体深厚,在地形平缓处土壤表层砂土含量较高,多为中壤,耕作层厚度在0.5 m左右,熟化程度较高,团粒结构好;在土体40～60 cm开始出现黏化层,厚30～50 cm,为重壤。土壤有机质含量在11.2 g/kg左右,全氮0.67 g/kg,速效磷15.6 mg/kg,速效钾138.6 mg/kg,土壤养分含量均呈中等或者偏下水平。黄土质褐土保肥保水性好,比较适宜发展高效种植业,但是在耕作管理时需要增施有机肥,合理施氮肥,补充钾肥。由于地处丘陵或者有一定坡度地区,水土流失较为严重,应加强水土流失防治建设。

4.1.4　生物

项目区为丘陵区,大部分开垦为农耕地,为主要的农业区,岭坡上有成片人工种植的刺槐、国槐、泡桐、榆树、椿树等,还有苹果、核桃、柿树、山杏、枣等果树。低山脚下有以禾本科、莎草科、菊科、豆科、蒺藜科等占优势的草本植物群落。区域主要栽培农作物有小麦、玉米、棉花、烟草、花生等。项目区林草植被覆盖率为9.03%(图4-2)。

图4-2　项目区耕地

4.1.5　水文

(1) 地表水系

矿区属淮河流域颍河水系。地面主要是季节性流水冲沟,几乎常年干枯,唯雨季时有短暂积水,雨后即干;附近有一座小型水库,常年呈干涸状态,汛期有少量集水存在,水量不大。

(2) 地下水

含水层(组)特征:区内主要含水层有奥陶系石灰岩含水层、石炭系上统太原组下段石灰岩含水层、石炭系上统太原组上段石灰岩含水层、二叠系山西组二₁煤顶板砂岩含水层、新近系泥岩及第四系砂砾石含水层。

隔水层:在含水层之间广泛分布着隔水岩层或弱透水岩层,它们都具有一定的阻水性能,其阻水能力取决于岩性、岩层结构、厚度及稳定性,在后期构造作用的破坏下,可大大削弱隔水层的阻水性能,甚至使其起不到隔水作用。

矿井水文地质类型及涌水量:本区矿井充水水源主要为太原组 L_{7-8} 灰岩水,水源补给条件差,与地表水力联系不密切。据调查,整合后矿井正常涌水量为 39.8 m^3/h(即 955.2 m^3/d)。该区煤层水文地质类型为第三类第二亚类二型,即以底板岩深充水为主的水文地质条件中等的充水矿床。

4.1.6 地质

(1)地质构造

矿区位于嵩山背斜与凤后岭背斜之间的新密复式向斜构造北翼,区域地质构造展布呈近东西向,以高角度正断层为主,次为褶皱。矿区总体构造形态表现为一单斜构造,地层走向大致呈290°,但在矿区东部有少许偏转,走向由290°转向320°,受断层牵引、挤压,在原唐沟矿东部形成一组次级的向斜和背斜,向斜和背斜轴部走向290°。煤层倾角22°~28°。

(2)地层

矿区大部为第四系覆盖,仅局部有基岩零星出露。据钻孔和生产矿井揭露以及零星露头资料,地层从老到新有奥陶系中统马家沟组(O_2m)、石炭系上统本溪组(C_2b)、太原组(C_2t)、二叠系下统山西组(P_1sh)、下石盒子组(P_1x)、新近系(N)、第四系(Q)。

4.2 项目区土地利用现状

根据新密市国土资源局提供的第二次土地调查资料,矿区范围内土地面积共计131.80 hm^2,大部分是耕地(表4-1)。

表4-1 项目区土地利用现状结构表

一级地类		二级地类		面积/hm²	占总面积比例/%	
编码	名称	编码	名称			
01	耕地	012	水浇地	0.23	0.18	40.43
		013	旱地	53.06	40.26	
03	林地	031	有林地	17.01	12.91	12.91
11	水域及水利设施用地	114	坑塘水面	4.22	3.20	3.20
12	其他土地	122	设施农用地	0.17	0.13	0.13
20	城镇村及工矿用地	202	建制镇	3.17	2.41	43.33
		203	村庄	45.46	34.49	
		204	采矿用地	8.48	6.34	
合计				131.80	100	100

4.2.1 耕地

项目区的耕地总面积 53.29 hm²,占项目区总面积的 40.43%。基本全是旱地。由于缺乏灌溉条件,所以作物生长要依赖于自然降雨。农作物主要有小麦、玉米、大豆和花生等,一年两熟,小麦亩产量 450 kg 左右,玉米亩产量 500 kg 左右,大豆亩产量 350 kg 左右,花生亩产量 250 kg 左右。耕地土层厚度在 100 cm 以上,剖面特征如下(图 4-3):

图 4-3　项目区土壤剖面

0～25 cm:耕作层,褐色,壤土,屑粒状结构,疏松,湿,根系多。

25～45 cm:犁底层,棕褐色,粉砂质壤土,碎块状结构,稍紧,湿,根中量。

45～100 cm:淀积层,棕褐色,粉砂质壤土,块状结构,紧实,潮湿,有中量丝状碳酸钙新生体,根少。

4.2.2 林地

项目区的林地面积 17.01 hm²,主要为人工种植的刺槐、国槐、泡桐等,占项目区总面积的 12.91%。

4.2.3 水域及水利设施用地

项目区有少量坑塘水面,占地 4.22 hm²,占项目区总面积的 3.20%。

4.2.4 城镇村及工矿用地

项目区有大量分布的农村居民点,占地 45.46 hm²,占项目区总面积的 34.49%;还有少量的采矿用地,面积 8.48 hm²,占项目区总面积的 6.43%。

4.3 土地损毁分析与预测

4.3.1 矿山采区布置、开采方式、顶板管理方法

(1)采区布置及开采接替顺序

矿井现在剩下的是一些边角煤,为了保证正常采掘关系,在尽量提高采区回采率的前提下,开采顺序由矿方根据具体情况自行安排。

(2)井田开采方式

本矿井采用一个主斜井、一个副立井和一个风立井的联合开拓方式。

(3)顶板管理方法

根据煤层赋存条件和开采技术条件,采用走向长壁后退式炮采放顶煤采煤法,全部垮落法管理顶板。

4.3.2 已损毁土地现状

根据现场调查,老采空区位于矿区北部,面积 48.86 hm²,由于开采历史长久,矿区居民对沉陷地已经进行了复垦及城镇建设,本次野外调查,发现区域内损毁土地已经复垦完成(图 4-4)。

图 4-4 项目区已复垦土地现状

新采空区面积约 25.19 hm²,地表塌陷深度 1~2 m,沉陷区边缘的耕地大多由于倾斜变形对正常耕作产生影响,产量下降 10% 左右,不积水。该区废弃的居民房屋未采取治理恢复措施。采空区形成于 2008 年以前,目前部分区域已经基本稳定,但新采空区继续造成土地损毁(图 4-5)。

图 4-5 项目区土地损毁现状

矿井工业场地占地面积 9.56 hm²,其中主斜井及工业场地占地 5.51 hm²,副井及工业广场占地 4.05 hm²,为永久性建设用地。

矿井生产的煤矸石主要用于场地平整和筑路,没有专用排矸场。

已损毁土地详细数据见表 4-2。

表 4-2   已损毁土地情况统计表   单位:hm²

损毁地类	主井场地	副井场地	塌陷区	小计
旱地			12.85	12.85
有林地			5.43	5.43
坑塘水面			2.72	2.72
村庄		4.05	4.19	8.24
采矿用地	5.51			5.51
小计	5.51	4.05	25.19	34.75

4.3.3 拟损毁土地的预测

地下煤层开采引起的地表损毁范围和损毁程度可用地表沉陷产生的移动和变形值的大小来圈定和评价。地表移动变形值的计算,可按其开采条件选用《建筑物、水体、铁路及主要井巷煤柱留设与压煤开采规范》(以下简称《开采规范》)中推荐的概率积分法。

地表移动变形计算的主要参数有下沉系数 q、上下山影响角正切 $\tan\beta$、水平移动系数 b、开采影响传播角 θ 等。这些参数的取值主要与煤层开采方法、顶板管理方法、上覆岩层性质、工作面宽度、重复采动次数以及采深采厚比等因素有关。参数的确定方法主要有两种:一种是利用经验公式算参数,另一种是根据地质条件和开采方法类似的井田的实测值类比确定参数。本次相关预测参数根据郑州矿区地表移动变形站实测参数确定(表 4-3)。

表 4-3   项目区沉陷预测参数的选取

序号	参数名称	符号	参数值	备注
1	下沉系数	q	0.82	
2	水平移动系数	b	0.23	α 为煤层倾角,
3	主要影响角正切	$\tan\beta$	2.0	H 为煤层厚度
4	拐点移动距	S	$0.15H$	
5	影响传播角	θ	$90°-0.68\alpha$	

(1)塌陷范围

由于该矿仅剩边角煤未开采,本次依据储量核实报告分 5 个区块预测其影响范围。根据选取的预计参数,利用预计软件,计算出地表移动与变形的最大值情况见表 4-4、表 4-5。以 10 mm 下沉等值线圈定塌陷范围,土地损毁情况见表 4-6。

表 4-4   地表移动变形最大值

编号	W_{max}/m	$K_{max}/(mm/m)$	$I_{max}/(mm/m)$	U_{max}/mm	$\varepsilon_{max}/(mm/m)$
111b-1	3.16	0.28	23.97	1 137.6	13.12
111b-2	4.94	0.43	37.40	1 778.4	20.47
111b-3	6.96	0.61	52.70	2 505.6	28.84
111b-4	6.12	0.53	46.26	2 203.2	25.37
111b-5	7.13	0.72	58.14	2 566.7	31.82

注:W_{max} 为最大地表下沉值,K_{max} 为最大地表曲率值,I_{max} 为最大地表倾斜值,U_{max} 为最大水平移动值,ε_{max} 为最大水平变形值。

表 4-5   拟损毁地表不同下沉深度区面积统计结果表

序号	下沉深度	下沉面积/km²
1	10 mm~0.5 m	10.95
2	0.5 m~1.0 m	3.6
3	1.0 m~1.5 m	2.7
4	1.5 m~2.0 m	3.1
5	2.0 m~2.5 m	3.7
6	2.5 m~3.0 m	4.71

序号	下沉深度	下沉面积/km²
7	3.0 m～3.5 m	9.08
8	3.5 m～4.0 m	6.55
9	4.0 m～5.0 m	2.7
10	5 m～7 m	2.05
合计	10 mm～7 m	49.24

表 4-6　　　　　　　　　　　　拟损毁土地汇总表　　　　　　　　单位:hm²

地类名称	A 村	B 村	小计
旱地	15.99	11.12	27.11
有林地	6.61	0.84	7.45
坑塘水面	0.96	0.00	0.96
村庄	12.10	1.53	13.63
小计	35.66	13.49	49.15

注:本表统计是新增损毁。与已损毁面积重合部分已统计在已损毁部分,不再重复统计。

(2) 地表变形裂缝判断

该矿第四系厚 75.94 m。下部由浅灰红色、灰黄色及灰绿色砂质黏土、黏土、砾石及黏土质砾石组成,砾石大小不一。上部由灰黄色、灰绿色砂质黏土、黏土及砾石组成,黏土中含钙质结核。地下煤层开采以后,沿煤层走向和倾向方向,一般发育宽度不等的地表裂缝。

通常情况下水平拉伸变形达到 4～6 mm/m 时,地表已出现裂缝,上覆岩层较松软时,水平拉伸变形达 2～3 mm/m 时,也出现裂缝。因为该矿区的第四系松散层较薄,并且根据邻近矿区的裂缝表现,确定该矿区水平拉伸变形达到 4 mm/m 时,出现地表裂缝。

(3) 地表移动延续时间预测

地表移动总时间的长短主要取决于开采煤层上覆岩层性质、开采深度和工作面掘进速度,地表移动延续时间计算公式为:

$$T = t_1 + t_2 + t_3 \tag{4-1}$$

式中　t_1——移动初始期的时间;

　　　t_2——移动活跃期的时间;

　　　t_3——移动衰退期的时间。

地表移动的延续时间可以根据下面经验公式计算:

$$T = 2.5H \text{ (d)} \tag{4-2}$$

式中　H——工作面平均采深,m;本矿平均采深为 210 m。

根据上述公式,通过计算求得,二$_1$煤层开采造成的地表移动时间为 1.44 年。

(4) 土地损毁程度分析

该矿地处丘陵地区,地下潜水位较低,下沉后一般不会积水。对地表农用地影响较大的主要因素是塌陷裂缝的宽度和密度以及倾斜变形,而裂缝的宽度和密度与地表水平变形值的大小和深厚比的大小有密切关系,参考《土地复垦方案编制规程 第 3 部分:井工煤矿》(TD/T

1031.3—2011)中的采煤沉陷土地损毁程度分级参考标准,根据该矿塌陷预计变形情况,建立地表塌陷损毁程度评价指标体系(表 4-7、表 4-8)。工业场地(不再留续使用)等占用的土地资源面积小,完全破坏了土地的生产功能,采用简易评价法直接确定其损毁程度为重度。

将矿井煤炭开采引起的地表变形等值线与矿区土地利用现状图等进行叠加后得到该矿煤炭开采后土地的损毁情况(表 4-9)。塌陷区范围内的村民点已经进行了搬迁,未来拟复垦为耕地,土地损毁程度分析参照耕地。

表 4-7 旱地损毁程度分级标准

损毁等级	水平变形/(mm/m)	附加倾斜/(mm/m)	下沉/m	沉陷后潜水位埋深/m	生产力降低/%
1(轻度)	≤8.0	≤20.0	≤2.0	≥1.5	≤20.0
2(中度)	8.0~16.0	20.0~40.0	2.0~5.0	0.5~1.5	20.0~60.0
3(重度)	>16.0	>40.0	>5.0	<0.5	>60.0

表 4-8 林地、草地损毁程度分级标准

损毁等级	水平变形/(mm/m)	附加倾斜/(mm/m)	下沉/m	生产力降低/%
1(轻度)	≤8.0	≤20.0	≤2.0	≤20.0
2(中度)	8.0~20.0	20.0~50.0	2.0~6.0	20.0~60.0
3(重度)	>20.0	>50.0	>6.0	>60.0

表 4-9 土地损毁程度汇总表 单位:hm²

时段	类型	地类	轻度	中度	重度	小计
已损毁	塌陷	旱地	12.85			12.85
		有林地	5.43			5.43
		坑塘水面	2.72			2.72
		村庄			4.19	4.19
		小计	21.00		4.19	25.19
	压占	村庄			4.05	4.05
		采矿用地			5.51	5.51
		小计			9.56	9.56
拟损毁	新增塌陷	旱地	18.40	8.71		27.11
		有林地	1.96	5.49		7.45
		坑塘水面		0.96		0.96
		村庄		2.63	11.00	13.63
		小计	20.36	17.89	11.00	49.15
	二次塌陷	旱地		2.41		2.41
		有林地		1.13		1.13
		小计		3.54		3.54

时段	类型	地类	轻度	中度	重度	小计
合计	塌陷	旱地	31.25	11.12		42.37
		有林地	7.39	6.62		14.01
		坑塘水面	2.72	0.96		3.68
		村庄		2.63	15.19	17.82
		小计	41.36	21.33	15.19	77.88
	压占	村庄			4.05	4.05
		采矿用地			5.51	5.51
		小计			9.56	9.56

4.4　复垦区与复垦责任范围确定

复垦区是生产建设项目已损毁和拟损毁的土地及永久性建设用地共同构成的区域,包括生产建设项目范围内与范围外损毁土地及永久性建设用地。

就本项目而言,复垦区范围包括场地建设用地和损毁区,总面积 87.44 hm²,其中:

塌陷土地:77.88 hm²;

采矿用地压占:5.51 hm²;

村庄压占:4.05 hm²。

复垦责任区是复垦区中已损毁和拟损毁的土地及土地复垦方案涉及的生产年限结束后不再留续使用的永久性建设用地共同构成的区域。

由于本矿井四周有其他矿井,通过周围矿井进行协商,本着各负其责的原则,各矿负责本井田范围的塌陷土地。为此本矿井复垦责任范围主要是井田范围的塌陷土地和工业场地,复垦责任范围面积 61.31 hm²。

4.5　土地复垦与适宜性评价

土地复垦适宜性评价是一种预测性的土地适宜性评价,是依据土地利用总体规划及相关规划,按照因地制宜的原则,在充分尊重土地权益人意志的前提下,依据原土地利用类型、土地损毁情况、公众参与意见等,在经济可行、技术合理的条件下,确定拟复垦土地的最佳利用方向,划分土地复垦单元;针对不同的评价单元,建立适宜性评价方法体系和评价指标体系;评价各评价单元的土地适宜性等级,明确其限制因素;最终通过方案比选,确定各评价单元的最终土地复垦方向,划定土地复垦单元。

4.5.1　土地复垦适宜性评价原则

符合土地利用总体规划,并与其他规划相协调。土地利用总体规划是从全局和长远的利用出发,以区域内全部土地为对象,对土地利用、开发、整治、保护等方面所做的统筹安排。土地复垦适宜性评价应符合土地利用总体规划,避免盲目投资,过渡超前浪费土地资源;同时也应与其他规划(如农业区划、农业生产远景规划、城乡规划等)相协调。

　　因地制宜,农用地优先的原则。土地利用受周围环境条件制约,土地利用方式必须与环境特征相适应。根据土地被损毁前后所拥有的基础设施,因地制宜,扬长避短,发挥优势,宜农则农、宜林则林、宜牧则牧、宜渔则渔。

　　自然因素和社会经济因素相结合原则。在进行复垦责任范围内被损毁土地复垦适宜性评价时,既要考虑它的自然属性(如土壤、气候、地貌、水资源等),也要考虑它的社会经济属性(如种植习惯、业主意愿、社会需求、生产力水平、生产布局等)。确定损毁土地复垦方向需综合考虑项目区自然、社会经济因素以及公众参与意见等。复垦方向的确定也应该类比周边同类项目的复垦经验。

　　主导限制因素与综合平衡原则。影响损毁土地复垦利用的因素很多,如塌陷、土源、水源、土壤肥力、坡度以及灌溉条件等。根据项目区自然环境、土地利用和土地损毁情况,分析影响损毁土地复垦利用的主导性限制因素,同时也应兼顾其他限制因素。

　　综合效益最佳原则。在确定土地的复垦方向时,应首先考虑其最佳综合效益,选择最佳的利用方向,根据土地状况是否适宜复垦为某种用途的土地,或以最小的资金投入取得最佳的经济、社会和生态环境效益,同时应注意发挥集体效益,即根据区域土地利用总体规划的要求,合理确定土地复垦方向。

　　动态和土地可持续利用原则。土地损毁是一个动态过程,复垦土地的适宜性也随损毁等级与过程而变化,具有动态性,在进行复垦土地的适宜性评价时,应考虑矿区工农业发展的前景、科技进步以及生产和生活水平所带来的社会需求方面的变化,确定复垦土地的开发利用方向。复垦后的土地应既能满足保护生物多样性和生态环境的需要,又能满足人类对土地的需求,应保证生态安全和人类社会可持续发展。

　　经济可行与技术合理性原则。土地复垦所需的费用应在保证复垦目标完整、复垦效果达到复垦标准的前提下,兼顾土地复垦成本,尽可能减轻企业负担。复垦技术应满足复垦工作顺利开展、复垦效果达到复垦标准的要求。

　　公众参与原则。复垦土地的利用方向的确定,应广泛征求当地居民的意愿,符合当地的耕作方式。

4.5.2　土地复垦适宜性评价依据

　　土地复垦适宜性评价在详细调研项目区土地损毁前的利用状况和损毁后土地状况基础上,参考土地损毁预测和损毁程度分析的结果,根据国家和地方的规划和行业标准,采取切实可行的办法,改善被损毁土地的生态环境,确定复垦利用方向。

　　相关法律法规和规划:

　　包括国家与地方有关土地复垦的法律法规,如《中华人民共和国土地管理法》、《土地复垦条例》,土地管理的相关法律法规和复垦区土地利用总体规划及其他相关规划等。

　　相关规程和标准:

　　包括《土地复垦质量控制标准》(TD/T 1036—2013)、《土地开发整理项目规划编制规程》(TD/T1011－2000)、《耕地地力调查与质量评价技术规程》(NY/T1634－2008)、《耕地后备资源调查与评价技术规程》(TD/T1007－2003)和《河南省土地开发整理工程建设标准(试行)》(2000)。

　　其他:

　　包括复垦责任范围内土地资源调查资料、土地损毁分析结果、土地损毁前后的土地利用状况，以及公众参与意见等。

4.5.3　适宜性评价对象的确定

本方案复垦的主要对象包括塌陷土地及工业场地。其中道路、坑塘等拟恢复原状，不再进行适宜性评价。

本项目区按照土地损毁程度和类型，将损毁土地划分为塌陷和压占。同时结合土地预测损毁图、土地利用现状类型、土地损毁程度，将损毁土地详细划分为 11 个评价单元。其中坑塘水面保留现状，不再参与评价（表 4-10）。

表 4-10 复垦区各评价单元统计表

序号	评价单元	面积/hm²
1	耕地已塌陷轻度损毁区	12.85
2	林地已塌陷轻度损毁区	5.43
3	已搬迁村庄用地	4.19
4	耕地拟塌陷轻度损毁区	18.40
5	耕地拟塌陷中度损毁区	11.12
6	林地拟塌陷轻度损毁区	1.96
7	林地拟塌陷中度损毁区	6.62
8	拟搬迁村庄用地	13.63
9	主井工业场地	5.51
10	副井工业场地/村庄压占	4.05
11	保留现状/坑塘水面	3.68
合计		87.44

4.5.4　评价方法的确定

土地复垦适宜性评价主要是为了确定土地的适宜性用途和指导复垦工作有效进行，矿区土地复垦适宜性的限制因子对复垦方法选择具有较大影响，而极限条件法是将土地质量最低评定标准作为治理等级的依据，能够通过适宜性评价比较清晰地获得进行复垦工作的各个限制因素，以便为土地的进一步改良利用服务，所以，土地复垦适宜性评价拟采用极限条件法。

极限条件法是基于系统工程中"木桶原理"，即分类单元的最终质量取决于条件最差的因子的质量。模型为：

$$Y_i = \min(Y_{ij})\qquad(4\text{-}3)$$

式中，Y_i 为第 i 个评价单元的最终分值；Y_{ij} 为第 i 个评价单元中第 j 个参评因子的分值。这种方法在进行土地复垦适宜性评价时具有一定的优势，是常用的方法。土地复垦在一定程度上就是对这些限制因素的改进，使其更适宜作物的生长。

4.5.5　土地复垦适宜性评价参评因素分级指标和等级标准的确定

在调研的基础上，把影响复垦工作的地形坡度、地表组成物质、土地损毁程度、表土厚度、灌溉条件、排水条件、交通状况等 7 种制约因子进行定量分析,建立评价模型。它是土地复垦利用方向决策和改良途径选择的基础。根据农林牧业适宜性评价等级标准分为一级(适宜)、二级(基本适宜)、三级(勉强适宜)和不适宜四个级别(表 4-11)。

表 4-11 土地复垦适宜性评价主要限制因素等级标准

限制因素	分级指标	宜耕评价	宜园(林)评价	宜草评价
地形坡度/(°)	<5	1	1	1
	5~15	1 或 2	1	1
	15~25	3 或 4	2 或 3	1 或 2
	>25	4	3 或 4	3 或 4
地表组成物质	壤土	1	1	1
	黏土、沙壤土	2 或 3	1	1
	岩土混合物	4	3	3
	基岩、岩质	4	4	4
土地损毁程度	轻度	1 或 2	1 或 2	1 或 2
	中度	2 或 3	2 或 3	2 或 3
	重度	3 或 4	3 或 4	3 或 4
表土厚度/cm	>100	1	1	1
	50~100	2	1	1
	30~50	3	2 或 3	1
	<30	4	3 或 4	2 或 3
灌溉条件	有稳定灌溉水源	1	1	1
	灌溉水源保证差	2	2	2
	无灌溉水源	3	3	3
排水条件	不淹没或偶然淹没	1	1	1
	季节性短期淹没,排水较好	2	2	2
	季节性长期淹没,排水差	3	3	3
	长期淹没,排水很差	4	4	4
交通条件	交通便利,通达条件好	1 或 2	1 或 2	1 或 2
	交通较为便利,通达性中等	2 或 3	2 或 3	2 或 3
	交通不便,通达性差	4	3 或 4	3 或 4

注:上表中"1"表示适宜,"2"表示基本适宜,"3"表示勉强适宜,"4"表示不适宜。

4.5.6 适宜性评价结果分析及复垦方向确定

根据各评价单元的具体特性,依据制定的评价标准以及评价方法,确定各评价单元的适宜等级。同时,遵循保护耕地不减少,提高耕地质量,保护生态环境,提高植被覆盖率的原则,最终确定各评价单元复垦方向(表 4-12)。

表 4-12　　　　　　　　　　　土地复垦适宜性评价结果表

序号	评价单元	评价等级	复垦利用方向	面积/hm²	复垦单元
1	耕地已塌陷轻度损毁区	耕地 1 级	耕地	12.85	塌陷耕地复垦单元
2	林地已塌陷轻度损毁区	林地 1 级	林地	5.43	塌陷耕地复垦单元
3	已搬迁村庄用地	耕地 2 级	耕地	4.19	废弃建设用地复垦单元
4	耕地拟塌陷轻度损毁区	耕地 1 级	耕地	18.39	塌陷耕地复垦单元
5	耕地拟塌陷中度损毁区	耕地 2 级	耕地	8.71	塌陷耕地复垦单元
6	林地拟塌陷轻度损毁区	林地 1 级	有林地	1.96	塌陷耕地复垦单元
7	林地拟塌陷中度损毁区	林地 2 级	有林地	5.59	塌陷林地复垦单元
8	拟搬迁村庄用地	耕地 2 级	耕地	13.63	废弃建设用地复垦单元
9	主井工业场地	耕地 2 级	耕地	5.51	废弃建设用地复垦单元
10	副井工业场地	耕地 2 级	耕地	4.05	

4.5.7　复垦目标

　　复垦责任范围面积为 61.31 hm²，在本方案服务年限内，对复垦责任区的损毁全部采取措施，进行复垦，复垦率为 100％。通过方案的实施，复垦耕地 55.27 hm²，林地 2.70 hm²，其他用地将采取监测措施，确保使用安全。复垦前后的责任区土地利用结构变化情况见表 4-13。

表 4-13　　　　　　　　　　　复垦前后土地利用结构调整表

一级地类		二级地类		面积/hm²		变化	
编码	名称	编码	名称	复垦前	复垦后	面积/hm²	比例/％
1	耕地	13	旱地	33.82	52.96	19.14	56.59
3	林地	31	有林地	7.39	7.39	0	0
11	水域及水利设施用地	114	坑塘水面	0.96	0.96	0	0
20	城镇村及工矿用地	203	村庄	13.63	0	−13.63	−100
		204	采矿用地	5.51	0	−5.51	−100
合计				61.31	61.31	0	—

4.6　土地复垦质量要求

4.6.1　耕地复垦标准

　　地形：田块基本平整，田块内部坡度小于 6°；

　　土壤质量：有效土层厚度大于 60 cm；土壤重度小于 1.40 g/m³；土壤质地为壤土或壤质黏土；砾石含量小于 5％；pH 值为 6.0～8.5；有机质含量大于 1.5％；电导率小于 2 ds/m；

　　配套设施：田间路、生产路能满足生产要求；有较完善的水利设施，工程标准符合"河南省土地开发整理系列标准"的相关要求。

　　生产力水平：当年农作物产量应恢复到原耕地作物产量的 70％，3 年后达到原有作物产量水平。

4.6.2　林地复垦标准

土壤质量:有效土层厚度大于 30 cm;土壤重度小于 1.45 g/m³;土壤质地为砂土或壤质黏土;砾石含量小于 15%;pH 值为 6.0~8.5;有机质含量大于 1%。

配套设施:田间路、生产路能满足生产要求,工程标准符合"河南省土地开发整理系列标准"的相关要求。

生产力水平:造林密度 1 667 株/hm²,复垦 3 年后种植成活率高于 70%;复垦 3 年后林地郁闭度达 0.35 以上。

4.6.3　道路要求

根据《河南省土地开发整理工程建设标准》规定,田间道路按功能与类型划分为田间道和生产路两级。田间道主要联系居民点与田间耕作区,田间道路面宽 4.0 m,路面为泥结碎石路面,限制纵坡度为 15%(8°),路面 20 cm 厚,素土夯实路基 30 cm,田间道在原有道路系统基础上改建。生产路一般结合沟渠布设,是田间生产耕作的主要通路,路面宽 2.0 m,为厚 20 cm 素土压实路面。

4.7　复垦措施

4.7.1　工程技术措施

工程复垦技术是指工程复垦中,按照所在地区自然环境条件和复垦地利用方向要求,对受影响的土地采取回填、堆砌、平整等各种手段,并结合一定的防洪、防涝等措施进行处理。该矿复垦要采取的工程措施主要是塌陷地裂缝的充填、土地的平整、复垦区的配套工程,如道路和排灌工程等。

(1)基本原则

① 工程复垦与生态复垦相结合

尽管矿区复垦分为工程复垦和生态复垦两个阶段,但是两者并不是孤立割裂的,无论从时间还是空间上都存在着紧密的联系,目的都是为了恢复被损毁土地的利用价值。因此在确定工程技术措施时应将两者有机地结合起来,主要体现在工程复垦阶段要为生物复垦打好基础。如将工程措施同水土保持工程、环境治理等结合起来,矸石山整治场地与护坡工程结合起来等。

② 农用地复垦与耕地建设相结合

若要保障采矿后当地农民的粮食来源,必须要做好复垦区的耕地建设,尽量增加耕地数量,提高耕地质量,改善耕地生产能力。待复垦区内塌陷耕地,绝大多数都可以恢复成耕地,在进行工程复垦时,必须严格贯彻复垦标准,重点控制复垦场地的坡度、平整度、有机质含量、土壤结构、土层厚度、水保措施等指标。

(2)基本措施

由于本矿区的采煤塌陷地、裂缝地基本都属于低潜水位无积水类型,因此拟采取以下复垦工程技术措施。

① 土地平整与充填

由于该矿属于地下开采,地表塌陷稳定期较长,为了尽早介入,减少损毁,可以将塌陷土地分为已稳沉和未稳沉两类。未稳沉的塌陷地还处于变形期间,所以对其采用基本的工程措施使其平整,能够保证进行一定的农业生产或林草生长即可,待其稳定后再采取适当的复垦措施。

② 修筑梯田

适用于已稳定的、塌陷深度较大、本身坡度起伏较大,甚至呈台阶状的坡耕地。可以沿地形等高线根据高低起伏状况就势修建台田,形成梯田景观,并略向内倾以拦水保墒。同时要修筑适当的灌排水设施,防止水土流失,从而改善原有的农业生产布局。

③ 表土剥离与堆存

在土地复垦中对表土进行剥离是十分关键的一点。耕作层土壤和表层土壤是经过多年耕作和植物作用而形成的熟化土壤,是深层生土所不能替代的,对于植物种子的萌发和幼苗的生长有着重要作用。因此在进行土地复垦时,要保护和利用好表层的熟化土壤(主要为0～0.50 m的土层)。首先要把表层的熟化土壤尽可能地剥离后在合适的地方储存并加以养护和妥善管理以保持其肥力;待土地整形结束后,再平铺于土地表面,使其得到充分、有效、科学的利用。

表土是复垦中土壤的重要来源之一,表土的剥离与保存是否适宜关系到将来土地复垦的成功率与土地复垦的成本高低,也是土地复垦工程中非常重要的环节,因此务必要做好表土的剥离与堆存工作。

④ 道路维护

地表塌陷过程中,必将对项目区内的道路系统造成损毁,为不影响道路的正常使用,保证其功能,必须对道路进行维修。在地表稳沉前,对道路治理最好的工程措施就是对其进行维护,对损毁的道路进行铺垫、压实,同时对两边有边坡的道路进行护坡,田间路和生产路的维护可随耕地的复垦同步进行。待地表下沉稳定后,按照复垦工程中设计的道路应达到的标准进行施工。

⑤ 地表整理

对于复垦的采矿用地结合周边环境、地类条件以及农民意愿,大部分复垦为耕地,其次为草地,因此其主要复垦措施包括建筑物拆除、垃圾清运、覆土等。

4.7.2 生物和化学措施

生物复垦是通过生物改良措施,改善土壤环境,恢复土壤肥力与生物生产能力的活动。利用生物措施恢复土壤肥力及生物生产能力的技术措施,包括施无机化肥等措施,对复垦后的贫瘠土地进行熟化,以恢复和增加土地的肥力和活性,以便用于农业生产。

(1) 土壤改良与培肥措施

矿区覆盖的黄土尽管来源丰富,但是自然条件差,土壤贫瘠,土壤有机质含量低,缺乏必要的营养元素和有机质,必须采取一系列的措施进行土壤改良与培肥。

(2) 施无机化肥

矿区虽然覆盖有良好的黄土层,但因黄土养分贫瘠,尤其缺少氮素和有机质,故必须进行施肥。根据矿区的实际情况,无法大量施用有机肥料,故只能施用无机肥料来增加土壤养分,以化学肥料为启动,使植物生长良好,提高土壤有机质含量,改良土壤的理化性质。

(3) 有效利用污泥

矿区和生活区内污水处理过程中形成的污泥,含有较多的养分和微生物,施在复垦场地上有较好的效果。同时也可以采取堆肥发酵的方式,作为土壤改良与培肥的有机肥料。

(4)绿肥法

绿肥是改良复垦土壤,增加有机质和氮磷钾等营养元素的最有效方法。凡是以植物的绿色部分当作肥料的称为绿肥。绿肥多为豆科植物,其生命力旺盛,在自然条件较差、土壤较贫瘠的土地上都能很好地生长。因此无论复垦土地的最终利用方向是宜农、宜林还是宜牧,在最初几年内都需要种植多年生或一年生豆科草本植物,然后将这些植物通过压青、秸秆还田、过腹还田等多种方式复田,在土壤微生物作用下,除释放大量养分外,还可以转化成腐殖质,其根系腐烂后也有胶结和团聚作用,可以有效改善土壤理化性质。常见的有沙打旺、紫花苜蓿、豆科等植物。

4.7.3 监测措施

由于本项目的兴建会扰动损坏地表面积,产生大量损毁土地,对项目区及周边地区的生态环境有着明显影响,选择合理的监测内容对项目区各种复垦措施进行监测,不仅有利于正确评价分析复垦方案的实施效果,而且对同类地区的复垦工作具有重要的指导作用。监测方法以调查巡视监测为主,辅以定位观测。

(1)土壤质量监测

本项目开采矿种为煤矿,容易对土壤造成破坏,故土壤质量监测主要为土壤质地以及土壤肥力两部分内容。依据《耕地质量验收技术规范》(NY/T 1120—2006)中确定的监测方法进行监测,每隔 3 年监测 1 次。

(2)植被监测

复垦区生态较为脆弱,加之恢复生态系统的动态性与恢复过程的长期性与波动性,有必要对复垦后的林草用地进行植被监测(林草地的中度与重度损毁区)。植被监测主要对成活率和覆盖率进行监测,监测时间选在植物生长的旺季进行,根据当地实际情况,一般选择在夏季进行。每年监测 1 次,直至管护期结束。

植被监测包括植被长势、植被盖度以及入侵植物种类调查。

在调查基础之上进行生态系统后评价,后评价内容包括土壤生态系统健康评价以及植物多样性评价。调查与评价过程由具有相关技术的单位配合进行。

4.7.4 管护措施

土地复垦是一项由损毁土地初期开始到复垦措施实施之后若干年都需要进行的长期行为,对于土地复垦区域的植被尤为重要,各种植物种植之后仍需一系列诸如平茬、补种加种、浇水、防冻、防虫害等的管护措施,主要表现在以下几个方面。

(1)灌溉施肥措施

本方案选择物种基本为当地乡土植被,降雨基本能够满足植物生长的需求,因此无须设计专门的灌溉管道等装置。但是植物种植及移栽第一年,为增加出苗率以及植物的成活率需一定的灌溉施肥措施,可以选择水车拉水的方式,在种植或栽植后当时以及之后定期灌溉,一年之后可以转为完全依靠自然降水。

种植及栽植当时可以适当施以一定量的化肥,之后土壤中的营养物质基本能够满足植物生长需要。

(2)防寒防冻措施

本方案设计所选油松等乔木多为耐寒植物,但在栽植初期仍需要一定的防冻措施。措施主要包括：入冬前需整枝修剪在树茎包裹塑料薄膜或者草苫,选择苗木栽植后 2～3 年后的 10～11 月进行平茬,平茬后应追施一次肥料,并浇足防冻水后覆盖以起到防寒的作用。

灌木种植防冻措施应在入冬之前浇足防冻水,可以根据情况选择覆盖、束草等措施,针对已经产生冻害的植株需要及时挖沟排水,降低土壤水分,并根据冻害程度对受冻枝干进行修剪。

（3）病虫害防治

复垦初期植物种类较为单一,极容易形成特定植物的病虫害,如松树苗期容易发生猝倒病、后期容易形成松毛虫害。针对各种病虫害除复垦初期各种植物合理混交外,还需辅以其他措施,包括针对各种病害适当施以药剂、多以绿肥等有机肥代替化肥、保护蜘蛛等各种害虫的天敌。

（4）补种加种措施

种植后的第二年及第三年需要对缺苗的区域进行补种,以保证能够尽快覆盖地表,减少水土流失的可能。复垦后的植被为人造植被,虽在选择植物种类以及进行搭配的过程中尽量趋于合理,但是与自然植被相比仍有较多不足,因此复垦后应根据区域植物的生长情况适当种植其他植物,如复垦后 3～5 年,在某些初期种植草地的区域可以适当加种一些灌木,随复垦年限增加也可以加种部分乔木,以增加区域生物多样性,使生态环境趋于合理。

4.8 土地复垦工程设计

4.8.1 设计原则

（1）因地制宜原则

因地制宜原则是土地复垦工程设计的一个重要原则。土地复垦工程设计是针对特定的损毁土地区域进行的,地域性特点很强,因此在进行工程设计之前,必须充分认识到矿区土地的特性和经济条件以及土地损毁规律,从而因地制宜地确定土地复垦规划方案。

（2）保证耕地数量,提高耕地质量

为保证采矿不影响当地农民的农业收入及粮食来源,保证耕地的数量不减少,同时提高耕地的质量,改善耕地的生产能力,在复垦时应严格贯彻复垦标准,重点控制复垦场地的坡度、平整度、有机质含量、土壤结构、土层厚度、水土保持措施等指标,同时完善耕地的配套设施。

4.8.2 设计对象

（1）塌陷耕地复垦工程设计

地表受开采沉陷后一个明显的损毁特征是地表出现裂缝,严重时还将有塌陷台阶出现,地表裂缝主要集中在煤柱、采区边界的边缘地带,以及煤层浅部地带。土地复垦过程中要对其填堵与整治,以恢复土地功能,防止水土流失。

因塌陷损毁造成的裂缝一般分为两种：

① 动态裂缝。动态裂缝由于随着井下工作面的推进而不断发生变化,具有不可预测性,而且部分可能自动愈合。本方案不对此类裂缝进行专门设计。建议在复垦过程中,对沉陷区进行监测,并对未自动闭合的裂缝进行简单处理。

② 永久性裂缝。开采结束后,在地表水平变形较大的区域出现永久裂缝。塌陷区内裂

缝宽度较小的区域(宽度小于 100 mm),可以采用人工直接充填裂缝法,即人工直接就地挖土,填补裂缝,填土夯实后进行平整。对于宽度较大的裂缝(宽度大于 100 mm),需剥离裂缝两侧的表土,填入煤矸石,再将剥离表土填入。

矸石充填裂缝具体流程如下:

表土剥离——先沿着地表裂缝剥离表土,剥离宽度为裂缝周围 0.5 m,剥离土层就近堆放在裂缝两侧,剥离厚度为 0.5 m。

充填裂缝——可用小平车向裂缝中倒矸石,当充填高度距地表 1 m 左右时,应开始用木杆做第一次捣实,然后每充填 40 cm 左右捣实 1 次,直到略低于原地表 30 cm 时,再将之前剥离的表土覆盖于其上。

裂缝充填的主要工程量计算如下:

设塌陷裂缝宽度为 $a(\mathrm{m})$,则地表沉陷裂缝的可见深度 W 按下列经验公式计算:

$$W = 10\sqrt{a}\,(\mathrm{m}) \tag{4-4}$$

设塌陷裂缝的间距为 $C(\mathrm{m})$,每亩的裂缝系数为 n,则每亩面积塌陷裂缝的长度 U 可按下列经验公式计算:

$$U = \frac{666.7}{C} \cdot n \tag{4-5}$$

每亩塌陷地填充裂缝土方量可按下列经验公式计算:

$$V = \frac{1}{2} a \cdot U \cdot W\,(\mathrm{m^3/亩}) \tag{4-6}$$

每一图斑塌陷裂缝填充土方量 $M_{\mathrm{V}i}$ 可按下列公式计算:

$$M_{\mathrm{V}i} = V \cdot F\,(\mathrm{m^3}) \tag{4-7}$$

式中,F 为图斑面积,亩。

以轻、中、重度塌陷地损毁程度相应的裂缝宽度(a),以及裂缝的间距(C)和系数(n)等数据代入公式,可得到不同损毁程度每亩塌陷裂缝所产生的裂缝长度和填充所需方量(V)(表 4-14),填充裂缝示意图见图 4-6。

表 4-14   **每亩塌陷地填充裂缝土方量(V)计算**

损毁程度	裂缝宽度 a/m	裂缝间距 U/m	裂缝条数 n	裂缝深度 W/m	裂缝长度 U/m	填充裂缝每亩土方量 $V/\mathrm{m^3}$	
						黄土	矸石
轻度	<0.10	50	1.50	3.20	20	3.20	
中度	0.10~0.30	40	2	4.50	33.30		15.00
重度	>0.30	30	2.50	5.50	55.50		45.80

(2)土地平整复垦设计

根据塌陷预测以及现场调查,项目区塌陷损毁耕地面积 27.89 hm²。塌陷后坡度在 2°~15°之间,各级别坡度情况见表 4-15 所示。坡度测算方法基于国务院第二次全国土地调查领导小组办公室所颁发的《第二次土地调查利用 DEM 确定耕地坡度分级技术规定》。对于塌陷后坡度小于 6°的耕地,拟采用田块平整技术进行治理;对于塌陷后坡度大于 6°的耕地,主要采用坡改梯工程进行治理。

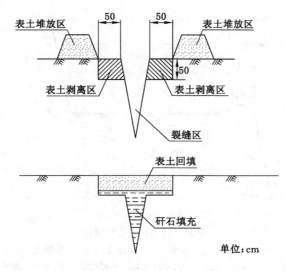

图 4-6 裂缝填充示意图

表 4-15 各级别坡度损毁耕地面积汇总表

坡度等级	面积/hm²	面积/亩
<6°	12.39	185.85
6°～15°	15.50	232.50
合计	27.89	418.35

① 土地平整工程设计

土地平整是深陷地复垦中一项比较常用的技术,通过对耕地进行土地平整不仅能消除因开采深陷产生的附加坡度,而且借此机会对项目区的耕地进行改善,可以提高生产力。

根据塌陷地不同损毁程度产生倾斜变形的附加坡度平均值,平整土地的每公顷土方量(P)可按下列经验公式计算:

$$P = \frac{10\ 000}{2}\tan\Delta\alpha = 5\ 000\tan\Delta\alpha，（\mathrm{m^3/hm^2}）\tag{4-8}$$

式中,$\Delta\alpha$ 为地表塌陷附加倾角。

塌陷地平整土地每公顷挖(填)土方量,平整土地的土方量可按下式计算:

$$M_\mathrm{P} = P \cdot F\tag{4-9}$$

式中,F 为平整区面积,hm²。

② 坡改梯设计

对于塌陷后坡度在 6°～15° 的坡耕地可通过修建土坎水平梯田的方法进行治理(图 4-7)。

A. 梯田要素设计

田面宽： $$B = H(\cot\alpha - \cot\beta)\tag{4-10}$$

田面毛宽： $$B_\mathrm{m} = H\cot\alpha\tag{4-11}$$

田面占地宽： $$B_\mathrm{n} = H\cot\beta\tag{4-12}$$

耕地田面宽： $$b = B - D\tag{4-13}$$

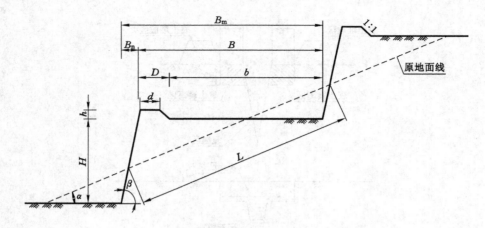

图 4-7　坡改梯工程设计

图中：α——地面坡度；h——地埂高；β——田块坡度；

B_n——田坎占地宽；H——田坎高度；b——耕作田面宽；B——田块宽；

B_m——田面毛宽；D——地埂底宽；L——田面斜宽；d——地埂顶宽

田面斜宽：
$$L = \frac{H}{\sin \alpha} \qquad (4\text{-}14)$$

田坎高：
$$H = L\sin \alpha \qquad (4\text{-}15)$$

B. 梯田规格标准

a. 梯田田面宽度大于 8 m。

b. 人工梯田田坎高小于 3.5 m。

c. 地埂高一般采用 0.3 m，顶宽 0.3 m，埂内坡 1∶1，外坡与田坎侧坡一致，与田坎一并夯实修筑。

d. 田坎侧坡坡度可采用 71°～76°；

e. 表土剥离厚度 30 cm。

C. 工程量计算

在挖填方相等时，梯田挖填方的断面面积，由下式计算：

$$S = \frac{1}{2} \cdot \frac{H}{2} \cdot \frac{B}{2} = \frac{HB}{8} \qquad (4\text{-}16)$$

式中　H——田坎高度；

　　　B——田面宽度。

每亩田坎长度，公式如下：

$$L = \frac{666.7}{B} \ (\text{m}) \qquad (4\text{-}17)$$

单位面积土方量，公式如下：

$$V = \frac{1}{8}HBL \qquad (4\text{-}18)$$

则可以得出每亩土方量，公式如下：

$$V = \frac{666.7}{8}H = 83.3H \ (\text{m}^3) \qquad (4\text{-}19)$$

不同坡度级别的梯田设计要素及每亩挖(填)土方量见表 4-16。表中各坡度分区每公顷挖(填)方土方量按相应分区的平均值计算。

表 4-16　　　　　　　　　　　改建水平梯田土方量计算表

原地面坡度/(°)	采用坡度/(°)	田坎高 H/m	田面宽 B/m	田坎占地/m	每米坎工作量	每亩埂长/m	每亩工程量	
							筑埂/m	土方开挖/m³
6～15	10	2.0	11.3	1.00	0.38	58.78	17.63	166.65

D. 表土剥离与回填设计

表土采用中间堆土法进行堆放,就是把表土堆放到各条田块中间,然后再将底土平整。表土剥离厚度为 0.3 m。

将田面沿横向分成三等份,将上 1/3 田面和下 1/3 田面上的表土刮起,堆放到中间 1/3 田面。

从田坎线外侧开沟取土修筑田坎,分层填土,踏实或夯实。

将上 1/3 田面开挖到设计高程,并把土运到下 1/3 田面内填平。

整平中部,覆盖表土。

③ 耕地配套设施

A. 田间道

结合当地使用要求和当地的自然条件,田间道为泥结碎石路面,最大纵坡 8%～10%,道路基宽为 5 m,路面宽为 4 m,高出地面 50 cm,素土夯实路基 30 cm,泥结碎石路面 20 cm。设计在田间路两侧种行道树,单侧修建排水沟,田间路断面设计见图 4-8。

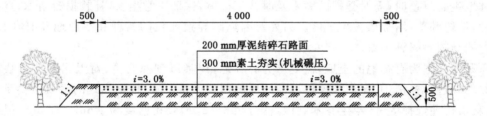

图 4-8　田间道路面结构设计图(单位:mm)

B. 生产路

生产路为人畜下田作业和收获农产品服务。生产路为素土夯实路面,厚度 20 cm,路面宽度为 2 m,高出地面 20 cm,断面设计见图 4-9。

C. 行道树

结合当地情况,本方案规划在田间路两侧栽植行道树,每侧一行,树种选择毛白杨,间距 3 m,苗木选择 3 年生一级苗,穴状整地,规格为 0.6 m×0.6 m×0.6 m。

抚育管理:3 年 3 次,每年人工穴内松土、除草 1 次,松土深度为 5～10 cm。第二年冬季开始平茬,以后每隔 4 年修剪 1 次,隔带交替进行。

D. 排水沟设计

复垦区只修建农沟,一般沿田间道修建,排水沟采用浆砌石砌筑,排水沟断面选用底宽

50 cm，口宽 80 cm，深 50 cm，浆砌石厚 0.3 m，纵坡不小于 3/1 000 的梯形断面，排水沟典型设计断面图见图 4-10。

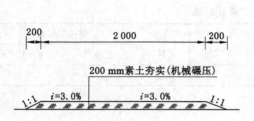

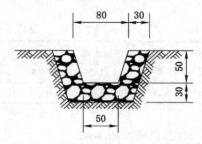

图 4-9　生产路路面结构设计图（单位：mm）　　　图 4-10　排水沟典型设计断面图（单位：cm）

④ 土壤培肥设计

复垦初期，平整后的土地土壤养分贫瘠，理化性状差，有机质含量少，土壤板结，可耕性差。需采取综合施肥措施，以增加土壤有机质含量，提高土壤生产力。

本方案以施用有机肥料和无机化肥来提高土壤的有机物含量，改良土壤结构，消除土壤的不良理化特性。根据当地经验，有机肥的施用量 3 000 kg/hm² 左右，在有机肥施用的基础上，配合施用化肥，结合当地化肥施用的经验，在测定土壤基本性能的基础上，因地制宜施用化肥。氮肥按照每公顷 375 kg、磷肥每公顷 450 kg 进行施用。在施肥的基础上，对土壤进行深耕，调整种植结构，从而提高土壤肥力，增加土壤熟化程度。

（3）塌陷林地复垦设计

① 林地复垦工程

林地生态复垦时，需对受损的树木及时扶正树体，保证正常生长，补栽损毁苗木，选择适宜品种，植树种草，增加植被覆盖度。另外对因塌陷导致死亡的树种和空白地及时补栽，补栽树种要与损毁树种一致。

原利用类型为有林地的土地，仍复垦为有林地，树种以刺槐为主，对因塌陷造成缺苗和死苗的地方进行补植，并保证补种树种与原周围树种保持一致；根据当地的复垦经验及专家意见，栽植树种选择 3～5 年生乔木刺槐，株行距 3～2 m，栽植密度为 1 667 株/hm²，根据预测损毁程度，确定补栽面积为原面积的 40%。

为了尽早恢复矿区植被，在林下撒播草籽，草种以白羊草和紫花苜蓿为主，撒播量为 15 kg/hm²。

② 造林技术模式

选苗：遵循良种壮苗的原则，按立地条件选配的树种，从育苗单位选购良种壮苗，确保造林质量。

植苗：苗木要随起随栽，防止风吹日晒，做到起苗不伤根，运苗有包装，苗根不离水。当天不能栽植的苗木，应在阴凉背风处开沟，按疏排、埋实的方法，进行假植。

浇水：苗木栽植后要立即浇水，保证苗木成活。

林地采用穴坑整地，整地规格为 0.6 m×0.6 m×0.6 m。

林地复垦典型设计图见图 4-11 所示。

（4）废弃建设用地土地复垦工程设计

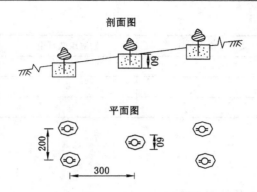

图 4-11 塌陷区林地复垦典型设计图(单位:cm)

废弃建设用地主要有搬迁村庄用地、主井工业场地、副井工业场地等。总面积 27.38 hm²。因当地后备资源比较缺少,根据当地群众及政府意见,本方案对此类用地优先复垦为耕地。

清运:废弃建设用地主要为砖瓦、砖混、楼板和钢结构,建议矿山找当地专业建筑物拆除公司进行拆除,清除表面的砾石以及对土质较差的区域进行清理,清理厚度 0.5 m。

覆土:为了提高矿区生态环境,满足耕种需求,需对清理后区域覆土,覆土厚度 60 cm。

翻耕:由于废弃场地区土壤硬性较强,经过推平碾压,撒农家肥后,需对土壤进行翻耕,使耕作层富含养分,更有利于农作物生长。

土壤培肥:复垦初期,平整后的土地土壤养分贫瘠,理化性状差,有机质含量少,土壤板结,可耕性差。需采取综合施肥措施,以增加土壤有机质含量,提高土壤生产力。具体措施见塌陷区耕地。

(5)复垦效果监测

主要针对复垦耕地质量进行监测,监测的主要项目包括地形坡度、有效土层的厚度、土壤有效水分、土壤重度、酸碱度(pH)、有机质含量、有效磷含量、全氮含量、土壤侵蚀模数等;其检测方法以《土地复垦技术标准》(试行)为准,按每 10 hm² 设 1 个监测点,监测频率为至少每季度一次,具体方案详见表 4-17。

表 4-17　　　　　　　　　　复垦土壤质量监测方案表

监测内容	监测频次次×年⁻¹	监测点数量个	样点持续监测时间年
地面坡度	1	6	3
覆土厚度	1	6	3
pH	1	6	3
有效土层厚度	1	6	3
土壤质地	1	6	3
土壤砾石含量	1	6	3
土壤重度(压实)	1	6	3
有机质	1	6	3
全氮	1	6	3

监测内容	监测频次次×年⁻¹	监测点数量个	样点持续监测时间年
有效磷	1	6	3
有效钾	1	6	3
土壤侵蚀	1	6	3

思考题

1. 简述煤矿矿山的自然地理条件特征。
2. 简述煤矿矿区土地损毁现状。
3. 简述煤矿矿区土地损毁预测依据、方法及结果。
4. 简述土地复垦适宜性评价含义、依据及原则。
5. 简述土地复垦适宜性分级及其影响因素。
6. 简述土地复垦的主要措施。
7. 简述煤矿矿区土地复垦的主要措施及特征。

第三篇　地质遗迹与地质公园

　　随着生活水平的不断提升，人们对旅游活动的欲望和需求也不断增长。旅游活动的目的地类型有风景名胜区、水利风景区、森林公园、自然保护区、世界遗产保护区等，其中地质公园已成为人们旅游的一个热点去处。在人们科学素质不断提高的情况下，在旅游过程中对承载我们的地球的产生、演化过程、大自然千奇百怪的自然现象越来越有兴趣，而地质公园就实现了旅游与科普的双重功能。本模块主要介绍地质遗迹与地质公园的相关理论、地质遗迹的价值、建立地质公园的意义，并以黄河蛇曲、金丝峡两个国家级地质公园为例，介绍公园总体规划、地质遗迹保护规划，以及关于地质遗迹的科研科普等内容。

5 地质遗迹与地质公园

5.1 地质遗迹

5.1.1 地质遗迹概念

地质遗迹是指地球在漫长的地质历史演变过程中,由于内外力的地质作用,形成了重要的地貌景观、地层剖面、地质构造、古人类遗址、古生物化石、矿物、岩石、水体和地质灾害等遗迹。地质遗迹具有独特性、稀有性、美学特征和科考价值,是恢复地球重大演化事件过程的关键依据。地质遗迹是不可再生的资源,需要人类共同关注和保护。

5.1.2 地质遗迹类型

(1) 根据《国家地质公园规划编制技术要求》划分

根据《国土资源部关于印发〈国家地质公园规划编制技术要求〉的通知》,地质遗迹可划分为 7 大类 25 个小类 56 个基本类型(表 5-1)。

表 5-1 地质遗迹类型划分表

大类	类	亚类
一、地质(体、层)剖面大类	1. 地层剖面	(1) 全球界线层型剖面(金钉子)
		(2) 全国性标准剖面
		(3) 区域性标准剖面
		(4) 地方性标准剖面
	2. 岩浆岩(体)剖面	(5) 典型基、超基性岩体(剖面)
		(6) 典型中性岩体(剖面)
		(7) 典型酸性岩体(剖面)
		(8) 典型碱性岩体(剖面)
	3. 变质岩相剖面	(9) 典型接触变质带剖面
		(10) 典型热动力变质带剖面
		(11) 典型混合岩化变质带剖面
		(12) 典型高、超高压变质带剖面
	4. 沉积岩相剖面	(13) 典型沉积岩相剖面
二、地质构造大类	5. 构造形迹	(14) 全球(巨型)构造
		(15) 区域(大型)构造
		(16) 中小型构造

大类	类	亚类
三、古生物大类	6. 古人类	(17) 古人类化石
		(18) 古人类活动遗迹
	7. 古动物	(19) 古无脊椎动物
		(20) 古脊椎动物
	8. 古植物	(21) 古植物
	9. 古生物遗迹	(22) 古生物活动遗迹
四、矿物与矿床大类	10. 典型矿物产地	(23) 典型矿物产地
	11. 典型矿床	(24) 典型金属矿床
		(25) 典型非金属矿床
		(26) 典型能源矿床
五、地貌景观大类	12. 岩石地貌景观	(27) 花岗岩地貌景观
		(28) 碎屑岩地貌景观
		(29) 可溶岩地貌(喀斯特地貌)景观
		(30) 黄土地貌景观
		(31) 砂积地貌景观
	13. 火山地貌景观	(32) 火山机构地貌景观
		(33) 火山熔岩地貌景观
		(34) 火山碎屑堆积地貌景观
	14. 冰川地貌景观	(35) 冰川刨蚀地貌景观
		(36) 冰川堆积地貌景观
		(37) 冰缘地貌景观
	15. 流水地貌景观	(38) 流水侵蚀地貌景观
		(39) 流水堆积地貌景观
	16. 海蚀海积景观	(40) 海蚀地貌景观
		(41) 海积地貌景观
	17. 构造地貌景观	(42) 构造地貌景观
六、水体景观大类	18. 泉水景观	(43) 温(热)泉景观
		(44) 冷泉景观
	19. 湖沼景观	(45) 湖泊景观
		(46) 沼泽湿地景观
	20. 河流景观	(47) 风景河段
	21. 瀑布景观	(48) 瀑布景观
七、环境地质遗迹景观大类	22. 地震遗迹景观	(49) 古地震遗迹景观
		(50) 近代地震遗迹景观
	23. 陨石冲击遗迹景观	(51) 陨石冲击遗迹景观

大类	类	亚类
七、环境地质遗迹景观大类	24. 地质灾害遗迹景观	(52) 山体崩塌遗迹景观
		(53) 滑坡遗迹景观
		(54) 泥石流遗迹景观
		(55) 地裂与地面沉降遗迹景观
	25. 采矿遗迹景观	(56) 采矿遗迹景观

（2）依其形成原因、自然属性划分

地质遗迹依其形成原因、自然属性可分为下列 6 种类型：

① 有重要观赏和重大科学研究价值的地质地貌景观；② 有重要价值的地质剖面和构造形迹；③ 有重要价值的古生物化石及其产地；④ 有特殊价值的矿物、岩石、矿床及其典型产地；⑤ 有独特医疗、保健作用或科学研究价值的温泉、矿泉、地下水活动痕迹以及有特殊意义的瀑布、湖泊、奇泉；⑥ 有典型和特殊意义的地震、地裂缝、塌陷、地面沉降、滑坡、泥石流等地质灾害遗迹。

（3）按分布特征划分

地质遗迹按分布特征可以分为 5 类。

第一类，点状或线状出露并易受损坏的地质遗迹。

一般具有典型、稀缺并易受破坏的地质遗迹都呈点状分布，少量呈线状分布，这些遗迹有的具有极高的科学价值，如"金钉子"就是具有全球对比标准价值的典型层型剖面点（如浙江常山"金钉子"）；稀缺的生物化石（含人类化石）产地点（如四川自贡恐龙化石埋藏点、兴义贵州龙化石埋藏点、北京周口店古人类遗址、北京延庆硅化木出露点等）；贵重矿物（如陨石、宝石、玉石、水晶、贵重矿石等）及其典型产地；有的具有特别观赏价值的微型地质景观点，如北京银狐洞"银狐"奇石、广东韶关丹霞山的阳元石等。

第二类，局部分布的地质遗迹。

这类遗迹分布范围中等（数公顷至数平方公里），具有较高的科研、科普价值，能给游客一种特特殊的体验，能启迪人们认识地质灾害和防护自救。这类地质遗迹，一般岩性较硬，处于天然缓慢风化或沉积生长中，除非人为故意破坏一般尚能保存。这类局部分布的地质遗迹有：各类石林、石蛋、石笋；典型的地震、火山、地裂、塌陷、沉降、崩塌、滑坡、泥石流等地质灾害遗迹；有特殊地质意义的瀑布、湖泊、冰川、鸣沙、海岸等。具体实例如陕西翠华山山崩遗址、云南石林、河南嵖岈山石蛋、漳州林进屿火山喷气口群、四川海螺沟冰瀑、黄河壶口瀑布等。

第三类，分布面积较宽广的地质景观。

这类地质遗迹的分布范围大于数平方公里，有时达数百平方公里，其地质地貌景观十分壮观，很有观赏价值，如丹霞、雅丹、岩溶、峰丛、峰林、黄土、河口三角洲等地质景观。这类地貌，除非人为大规模采石破坏，一般较易保护；但其生态环境脆弱，因人类的不恰当的活动或过度开发可能造成对其生态环境和景观的破坏。在已经批准的国家地质公园中，这类占的比例最多，如广东丹霞山丹霞地貌、敦煌雅丹地貌、山东东营黄河三角洲、贵州兴义西峰林、陕西洛川黄土塬、湖南张家界砂岩峰林、广东阳春岩溶地貌、四川兴文石海岩溶地貌等。

第四类，形态空间相对完整的地质遗迹。

由岩壁构成的相对完整的空间遗址,具有较高的科学价值、地质景观价值,如溶洞及其他洞穴、天坑、峡谷等。这类地质地貌景观好区分,在已经批准的国家地质公园中数量也不少,如北京石花洞、贵州马岭河峡谷、广西大石围天坑、广东湛江湖光岩玛珥湖等。

第五类,其他。

主要指是具有保健价值的资源及产地,如温泉、矿泉、矿泥等;具地质遗迹体的如云南腾冲热泉、山西运城盐湖矿泥等。

5.1.3 地质遗迹级别

结合《国家地质公园总体规划工作指南》,地质遗迹级别可划分为世界级、国家级、省级、县市级4个大级别。

(1)世界级地质遗迹

① 能为全球演化过程中,某一重大地质历史事件或演化阶段提供重要地质证据的地质遗迹;

② 具有国际地层(构造)对比意义的典型剖面、化石及产地;

③ 具有国际典型地学意义的地质景观或现象。

(2)国家级地质遗迹

① 能为一个大区域演化过程中,某一重大地质历史事件或演化阶段提供重要地质证据的地质遗迹;

② 具有国内大区域地层(构造)对比意义的典型剖面、化石及产地;

③ 具有国内典型地学意义的地质景观或现象。

(3)省级地质遗迹

① 能为区域地质历史演化阶段提供重要地质证据的地质遗迹;

② 有区域地层(构造)对比意义的典型剖面、化石及产地;

③ 在地学分区及分类上,具有代表性或较高历史、文化、旅游价值的地质景观。

(4)县市级地质遗迹

① 在本县的范围内具用科学研究价值的典型剖面、化石及产地;

② 在小区域内具有特色的地质景观或地质现象。

5.1.4 地质遗迹保护

(1)点状出露的地质遗迹保护

这类地质遗迹或地质景观,一般价值都高,属最高保护等级,其最有效保护措施是与游客隔离,绝对不让进入、触摸。如北京的"银狐"奇石用玻璃罩与游客完全隔离,游客在隔离设施外可看不可摸;丹霞山的阳元石也与游客隔离,只能在隔离设施外观看拍照,禁止游客进入对其造成损害。对陨石,可收入博物馆保护,特大无法搬运者可就地用隔离保护,允许游客在隔离设施外参观;对宝玉石、水晶、贵重矿石等,可收集样品陈列于博物馆保护,其产地应隔离,严格保护,严禁偷盗开采、破坏。

(2)局部分布的中小型地质景观

包括各类石林、石蛋,典型地震、崩塌、泥石流、冰川遗址,还有瀑布、奇泉等。这类局部分布的地质景观,一般不让进入,或排除危险后,有控制地允许进入考察、观光;规划可在附近安全地带安排指定线路或平台让游客观光。其保护方式为在景区内禁止采石、取土以及其他对保护对象有损害的活动。

(3)呈大面积分布的地质景观

包括雅丹地貌、丹霞地貌、岩溶地貌、火山地貌等。这些地质景观允许游客进入观光,在规划核心区外可安排建设必要的旅游设施如道路停车场、少量服务接待建筑等。保护方式是划出保护范围,作为地质公园园区,区内禁止采石、取土、开矿、放牧、砍伐以及其他对保护对象有损害的活动。这是大部分地质公园采取的保护方式。

(4) 形态相对完整的空间地质遗迹

这类空间一般是由岩石围成,包括各类洞穴、天坑、峡谷等。在保证其完整性的前提下,游客通过规划建设安排的步道进入其空间内观光,有时(如峡谷河流)游客可在规划的航道上漂流,体验大自然的神奇。其保护方式是所有车行道路、建筑都不得进入其保护的空间内,更不得进行采石、取土以及对构成空间的岩石有损害的活动。

(5) 其他

温泉、矿泉、矿泥是重要的保健资源,在旅游业产品中是发展休闲健身娱乐建立度假村的重要资源条件。保护的方式是科学核定开采量,度假村的规模由允许的开采量来控制,以保证这些资源的永续利用;对资源产地的地形地貌严格保护不被破坏,环境不受污染,特别是对泉水水质严格保护不被污染。

5.1.5 地质遗迹保护区划分

根据保护对象的重要性,可划分为特级保护区(点)、一级保护区、二级保护区和三级保护区。保护区的范围必须准确划定(要有重要拐点坐标)。

保护要求:特级保护区是地质公园内的核心保护区域,不允许观光游客进入,只允许经过批准的科研、管理人员进入开展保护和科研活动,区内不得设立任何建筑设施;一级保护区可以安置必要的游赏步道和相关设施,但必须与景观环境协调,要控制游客数量,严禁机动交通工具进入;二级、三级保护区属一般保护区,允许设立少量地学旅游服务设施,但必须限制与地学景观游赏无关的建筑,各项建设与设施应与景观环境协调。所有地质遗迹保护区内不得进行任何与保护功能不相符的工程建设活动;不得进行矿产资源勘查、开发活动;不得设立宾馆、招待所、培训中心、疗养院等大型服务设施。

5.2 地 质 公 园

5.2.1 地质公园概念

地质公园是指以具有特殊地质科学意义、稀有的自然属性、较高的美学观赏价值,具有一定规模和分布范围的地质遗迹景观为主体,并融合其他自然景观与人文景观而构成的一种独特的自然区域。地质公园既为人们提供具有较高科学品位的观光旅游、度假休闲、保健疗养、文化娱乐的场所,又是地质遗迹景观和生态环境的重点保护区、地质科学研究与普及的基地。

5.2.2 建立地质公园主要目的

第一,保护地质遗迹,保护自然环境;第二,普及地球科学知识,促进公众科学素质提高;第三,开展旅游活动,促进地方经济与社会可持续发展。

5.2.3 地质公园类型与分级

(1) 按面积规模

小型地质公园:面积≤20 km²,图纸比例为 1/5 000~1/10 000;

中型地质公园:20<面积≤100 km²,图纸比例为 1/10 000~1/25 000;

大型地质公园：100＜面积≤500 km²，图纸比例为 1/25 000～1/50 000；

特大型地质公园：面积＞500 km²，图纸比例为 1/50 000～1/100 000。

（2）按地质遗迹级别

依据地质公园中主要地质遗迹类型与级别的不同，地质公园一般可划分为世界地质公园、国家地质公园、省地质公园、县市地质公园。

5.2.4　地质公园功能区划分

功能区的划分应依据土地使用功能的差别、地质遗迹保护的要求并结合旅游活动的要求，在公园或独立的园区范围内，酌情划分出：门区、游客服务区、科普教育区、地质遗迹保护区、自然生态区、游览区（包括地质、人文、生态、特别景观游览区）、公园管理区、居民点保留区等功能区。

5.2.5　地质公园用地分类

地质公园用地一般可以分为 10 类（表 5-2）。

表 5-2　　　　　　　　　　　地质公园用地分类表

序号	代号	用地名称	范　围	备　注
01	甲	地质遗迹景观用地	地质景观用地、地质迹保护用地、需恢复的景观用地、野外游憩用地、其他观光用地	
02	乙	公园设施用地	独立旅游基地用地、娱乐文体用地、度假保健用地、科普设施用地、其他设施用地	
03	丙	居民社会用地	居民点用地、其他社会建设用地	非旅游建设用地
04	丁	交通与工程用地	对外交通用地、内部交通用地（包括车场）、其他配套设施用地	
05	戊	林　地	除园地外的所有林地	
06	已	园　地	各类人工经济林园地	不含竹木材林
07	庚	耕　地	菜地、旱地、水田、水浇地等	
08	辛	草　地	各类草地	
09	壬	水　域	河、湖、海、滩、渠、水库等	
10	癸	滞留用地	所有废弃建设用地、未利用地、荒地	

思 考 题

1. 简述地质遗迹含义、价值。

2. 简述地质遗迹类型划分。

3. 简述影响地质遗迹级别划分的因素及级别类型。

4. 简述地质遗迹保护区类型及其保护措施要求。

5. 简述旅游景区类型及地质公园的特征。

6. 简述地质遗迹与地质公园的关系。

7. 简述地质公园类型及分级。

8. 简述地质公园的功能分区类型。

6 国家地质公园总体规划

6.1 自然地理概况

6.1.1 区位和面积

该总体规划对象为黄河蛇曲(山西永和)国家地质公园。公园位于山西与陕西省交界处,永和县域西部,在南庄、打石腰和阁底乡境内,其北起前北头,南至佛堂,西到黄河中线,东到四十里堡。整个公园的面积 210 km²,公园地质遗迹保护面积 152.64 km²。

公园东距临汾市 180 km,北距太原市 280 km,西距陕西省延安市 160 km,从黄河到永和县仅 30 km,交通便利。

6.1.2 自然地理条件

黄河是中国的母亲河,是中华民族的发源地。这里有险峻的晋陕峡谷、奇特的蛇曲、广袤的黄土高原,自然景观壮美,民风淳朴,物产丰富,是发展旅游业的一方宝地。

(1)地形地貌

地质公园地处黄河沿岸,此处山大沟深,沟壑纵横,地形极其复杂。公园内海拔最高点为打石腰乡东山脊黑龙神圪塔,海拔高度达 1 321 m,最低点为千只沟河入黄河口的取材湾511.9 m,相对高差 709.1 m。

公园地势东高西低,北高南低,黄河水自北向南流动,芝河、桑壁河、峪里河及其支流向西汇入黄河。

公园内属浅层黄土覆盖的石质丘陵,海拔高度 511.9～1 321 m。地貌以土石梁峁和沟谷为主,山丘成土头石腰结构型,黄土覆盖较薄,坡面、沟谷流水侵蚀和重力侵蚀严重,溯源侵蚀活跃。在新构造运动相对平稳阶段,河流的下蚀作用相对减弱,侧向侵蚀作用相对加强,由于多次的继承性的侧蚀作用,在重力崩塌作用的协同作用下,原来弯曲度不大的河谷更加弯曲,以至形成现今的公园区的蛇曲地貌。

(2)气候状况

公园地处黄河沿岸,日照充分,年降雨量稀少,土壤含沙量大,特别适合枣树生长。这里气温较高,相对县城一般高 3 ℃～4 ℃。气温季节差、昼夜温差较大。冬季最冷为 1 月份,平均气温－6.0 ℃,夏季 7 月份最热平均气温 22.5 ℃。气温全县平均为 9.5 ℃,极端最高气温为 37.3 ℃,极端最低－22.6 ℃(表6-1,表6-2)。

表 6-1   公园年、月平均气温(℃)

月份	1	2	3	4	5	6	7	8	9	10	11	12	年均
温度	－6.0	－2.7	3.4	11.3	17.2	21.9	22.5	21.5	16.1	10.5	2.4	－4.5	9.5

表 6-2			公园月季平均降水量表						单位:mm		
季	春			夏			秋			冬		
月	3	4	5	6	7	8	9	10	11	12	1	2
月降水量	14.50	26.7	36.80	60.50	122.40	117.60	76.70	33.70	11.40	5.90	2.70	7.50
季降水量	78.00			300.50			131.80			16.10		
占全年降水/%	14.81			57.09			25.04			3.06		

（3）水文地质状况

公园内河流属黄河水系,黄河由北向南流经规划区,芝河、桑壁河、峪里河汇入黄河。

园区地表水主要为降雨径流和泉水部分。园内地下水资源较贫乏,境内区域性发育的含水层主要为砂岩裂缝水含水层,只在少数大的沟谷中有第四纪冲洪积砂砾层孔隙含水层分布。地下水的流向,由高到低。地下水的水位雨季上升,旱季下降。含水层补给全靠大气降水。

（4）植被和土壤

公园植被主要以经济林为主,经济林和防护林相结合,形成经济生态型的防护体系。其林木树种的配置上,不仅遵循因地制宜的原则,而且参考土地类型诸因素,合理布局。经济林主要以红枣为主,其发展集中而且连成一片,颇具规模。防护林主要以侧柏、油松、刺槐、沙棘为主。其中针叶树种以侧柏为主,搭配树种为刺槐、山杏。灌木以柠条、沙棘为主,乔灌木以 1∶1 的方式混交。

黄河蛇曲(山西永和)国家地质公园内土壤多属第四纪风积黄土所覆盖。公园内土壤主要成土母质为马兰黄土、离石黄土等。其地表特征为黄土丘陵地貌,为黄土高原梁峁丘陵沟壑区。由于海拔高度、地形特征、植被种类、水分条件的差异,主要形成了灰褐土和草甸土两个土类。

6.2 公园地质旅游资源评价

6.2.1 区域地质概况

（1）区域地质背景

公园位于鄂尔多斯高原东侧。鄂尔多斯盆地处于中国东部构造与西部构造的结合部,呈南北向延伸的矩形盆地,北起阴山、大青山和狼山,南到秦岭,东自吕梁山、中条山,西抵贺兰山、六盘山。

黄河干流自西向东横跨 3 级阶梯。第一级阶梯在地质构造上为西域地块,属强烈隆升的青藏高原。第二级阶梯构造上为华北陆块,其中有抬升区和沉降区相间分布。第三级阶梯构造上为华北陆缘盆地(或称滨太平洋构造块),属大幅度沉降区。鄂尔多斯地台处在上述第二级阶梯区内,是在西部强烈隆升区与东部大幅沉降区之间。它同时受到截然相反的两种性质构造的影响,因而它在地质上表现出东、西两侧的很大差异。自古生代以来,它一直是一个十分稳定的地块,虽然中间也曾有过地壳升降和海陆交替的历史,但也只是使盆地的中心有所偏移,而盆地的整体结构并未遭到严重破坏。

鄂尔多斯地块包括中元古界至古近系不同类型的沉积,从古老的岩系到较新的地层累积最大厚度可达 10 000 m 以上。早古生界浅海相地层,岩性以灰岩为主,其西南缘地势低洼,沉积厚度稍大些。晚古生代至早中生代,沉积环境逐渐由海相过渡到内陆湖盆,盆地中沉积了巨厚的中生代地层。这一时期三叠系、侏罗系是本区最重要的生油、储油岩系,而侏罗系中晚期是主要的成煤期。白垩纪晚期至古近纪期间,受燕山运动的影响,鄂尔多斯地块作为一个整体受力的地质单元,发生大面积垂直抬升,并伴随轻度的逆时针旋转,使地台周边形成环地台地堑系列,如河套盆地和渭河盆地等。鄂尔多斯高原今天的格局就是那一时期奠定的。

鄂尔多斯高原自中生代晚期和新生代初期,受区域构造运动的影响,本区地壳开始缓慢抬升,古湖盆逐渐萎缩,直至最后消失,形成高原。如今高原地台上绝大部分地区缺少古近纪的地层沉积,这说明古近纪时这一地区曾遭受极为强烈的风化剥蚀作用。由于以外营力为主的物理风化作用,整个高原面在这一时期处于夷平过程,呈现准平原化古地貌。如高原西部的桌子山山顶呈平台状,就是残留下来的高一级夷平面的一部分。虽然以后地壳还有不均衡上升或下降,但规模都不大,未能改变古近纪以来高原地貌景观的基本格局。

鄂尔多斯高原第四纪以来受新构造运动的影响,地壳仍有幅度不大的抬升,使地表形成波状起伏,从北往南呈现由荒漠化草原向波状高原,再向黄土高原逐渐变化的规律。北部为流动沙漠区,即今日的毛乌素沙漠和库布齐沙漠。

鄂尔多斯盆地根据现今的构造形态、基底性质及构造特征,可以划分为 6 个一级构造单元,即北部伊盟隆起、西缘断褶带、西部天环坳陷、中部陕北斜坡、南部渭北隆起和东部晋西挠褶带。公园位于陕北斜坡的东缘偏南,属晋西挠褶带的一部分(图 6-1)。

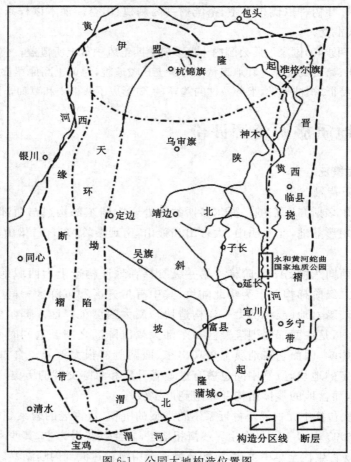

图 6-1 公园大地构造位置图

（2）黄土高原与晋陕峡谷

① 峡谷地貌、蛇曲地貌

流经晋陕间的黄河是九曲黄河最壮观、最富传奇的一段。黄河干流横穿河套盆地,自内蒙古蜿蜒而来,经过盆地东南缘的托克斯折转而下,自北而南奔流于黄土高原东部的晋陕峡谷之间,宛如一把利剑把黄土高原东部劈为两半。

晋陕峡谷北起河口镇,南到龙门,全长 726 km,落差 607 m,纵比降 0.84‰,河床宽一般为 200～400 m,喇嘛庙到楼子营河段最窄,仅 100 m,河谷深切 300～500 m,两岸为悬崖峭壁,水急流深。峡谷南段的吴堡—壶口段为深切曲流峡谷,河流弯曲,河床纵比降为0.77‰,曲流系数 2.05。在曲流河谷中发育有河漫滩、河心滩及河心岛,山西永和黄河蛇曲就位于这一河段中。这一蛇曲段的河床纵降比为 0.5‰。

黄土高原地貌形态的形成和发育,主要受本区新生代以来新构造运动的控制。发生于中生代的印支运动和燕山运动奠定了我国基本的构造格架。自白垩纪末期至古近纪初期,受燕山运动的影响,鄂尔多斯地块整体发生大面积垂直抬升,古湖盆逐渐萎缩,以至最后消失,形成高原,遭受风化剥蚀,如今高原台地上绝大部分地区缺失了古近纪的地层沉积。由于遭受长期的剥蚀夷平作用,高原呈现准平原化地貌,如高原西部桌子山山顶及东部吕梁山山顶残留下来的最高一级平台状地形,即是这一准平原地貌遭受后期侵蚀的残留部分。虽然后来地壳还经过了多次的上升或下降,但基本上未能改变古近纪以来的地貌景观。至新近纪初期(N_1)喜马拉雅造山运动(第二幕)影响本区,加速了拉张活动,在山西中部形成了桑干河、滹沱河、晋中、临汾—运城裂陷盆地,以及鄂尔多斯地块南部的渭河裂陷盆地及太行山、太岳山之间的小型山间盆地,并于上新世开始接受沉积。

在吕梁山以西,自新近纪中新世开始的唐县期侵蚀在五台期的古夷平面上侵蚀切割后形成了唐县期的侵蚀面,地形上表现为宽缓的宽谷及波状起伏的洼地。上新世早期在这些洼地中形成了灰绿色的河湖相堆积,自北而南如河曲县寺墕、万斛,保德芦子沟、路家沟,兴县瓦塘,柳林卫家洼、后宋家寨,石楼沙窑等,在斜坡及山前则堆积了三趾马红土。

进入第四纪以来,喜马拉雅运动(第三幕)活动频繁,该地块呈现间歇性持续上升,河流侵蚀作用加强,但更新世早期仍然继承了新近纪时的大的地貌形态,在山西中部的裂陷盆地、太行山、太岳山的山间盆地、中条山之南的三门峡盆地、渭河盆地、洛河河谷地带都仍然保持着相互独立的湖盆地貌。由于地壳的不断上升,河流下切侵蚀和向源侵蚀作用逐渐加强,最终至更新世中期,三门湖及上述湖盆相继被切开,湖水外泄,形成了统一的河道,现今的黄河干流形成。

由于第四纪以来该地块的间歇性持续上升,河流的不断下切,黄河及其支流分别在河谷两侧留下了多级侵蚀阶地(凹岸)或侵蚀堆积阶地(凸岸)。根据河流高阶地与不同时代黄土的掩盖关系推断,晋陕间的黄河峡谷的形成不会早于中更新世。乾坤湾最高阶地(T4)的磁性年代为 0.9～1.3 Ma B.P. 。

黄河干流在晋陕间的流向,历来也为地质学家们关注。黄河自青铜峡至河套盆地的流向是与鄂尔多斯地块北侧的构造线的方向是一致的,但流出河套盆地后不是继续向东流,而是向南折转 90°自北而南进入晋陕峡谷。分析其原因不难发现,这也是在诸多限定条件下的无奈之举和必由之路。

在印支运动和燕山运动之后,最终形成的吕梁山隆起及紫金山(岩体)环状隆起在中生代末已经成形,虽然没有现今隆升的高度大,但已在鄂尔多斯地块东侧形成了近南北向的山脉,并使吕梁背斜西翼的岩层呈近南北走向并向西缓倾。这些条件无疑构成了黄河继续东流的屏障。而燕山运动之后造就了山西地势是北高南低,在这样的地形条件下,黄河也只有顺其自然,由北而南。

如前所述,在经过古近纪和新近纪早期的长期剥蚀夷平作用后,在吕梁山之西鄂尔多斯台地东部自北而南形成了存在一些洼地的波状起伏的负地形。负地形的存在为黄河河道准备了现成的通道。这种负地形的形成除因外营力的风化剥蚀作用外,其内在因素是地层本身和构造因素的影响。

在山西北部,黄河主要穿流于单层厚度小、岩石较疏松和硬度较小的石炭-二叠纪地层中,而向东则是岩性坚硬、抗风化能力强的古生代石灰岩发育区,因而在同样的风剥蚀条件下,在石炭-二叠系的分布区易形成负地形。在中南部晋陕峡谷虽然是发育在中生代三叠纪地层中,其流向基本上与岩层走向一致,呈近南北向,有时稍有偏东或偏西移动,其摆动方向多追踪岩层中发育的两组节理走向(北东、北西向)。

另外,从新构造运动的强度看,东部的吕梁山隆升的幅度比鄂尔多斯地块大,而鄂尔多斯地块西部隆起的幅度比东部大,形成掀斜运动,正好对晋陕间黄河的流向起到固定作用。在新构造运动相对平稳阶段,河流的下蚀作用相对减弱,侧向侵蚀作用相对加强,由于多次的继承性的侧蚀作用,在重力崩塌作用的协同作用下,原来弯曲度不大的河谷更加弯曲,以至形成现今的公园区的蛇曲地貌。

② 黄土地貌

进入新生代以来,喜马拉雅造山运动影响到整个中国,表现为地壳发生间歇性地大幅上升,喜马拉雅山脉及其他高原地块强烈隆起(达 2 000 余米),周边的盆地大幅下沉。由于喜马拉雅山脉的强烈隆起,改变了大气环流,使中国西部的气候变得干燥,西北向季风气候得到加强,强劲的西北风携带来了产自西伯利亚及蒙古等地的大量粉尘,并堆积在中国西北沙漠的边缘及鄂尔多斯台地的不同标高、不同地貌单元之上,成为地质发展史上独具特色的巍巍壮观的黄土高原。

从早更新世至现在 200 多万年中,黄土高原堆积作用一直在进行着,最大厚度可达二三百米,一般厚度达几十米。从不同时代的黄土分布来看,早更新世午城黄土的分布范围较小,厚度也不大,是黄土发展的初期阶段;中更新世离石黄土,分布面积广、厚度也最大,是黄土的主要形成期;晚更新世至马兰组黄土分布最广,但厚度不大,其与下伏的离石黄土或午城黄土在塬、梁、峁的边缘多形成披盖关系,或直接覆盖于不同时代的前新近系之上。早更新世午城黄土与离石黄土之间表现多为整合接触关系或偶有沉积间断;两种黄土中都夹有多层褐色土型的古土壤。早更新世古土壤单层厚度小、密度大。古土壤的形成说明黄土形成时,黄土的原始物质——粉尘的堆积速度并不是一直不变的:当匀速堆积及加速堆积时形成黄土;当减速堆积时,黄土堆积的表面遭受化学风化及生物化学风化形成古土壤。古土壤的存在反映出古气候温湿与干凉之间的波动。

早更新世(2.50~1.45 Ma B. P.),黄土高原主体刚刚开始隆起,中部环状构造初具雏形,至更新世中期(1.45~1.43 Ma B. P.),中央环状构造形成得到进一步的发展,这一时期是黄土高原的发育和成型的时期。晚更新世至今(0.10 Ma B. P. 至今),黄土高原区的新构造运动进入了活跃期,黄土高原及周围山地进一步隆起,沟谷切割十分剧烈,在园区内表现的尤为显著："V"形沟谷形成树枝状的密网,不但切割了中更新统离石黄土,而且切入三叠系达几十米至上百米。这一时期奠定了黄土高原地貌的塬、梁、峁地形的地貌形态,也造成了马兰黄土与午城及离石黄土的披盖关系。黄土堆积和黄土地形地貌的改造现在仍在继续着。

自黄土开始堆积之初,自身即开始遭受侵蚀和剥蚀作用,这是存在于任何事物中矛盾的两方面。一方面,由于喜马拉雅山脉的隆起,改变了大气环流,使西北季风气候得到加强,带来了产自西伯利亚及蒙古的大量粉尘,形成了黄土堆积;另一方面,由于地壳的隆起同时也加剧了外营力(主要为流水)地质作用对黄土的侵蚀作用。这种堆积、侵蚀的交互作用始终存在于黄土及黄土地貌形成的全过程,只是在不同时期中的优势程度不同罢了。这可从黄土中发育的古土壤的层数、形态、厚度变化即可得到验证。流水的侵蚀、切割无疑是地貌形成的始作俑者:面状水流的侵蚀作用形成了黄土坡面上的纹沟;面状水流汇集形成的洪流进而将黄土地形切割为细沟、切沟、冲沟,最终将黄土地形"雕刻"为塬、梁、峁形态;黄土本身的特殊性质(垂直节理、大孔隙、易溶岩发育)是黄土地貌形成的内在因素。这些内在因素加速了外力作用的进程,对于黄土微地貌形态(黄土陷穴、黄土碟、落水洞、黄土柱、天生桥)的形成起着重要作用。

(3)公园区的地层

本区早古生代为隆起区,缺失沉积,晚古生代开始接受陆缘碎屑沉积。在黄河河谷及一些支流河谷中主要出露三叠系中、上统铜川组、延长组,基岩之上覆盖着中—晚更新世黄土(Q_{2+3})。局部发育少量全新世冲洪积物。按照地层由新到老的顺序,简介如下:

三叠系上统延长组主要为一套灰绿色、灰色中厚层粉细砂岩、粉砂岩和深灰色、灰黑色泥岩沉积,下部以河流相中、粗砂岩沉积为主;中部为一套湖泊—三角洲相为主的砂泥岩互层沉积;上部为河流相砂泥岩沉积。

延长组中古生物化石丰富,植物、孢类、藻类、介形类、瓣鳃类、叶肢介及鱼类等门类均有分布。植物以蕨类植物占优势,其中楔叶纲、真蕨纲十分发育,枝脉蕨属 Cladophlebis 及密中囊单蕨 Danaeopsis fecund 较多,无双扇蕨科植物,种子蕨纲比较发育。

由于盆地在晚三叠纪末期抬升,延长组出露地层不全,本区延长组为一套灰绿色、肉红色厚层状中、粗粒长石砂岩夹暗紫色泥岩。砂岩含量高,富含浊沸石和方解石胶结物,表面常呈不均匀的斑点状,底部为粗砂岩,呈麻斑结构。

三叠系中统铜川组岩性以紫红、紫灰色为主的砂泥岩互层,粒径下粗上细,含植物、介形类、瓣鳃类、叶肢介类等化石,属内陆河湖相沉积。公园区内铜组分布在黄河及支流河谷的下部。

新生代古近纪古新世阶段,整个华北地区相对稳定,全区大部分地区仍继续处于白垩纪末的剥蚀夷平阶段,并对那时已具雏形的准平原进行了进一步的塑造。这个时期夷平面,虽经后来喜马拉雅运动的影响而遭破坏,但在吕梁山主峰地带及五台山区仍有部分保留。由于喜马拉雅运动(一幕)的影响,北台期开始解体,在中条山以南的平陆、垣曲形成两个山间盆地,自始新世早期至渐新世末期,堆积了厚度达 2 800 m 的典型的磨拉石建造。

从新近纪开始,受喜马拉雅造山运动(二幕)的影响,华北东部古近纪的北东向的裂陷活动趋于停止,渤海湾地区整体凹陷,形成统一的渤海湾盆地,太行山内部新形成一些北北东向和近东西向断陷盆地群—汾渭裂谷带,并接受新近纪河湖相沉积,最厚达 5 000 m,并发生大规模的基性玄武岩喷发。

进入第四纪以来,喜马拉雅运动(第三幕)活动较为频繁,仍继承了新近纪的活动特征,地壳以间歇性上升为特征,河流侵蚀下切作用加强,形成多级阶地。早更新世后,一些山间盆地先后干涸,上升遭受风化剥蚀,同时形成河流及沟谷堆积物。另外从第四纪开始,喜马拉雅山脉的大幅崛起,改变了大气环流的途径,使季风气候不断加强,形成于西伯利亚及蒙古的土状堆积物,被西北风不断吹来,形成了分布于山西不同地貌单元、不同高度上的风积黄土,成为我国黄土高原东部的组成部分。

新生代以来生物已很接近现代,植物以被子植物为主,中生代的爬行动物如恐龙等已灭绝,鸟类繁多。哺乳动物中真马、真牛、真象开始出现。第四纪以来气候逐渐向干凉演化,几次冰期的侵袭使一些喜暖喜水的生物灭绝,代之以适宜于半干旱的生物群的出现。第四纪以来,人类的出现是地质发展史上最重要的事件,在山西这块土地上,留下了西候度人、匼河人、丁村人、许家窑人、峙峪人、下川人、当城人、鹅毛口人的足迹。上新世山西最重要的动物群是三趾马动物群。

6.2.2 地质旅游资源

(1)地质遗迹的类型与分布

公园地质遗迹主要为河流、干河周边支流、面流、潜流等侵蚀形成的地质景观,以及重力、水力、风力等作用下形成的地质遗迹,其主要地质旅游资源类型涉及 7 大类(GB/T 18972—2003)(表 6-3)。

表 6-3   **公园旅游资源类型统划分表**

主类	亚类	基本类型	主要分布区域
A 地文景观	AA 综合自然旅游地	AAB 谷地型旅游地	晋陕峡谷及其支流峡谷
		AAC 沙砾石地型旅游地	黄河及其支流岸边
		AAD 滩地型旅游地	黄河及其支流岸边
		AAE 奇异自然现象	黄河干流及其支流蛇曲
	AB 沉积与构造	ABA 断层景观	黄河两岸的岩壁上
		ABC 节理景观	黄河两岸的岩壁上
		ABD 地层剖面	英雄湾、乾坤湾
		ABG 生物化石点	乾坤湾
	AC 地质地貌过程形迹	ACE 奇特与象形山石	黄河两岸的岩壁上
		ACF 岩壁与岩缝	黄河及其支流两岸的岩壁上
		ACG 峡谷段落	晋陕峡谷及其支流峡谷
		ACH 沟壑地	园区内均可见到
		ACL 岩石洞与岩穴	黄河及支流两岸的岩壁上,乾坤湾发育较好
		ACN 岸滩	黄河两岸
	AD 自然变动遗迹	ADA 重力堆积体	黄河两岸

主类	亚类	基本类型	主要分布区域
B 水域风光	BA 河段	BAA 观光游憩河段	黄河
	BB 天然湖泊与池沼	BBB 沼泽与湿地	黄河两岸
	BC 瀑布	BCA 悬瀑 BCB 跌水	黄河及其支流两岸
	BD 泉	BDA 冷泉	园区内均可见到
C 生物景观	CA 树木	CAA 林地	园区内均可见到以枣树为主的经济林
E 遗址遗迹	EB 社会经济文化活动遗址遗迹	EBA 历史事件发生地	红军崖、余家咀回师渡口、东征纪念馆等
		EBC 废弃寺庙	望海寺、观音庙、水神庙等
		EBF 废城与聚落遗迹	古窑洞、夏商周文化遗址、阁底乡古文化遗址、下辛角古文化遗址
F 建筑与设施	FA 综合人文旅游地	FAA 教学科研实验场所	地质博物馆
H 人文活动	HA 人事记录	HAA 人物	刘和、刘训、贺胜、贺太平、冯敬、药王苗、萧隆、戴来聘、路义、刘润民、白承颐、药永安、段镏金城、宋清明、杜葆元等
	HC 民间习俗	HCA 地方风俗与民间礼仪	剪纸、面塑、木雕、石刻、刺绣、编织
		HCC 民间演艺	扭秧歌
		HCG 饮食习俗	山西风味食品

（2）地质旅游资源单体评价

根据《旅游资源分类、调查与评价》(GB/T 18972—2003)对永和黄河蛇曲地质旅游资源进行定量评价,其评价结果见表 6-4。

表 6-4   公园地质旅游资源单体评价表

评价项目	评价因子	仙人湾地文景观赋值(分)	乾坤湾地文景观赋值(分)	郭家湾地文景观赋值(分)	永和关湾地文景观赋值(分)	英雄湾地文景观赋值(分)
资源要素价值(85 分)	观赏游憩使用价值(30 分)	26	27	24	25	21
	历史文化科学艺术价值(25 分)	18	20	15	19	14
	珍稀奇特程度(15 分)	14	13	13	13	12
	规模、丰度与几率(10 分)	8	8	7	7	6
	完整性(5 分)	5	5	5	5	5

评价项目	评价因子	仙人湾地文景观赋值(分)	乾坤湾地文景观赋值(分)	郭家湾地文景观赋值(分)	永和关湾地文景观赋值(分)	英雄湾地文景观赋值(分)
资源影响力(15分)	知名度和影响力(10分)	5	7	5	5	5
	适游期或使用范围(5分)	1	2	1	1	1
附加值	环境保护与环境安全	3	4	3	3	3
合计		80	86	73	78	67
旅游资源评价等级		四级	四级	三级	三级	三级

上表评价结果说明永和黄河蛇曲旅游资源属于优良级旅游资源,具有很高的科学价值和旅游价值。

（3）地质旅游资源综合评价

黄河在永和县境内形成了 5 个典型的大型河流蛇曲,其中乾坤湾、仙人湾最为壮观,中央电视台宣传片《有形边界　无限风光》《传承文明　开拓创新》的开篇画面既源于此段。《中国国家地理》2004 年第 11 期,对此做大篇介绍并选为封面。这里完整系统地保留了晋陕峡谷中黄河蛇曲形成、演化的地质遗迹,对于研究黄河中游的演化以及黄土高原的环境变迁具有极为重要的科学价值,而且对发展旅游、进行科学考察和科普教育亦具有重要意义。

根据《国家地质公园规划编制技术要求》进行定性、定量评价和百分评定法评价,其综合平均分为 80 分,同时进一步说明永和黄河蛇曲地质旅游资源具有很高价值。

6.2.3　人文旅游资源

（1）人文旅游资源的类型

① 王家塬古民居

王家塬古民居位于南庄乡,是典型的黄河文化古民居。窑洞均依山而建,浑然天成。

道光年间王家塬出了一个进士,当地官府出资建了一座院落,大门由砖石砌成,门内照壁,院内十孔窑洞。窑背上立有"吉星高照"石碑,尤其门窗木框上均有刻有纹、雕饰,中间一窑门有对联一副,上联:守规矩绳墨;下联:能礼乐文章;横批:松风竹韵(老式古书)。

② 永和关

永和关位于园区西北部,距县城 35 km,自古就是黄河上的一个古渡口。永和县以县西有永和关而得名。相传永和关不叫永和关而叫白虎关。很早以前白虎关有一位聪明过人的秀才步入仕途以后青云直上,官至一品宰相。一天皇帝偶尔问他:"爱卿家住何方?"他信口答道:"臣家居白虎关。"话音未落,皇帝大怒骂道:"放肆!寡人实为白虎星,你却家住白虎关,妄想关住寡人,岂不是造反吗?"故将他罢官发配回乡,从此谁也不敢再叫白虎关,把白虎关改成永和关。

永和关作为一个千古雄关,自古就是兵家必争之地,唐、宋、明、清各代在此都有驻军。永和关自古就是黄河上一个很重要的古渡口。据张士元研究,白虎关也是证明伏羲在"乾坤湾"画阴阳八卦的又一优证。虎是黄河文化中炎帝的图腾标志,虎也是中华民族祖先的保护神。在黄河文化中,虎代表太阳,白虎是四方神之一(四方神为白虎、青龙、朱雀和玄武(龟))。经张士元先生考查,在"乾坤湾"周围都找到了相应的村庄,这更进一步确定了永和关在"乾坤湾"中的地位。

延永大桥过永和关入陕西,桥似彩虹飞架,雄关漫道,更显示出它重要的交通地位。

③ 望海寺

望海寺位于打石腰乡望海寺山头,创建年代不详,占地 572 m²。寺坐北朝南,现仅存正殿、丈八佛、魁星楼。正殿为石券窑洞,平面近方形。魁星楼前台阶陡而窄,仰头望去似入云天。该楼砖木结构,下为砖石基座,中设券洞,上为木构方形阁,三彩斗拱,单檐歇山灰瓦顶。

庙内壁画保存尚好,为五百罗汉图,清代绘制,位于望海寺 1 孔石窑洞内,共彩绘 500 名罗汉,神采各异,线条流畅,色彩艳丽,体现了娴熟的清代画风。

④ 黄家岭民俗村

黄家岭位于打石腰西南 6 km 处,该村以石砌窑洞为主,村内可见石碾、石磨。多年来,勤劳的农民就是用这些古老原始的工具,将粮食磨成面粉,加工成米、粉。这种生活年复一年,一直延续了多少个春秋,直到现在村内还保留有这种古老的工艺。

另外在民俗村可见到民间剪纸艺术和面塑、刺绣等工艺,尤其剪纸技艺已达到很高的水平。

⑤ 毛主席东征旧居

毛主席东征旧居位于园区中南部阁底乡东征村(原上退干村),原为关帝庙。1936 年 5 月 2 日,毛泽东率中国工农红军抗日先锋军渡河东征,部队回师陕北途中在此居住一晚,并指挥红军胜利西渡。当年毛泽东住过的窑洞保存完好。原关帝庙正殿坐北朝南,正殿为 3 孔土窑洞,西配殿是横着的一排窑洞,俗称枕头窑,东配殿只有 1 间,南面是个仅有 18 m² 的小戏台,院内有口旱井。毛泽东与贺子珍就住在西边的枕头窑里。窑内土炕上只有 1 张苇席,1 床薄被。毛主席走后,当地人民在正殿门前种柏树 4 棵,现已挺拔粗壮高 10 余米。毛主席离开后,在故居东南庙房的顶上长出一柏树,虽根未及地但总是翠绿挺拔。1971 年,中共临汾地委在此召开第一届全体会议,永和县委县政府在此建立毛主席东征纪念馆,并将上退干村改名为东征村。1995 年维修。2005 年永和县投资 180 万元重修和扩建纪念馆。现该处已纳入红色旅游线路,已对游人开放。

⑥ 永和关方城遗址

永和关方城遗址位于南庄乡永和关村南约 2 km 的山崖上,西临黄河。平面呈不规则四边形,地面现存明代城址,东南二墙长约 135 m,基宽约 2 m,高 3～5 m。墙体均由片石整齐垒砌。南城东端与东墙相连处有一城门,高约 2 m,宽 7 m。城址内原有建筑已不存,基址遗迹可辨。清光绪《山西通志》载:"永和关,永和县七十里。……明洪武六年(1373 年)置巡检司,万历年间设营兵。"

⑦ 娘娘庙和对台戏

在永和关北一支沟中,原有一座娘娘庙(现已倒塌),庙前有一深切小冲沟,冲沟两侧各有一座古戏台,冲沟上同时建有两座拱形石桥可过往行人。传说古时每年都要赶庙会,庙会期间,每个戏台各有一班人马同时在此演出,相互竞争、献艺,对台戏即由此而得名。每逢庙会,善男信女总要前来娘娘庙烧香许愿、观看演出,一方面反映出古代传承下来的迷信色彩,另一方面也反映了辛勤劳作的人们在休闲之余的业余文化生活。

⑧ 红军崖

红军崖地处英雄湾,是黄河晋陕峡谷东岸的一段石崖峭壁。1936 年 4 月为掩护红军主力部队安全西渡,红 15 军团 81 师(由原陕北红 27 军整编)奉命进至稷山县北阻击尾追之敌汤恩伯部。师长贺晋年率241团迅速占领关帝庙一线阵地,依托有利地形,阻击敌军。经过一天一夜顽强战斗,打退了敌人数次进攻。该团6连1排坚守关帝庙阵地,与数十倍于己之敌激战一日,全部壮烈牺牲。黄昏,关帝庙失守。贺师长亲自带领两个连反击,力图夺回关帝庙,无奈敌兵力太多,几次反击均未成功,遂退至关帝庙北的一个村子里,又顽强地阻击了一整夜。贺师长奉军团首长的命令,率领红81师主力迅速摆脱敌人,进山回撤,只留241团6连阻击敌军。6连掩护师主力撤退后,却被数十倍于己的敌军围困在一座高山上。他们在刘连长的带领下,浴血奋战,顽强战斗,虽然损失惨重,只剩下20多人,但他们从阵地上扒下敌尸上的军衣穿在身上,在3天后的一个夜晚巧妙突出重围。这时,红军东征部队除他们这个连队外,早已西渡回到陕北。黄河东岸的石楼、永和、大宁等县到处都有敌军布防。6连20多名勇士如在虎狼群中穿行,不时与敌遭遇交手,伤亡时有发生。他们试图从石楼县内偷渡未果,直至6月上旬转战来到永和关上游的西岸。这时6连仅有12个人了,接着又被敌军围困在一个石庵里。七八天过后,12位勇士在弹尽粮绝的情况下拼命突围,有的战死,有的从悬崖上跳下去,全部壮烈牺牲。永和关一带的民众为了纪念这12位勇士,把黄河东岸这一段石崖叫作"红军崖"。

(2)人文旅游资源评价

永和县历史悠久,人杰地灵,为公园留下了极其丰富的人文遗迹和革命遗迹。从旧石器时代到新石器时代,就有人类的祖先在此区生活,从夏、商、周,至秦汉直至明清,都在此处留下了众多的古文化遗址、古墓、古建筑、古庙宇。另外,永和县也是革命老区,在抗日战争和解放战争中这里也有很多历史事件发生地,如东征纪念馆、红军崖,这些无疑是研究中华民族的起源、发展和进行革命教育的宝贵遗产。综合对公园人文旅游资源的评价见表6-5。

表6-5　　　黄河蛇曲(山西永和)国家地质公园人文旅游资源单体评价表

评价项目	评价因子	永和关古渡口赋值	王家塬人文活动资源赋值	打石腰望海寺人文活动资源赋值	红军崖遗址遗迹赋值	毛主席东征纪念馆人文活动资源赋值	黄河水域风光赋值
资源要素价值(85)	观赏游憩使用价值(30分)	11	11	11	12	13	18
	历史文化科学艺术价值(25分)	12	11	11	11	12	13
	珍稀奇特程度(15分)	4	4	4	5	5	6
	规模、丰度与几率(10分)	5	5	5	5	6	6
	完整性(5分)	3	3	3	4	4	4
资源影响力(15)	知名度和影响力(10分)	4	4	2	2	4	4
	适游期或使用范围(5分)	1	1	1	1	1	1
附加值	环境保护与环境安全	3	3	3	3	3	3
合计		43	41	39	42	46	55
旅游资源评价等级		一级	一级	一级	一级	一级	二级

6.2.4 公园总体规划的依据和原则

（1）总体规划的依据

《中华人民共和国环境保护法》；

《中华人民共和国土地法》；

《中华人民共和国城乡规划法》；

《中华人民共和国自然保护区条例》和《中国自然保护区发展规划纲要(1996～2000)》；

《风景名胜区管理暂行条例》；

《中华人民共和国文物保护法》；

《风景名胜区规划规范》(GB 50298—1999)；

《旅游规划通则》(GB 1718971—2003)；

《地质遗迹保护管理规定》(地质矿产部1995年21号令)；

《旅游区(点)质量等级的划分与评定》；

《黄河蛇曲地质公园(山西永和)初步工作方案》；

《黄河蛇曲地质公园(山西永和)综合考察报告》。

（2）总体规划的指导思想和原则

① 总体规划指导思想

党的十六届三中全会确立了"全面、协调、可持续的发展观"。旅游景区的可持续发展不但包括旅游资源的可持续性,而且要求以人为本,促进人的全面发展和进步。本着以市场需求为导向,以"积极保护、合理开发"为方针,以独特的永和黄河蛇曲地质遗迹景观资源为依托的原则,公园总体规划加强生态环境保护,合理规划布局,适度开发建设,促进旅游资源的持续利用。同时,总体规划不仅要为游客提供旅游观光、科学研究,教育普及和休憩娱乐的场所,还要对景区所在地的社区居民提供增加收入、扩大就业、改善环境的机会,促进景区全面协调发展。

要贯彻国土资源部关于地质遗迹保护建设的"积极保护,合理开发"方针,以独特的黄河蛇曲地质遗迹景观资源为主体,充分利用各种自然资源与人文资源,加强生态环境保护,合理规划布局,适度开发建设,为人民提供旅游观光、科学研究、教育普及和休憩娱乐的场所,以开展地质旅游促进地区经济发展为宗旨,促进经济效益、生态环境效益和社会效益的统一。

② 总体规划的原则

A. 突出景区特色的原则

黄河蛇曲(山西永和)国家地质公园应以黄河蛇曲及相关地质遗迹景观和自然生态环境为主体,突出自然科学情趣、山野风韵,集科学考察、教育普及、观光和休闲度假等多种功能于一体,形成别具一格的景区特色。

B. 市场导向原则

以市场需求为导向,充分了解旅游客源动态、旅游供给与需求之间的关系,进一步开拓客源市场,促进地区经济的快速发展。

C. 保护与开发相结合的原则

坚持以保护为主,保护、开发、利用相结合,严格保护旅游资源和环境;"以环境促旅游,以开放促开发",充分发挥地质旅游资源的生态效益、社会效益和经济效益。

D. 统筹规划原则

在开发建设中应贯彻统一规划、统一管理、分别实施、滚动发展、逐步完善提高的方针。

E. 总体景观协调原则

景区内道路、建筑物、旅游服务设施等在定点、规模、数量、体量、风格、色彩等方面均要与景区总体环境相协调,开发建设与社会需求相协调,努力创造一个风景优美、生态环境良好、景观形象和旅游观光魅力独特、人与自然协调发展的地质公园。

F. 深化景区资源科学文化内涵原则

黄河蛇曲地质遗迹以及黄河的形成、发展、历史变迁,具有丰富的科学文化价值,要充分挖掘其科学文化内涵,从而使景区集科学性、知识性、趣味性于一体,加强科普教育作用,增加对游人的吸引力。

6.2.5 规划期限和规划目标

(1) 规划期限

景区的规划期限定于 2006~2020 年。其中:

近期:2006~2010 年;

远期:2010~2020 年。

(2) 规划主要目标

① 经济发展目标

在保护旅游区旅游资源和生态环境的前提下,逐步开发建设,发展旅游活动,使其成为永和县新的经济增长点,带动全县其他旅游区(点)和旅游产业的快速发展,为建设县域经济的支柱产业奠定基础。

② 开发建设目标

通过合理规划,实现旅游区资源开发和基础设施、服务设施建设的有序发展,改善供水、排水、电力、通讯、服务条件,满足旅游活动规模扩大的需要,避免开发建设的无序和失误。

③ 旅游产业目标

规划应有利于突出景区资源特征,适应旅游市场需要,增强客源吸引力,发展特色旅游活动,丰富山西省南线旅游产品的内容,保证游客在景区的各项活动顺利进行,满足旅游需求,促进旅游产业的发展。

④ 社会进步目标

景区在开展科普旅游、观光旅游、生态农业旅游等的同时,还可以改变人们的传统观念,帮助山区人民群众脱贫致富,提高生活水平,提高社会文明程度,促进永和县经济社会的进步。

⑤ 生态环境目标

规划应通过植树造林和环境保护的相关内容,落实生态环境建设的具体目标,针对景区目前存在和有可能在开发中产生的环境问题,制定具体的科学的规划对策,使开发和保护并重,以开发促保护,以保护求发展,使区内生态环境系统整体优化,生态平衡良性发展,生态质量不断提高,景观形态和旅游氛围美化,达到旅游资源的永续利用、旅游产业持续发展、地质公园环境良好的目的。

6.2.6 公园总体布局

(1) 公园的定位

黄河蛇曲(山西永和)国家地质公园是以地质遗迹景观和地貌景观为主体,以人文景观为陪衬,给游客提供优美舒适的户外游憩环境,可开发科学考察、科普教育、游览观光、生态农业旅游、漂流旅游、休闲度假为一体的多功能地质公园。

(2)规划范围

黄河蛇曲(山西永和)国家地质公园,地理坐标为东经 110°22′00″~110°38′00″;北纬 36°34′44″~36°54′30″,总面积 210 km²,北起前北头,南到佛堂,西到黄河河道中线,东到霍家岭,自北而西主要为英雄湾河谷阶地及峡谷地貌旅游区、永和关湾河谷阶地及峡谷地貌旅游区、郭家湾黄土地貌生态旅游区、乾坤湾蛇曲地貌旅游区和仙人湾人文及蛇曲地貌旅游区 5 个地貌旅游区。

(3)总体布局

根据总体布局的原则,在充分分析黄河蛇曲公园地质地貌景观资源、人文景观等其他资源后,结合园区的生态环境,本着旅游资源的合理开发与保护原则,可将蛇曲公园主要分为英雄湾河谷阶地及峡谷地貌旅游区、永和关湾河谷阶地及峡谷地貌旅游区、郭家湾黄土高原生态旅游区、乾坤湾蛇曲地貌旅游区和仙人湾人文及蛇曲地貌旅游区。

① 英雄湾河谷阶地及峡谷地貌旅游区

该区以前祇里为中心,北起前北头村,南至中山里西到黄河河道中心,东到成家村。旅游区总面积 28.25 km²。

该区内主要自然景观是河流冲刷作用及其他地质作用共同形成的河流蛇曲地貌、河谷阶地、河漫滩、侧蚀洞穴、陡壁跌水等河流地质遗迹,节理群、悬谷及黄土地貌景观、泉、方山、侵蚀壶穴、侵蚀阶地;人文景观有红军崖。

规划在高佛腰附近设景区入口、公园管理中心、停车场等设施,采用古典园林式,使各种设施与自然环境融为一体。

该区主要功能为科学考察、科普教育、游览观光、娱乐等。

交通形式,以车行与步行及水上行船相结合,形成多空间游览。

② 永和关湾河谷阶地及峡谷地貌旅游区

该区以白家腰为中心,北起楼只山,南到王家崖,西起黄河河道中心线,东到姚家山。旅游区总面积 28.77 km²。

此区内主要自然景观是河流冲刷侵蚀作用共同形成的河流蛇曲、河谷阶地、河漫滩、侧蚀洞穴、陡壁长崖、跌水、悬谷、泉水、壶穴及风蚀地貌——风蚀魔崖;人文景观有古永和关、古民居、古窑群、大槐树、明代古城、清代长城、白家祠堂、娘娘庙、古戏台、河神庙、望河台、观河台、古渡口、将军石、碉堡、古石桥、古渡槽。

水体景观有泉、飞瀑,另外是多部关于抗日战争题材影片的外景拍摄地。

该区布设区管理站、景区入口、停车场、观景台及服务点等设施。

该区主要功能为科学考察、科普教育、观光旅游、娱乐、服务接待等。

交通形式以车行与步行为主,水上行船相结合,形成多空间的游览形式。加强道路建设,方便景区之间、公园内外的联系。

③ 郭家湾黄土地貌生态旅游区

该区以郭家山为核心,北起贺家河,南至陈家腰,西到黄河河道中流线,东到季家腰。旅游区总面积 25 km²。

此区主要自然景观有河流冲刷和侵蚀作用共同形成的河流蛇曲地貌、河流阶地、沟蚀地貌、X节理、黄土地貌、方山地貌、V形沟谷、崩积物、冲蚀凹槽、侧蚀洞穴、水文观测点；水体景观有泉水、飞瀑、跌水、湿地等；人文景观有望海寺。

该区布设景区管理站、景区入口、停车场、观景台服务点等设施，建成为公园的科学研究、教育服务、物资供应、车辆停放、安全管理基地。

该区主要功能为生态旅游、科学考察、科普教育、游览观光、娱乐、服务接待等。

交通形式以车行与步行为主，水上行船相结合，形成多空间的游览形式，加强道路设施建设。

④ 乾坤湾蛇曲地貌旅游区

该区以乾坤湾为核心，北起李家畔，南至后山里，西起黄河河谷中线，东至曹家山。旅游区面积 21.67 km²。

此区是园区内的精品景区，主要的地质景观有河流冲刷、侵蚀作用及其他地质作用共同形成的河流蛇曲地貌、河谷阶地、河心岛、水蚀凹槽、侧蚀洞穴、陡壁长崖、沙滩、瀑布、泉水、节理裂缝、悬谷、化石产地、地层剖面，其主要价值是自然美，其特点表现在形、色、声、光等易于刺激人们的感官的因素，其形宏大、其势壮美、其色多变的景色给人以美的享受及心灵的震撼。这就是我们中华民族的母亲河，是中华民族汉文化的发祥地。中央电视台及不少省市电视台等新闻单位和院校都以新闻片、专题片和科教片的形式宣传这一奇观。置身于这一奇观中即可使人们领悟到大自然无比威力及物换星移、海陆变迁的必然。景区内的人文景观有李家畔战国遗址、黄家岭民俗村、龙王庙、古渡口等，可使人身受古老黄河文化的熏陶，亲自感受黄河文化的古老文化底蕴的深厚及民风的淳朴，可以观看剪纸、编织等。

河会里等地的千亩枣园，可使你亲自采撷、品尝优质贡枣及苹果、桃子、葡萄，享受农家乐的另一种滋味。

该区主要布设旅游服务接待中心及管理中心、地质遗迹保护博物馆、科研中心、度假村、停车场、观景台服务点等设施，建成为公园的科学考察与研究、科普教育、旅游服务接待、度假休闲、旅游观光、生态旅游、漂流探险、水上观光等的圣地。

该区主要功能为科学考察、科普教育、游览观光、生态旅游、漂流探险、水上观光、休闲度假娱乐等。

交通形式以车行与步行为主，加强道路建设，方便景区之间、公园内外的联系，辅以水上行船、索道等交通工具，形成空间的立体游览。车辆应以马车、电瓶车为主，禁止汽车污染。加强道路设置、漂流设置及索道服务设施的建设，保护黄河两岸地质遗迹景观，避免水上旅游造成的污染。对于此区要严格保护原貌，不得在此处挖土取沙，严禁破坏天然地貌，控制房屋修改，以保留其原汁原味。

⑤ 仙人湾人文及蛇曲地貌旅游区

该区以石家湾为中心，北起贺家山，南至罗岔，西起黄河河床中线，东至东庄。旅游区总面积 49.1 km²。

此区是旅游的另一精品区，主要自然景观有河流冲刷、侵蚀作用与其他作用形成的蛇曲地貌、河流阶地、侧蚀洞穴、节理裂缝、断层、地层剖面、方山地貌、风蚀地貌、重力崩塌、动植物化石、差异风化、悬谷、象形石等。

旅游区内的主要人文景观有仙人洞、汉代文化遗址、夏商周新石器文化遗址等。

该区主要功能为科学考察、科普教育、游览观光、休闲度假、漂流旅游、娱乐、服务接待等。

该区主要布设景区管理站、景区入口、停车场、观景台、服务台等设施,建成为公园的科学考察、教育服务、车辆停放、安全管理基地。

交通形式以车行与步行为主,水上行船相结合,形成多空间的游览方式,加强道路建设,方便旅游区之间、公园内外的联系。车辆以环保车辆为主,禁止尾声气污染。加强道路、旅游设施建设,保护黄河两岸地质遗迹景观。

公园景区划分见表 6-6。

表 6-6 公园景区划分一览表

景区		英雄湾河谷阶地及峡谷地貌旅游区	永和关湾河谷阶地及峡谷地貌旅游区	郭家湾黄土地貌生态旅游区	乾坤湾蛇曲地貌旅游区	仙人湾人文及蛇曲地貌旅游区
主要功能		科学考察、科普教育、游览观光、娱乐、服务接待	科学考察、科普教育、游览观光、娱乐、服务接待	生态旅游、科学考察、科普教育、游览观光、娱乐、服务接待	科学考察、科普教育、休闲度假、游览观光、生态旅游、漂流旅游、娱乐、服务接待	科学考察、科普教育、游览观光、休闲度假、漂流旅游、娱乐、服务接待
面积/km²		28.25	28.77	25.00	21.62	49.10
交通方式		车行、步行、船行	车行、步行、船行	车行、步行、船行	车行、步行、船行	车行、步行、船行
在公园中地位		门户景区、序景区	漂流区、休闲度假区	生态旅游区、漂流区	高潮区、漂流区、休闲度假中心、服务接待中心、管理中心	高潮区、漂流区
主要景观	自然景观	河流蛇曲地貌、河谷阶地、河漫滩、侧蚀洞穴、陡壁跌水等河流地质遗迹,节理群、悬谷及黄土地貌景观、泉、方山、侵蚀、壶穴、侵蚀阶地	蛇曲地貌、河谷阶地(谷中谷)、河漫滩、侧蚀洞穴、陡壁跌水、悬谷、风蚀摩崖	黄土地貌景观、蛇曲地貌、河谷阶地(谷中谷)、沟蚀地貌、X节理、V形沟谷、侧蚀洞穴	蛇曲地貌、河谷阶地(谷中谷)、河心岛、水蚀凹痕、侧蚀洞穴、陡壁跌水、瀑布、节理、悬谷、化石、地层剖面、谷口流霞奇观、黄河古河道沉积层、永和冰凌	蛇曲地貌、河流阶地、侧蚀洞穴、节理与断层、地层剖面、方山地貌、重力崩塌地貌、水平岩层与差异风化
	人文景观	红军崖	永和关、古民居、古窑群、大槐树、明代古城、清代长城、商代遗址、汉代遗址、白家祠堂、娘娘庙、古戏台、河神庙、望河台、观河台、古渡口、将军石、碉堡、古石桥、渡槽	望海寺	李家畔战国遗址、黄家岭民俗村、龙王庙、古渡口	仙人洞、夏商周新石器遗址、乌华新石器遗址、罗岔新石器遗址、下退干新石器遗址

6.2.7 公园环境容量

地质公园的环境容量,是在满足游客的舒适、安全、卫生、方便等旅游需求的前提下,在保护旅游资源质量不下降和生态环境不退化的条件下,取得最佳经济效益所能容纳的合理容量(表 6-7)。

表 6-7 公园各旅游区环境容量一览表(按面积测算)

旅游区名称	面积/km²	计算指标/(m²/人)	可进入率/%	可游览面积/km²	日周转率/次	日环境容量/人次
英雄湾河谷阶地及峡谷地貌旅游区	28.25	4 500	30%	8.5	1	1 889
永和关湾河谷阶地及峡谷地貌旅游区	28.77	4 500	30%	8.6	1	1 911
郭家湾黄土地貌生态旅游区	25	4 500	30%	7.5	1	1 667
乾坤湾蛇曲地貌旅游区	21.62	4 500	30%	6.5	1	1 444
仙人湾人文及蛇曲地貌旅游区	49.10	4 500	30%	14.7	1	3 266
合 计	152.64			45.8		10 177

(1)环境容量测算依据

① 根据景观资源特点确定估算方法;

② 保证旅游资源和生态环境的可持续利用;

③ 合理利用旅游资源以取得良好的游赏效果和最佳的经济效益;

④ 满足游客舒适、安全、卫生的要求。

(2)估算方法及指标

面积测算采用公式:

$$C = \frac{S}{E} \times D$$

其中 C——环境日容量,人;

S——景区可游览面积,m²;

E——单位规模,m²/人;

D——周转率取 1。

(3)日容量测算

① 面积测算法

英雄湾河谷阶地及峡谷地貌旅游区:该旅游区可游览总面积 28.25 km²,可进入率按30%计算,则游览面积为 8.5 km²,单位规模按 4 500 m²/人计算,游客周转率取 1,则英雄湾游览区日适宜环境容量为 1 889 人次/日。

永和关湾河谷阶地及峡谷地貌旅游区:该旅游区可游览总面积 28.77 km²,可进入率按30%计算,则游览面积为 8.6 km²,单位规模按 4 500 m²/人计算,游客周转率取 1,则永和关湾游览区日适宜环境容量为 1 911 人次/日。

郭家湾黄土地貌生态旅游区:该旅游区可游览总面积 25 km²,可进入率按 30%计算,则可游览面积为 7.5 km²,单位规模按 4 500 m²/人计算,游客周转率取 1,则郭家湾游览区日适宜环境容量为 1 667 人次/日。

乾坤湾蛇曲地貌旅游区:该旅游区可游览面积 21.62 km²,可进入率按 30%计算,则可游览面积为 6.5 km²,单位规模按 4 500 m²/人计算,游客周转率取 1,则乾坤湾游览区日适宜环境容量为 1 444 人次/日。

仙人湾人文及蛇曲地貌旅游区:该旅游区可游览面积 49.1 km²,可进入率按 30% 计算,则可游览面积为 14.7 km²,单位规模按 4 500 m²/人计算,游客周转率取 1,则仙人湾游览区日适宜环境容量为 3 266 人次/日。

② 旅游卡口容量测算法

选择水上通道为卡口,此处水上只有一条通道,为旅游区游客漂流必经之处。从乾坤湾到仙人湾,总游览线长 25 km,漂流船与船的前后安全距离为 50 m,平均每艘船乘坐 9 个人,游程一般 2 h 左右,每天游览时间按 8 h,每艘船每天按 2 次计,则:

$$白天的日卡口最大容量 = (25 \times 1\,000\,m) \div (50\,m) \times 9\,人 \times 2\,次$$
$$= 9000(人次)$$

(4) 年容量测算

据分析,公园旅游旺季为:6~9 月份和黄金周 14 天,共 134 天。其余 211 天为淡季。各季计算系数分别为 0.6、0.1,则按面积法和卡口法分别计算的年环境容量为:

$$年环境容量(按面积法计算) = 45\,800 \times (134 \times 0.6 + 211 \times 0.1)$$
$$= 464\,870(人次)$$
$$年环境容量(按卡口法计算) = 9\,000 \times (134 \times 0.6 + 211 \times 0.1)$$
$$= 913\,500(人次)$$

根据公园的环境状况,并结合其旅游客源市场的预测,将卡口容量作为该公园远期最大控制容量,则远期年最大环境容量为 913 500 人次。

6.2.8　公园地质科教游览线路规划

(1) 景点规划

依据旅游区界内地形、地貌特点、景区分布状况、历史文化内涵等多种因素,并考虑到不同地段相对独立的风景空间,将旅游区划分 5 个地貌旅游区及 2 个人文游览区:

英雄湾河谷阶地及峡谷地貌旅游区、永和关湾河谷阶地及峡谷地貌旅游区、郭家湾黄土地貌旅游区、乾坤湾蛇曲地貌旅游区、仙人湾人文及蛇曲地貌旅游区,以及黄家岭民俗文化村、下辛角古文化遗址旅游区。

(2) 旅游线路规划

公园具有人文与自然景观分布较广、面积较大的特点,加强景区内人流组织的机动性较为重要,所以旅游路线组织就成为规划的一个主要环节。

① 区域旅游线路

太原—永和县—地质公园;

晋中—永和县—地质公园;

临汾—永和县—地质公园;

榆林—延川—过延永大桥—地质公园;

延安—延川—过延永大桥—地质公园。

② 内部旅游线路

A. 陆上旅游线路

Ⅰ线:自永和县—南庄—英雄湾—永和关—郭家湾—乾坤湾—仙人湾经由阁底乡返回永和县;自永和县—南庄—英雄湾—永和关—郭家湾—乾坤湾经由打石腰乡返回永和县。

Ⅱ线：自社里—前北头—嘴头—马家滩—社里。

Ⅲ线：自王家塬—刘家圪捞—永和关—赵家渠—王家崖—前崖头—白家嶝—王家塬。

Ⅳ线：郭家山—任家圪—直地里—弯顶—郭家山；红武岭—石窑口（水神庙）。

Ⅴ线：黄家岭—河会里—后山里—奇奇里—冯家山—白家山—黄家岭。

Ⅵ线：石家湾—于家嘴—弯顶—石家湾；乌华、罗岔—乌华、圪列塬—上辛角—高家塬。

B. 水上游览路线

由英雄湾—永和关湾—郭家湾—乾坤湾—仙人湾，游客可以根据情况选择全程游览或部分路段漂流。

C. 水陆结合游览路线

由英雄湾乘车到永和关湾、郭家湾，然后乘船到乾坤湾（"鞋岛"）、仙人湾，沿途可欣赏黄河两岸风光，在乾坤湾直接由阁底乡返回永和县城。在铁罗关登岸经西庄、阁底返回永和县城，或在石家湾登岸，经阁底返回永和县城。

6.2.9 公园地质遗迹保护规划

（1）保护区分级与保护措施

为使资源和环境保护措施得到切实的落实，将公园地质遗迹保护划分为特级、一级、二级、三级保护区，并分别采取相应的保护措施。

① 特级保护区

保护范围：

特级保护区是十分罕见的具有重要科研价值和观赏价值的两处地质遗迹——风蚀魔崖，一旦遭到破坏，就不可能恢复。保护范围主要包括景点两侧 20 m 的范围。

保护措施：

采取保护措施，完全保证地貌景观及植被的完整性和自然性，并派专人进入监护。

② 一级保护区

保护范围：

一级保护区的划分包括旅游资源价值高且旅游资源密度大的景观群及其相互紧密联系的环境，主要包括蛇曲弧顶的黄河沿岸部分。

保护措施：

保护各类地貌、水体景观及植被的完整性和自然性。严禁在旅游区内开荒造田、开山采石、砍伐林木，严禁在崖壁上乱刻乱画，达到体现意境，突出主题，使境、意紧密结合、融为一体，加强对游客的宣传教育，在园区及景区入口的显要位置设置显明的标志，向游客提出森林和生态示范景区的资源种类及环境保护的要求，使游客一入园便建立起自觉保护生态环境意识。

公园内可选择视野开阔的地方建造防火瞭望台，并配备高倍望远镜和无线通话设备，发现火情及时报告并组织扑救。

对于公路及步游道路的设计应远离珍稀植物集中区，避免游客对树木的刻削、攀爬和砍伐，对观赏性树木、花草、野果的滥采乱摘，以及车辆的辗轧。

在开展登山、探险、徒步旅游时，要告知旅游者不得随意乱扔垃圾。对因旅游区修路及必要服务设施的修建造成的植被损坏，要及时通过植树植草予以修补。

③ 二级保护区

保护范围：

二级保护区包括旅游区内一级保护区和三级保护区之间的所有地区。

保护措施：

在该保护区内不设大型旅馆等服务设施，只需按照规划建设必要的道路、建构筑物。禁止必要的建筑工程以外的开山采石，并根据景观需要，严格遵照绿化规划进行造林和培育不同的植被带，使公园具有高品位的自然生态环境。

④ 三级保护区

保护范围：

三级保护区是指服务中心和一级服务点的用地范围、农村居民点、农业用地等。范围包括南庄乡、打石腰乡和阁底乡为核心的居民点集中地带。

保护措施：

禁止开山采石、随意采伐树木，保护古树名木、特色建筑物等。

严格控制各项用地规模、建筑密度、建筑风格。服务设施建筑不宜超过 3 层。建筑风格宜实现地方民居特色。该保护区内对于有历史文化价值和保存完好的民居，要进行科学鉴定，严格保护；对于残破但有地方特色的民居，可改建作为有使用价值的旅游服务建筑，长期保存。

各项农业及经济用地的发展，遵照社会经济发展规划实施。

三级保护区内不准出现大规模的商业街和自发形成的旅游产品市场。

⑤ 外围控制区

旅游边界以外的邻近山岭、溪流延伸的完整流域及重要而清晰的可见范围规定为外围控制区。在该区实行必要的保护，不得建设任何将导致旅游区水源、大气污染的项目，不得建设有碍视觉美感的建筑物、构筑物，同时协助旅游区解决固体废物、污水等的处理。

（2）公园地质遗迹景观保护级别的划分及工程设施建设

公园地质遗迹属于大区域范围内具有重要科学价值和具有一定价值的地质遗迹。根据《地质遗迹保护管理规定》（1995 年 5 月 4 日，地质矿产部第 21 号令）对此保护区内的地质遗迹分别实施二级保护和三级保护，但为了更好地促进黄河蛇曲地质遗迹的保护，此次规划在二级保护等级中划分出建设控制区（表 6-8）。

表 6-8 公园地质遗迹保护区规划及保护措施一览表

保护区等级划分	范围	面积/km²	规划控制措施
建设控制区	永和关湾河谷阶地及峡谷地貌旅游区距黄河两岸 400 m 的范围	2.21	（1）对具有重要的科学价值的蛇曲地质遗迹实施建设控制保护，非经严格批准不得进行建设施工。（2）蛇曲两岸设立保护站，由专人管理。（3）对于化石点，可砌筑石框或采取其他方式重点保护。（4）可进行部分建设，可有组织地进行参观科研或国际交往。（5）植被在现有的基础上，可进一步地种树种草，搞好绿化，保持良好的生态平衡。（6）黄河两岸阶地上禁止采土、挖沙、采石等活动
	乾坤湾蛇曲地貌旅游区距黄河两岸 400 m 的范围	1.51	
	仙人湾人文及蛇曲地貌旅游区距黄河两岸 400 m 的范围	1.66	

保护区等级划分	范围	面积/km²	规划控制措施
二级保护区	英雄湾河谷阶地及峡谷地貌旅游区	28.25	(1) 可有组织地进行科研、教学学术交流及旅游活动。游览活动通过指定的路线进入参观区,做好保护地质遗迹的宣传教育工作,禁止随意采石挖沙或敲打,以免破坏地质遗迹。 (2) 禁止一切采石、挖砂、拉沙活动。 (3) 景区内应该有专人检查、巡视保护工作
	永和关湾河谷阶地及峡谷地貌旅游区核心建设控制区外围	26.56	
	郭家湾黄土地貌生态旅游区	25	
	乾坤湾蛇曲地貌旅游区核心建设控制区外围	20.11	(1) 可有组织地进行科研、教学学术交流及旅游活动。游览活动通过指定的路线进入参观区,做好保护地质遗迹的宣传教育工作,禁止随意采石挖沙或敲打,以免破坏地质遗迹。 (2) 禁止一切采石、挖砂、拉沙活动。 (3) 景区内应该有专人检查、巡视保护工作
	仙人湾人文及黄河蛇曲地貌旅游区核心建设控制区外围	47.44	
三级保护区	英雄湾河谷阶地及峡谷地貌旅游区外围	191.56	可以开展旅游活动和适当建设
	永和关湾河谷阶地及峡谷地貌旅游区外围		
	郭家湾黄土地貌生态旅游区外围		
	乾坤湾蛇曲地貌旅游区外围		
	仙人湾人文及蛇曲地貌旅游区外围		

6.2.10 公园旅游服务设施与基础设施规划

(1) 旅游服务设施

① 旅游接待服务中心总体规划

根据公园旅游资源特点、建设用地条件及客源市场发展特点,综合考虑可持续发展需要,规划地质公园的接待服务中心分为内、外两部分。区外以永和县城为主,区内在近期内可在打石腰及乾坤湾附近设服务区,中远期可根据市场需要增加南庄及阁底等服务区。

② 旅游服务设施的分级

根据公园内的地形、地貌特点与用地条件,考虑到公园的客源市场和旅游资源的现状,将公园服务基本设施系统分为3级,目的在于既保障全面服务,又可得到相应的经济效益。

一级旅游服务基地:设在永和县城,作为整个地质公园的综合服务中心,以提供组织旅游、导游、交通、安全、医疗、电讯、邮政、咨询等全方位的服务。住宿设施以星级宾馆与经济饭店为主,星级可考虑二、三星级为主,中远期可提高到四级。

二级旅游服务基地:设在打石腰乡。该乡交通方便、建设用地条件好,是公园内部的综合旅游接待和服务基地。设置二星级宾馆、社会旅馆、餐馆、信息中心、邮局、医疗中心、旅游商品市场、综合服务商店等住、餐、购、娱设施。打石腰村以家庭旅馆为主,是公园内最大的家庭旅馆住宿区;阁底乡和南庄乡在规划中远期可适当考虑度假别墅的设施。郭家山、阴德河可分别作为近期与中远期野营基地来建设。

三级旅游服务网点:设在公园内的各景区,根据集中与分散相结合的原则,依据实际情况定点或分散设置,以方便游客为宗旨。社里、永和关、郭家山、于家嘴等地是首选场所。主要提供快餐、旅游纪念品、土特产及摄像、摄影服务与安全卫生管理服务。

野营基地:随着旅游需求的多元化,回归自然、返朴归真的旅游活动将会受到越来越多的青少年游客及部分中年游客的青睐,亲自体验非传统性住宿设施,采用野营方式将会是这部分人的首选。

由于野营地强调的是设施与环境的亲和性,在选址上应该建在公园内部,且相对幽静的地点,要离开主要景点及地质灾害易发地点,场地要相对平整,首选可考虑在贺家塬建设,中远期可考虑在郭家山等地建设。

(2)餐饮服务设施

开发地方性特色饮食,使之成为旅游产业链上吸引游客的重要环节,使游客吃好、住好、看好,提高地质观光旅游的品位。

根据游客的构成、消费水平、饮食习惯的不同,黄河蛇曲(山西永和)国家地质公园餐饮服务设施由以下 4 种类型构成:宾馆饭店、旅游定点餐厅、社会餐馆和农家乐旅馆。

永和县餐饮服务设施应围绕旅游服务中心、各个景区和旅游线路进行配套设置。产品以仿古茶肆酒楼、快餐服务网络方式提供,也可协助旅客在严格的环境保护及安全保护下,让游客自己动手进行野餐、野炊,让游客感受回归自然的餐饮方式。

① 开发永和独特美食,如风味小吃、山野食品、本地的山野药膳食品、土特食品等,实现乡土味及山野风味,创造出一定数量的品牌餐饮品种。

② 开发永和特有的名牌饮料,如酸枣饮料及醋饮料。山西醋文化历史悠久,包括饮用习惯、庭宴礼仪、盛放器皿等都有文化内涵,应以全国开发成功的茶文化为参照,开发出有地方特色的醋文化来。

③ 深入发掘山西独具特色的面食文化,突出体现山西面食食品的特色和独特风味、独特的品种,也可引入山西地方特色菜肴,并使之精致化。

④ 引入主要目标客源市场的地方菜系及名小吃,如川菜、鲁菜、淮扬菜、京津小吃、成都小吃,以满足不同口味游客的需求。

⑤ 在打石腰乡旅游综合服务区建设小吃一条街,各旅游景区在入口处集中建设快餐店及小吃点,要求餐饮建筑外观要具仿古特色,内部装修能体现当地特色,符合卫生标准。

(3)休闲娱乐设施与服务规划

① 现状

目前,公园的娱乐设施是个空白区,亟待与公园同步建设,并逐步完善。

② 规划项目

A. 康体娱乐旅游项目

开展登山、攀岩、骑马、骑车、垂钓、划船、游泳、荡秋千、洞穴探险、登山探险、野营、野炊、烧烤、摄影比赛等,夜间可进行保龄球、台球、乒乓球及各种棋类娱乐活动等。

B. 竞技娱乐旅游项目

开展声势浩大的竞技类体育比赛,可以提高黄河蛇曲(山西永和)国家地质公园的形象,吸引更多的游客,如峡谷山地自行车大赛、爬缆索、横渡黄河峡谷比赛、登山大赛、放风等等。

C. 农家乐旅游项目

以农家庭院互动娱乐为主,使游客亲身感受黄河民俗文化的真谛。

D. 文化娱乐旅游项目

露天歌舞晚会、卡拉 OK、歌舞表演、民间艺人演唱也是旅游服务中心组织的不可或缺的娱乐项目。

E. 主题游戏娱乐项目

可因时因地制宜组织如山花节、攀岩节、森林节、重阳登山节、古代商贸之旅、战争之旅、电影之旅、生活仿真之旅等专题娱乐项目。

（4）旅游信息系统服务规划

旅游信息服务建设的目的：一是向潜在的游客传达旅游地的相关信息，激发游客尽快出行的欲望；二是为公园内的游客提供各种信息，使其顺利地完成旅游活动。

① 旅游信息中心

旅游信息中心的功能就是为旅游者提供方便、快捷、有效的旅游信息，为出行提供方便。如为游客提供住宿设施、导游地图、长短途旅游线路信息、汽车租赁以及交通信息，为游客提供住宿、景点门票的预订服务等。今后随着散客市场的比例不断增大，游客信息的建设的重要性值得关注。

② 导游标识系统

导游标识系统是运用某种媒体和表达形式，使特定的信息传播到游客中，帮助游客及时了解相关事物的信息，同时也为旅游区提供有效的管理工具。导游标识系统分为人工解说与非人工解说两种方式。人工解说即导游服务，非人工解说系统则包括音像系统与语言文字系统、标识系统。标识系统可起到两种作用，一是更好地引导游客去欣赏黄河蛇曲的自然景观的科学内涵；二是营造黄河蛇曲自然景观的文化氛围。

（5）旅游卫生设施

① 旅游厕所

高标准建设景区旅游厕所，达到中档饭店厕所的水准。在重点景区和主要旅游线路区间上要布点建厕，高标准冲水厕所在每个主要景区至少1座，旅游线路按2～3小时的步行行程建1座厕所。要注意厕所与周围环境的协调搭配，如仿古建的造型精巧的厕所，使其既实用又具有造景功能。注重综合效益，采取"生态厕所""沼气化粪"等先进技术，以保证厕所外观整洁漂亮、内部干净卫生、使用安全；多渠道筹集资金，形成"以厕养厕"的良性循环。

近期：重点建设打石腰乡、南庄乡、阁底乡等5个重点景区分别建设1座高标准厕所，景区内形成生态厕所网络，逐步淘汰景区旱厕。

中期：在地质公园内全面推广高档次厕所，形成中心小城镇高档次厕所、宾馆标准间厕所，宾馆、饭店、商店的高档公共厕所，农家乐家庭旅馆水冲厕所，景区与旅游线路的生态厕所相配套的现代化厕所网络体系；在景区全面淘汰旱厕。

远期：继续加强高档厕所的网络配置，逐步完善高档厕所的人性化服务，并且随着景区旅游收入的提高，实行高档厕所的免费使用。

② 垃圾收集与处理

在旅游线路上全面形成垃圾收集网络，人流密集的旅游集散中心、重点景区至少间隔200米设置1个垃圾箱。垃圾箱的造型应新颖别致，体现生态化，在质地、样式、色泽与景区自然背景相协调。垃圾按塑料类、金属类、有机类、木纸类分类回收。在景区外部设立景区垃圾中转站和垃圾处理场，并依据游客日流量以及垃圾日排放量，配置相应的人员及垃圾清运车。

③ 废物处理与再生利用

对于分类收集的塑料类、金属类、有机类、木纸类废弃物分别通过相应的企业进行资源再生利用。

（6）公园科学研究及科普设施规划

① 公园地质博物馆

地质博物馆作为地质公园对外宣传的窗口,应是地质公园建设的核心,其展示的内容以反映本地质公园地质遗迹有关的地学知识为主,以基础地学知识为辅。在这里通过多种手段如遥感解译、大比例尺影像图、多媒体动画演示、电子沙盘、录像、幻灯放映、立体模型、标本展示、图片展示及通俗的文字说明等,深入浅出地向游客展示关于地球的基本知识,生命的起源及进化,黄河蛇曲(山西永和)国家地质公园的地质遗迹漫长复杂的地质演变历程,自老而新不同时代的地层(太古界、元古界、古生界、中生界、新生界)、构造运动以及险、幽、雄、奇的黄河蛇曲地貌及黄土侵蚀地貌,让游人亲身领悟大自然的雄浑博大和大自然无与伦比的塑能力与鬼斧神工的创造力。人类及其他生物生活的地球,是浩瀚的宇宙中的精致而完备的星球。地球的环境同样需要保护。人类需要探索地球的奥秘,了解地学知识。博物馆可以帮助人们正确地认识"人类、资源、环境与发展"的关系,通过博物馆的宣传,达到提高公众文化素质和科学素养的目的。

拟建立的黄河蛇曲(山西永和)国家地质公园博物馆,位于乾坤湾景区,博物馆的外形设计应选择具有地方特色的石头城风貌或与黄土风貌相协调。

博物馆规划设计的主要功能区如下:

A. 展示厅:集中展示反映地质公园特征的图片及文字,主要介绍公园的地理环境、社会环境、主要地质遗迹和地质景观、相关地质科学基础知识、地学研究史和研究成果、地质公园建设发展和地质遗迹保护过程等,对区域地质发展史和黄河大峡谷蛇曲的科学成因进行解释。

B. 陈列厅:利用电子沙盘反映地质公园全景模型,介绍黄河峡谷蛇曲及象形山、石的成因模型,陈列公园内相关的地质遗迹实物标本和岩石矿物标本。

C. 演示厅:通过现代化多媒体技术手段,充分展示黄河蛇曲(山西永和)国家地质公园地质特点,向游人介绍相关的地学知识及提供旅游信息资料,同时提供 CIS 的地质公园信息系统和地质公园资料光盘的演示系统。

D. 接待休息厅:供游客在参观或旅游间隙短暂休息。

E. 游客服务中心:为游客提供必要的安全服务及咨询服务,提供旅游必需的生活用品及旅游纪念品,提供地质公园的宣传资料。

② 黄河蛇曲科学研究及地质遗迹观测站(点)

观测站主要用于观察黄河水位变化、地质遗迹特征及保护,同时可预测蛇曲等地质遗迹的潜在发展趋势及应当采取的措施。观测站或观测点在 5 个游览区均有分布。

③ 地质公园旅游标识系统

地质公园标示牌是公园内不可或缺的重要组成要素。它虽不像地质公园的主体那样处于举足轻重的地位,但它却是地质公园中奇丽的花朵,可以对公园起到很好的烘托作用。

地质公园内标示牌大致可分为三类,即警示类、指示类、说明类三大类。

警示类标示牌:要求用语简洁明了,而且位置醒目,游客很容易看到,对游客的人身安全、财产安全起到了很好的警示作用,并且在色彩设计上要有突出色,使得警示内容更容易为人所知。

指示类标示牌:指示类标示牌可分为交通指示、场所指示、景点指示三类。这也是我们现代旅游中提倡的人性化服务的体现。交通指示类标示牌,能够帮助游客独立完成旅游,作为交通指示牌,要涵盖地名、方向、里程这样一些基本信息,而且在路用时,最好将指示牌设计成大版面,且使用荧光材料制作。场所类指示牌,简单地指示场所的名称,根据所示场所的不同,选择不同风格的指示牌类型。景点类指示牌,不仅是简单的地名指示,他同样还是一个景点特色的反映,根据景点文化色彩的不同,采用不同的设计方式,以达到点缀突出景点的目的。

说明类标示牌:说明类标示牌是地质公园面向游客的一个窗口,是面向游客提供的人性化服务的体现。说明类指示牌就是要对地点做比较详细的介绍,因此要求能将地点的各种信息用最简练的文字阐述清楚。这包括地质信息、历史信息,特色信息等,而且在一些比较重要的景点,还要配有外文解释,以满足国外游客的需求。

思考题

1. 简述国家地质公园建立的过程和要求。
2. 简述黄河蛇曲自然地理特征。
3. 简述黄河蛇曲地质遗迹旅游资源类型、特征。
4. 简述黄河蛇曲地质遗迹旅游资源评价方法与主要因素。
5. 简述黄河蛇曲地质公园总体规划格架。
6. 简述黄河蛇曲地质公园功能区划。
7. 简述黄河蛇曲地质公园景区的旅游容量计算过程、影响因素。
8. 简述黄河蛇曲地质遗迹的主要保护措施。

7 地质遗迹保护规划

地质遗迹保护规划对象为陕西延川黄河蛇曲国家地质公园第三次地质遗迹保护项目,该规划属于景区详细规划。该公园是国土资源部 2005 年 8 月批准的第四批国家级地质公园之一,以黄河蛇曲群地质地貌遗迹、黄土地貌景观、黄河雅丹地貌景观为特色,广泛分布反映黄土高原地区地球历史演化过程的沉积相、地质构造等多类型地质遗迹。黄河蛇曲群是发育在秦晋大峡谷中的大型深切嵌入式蛇曲群体,是我国干流河道上蛇曲发育规模最大、最完好、最密集的蛇曲群。同时,地质公园内存留有古县城、古窑洞、古关口、碑记、石刻、古码头、黄河原生态文化村落等历史文化遗存,以及革命历史文物,是研究黄河文化不可多得的宝贵财富。

气势恢宏的 S 形河流蛇曲群地貌景观、黄土景观、基岩构造等地质遗迹群是研究青藏高原隆升、新构造运动的关键载体和依据,是研究黄河河流演化发育、黄土高原的形成演化、第四纪地质及古气候、鄂尔多斯地块的演化等基础地学科学问题的关键依据,是研究黄河的形成与演化、流域环境变迁等当今人类关注的环境科学问题的钥匙,在中国全球变化研究中占据着十分重要的地位,具有极高的科学研究价值和保护价值。

这里黄河黄土交相辉映、峡谷高山相互衬托,形成了雄浑、壮阔、苍茫、旷朗的地域特色,将晋陕两省紧密相连,具有特殊的美学欣赏价值。它将雄奇壮观的自然景观和悠久厚重的人文历史融为一体,成为中华民族勤劳勇敢、自强不息、百折不回、勇往直前的精神象征。

黄河蛇曲地质遗迹横跨晋陕峡谷黄河两岸,它是以壮观的大型嵌入式峡谷景观为主体的集水体地貌、黄土地貌、构造地貌、水平岩层构造、流水地貌、黄河风蚀雅丹地貌等复体或单体形迹为一体的地质遗迹群,是典型的专题型地质公园模式,在体现丰富人文历史沉积的同时,展现着黄河流域极为罕见的自然壮丽景观。这些都使得该地质遗迹在全球河流、河谷地貌研究领域和旅游观光上均具有重要的意义,是地球留给人类的宝贵财富。

保护和利用好这一重要的地质遗迹,是当代人长期的责任和义务。建立国家地质公园是保护地质遗迹的最佳举措。依据地质遗迹的价值和威胁程度,实施分期分批的地质遗迹保护十分必要和重要。

因此,2005 年和 2006 年公园获得国家中央财政两期资助,实施地质遗迹保护项目,共申请到经费合计 250 万元,地方财政自筹经费为 646.68 万元,有计划分别对公园的乾坤湾景区、清水湾景区地质遗迹实施了有效保护。两期地质遗迹保护项目的实施,有效地改善了地质遗迹的现状,使地学科学知识得到了普及,地方产业结构实现了调整,旅游业发展成为地方经济新增长点端倪初现。但随着旅游业的发展,陕西延川黄河蛇曲国家地质公园的两期地质遗迹保护已不能满足社会对公园整体地质遗迹保护不断提高的需求。为此,为了更加充分地保护这些作为人类共同遗产的珍贵地质遗迹,使之能够得到科学的、可持续的合理利用,2007 年根据财政部经济建设司、国土资源部财务司《关于组织申报 2007 年度矿山地质环境治理和国家级地质遗迹保护项目的通知》(财建便函[2007]41号)的精神,申请2007年度国家级地质遗迹保护项目(第三期)经费总计305万元,其中国家中央财政拨付240万元,地方财政自筹65万元,地质遗迹保护项目主要集中在陕西延川黄河蛇曲国家地质公园伏寺湾景区实施。

7.1 地质公园背景

7.1.1 地质公园概况

(1) 公园位置

地理位置:陕西延川黄河蛇曲国家地质公园位于陕西省延安市延川县东部,隶属延川县土岗乡和延水关镇辖区,黄河沿线,陕西与山西省交界处,北起伏寺湾,南到会峰寨,西起武家村,东至黄河。南北长12.5 km,东西宽4.5～10.2 km,面积86 km²。公园距延川县城50 km,距延安市150 km,距西安市420 km。

地理坐标:北纬36°40′27″～36°46′28″,东经110°19′46″～110°24′30″。

(2) 自然地理状况

延川黄河蛇曲是发育在晋陕峡谷中的大型蛇曲群,自然景观特色鲜明,具有强烈的吸引力和震撼力,主要体现在气势恢宏的河流地貌景观和黄土地貌景观。陕西延川黄河蛇曲地质遗迹保护区地貌属黄土丘陵峡谷地貌,海拔高度508.5～984.3 m,沟壑密度为4.79 km/km²。地貌形态以梁峁和沟谷为主,山丘成土结构型,黄河及右岸支流强烈下切,沟深坡陡,沟谷坡度为35°～75°,梁峁坡面为15°～25°。黄土盖较薄,坡面沟谷流水侵蚀和重力侵蚀严重,溯源侵蚀活跃。

该区属温带大陆性季风气候,冬季受西伯利亚的大陆气团影响,常为势力强大的蒙古高压所控制,寒冷干燥;夏季受东南季风影响,气候炎热,降雨集中,多雷雨;春季极地大陆气团削弱,热带暖气团增强,气温回升快、降水少;秋季气温迅速降低,冷暖气团交锋,多阴雨天气。公园区日照充分,年降雨量稀少,为半干旱区,年降水量不足500 mm,降水多集中在7～9月,占年降水量61.4%,年平均最低-3.9 ℃,平均最高气温26.7 ℃。

区内主要河流为黄河及其支流清涧河、清水关河、寨子河等。黄河自北而南流经延水关镇、土岗乡,区内全长28 km,年平均流量950 m³/s。黄河主要支流之一,流经延水关镇、土岗乡2个乡镇,在苏亚村进入黄河,平均流量4.35 m³/s,最小流量0.005 m³/s,最大洪水流量6 090 m³/s;年最大径流量3.113×10⁹ m³,年最小径流量0.747×10⁹ m³;洪水期含沙量为50%～75%,年输沙量2 109×10³ kg。

区内地下水主要有第四纪松散层孔隙水、裂缝孔洞潜水和三叠纪层状碎屑岩裂缝潜水、承压水。延川黄河蛇曲地质遗迹保护区所在区域在黄河及其支流的河流冲刷、侵蚀作用及其他地质作用下,形成了河流蛇曲地貌、冲蚀、磨蚀地貌等各种地质遗迹,在重力、水力、风力等共同作用下形成了侵蚀河床、侵蚀阶地、河漫滩、河口三角洲等地质遗迹,在黄土潜蚀作用下形成了黄土柱、黄土墙、黄土桥、落水洞等等。这些都是非常珍贵的地质遗迹,也是非常宝贵的科研资料。

区内植被主要以经济林为主,经济林与防护林相结合。公园内用材林树种主要有槐树、刺槐、臭椿、黑榆、白榆、侧柏、油松、楸树、旱柳等;经济林树种主要有枣树、桑树、花椒、杏树、桃树、苹果、梨、葡萄、李子等;灌木树种有柠条、紫穗槐、红皮柳、沙荆、木沙柳、枸杞、石麻黄、白生柳、酸则溜梢、龙柏子梢等。

此外,区内还有许多非常珍贵的动物资源,有喜鹊、黄莺、翠鸟、蝙蝠、蝴蝶、水蛇、青蛙、泥鳅、甲鱼、狐狸、松鼠等,它们在园内栖息繁衍,充分显示出大自然的和谐与宁静。

7.1.2 区域地质背景

公园地处陕北黄土高原,大地构造属于鄂尔多斯地台的次一级构造单元陕北台凹。陕北台凹东部为次一级的陕北单斜翘曲构造,又称陕北斜坡。地质公园位于鄂尔多斯高原东侧,处于陕北单斜翘曲构造(陕北斜坡)的东缘偏南,与晋西挠褶带相邻。自古生代以来,它一直是一个稳定的地块单元。

（1）地层

在鄂尔多斯地块上,自东向西由老到新依次分布着不同时代的地层。东部黄河沿岸依次出露奥陶系、石炭系、二叠系、三叠系、白垩系。

奥陶系从黄河东岸延伸到吕梁山麓。黄河河床流经区域基本为石炭系和二叠系分布区,在黄河河谷及一些支流河谷中主要出露三叠系中统纸坊组、上统延长组。地质公园内主要出露延长组、纸坊组地层。

三叠系上统延长组:本区出露一套灰绿色、肉红色厚层状中、粗粒长石砂岩夹暗紫色泥岩。砂岩含量高,富含浊沸石和方解石胶结物,表面常呈不均匀的斑点状,底部为粗砂岩,呈麻斑结构。

三叠系中统纸坊组:分布于黄河及支流河谷,主要为一套灰绿色、灰色中厚层粉细砂岩、粉砂岩和深灰色,下部以河流相中、粗砂岩沉积为主;中部为一套湖泊—三角洲灰黑色泥岩沉积相为主的砂泥岩互层沉积;上部为河流相砂泥岩沉积。

三叠系地层植物以蕨类植物占优势,其中楔叶纲、真蕨纲十分发育,枝脉蕨属(Cladophlebis)及密中囊单蕨(Danaeopsis fecund)较多。

基岩之上覆盖有中、晚更新世黄土。

（2）地质构造

公园未见岩浆岩,构造运动强度较弱,主要以面状缓慢抬升为特征。中生代地层总体倾向北西,倾角极缓,可视为水平岩层。亦缺少明显的大断层。三叠系基岩中 NE 向($45°\sim75°$),NW 向($325°\sim350°$)的 X 形共轭节理十分发育,将基岩切割成近似棋盘格式的构造格局,岩石肢解强烈。在地壳稳定时期,黄河及其支流蛇曲沿着两组节理发育而成,奠定了延川黄河蛇曲的基本格局。新构造运动使黄土高原处于不断的、急速的区域性抬升活动中,河流下蚀作用急剧增强,沿原蛇曲的基本格局形成峡谷。

（3）地质发育简史

鄂尔多斯地台是华北地台的一部分,在中生代以前,地质发展与华北地台相同。华北地台基底是前震旦系地槽型碎屑沉积,经吕梁运动地槽褶皱抬升形成地台基底。

地台在古生代时,长期处于海侵时期,自中奥陶世后期,才开始抬升逐渐成陆,后又经过长期剥蚀,直到石炭纪下降海水入侵,当时公园属于海水到达的边缘地带。

晚古生代至早中生代,沉积环境逐渐由海相过渡到内陆湖盆,二叠纪后期海西运动,鄂尔多斯地台区形成独立的内陆盆地沉积单元。盆地中沉积了巨厚的陆相沉积。这套沉积是公园的主体基岩地层。

　　三叠纪末,受印支运动作用,鄂尔多斯地台抬升,经过一度的沉积间断,又开始凹陷下沉,沉积侏罗纪岩层。这一时期的三叠系、侏罗系是本区最重要的生油、储油岩系,而侏罗纪中晚期是主要的成煤期。

　　侏罗纪末发生燕山运动,地台边缘褶皱升起,沉积中心向西移至区外。

　　白垩纪晚期至古近纪期间,受燕山运动的影响,鄂尔多斯地块作为一个整体受力的地质单元,发生大面积垂直抬升,鄂尔多斯高原今天的格局就是在那一时期奠定的。

　　至新近纪的上新世,地台又下降沉陷,在这个基础上堆积了上新统三趾马红土层。早更新世,在和缓的古地形面上,堆积了午城黄土。中更新世地台又逐渐沉降,广泛而普遍地沉积了离石黄土。直到中更新世末,地台开始抬升,河流溯源侵蚀。晚更新世地壳又趋稳定沉陷,堆积了马兰黄土。

　　黄土高原经历了古准平原(2.5 Ma B.P.)—古湖泊低地(2.5～1.6 Ma B.P.)—高原河流这3个大的地貌过程。在黄土高原的主隆起期(1.67～1.43 Ma B.P.),黄河切穿三门峡,黄河水系诞生。从此黄土高原地貌发生了重大转折,开始由古湖泊低地向现代地貌转化。因此黄土高原的地貌演化可以黄河的诞生为界线划分为2个阶段:古湖泊低地阶段和高原河流(现代黄土地貌)阶段。

7.1.3　地质遗迹主要类型

　　公园区内广泛分布地史时期形成的多种类型的地质遗迹(表7-1),主要包括地貌景观、水体景观、地质构造、地质剖面及古生物等5大类地质遗迹。

表 7-1　　　　　　　　　　　　　　　公园地质遗迹类型与分布表

地质遗迹类型				地质遗迹景观特征	分布
大类	类	亚类	名称		
地貌景观	流水地貌	流水侵蚀	曲流地貌	伏寺湾、乾坤湾、清水湾三大曲流(蛇曲)	伏寺湾、乾坤湾、清水湾
			峡谷地貌	秦晋大峡谷	公园东部沿黄峡谷
			水蚀凹痕与侧蚀洞穴	岩壁上的形状各异的凹痕、洞穴	河流侵蚀侧基岩上
			河流差异侵蚀	基岩岩性软硬差异侵蚀	河流两侧岩壁
		流水堆积	河流阶地	侵蚀阶地、基座阶地、堆积阶地	黄河、支流河谷
			心滩	河流交汇处壅水堆积弧形展布似鞋状	黄河河谷
			河漫滩	主槽一侧,洪水淹没,平水期出露	黄河河谷
	岩石地貌	黄土地貌	黄土沟谷地貌	纹沟、细沟、切沟、冲沟	黄土梁峁、残塬沟壑区
			黄土沟间地貌	残塬、梁、峁	
			黄土谷坡地貌	泻流、崩塌物、滑坡等	
			黄土潜蚀地貌	黄土碟、凹陷、黄土桥、黄土柱等	
			黄土谷缘线	沟间地与沟谷地之间的界线	
		砂积	方山地貌	垂直节理发育,流水切割后顶平陡直立	会峰寨
		风蚀	黄河雅丹	风穴(窝)、风蚀柱、球状风蚀	黄河峡谷,会峰寨最佳

地质遗迹类型				地质遗迹景观特征	分布
大类	类	亚类	名称		
水体景观	河流	常季河流	峡谷河流	黄河、清涧河	景区黄河东侧、北部清涧河
	瀑布	瀑布	激流瀑布	河流小型跌水、激流具有观赏性	清涧河等支流
地质构造	构造形迹	中小型构造	节理	共轭剪切节理	公园基岩地层
			断层	三叠系逆冲于冲积层之上	清涧河谷
地质剖面	沉积岩相	典型沉积岩相	砂岩团块	三叠系纸坊组砂岩中饼状砂岩团块	清涧河谷
			层理构造	交错层、斜层理、水平层理	公园基岩地层
	地层剖面	地方性标准剖面	三叠系纸坊组	薄层砂岩、油页岩地层	清涧河谷
			接触关系	黄土与下伏基岩呈角度不整合接触	公园广布
			古土壤	离石黄土中红色古土壤层厚 0.5～1 m 不等	黄土地层中
古生物	古动物化石	发现地	纳玛象	发现于河谷阶地河道砂体,主要发现腿、肋骨化石	王家渠
	古植物化石	蕨类化石	枝脉蕨化石	产于三叠系纸坊组,常保存为枝叶部化石	清涧河谷三叠系纸坊组

（1）黄河蛇曲群地质遗迹

蛇曲是指被河流冲刷形成的像蛇一样蜿蜒的地质地貌。陕西延川黄河蛇曲是发育在秦晋大峡谷中的大型深切嵌入式蛇曲群体,规模宏大。依据陕西科学技术信息研究所查新中心提供的资料表明,延川黄河蛇曲是我国干流河道上蛇曲发育规模最大、最完好、最密集的蛇曲群,其中伏寺湾、乾坤湾、清水湾蛇曲地貌发育最为完好(图 7-1、图 7-2)。

图 7-1　清水湾黄河蛇曲地貌景观　　　　　图 7-2　乾坤湾黄河蛇曲地貌景观

以伏寺湾、乾坤湾、清水湾等为主景的系列黄河深切嵌入式蛇曲地貌景观,多次被中央电视台、陕西电视台、延安电视台、《中国国家地理》、《科学探索》等媒体广泛报道,是大自然给予我们的不可多得的科学普及教育和旅游赏景的理想地。

（2）黄土梁峁沟壑丘陵地质遗迹

地质公园地处黄河沿岸,此处山大沟深,沟壑纵横,地形极其复杂。公园内海拔最高点在上村附近的黄土梁峁地区,海拔高度 984.3 m,最低点为会峰寨黄河滩,海拔高度 508.5 m,相对高差 475.8 m。

公园地势北高南低,西高东低,黄河水自北向南流动,清涧河及其支流向东流入黄河。

公园内属浅层黄土覆盖的石质丘陵,海拔高度508.5~984.3 m。地貌以土石梁峁和沟谷为主,山丘成土头石腰结构型,黄河及右岸支流强烈下切,沟深坡陡,沟谷坡度为35°~75°,梁峁坡面为15°~25°。黄土覆盖较薄,坡面沟谷流水侵蚀和重力侵蚀严重,溯源侵蚀活跃。

地质公园地处秦晋峡谷黄河沿岸,此处山大沟深,沟壑纵横,地形极其复杂,形成黄土残塬梁峁丘陵沟壑地貌(图7-3)。

黄河深切三叠系基岩形成峡谷,谷底高程500 m左右,流水侵蚀残存的薄层黄土不连续覆盖在峡谷两岸基岩之上,形成黄土戴帽基岩穿裙的地貌景观(图7-4)。黄土覆盖较薄,坡面沟谷流水侵蚀和重力侵蚀严重,溯源侵蚀活跃。区内土壤侵蚀强烈,侵蚀模数达8 000~10 000 t/km² · a。

图7-3　黄土残塬梁峁丘陵沟壑　　　　　　图7-4　黄土戴帽基岩穿裙景观

(3)沉积岩层地质剖面地质遗迹

地质公园发育三叠系纸坊组与延长组沉积岩层,地层沉积连续,无间断,相变清晰,是研究陕北黄土高原地区三叠纪地层具有代表性的地层剖面,对该区域成油、成煤古环境变迁和陕北地区地壳演化研究具有极高的价值(图7-5、图7-6)。

图7-5　三叠系延长组油页岩　　　　　　图7-6　三叠系延长组水平岩层剖面

(4)沉积构造地质遗迹

沉积构造是指沉积岩各个组成部分之间的空间分布和排列方式。它是沉积物沉积时或沉积之后,由于物理作用、化学作用及生物作用形成的。地质公园中三叠纪地层中沉积相构造非常发育,常见有水平层理、斜层理、交错层理、砂岩内碎屑结核、饼状砂岩团块及古壶穴构造等(图7-7~图7-10)。

图7-7　三叠系延长组中发育的交错层理

图7-8　三叠系延长组中的砂岩团块结核

图7-9　古壶穴颈部构造

图7-10　古壶穴根部构造

　　古壶穴构造在前期的研究过程中认为是芦木化石。本次在野外考察中,根据产出特征认为该现象属于古壶穴构造,是三叠纪时期水动力对砂岩、泥岩层不断涡流式冲刷,产生深30~60 cm,直径5~10 cm不等的空洞,后被泥沙质再次充填而形成。

　　(5)古生物化石地质遗迹

　　古生物化石地质遗迹主要包括纳玛象和枝脉蕨。

　　纳玛象是古菱齿象亚属的类群之一。纳玛象化石形成于距今20万年前后,2007年6月当地村民挖沙时在王家渠古黄河道发现。纳玛象化石现保存于地质博物馆(图7-11)。

　　枝脉蕨(*Cladophlebis*)(图7-12),分布于三叠系纸坊组地层,蕨叶2~4次羽状分裂。小羽片较大,或多或少呈镰刀形,全缘或具锯齿,以整个基部着生于羽轴。

　　(6)黄河雅丹地貌景观地质遗迹

　　黄河雅丹地貌是在申报第四期陕西延川黄河蛇曲地质遗迹保护项目时在会峰寨景区野外考察过程中发现的(图7-13、图7-14)。雅丹地貌是强大定向风对砂岩吹蚀所形成的独特景观地质遗迹,因其发育丰富、造型奇特的风蚀穴窝、风蚀柱、风蚀壁龛、残丘、城堡等各种地貌形态,风景壮观,成为重要的旅游资源。在我国雅丹地貌面积约2万多平方公里,主要分

图 7-11　纳玛象化石标本（地质公园博物馆）

图 7-12　清涧河枝脉蕨化石

布于青海柴达木盆地西北部、疏勒河中下游、新疆罗布泊、甘肃河西走廊等地,其中克拉玛依市乌尔禾、罗布泊白龙堆、玉门关以西三垄沙 3 处雅丹地貌最为典型。

图 7-13　黄河雅丹蜂窝地貌景观

图 7-14　黄河雅丹黄土壁地貌景观

公园内风蚀对三叠纪砂岩作用形成的风穴窝、风蚀柱地质遗迹非常普遍,具有极好的科考价值和景观欣赏价值,特别在会峰寨景区黄河峡谷西侧的砂岩峭壁,风蚀雅丹地貌地质遗迹最有代表性。雅丹地貌景观宏伟,具有极大的景观科考研究及旅游开发价值。

7.1.4　第三期地质遗迹保护对象和意义

公园地处华北地台鄂尔多斯台向斜的东侧,是中国阶梯地势的天然分界线,沉积三叠纪、侏罗纪、白垩纪等地层,经历了湖河环境的变迁,石油、天然气等资源丰富,在中国新构造运动演化进程中占有突出地位。公园作为华北地台演化研究的有机组成部分,分布丰富的沉积、剥蚀、构造应力作用、流水作用等形成的重要地质遗迹,蕴含着大量的反映地球演化关键信息。

根据 2007 年度《陕西延川黄河蛇曲地质遗迹保护项目申报书(第三期)》,本期地质遗迹保护对象为伏寺湾景区地质遗迹,主要地质遗迹保护项目为以下 6 个方面。

（1）黄河蛇曲及峡谷地貌景观地质遗迹

主要包括伏寺湾景区黄河蛇曲—晋陕峡谷—黄河阶地。

保护对象为伏寺湾黄河蛇曲(图 7-15)、伏寺湾黄河晋陕峡谷及伏寺湾西侧的黄河河漫滩、阶地地质遗迹等。该遗迹为游客提供欣赏壮观的黄土高原黄河流水景观的同时,普及黄河垂向侵蚀、侧向凹岸侵蚀、凸岸堆积水动力演化的地学科考知识。

图 7-15　伏寺湾黄河蛇曲地貌景观

（2）黄土地貌景观地质遗迹

主要包括谷间地地貌景观地质遗迹和黄土沟谷体系地貌景观地质遗迹。

延川国家地质公园属于黄土高原梁峁沟壑丘陵区地貌景观，区域南侧为黄土塬地貌景观，北侧为黄土峁地貌景观。公园内保存有丰富的反映黄土地貌景观演化的地质遗迹。这些黄土地貌景观地质遗迹对研究黄土高原形成、侵蚀、水土保持等具有重要的价值和旅游开发意义。

谷间地地貌景观保护对象主要为延川黄土残塬微地貌、黄土、古土壤、黄土节理地质遗迹等。该遗迹为游客提供观赏旷美特征的黄土高原景观，同时普及陕北黄土高原第四纪黄土风成机理、干冷沉积环境与湿热沉积环境变迁的气候变化地学知识、黄土节理与黄土灾害关系的科学知识，以及黄土高原地貌景观侵蚀演化旋回周期的地学知识。

黄土沟谷体系地质遗迹保护对象主要包括黄土塬细沟-切沟-冲沟沟谷系统。黄土高原水土流失的主要作用之一是水蚀。水蚀沟谷发展基本依次为纹沟、细沟、切沟、冲沟，显示地表降水—面流—汇聚—径流的演化过程中。在公园地区由于耕作，纹沟基本已消失。黄土沟头、黄土细沟、切沟、冲沟及沟谷谷缘线等地质遗迹，为游客提供黄土流水侵蚀独特的黄土景观，同时普及降水对黄土侵蚀的过程、机理和演化过程科学知识，提示人们水土保持的紧迫性和长期性。

陕西延川黄河蛇曲国家地质公园黄土微地貌类型主要为黄土沟谷地貌、黄土沟间地地貌和黄土潜蚀地貌（黄土喀斯特）等，是黄土微地貌发育齐全的区域。

① 黄土沟谷地貌

黄土沟谷地貌主要分布在区内黄土沟谷底部。黄土沟谷有细沟、浅沟、切沟、悬沟、冲沟、坳沟（干沟）和河沟等 7 类。前 4 类是现代侵蚀沟；后 2 类为古代侵蚀沟；冲沟有的属于现代侵蚀沟，有的属于古代侵蚀沟，时间的分界线大致是中全新世（距今 3 000～7 000 年）。

公园区内黄土覆盖区域千沟万壑，地面被切割得支离破碎。根据黄土沟谷发生的部位、沟谷的发育阶段和形态特征，可将黄土沟谷分为以下几种。

A. 纹沟：在黄土的坡面上，降雨时会形成很薄的片状水流。由于原始坡面上的微小起伏和石块、植物根系或草丛的阻碍，水流可能发生分异，聚成许多条细小的股流，侵蚀土层，即形成细小的纹沟。这些细小的纹沟彼此穿插，相互交织在一起。纹沟的重要标志是经耕犁可立即消失。

B. 细沟：坡面水流增大时，片流就逐渐汇集成股流，侵蚀成大致平行的细沟。细沟的宽度一般不超过 0.5 m，深度为 0.1～0.4 m，长数米到数十米。细沟的谷底纵剖面与斜坡坡形一致，横剖面呈宽浅的"V"字形。沟坡没有明显的转折。

C. 切沟:细沟进一步发展,下切加深,切过耕作土层,形成切沟。切沟的宽度和深度均可达 1～2 m,长度可超过几十米。切沟的纵剖面坡度与斜坡坡面坡度不一致,沟床多陡坎。横剖面有明显的谷缘。

D. 冲沟:其纵剖面呈一下凹的曲线,与斜坡凸形纵剖面完全不同,使黄土坡上发育出冲沟。冲沟的沟头和沟壁都较陡,规模也较大,长度可达数千米或数十千米,深度达数十米至百米。黄土冲沟的沟头上方或沟床中常有一些很深的陷穴,它是由于下渗的水流对黄土中的钙进行溶蚀,并把一些不溶的细小颗粒带走,使地表发生下陷而形成的。陷穴形成后,便进一步促使沟头向源增长,沟床加深。冲沟两侧的沟壁常发生崩塌,使沟槽不断加宽。

E. 坳沟:冲沟进一步发展,沟床纵剖面的坡度逐渐变缓,沟底平坦并沉积了较厚的冲积物,成为坳沟。这时的沟谷已较稳定,不易加深切割,常开垦成耕地。

② 黄土沟间地地貌

黄土沟间地地貌主要分布在伏寺湾园区刘家源和清水湾园区。黄土沟间地又称黄土谷间地,包括黄土源、梁、峁、坪地等。黄土源为顶面平坦宽阔的黄土高地,又称黄土平台。其顶面平坦,边缘倾斜 3°～5°,周围为沟谷深切,它代表黄土的最高堆积面。黄土堆积过程中可继承古地貌形态从而发育成各种黄土地貌。

黄土沟(谷)间地地貌主要是源、梁、峁。它们是黄土高原上的平缓地面经流水切割侵蚀后的残留部分。它们的形成和黄土堆积前的地形起伏及黄土堆积后的流水侵蚀都有关。黄土堆积过程中可继承古地貌形态从而发育成各种黄土地貌。

A. 黄土残源:由于黄土堆积后的地面较平坦,沟谷不甚发育,尚能保存大面积的原始黄土地面,即黄土源。公园区内黄土源的面积较小,四周为沟谷的沟头所蚕蚀,仅为几平方千米,属于残源。黄土源受沟谷长期切割,面积逐渐缩小,这时就可能有两个沟头向中心伸展而很接近,沟头之间剩下一条极窄的长脊,群众称为"崾"。

B. 黄土梁:为长条形的黄土高地。黄土梁的形态可分为平顶梁和斜墚梁两种。黄土平顶梁的顶部较平坦,宽度不一,多数为 400～500 m,长可达数千米。平顶梁的横剖面略呈弯形,坡度达 1°～5°,沿分水线的纵向坡度只 1°～3°。梁顶向下有明显的坡折,转而为坡长较短、坡度较大(一般在 10°以上)的梁坡。

C. 黄土峁是一种孤立的黄土丘,为沟谷分割的穹状或馒头状黄土丘,平面呈椭圆形或圆形,峁顶地形呈圆弯形。峁与峁之间为地势稍凹下的宽浅分水鞍部。

③ 黄土谷坡地貌

黄土谷坡的物质在重力作用和流水作用下,发生移动,谷坡变缓。公园区黄土谷坡地貌主要有以下几种。

A. 泻溜。黄土谷坡的土体表面受干湿、冷热和冻融等变化影响而引起物体的胀缩,造成碎土和岩屑的剥裂,在重力作用下,顺坡泻溜而下。在谷坡的上方,形成泻溜面,坡度多在 35°～45°,谷坡的下方是泻积坡,坡麓直逼沟床,坡度在 35°～38°。由于泻溜作用使谷坡上的物质泻落到沟床两侧,洪水期对沟水中的泥沙量的增加有很大影响,这也是黄土区的水土流失方式之一。

B. 崩塌。在黄土的谷坡上,由于雨水或径流沿黄土的垂直节理下渗,水流在地下进行机械侵蚀和化学溶蚀,并把一些不溶的细小颗粒带走,使节理不断扩大,谷坡土体失去稳定而发生崩塌;沟床河流侵蚀陡崖基部或因雨水浸湿陡崖基部而使上坡失去稳定,发生崩塌。

C. 滑坡。黄土沟谷的滑坡常在不同时代的黄土接触面之间或黄土与基岩之间产生滑动。公园区内滑坡现象并不严重。

④ 黄土潜蚀地貌

地表水沿黄土中的裂缝或孔隙下渗,对黄土进行溶蚀和侵蚀,称为潜蚀。潜蚀后,黄土中形成洞穴,引起黄土的陷落而形成的各种地貌,称黄土潜蚀地貌。黄土潜蚀地貌有以下几种:黄土碟、黄土陷穴、黄土桥、黄土柱。公园区内黄土潜蚀地貌多为黄土柱,其高度为几米至十几米。

⑤ 黄土谷缘线

为了对黄土地貌形态和发育进行归类研究,科学家将黄土沟谷边缘称为谷缘线,这是野外区分黄土沟谷地和沟间地的一条实际存在的自然界线。此线以下为沟谷地地貌系统,以上为沟间地地貌系统。如此则黄土地貌依据侵蚀形态被科学地进行了划分。

(3) 基岩构造与差异风化地质遗迹

主要包括基岩地层水平构造—X形节理—差异风化遗迹。

保护对象为三叠系纸坊组与延川组地层水平构造、基岩 X 形节理、砂岩风窝地质遗迹等(图 7-16~图 7-19)。该遗迹为游客提供水平岩层陡峭绝壁景观的同时,普及华北地台三叠纪时期湖成陆相沉积演化、剪切应力作用、岩石组成差异对风化作用的不同反映的地质科学知识。

图 7-16 沉积水平构造

图 7-17 沉积交错层理

图 7-18 基岩 X 形剪切节理(层面)

图 7-19 基岩 X 形剪切节理（剖面）

（4）古生物化石地质遗迹

保护对象为纳玛象动物化石发现地、枝脉蕨植物化石遗迹。

延川纳玛象化石发现地，位于延川王家渠采砂场。2007 年 6 月当地村民在挖沙过程中发现纳玛化石。纳玛象牙齿长，是现代亚洲象和非洲象的祖先，生活时代为更新世。其化石对研究黄土高原环境变迁具有重要的意义。

枝脉蕨植物化石发现于清涧河，化石层位为灰色—灰绿色粉砂岩层，化石以植物碎片状产出，碎片呈黑色，大小约 2 cm×4 cm。古生物化石地质遗迹是普及古生物演化知识的重要证据，对研究陕北黄土高原生态环境变迁、三叠纪时期成煤成油条件演化等地学科学知识具有重要的意义。

7.2 前期地质遗迹保护项目实施概况

为了有效保护和合理开发延川黄河蛇曲地质遗迹资源，依据国家财政部、国土资源部、陕西省国土资源厅有关国家级地质公园地质遗迹保护的文件和要求，陕西延川黄河蛇曲国家地质公园对该公园的地质遗迹已实施两期地质遗迹保护项目，并已经竣工验收完成。两期地质遗迹保护项目国家财政总投资资金 250 万元，地方财政自筹总资金 646.68 万元。

7.2.1 第一期地质遗迹保护项目

2005 年，根据国家财政部、国土资源部《关于下达 2005 年探矿权采矿权使用费及价款项目支出的通知》（财建〔2005〕660 号），陕西延川黄河蛇曲国家地质公园实施第一期地质遗迹保护项目，主要用于乾坤湾景区地质遗迹保护设施项目、纳玛古象化石修复、保护与展示项目和安全检测项目的实施，完成设置界桩 300 个、说明牌 30 个、围栏 480 m、护栏 1 200 m，公园主碑 1 个，修建主体广场 2 000 m²，完成地质博物馆主体工程，修复纳玛古象化石；培训保护区群众及相关人员 560 人；印制宣传材料 1 万份、VCD 光盘 1 万张。第一期地质遗迹保护项目经费投资总计 594 万元，其中中央财政补助 150 万元，地方财政自筹 444 万元。

7.2.2 第二期地质遗迹保护项目

2006 年，根据国家财政部、国土资源部《关于下达 2006 年探矿权采矿权使用费及价款项目支出预算的通知》（财建〔2006〕653 号）和陕西省财政厅，陕西省国土资源厅《关于下达 2006 年中央补助地方探矿权采矿权及价款项目预算的通知》（陕财办建（2006）337 号），陕西延川黄河蛇曲国家地质公园实施了第二期地质遗迹保护项目，集中用于清水湾景区，工作量主要涉及解说标识系统、基础设施工程、科考步行道等项目的建设及博物馆布展、科普宣传等。其中具体设计公园标志牌 1 块、解说牌 11 个、围栏 150 m、护栏 500 m、休闲石凳 20 个、垃圾箱 30 个、厕所 2 处、科考道路 1 800 m、地质博物馆布展 1 360 平方米,制作宣传光盘 2 000张、印刷宣传材料 8 000 册、培训人员 500 人次。项目计划投资 294.5 万元,实际投资 296.180 5 万元,其中中央财政补助 100 万元,地方财政自筹 196.180 5 万元(表 7-2)。

表 7-2　　　公园二期地质遗迹保护项目计划与完成工作量及投资额对比表

项目名称	项目内容	项目地点	单　位	计划工作量	实际完成量	计划投资额/元	实际完成投资额/元	备　注
解说标识系统建设	标识碑	乾坤湾	块	1	1	100 000	80 000	
	一级解说牌	乾坤湾	个	1	1	50 000	60 000	
	二、三级解说牌	清水湾	个	10	10	3 000	6 000	
基础设施建设	围栏	清水湾	m	150	150	30 000	30 000	
	护栏	清水湾	m	500	500	50 000	50 000	
	休闲石凳	清水湾	个	20	20	6 000	6 000	
	垃圾箱	清水湾	个	30	30	6 000	6 000	
	厕所	清水湾	处	2	2	100 000	100 000	
科考道路	步行道	清水湾	m	1 500	1 500	250 000	253 096	
	车行道	清水湾	m	300	300	30 000	30 000	
安全监测治理	隐患点监测	清水湾	个	5	5	200 000	200 000	
地质博物馆布置	设计方案调整修编	乾坤湾	项	1	1	50 000	150 000	
	布展施工	乾坤湾	m²	1 360	1 362	1 800 000	1 900 709.57	
科普宣传	邮票专项册		张	1 000	1 000	30 000	30 000	
	导游手册		册	3 000	3 000	30 000	30 000	
	宣传彩页		张	4 000	4 000	20 000	20 000	
	光盘		张	2 000	2 000	40 000	40 000	
	人员培训		人次	500	500	150 000	150 000	
合　计						2 945 000	2 961 805	

7.2.3　前期地质遗迹保护项目效益分析

① 通过地质遗迹保护项目的实施,延川黄河蛇曲国家地质公园从一个没有任何规划及保护项目的地方,发展到已完成科学的总体发展规划,地质遗迹得到有效保护,组建了公园管理机构,乾坤湾景区、清水湾景区服务基础设施基本建成,公园环境得到有效治理,公园开园接待游客条件基本形成。

② 通过地质遗迹保护项目的实施,加快了延川黄河蛇曲地质公园开发建设,带动了旅游事业的发展:目前年旅游规模为 3 万余人次,预计 5 年内客流量均以 20% 的速度递增;带动了第三产业的发展,为延川培育了新的财政增长点:农家乐、旅游产品发展较快,为当地农民脱贫致富注入活力,对全面建设小康社会将有重大的作用。

③ 通过地质遗迹保护项目的实施,促进了当地生态环境保护,提高了当地政府、居民对生态环境保护的意识和自觉性。延川黄河蛇曲地质遗迹保护区可以支持当地文化、经济和

环境的可持续发展,依靠旅游经营可以使保护工作有可靠的经济来源,改善当地居民的生活条件和环境,加强居民对居住区的认同感,从而增强了保护地质遗迹的自觉性。

④ 通过地质遗迹保护项目的实施,以延川乾坤湾为代表的黄河蛇曲等地质遗迹的地学科普知识得到了宣传,游客对其形成演化知识、独特的自然美景观产生了极大的热情和兴趣,加强了热爱祖国大好河山的激情。

7.3 本期地质遗迹保护设计任务

7.3.1 设计任务的由来

为了预防伏寺湾景区地质遗迹遭受人为的破坏和自然状态下的损害,保护伏寺湾景区独特的黄河蛇曲、峡谷、黄土地貌及基岩构造等地质遗迹,陕西省延川县国土资源局根据《陕西省财政厅、陕西省国土资源厅地质遗迹保护项目资金预算的通知》(陕财办建[2007]274号)的有关要求,在延川县委县政府的领导下,由延川县国土资源局组织地质保护规划专家,实地考察,依据第三期《地质遗迹保护项目申报书》编写完成《陕西延川黄河蛇曲地质遗迹保护项目设计书(第三期)》。

7.3.2 地质遗迹保护设计内容

根据第三期《地质遗迹保护项目申报书》及《地质公园地质遗迹保护总体规划》,确定本次地质遗迹保护项目内容为解说标识系统、科考道路系统、生物化石保护系统、水土流失监测系统、危岩安全监测处理系统、数据库建设项目等6项任务(表7-3),保护项目实施主要在伏寺湾景区。

表7-3   **公园第三期地质遗迹保护项目设计表**

项目	名称		单位	数量
解说标识系统	二级景区解说牌		个	1
	三级地质遗迹解说牌		个	18
	公共信息标识	公园道路指示牌	个	10
		公园管理服务说明牌	个	5
		公园安全管理提示牌	个	10
科考道路系统	沥青混凝土路面科考道		m	1 200
	片石路面科考道		m	800
	护栏		m	500
生物化石保护系统	纳玛象化石发现地保护	关闭沙场补偿	处	1
		保护界桩	个	4
		保护围栏	m	150
	枝脉蕨化石保护	保护围栏	m	150
水土流失监测系统	沟头溯源侵蚀监测点		个	1
	黄土坡面侵蚀监测点		个	1
	黄土重力侵蚀监测点		个	1

续表 7-3

项目	名称	单位	数量
危岩安全监测处理系统	安全监测警示系统	套	2
	崩塌体与危岩处理	处	1
数据库建设项目	数据库设计	项	1
	数据库建设	项	1
	数据资料	项	1
	系统软件	项	1
	系统设计	项	1
	系统开发	项	1

7.4　地质遗迹保护项目设计原则及依据

公园地质遗迹保护项目(第三期)设计以保护地质遗迹、保护自然环境、普及地球科学知识、促进公众科学素质提高、开展旅游活动、促进地方经济与社会可持续发展为目的,严格遵循"保护优先、科学规划、合理利用"的原则,以环境促旅游,以开放促开发,充分发挥地质遗迹景观的生态效益、社会效益和经济效益。

7.4.1　项目设计原则

(1)解说标识系统设计原则

① 人性化原则。标识系统使保护区的服务更加人性化。现代的旅游服务更提倡人性化的服务,满足游客各种各样的需求。游客都有通过自己的视觉、思想去主动了解周围环境的需求,一个有关地质遗迹介绍的标识牌可以让游客通过自己的方式去了解和认识周围的环境,让游客感受到人性化的服务,加深游客对景点的认识和了解,同时也提高了地质遗迹保护区的文化品位。

② 实用性原则。标识系统还有很强的实用功能。如公共场所、交通标识,可以提醒游客注意公共场所的文明行为,引导游客的旅游路线,从而节省地质遗迹保护区大量相关人力、物力的投入。

③ 系统化原则。为了美化公园环境,树立公园形象,对地质公园标识牌进行统一设计、分类,构建功能完备、内容完整的标识牌系统。对同一类型的标识牌从规格、材质、风格等方面进行统一,就不同类型的标识牌在内容和功能方面相互补充,使整个标识牌实现系统化。

④ 艺术性原则。标识系统还能起到装饰地质遗迹保护区的作用。通过对标识牌艺术化、风景化的设计,可以使标识牌成为地质遗迹保护区内的一道亮丽的风景,从而更容易让游客接受和认识相关的内容。

⑤ 规范化原则。标识系统设计上要做到公园标识牌的内容规范化、公共信息通用符号规范化和标识牌的摆放、安置规范化等。

⑥ 因地制宜的原则。标识系统的设计还要遵循的一个很重要的原则就是要因地制宜,恰到好处。游客在地质遗迹保护区享受的是自然,追求的是心情放松。适当的标识牌可以有助于科研工作者的考察和游客的游览,如安全提示可以让游客感受到人性化的关怀,适当

的地质遗迹及人文景观说明可以帮助游客更好地了解和认识保护区的价值所在。

（2）科学考察路线设计原则

① 合理布局，充分利用各种科考、游览方式，使其有机结合，提供丰富的游览内容。

② 科考线路应有鲜明的阶段性和空间序列变化的节奏感，由起景开始发展到高潮、结束，逐渐引人入胜。

③ 科考线路应便捷、安全，使游客在尽可能短的时间内观察到地质遗迹景观的精华。

④ 使游人能感受和利用地质遗迹保护区的多种效益功能。

⑤ 具体施工，由具有相应资质的单位进行施工方案设计。

（3）科学考察点设计原则

① 地质遗迹类型独特、保存完整、地球科学意义典型。

② 地质遗迹分布基本连续，地质遗迹具有相关性。

③ 地质遗迹与公园典型景观结合紧密，以达到方便科学考察和形成特色旅游的双重目的。

④ 地质遗迹观察点具有一定的容量。

（4）生物化石保护系统设计原则

生物化石是极其脆弱的地质遗迹，易于被自然和人为不当活动破坏，保护力度应予以加大。对于纳玛象化石发现地，主要保护原始的场地，避免人为活动的破坏，保护好化石层位及背景，为以后继续寻找该化石及相关信息、进行环境分析研究提供依据。对于枝脉蕨化石保护设计原则是生物化石完整性为主，防止人为采集、危岩破坏和河道水流侵蚀的影响。

（5）水土流失监测系统设计原则

黄土高原地貌景观遗迹在世界范围具有独特性和稀有性，是地球留给中华民族的宝贵财富。但是，20多年来，地质遗迹所在的黄河中游地区干旱少雨，加上人为截水，黄河干流生态用水减少明显，对于瀑布的流量和规模有一定影响；20世纪70年代以来人们对植被的破坏加速了土壤侵蚀致使水土流失严重，周边山体植被稀少，使得地质遗迹周边生态环境不佳；本区为黄土和三叠系砂岩形成的黄土盖帽基岩穿裙的蚀余黄土峡谷地貌，在此背景上因黄河向右岸摆动侵蚀使陕西一侧侵蚀严重，谷地狭窄，紧靠基岩陡壁，使小型滑坡和岩石崩塌时有发生，对于景区安全造成隐患，每年夏季的洪水和春季的冰凌对地质遗迹造成威胁。

当前正在实施的西部大开发，黄土高原地区正在实施山川秀美工程，水土保持工作的力度和深度不断加强，在此形势下，延川黄河蛇曲国家地质公园，更应努力建成山川秀美工程的典范，成为人们了解黄土高原、走进黄土高原、亲近黄土高原的首选之地，成为了解认识不同类型水土流失状况与变化的多功能地质公园，成为地质遗迹保护与黄土高原水土保持协调发展的地质公园。因此，水土流失监测系统设计的原则主要是查清不同侵蚀类型的强度，查清水土流失对地质遗迹的威胁程度及保护对策。

水土流失监测点的具体施工，由具有相应资质单位进行方案设计。

（6）危岩安全监测处理系统设计原则

崩塌和滑坡是延川黄河蛇曲国家地质公园的主要危岩地质灾害，需要加大力度保护和治理区域地质环境，削弱灾害活动条件，加强地质灾害勘查，弄清地质灾害的分布情况与形成条件，制订防灾规划，加强监测预报，建立完整的预警系统，实施预防措施，进行有效的灾害预测，防止地质灾害对游客和公园造成人身和财产威胁，保证科考人员与游客的人身安全;同时该系统也不能对地质遗迹造成威胁,不能影响对地质遗迹科考点的观察。

根据危岩地质灾害的危险程度,采取危岩处理与监测两种措施。对于危险程度高、易于突发性崩塌的危岩采取清理清除的危岩处理办法;对于危险程度较低、有发展趋势的危岩地质灾害采取装置仪器监测的危岩监测办法。具体防治方案由具有资质的单位进行详细施工设计。

① 危岩处理:部分削坡对于规模较大的危岩体,难以全部清除其隐患,可以在危岩体上部清除部分岩土体,降低临空面高度,减小坡度和减轻上部荷载,提高斜坡稳定性,从而降低危岩的危险程度。加固斜坡、改善危岩体或土体结构:可以采取灌浆加固,增强岩体完整性;或采取支撑措施防治塌落,或采用锚索加固危岩体,还可采取喷浆护壁、嵌补支撑等加强软基的加固方法。对于预计会发生活动的坠石、剥落或小型崩塌活动,可在岩土体滚动的路径上修建落石平台、挡石墙等。

② 危岩监测:在危岩及其周围地带,修建地面排水系统,堵塞裂缝空洞,以排走积水,减少崩塌机会。改善滑坡状况,增加滑坡平衡稳定条件。加强监测预报:包括危岩体形变、节理裂缝趋势保护监测。通过地面观察、形变测量、地形倾斜测量、综合自动测量等方法从外部监测岩体位移、地面倾斜、裂缝变形等现象,进行综合分析与预报。

危岩监测处理实施,由具有相应资质单位进行方案设计。

(7) 数据库建设项目设计原则

建立以地质公园地质遗迹为对象的数据库,包括地质遗迹的地理数据和属性数据,对地质公园地质遗迹的管理做到信息化,以利于地质遗迹的动态输入、查询、分析,为后期地质公园地质遗迹网络化管理打好基础。

① 基于 WebService 的面向服务架构体系。实现三维数据的网络(>1 Mbps)发布;实现高效、准确的 3D GIS 分析;支持数据、服务分布式部署与服务器集群。

② 宏伟真实的三维场景显示。能够同屏显示延川黄河蛇曲地质公园 28 km^2 真实三维场景,实现从全景到地质遗迹点、旅游点三维场景的平滑浏览;实现骨骼动画和物体碰撞,可模拟真人、汽车和飞机等;硬件配置要求低,支持 ATI、NVIDIA、INTER 等显卡。

③ 建筑物与地形的三维可视。真正实现对任意建筑物、地形的 $360°$ 旋转浏览,视角可在俯视仰视之间灵活调整。

④ 利用三维地理空间信息技术平台,在 2.5 m 的 SPOT-5 卫片与现有快鸟数据的基础上,先进行航拍,生成 0.6 m 的航片,然后通过实地拍照测量,进行三维建筑建模,同时,基于三维地理空间信息平台,进行系统的开发,最后将地质遗迹与航片、卫片、三维模型进行集成,架构成为延川黄河蛇曲国家地质公园三维地理信息系统。

7.4.2 项目设计依据

①《地质遗迹保护管理规定》;

②《中国国家地质公园建设工作指南》;

③ 陕西省国土资源厅有关建立地质遗迹保护区建设经费的文件;

④ 陕西省财政厅、国土资源厅有关地质遗迹保护区建设经费的文件;

⑤《陕西延川黄河蛇曲国家地质公园总体规划(2011~2030)》;

⑥《陕西延川国家地质公园专项研究报告》;

⑦《陕西延川黄河蛇曲地质遗迹保护(续作项目,2007)申报书(第三期)》。

7.4.3　项目设计思想

公园内的地质遗迹类型丰富、特色突出、专题性强。因此在设计过程中,应以黄河峡谷地貌、黄土地貌和生物化石地质遗迹保护为主线,突出陕北黄土韵味,集科学考察、教育普及、观光和休闲度假等多种功能于一体,形成别具一格的黄河蛇曲地质公园特色。同时,保护区内的道路、建筑物、旅游服务设施等在定点、规模、数量、体量、风格、色彩等方面均要与地质公园总体环境相协调,开发建设与社会需求相协调。要努力创造一个风景优美、生态环境良好、景观形象和旅游观光魅力独特、人与自然协调发展的地质公园。设计选材:以石、木为主,集古朴与现代于一体。

7.5　解说标识系统设计

地质公园建设的宗旨是保护地质遗迹资源,在保护的前提下开展科学旅游,普及地学知识,并结合地方自然资源和人文资源,促进旅游业和经济的发展。其建园宗旨体现了与一般景区不一样的地方,特别强调科普教育功能。而要实现这一功能,就必须建设一套突出科普教育功能的具有先进的、科学的、完善的特征的解说标识系统。

解说标识系统可以让人们在休闲观光时了解公园沧桑变化、地质遗迹以及物种知识,让游客在被动中免费式地了解公园的基本物性、构造演变历史、形成地质遗迹过程,满足人们探索大自然奥秘的好奇心,普及地球科学知识。

7.5.1　解说牌示标识系统功能

(1)基本信息和导向服务

地质公园牌示系统能够以简单的、多样的方式给游客提供服务方面的信息,使他们有安全、愉悦的感受。

(2)旅游景区资源及价值表达

地质公园牌示系统能够向游客提供多种解说服务,使其较深入地了解旅游区的资源价值、公园与周围地区的关系,以及旅游区在整个国家公园系统中的地位和意义。

(3)旅游资源和设施的保护

通过牌示系统内容的宣传,可以让游客在接触和享受地质遗迹资源的同时,也能做到不对地质遗迹资源或设施造成过度利用或破坏。

(4)科考教育功能

向游客介绍景观形成及其价值,使游客对地质公园的科学与艺术价值等有较深刻的理解。

7.5.2　解说标识系统等级及规格

地质遗迹解说牌示是地质公园标识系统重要的组成部分之一。根据其作用及功能的不同,结合公园景区的划分,公园解说牌示标识系统一般划分为三级。其中一级为公园说明牌、二级为景区解说牌、三级为地质遗迹科考点解说牌。本次地质公园解说牌示标识系统设计主要包括二级景区解说牌、三级地质遗迹科考点解说牌和公共信息标识说明牌等。解说标识牌文字为中文和英文双语说明。

(1)二级景区解说牌(1个)

二级景区解说牌是伏寺湾景区解说牌,设置于科考线路的高点平台,重点介绍景区的名称、面积、地质遗迹景观特征以及科学价值与意义、旅游功能等。说明牌是对景区基本特征进行概括,文字语言力求简明、优美、通俗,便于游客理解。解说牌质地为石材结构,表层为镀锌钢板,丝网彩色印刷,规格 1.2 m×1.8 m(图 7-20)。

(2)三级地质遗迹解说牌(18 个)

包括伏寺湾景区地质遗迹科考点、王家渠纳玛象化石发现地、清涧河枝脉蕨化石等解说牌,共设计 18 个。解说内容主要包括地质遗迹名称、特征、成因、科学意义等。解说牌位置设于地质遗迹科考点解说对象的旁侧。解说牌由侧基座和牌体组成,质地为石材(图 7-21)。

图 7-20 伏寺湾景区解说牌(二级)

图 7-21 三级地质遗迹解说牌

(3)公共信息标识

公园公共信息标识系统包括公园道路指示牌、公园管理服务说明牌、公园安全管理提示牌等 3 类。

① 公共信息标识牌设计技术思路

公共信息标识牌的设计要求自然、简洁、大方、醒目、明快、规范、完整、尺度适宜,符合地质公园的性质和景观特征,有科学内涵和地方文化特色。

② 公园道路指示牌

道路交通标志、安全标志等通用符号的文字、图案、颜色应按国家规定的统一标准进行设计和制作。旅游设施与服务指示标识设置应遵照《标志用公共信息图形符号 第 1 部分:通用符号》(GB/T 10001.1—2000)以及《标志用公共信息图形符号 第 2 部分:旅游设施与服务符号》(GB/T 10001.2—2002)中对图例、样式和颜色的相关规定。标牌式样应新颖简洁,尺寸应与标识内容目的适应。

公园道路指示牌分为 A、B 两大类。A 类为公园主干道路与景区次级道路的交汇处指示牌,设立钢架结构的较大型交通说明牌,道路指示牌包括道路指向、限速、限载、弯道、连续弯道、凸面镜等标识,一律使用国家标准符号。B 类为景区内的次级科考道路指示牌,采用木石结构的较小型交通说明牌。

③ 公园管理服务说明牌

主要针对旅馆、招待所、农家乐、110 报警、医疗急救等的说明介绍,指示餐馆、饭店、茶座的位置等,标识旅游日用品、工艺品、土特产商店等服务的说明。

④ 公园安全管理提示牌

告知游客各种安全注意事项,危岩安全警戒,保护公园旅游资源及游客的安全,一般设置在公园入口、景区入口、安全隐患点处。

7.5.3 解说牌内容①

(1) 伏寺湾景区解说牌

伏寺湾景区,位于公园的东北部,黄河西侧,面积 5.3 km²。主要地质遗迹有伏寺湾黄河蛇曲、秦晋黄河大峡谷地貌、蚀余黄土丘陵微地貌、河流侧蚀以及厚层砂岩交错层理、斜层理等地质遗迹。可进行黄河沿程水路旅游,以科普科考和参与性观光游为主。

(2) 三级地质遗迹解说牌

① 伏寺湾蛇曲说明牌

黄河河流对伏寺湾区域的凹岸不断侧蚀作用所形成,蛇曲弯曲度约 320°,其凸岸(山西一侧)产生漫滩堆积,平面呈 S 形,是大自然在黄河高原镶嵌的明珠,气势恢宏,十分壮观。

② 晋陕峡谷说明牌

秦晋大峡谷北起内蒙古河口镇,南抵陕西韩城市龙门口,是黄土高原在新构造运动影响下不断抬升、河流侵蚀共同作用的结果。全长 726 km,落差达 607 m,河床宽为 200～400 m,河谷深切 300～500 m,沿岸悬崖绝壁,危石耸立,黄河奔涌其中,浊流婉转,这里是华夏文明和农耕文化的发祥地之一。

③ 基岩崩塌说明牌

基岩裂缝、节理构造发育,加之河流侵蚀和重力等作用的影响,使基岩失稳倒塌而形成,是主要的地质灾害类型之一。

④ 基岩节理说明牌

主要发育于三叠系基岩地层之中,呈棋盘格式状,是共轭剪切应力作用的结果,节理面延伸稳定,节理间隔密度 2～3 条/米。

⑤ 基岩水平构造说明牌

三叠系基岩粒序层理、颜色层理产状平缓,沉积层理清楚,反映沉积时期地壳稳定、物质供应连续。

⑥ 砂岩风穴(窝)说明牌

黄河峡谷定向风持续对黄河西岸陡峭崖壁的砂岩进行侵蚀,砂粒脱落,形成形态各异的空洞、风窝。

⑦ 黄土节理说明牌

发育于黄土层规律性分布的黄土破裂裂缝构造。黄土节理有黄土垂直节理和斜节理类型。黄土垂直节理可发育于不同时期的黄土体中,黄土斜节理主要发育于较老的黄土体中。

⑧ 黄土说明牌

呈棕黄、灰黄或褐黄色,第四纪风力搬运沉积的粉砂质富含碳酸钙的土状沉积物,是黄土高原相对干冷环境的沉积物。

⑨ 古土壤说明牌

呈深黄色、红色或红褐色,是第四纪黄土高原相对湿热环境条件风成作用的粉砂质沉积物。

---

① 解说牌文字为中文和英文两种文字,这里仅摘录中文文字。

⑩ 黄土残塬说明牌

黄土原始堆积形成较平坦的黄土塬,经过流水侵蚀、沟头蚕蚀而形成的破碎、不连续的黄土地貌景观。

⑪ 黄土地貌谷缘线说明牌

是黄土谷间地地貌与沟谷地地貌的分界线。谷缘线之上为黄土梁峁地貌景观,平面一般较缓,主要为黄土盖层;谷缘线之下为黄土沟谷地地貌,坡面较陡,黄土盖层或基岩出露。

⑫ 黄土细沟-切沟-冲沟体系说明牌

细沟谷底纵剖面与斜坡坡形一致,横剖面近似"V"字形,沟坡无明显转折点。细沟进一步发展,下切加深,形成切沟,沟底多陡坎,纵剖面坡度与斜坡坡面坡度不完全一致,横剖面的谷坡上有明显谷缘。切沟进一步发展扩大,谷底加深,沟壁侵蚀、崩塌加宽,溯源侵蚀使沟谷加长成为冲沟。冲沟的沟壁和沟头都较陡,规模较大。黄土细沟-切沟-冲沟体系显示坡面侵蚀-径流侵蚀的加强,土壤侵蚀强度增大的趋势。

⑬ 黄土崩塌说明牌

由于黄土胶结松散,垂向节理发育,是在重力作用下发生的灾害现象,多发生在谷坡地带,是土壤侵蚀的主要类型之一。

⑭ 蚀余黄土丘陵沟壑地貌说明牌

秦晋峡谷两侧,流水侵蚀后的薄层残余黄土覆盖在三叠系碎屑岩之上,沟谷坡基岩裸露,梁峁顶海拔 800～1 100 m,两岸支流强烈下切侵蚀,形成深切的 V 字形峡谷,形成黄土盖帽基岩穿裙特有的地貌,是水流侵蚀强烈区域,水土流失严重,每年土壤侵蚀量 5 000～7 000 t/km^2。

⑮ 黄土沟头溯源侵蚀说明牌

黄土高原地区沟头侵蚀向上发展延伸的现象,是沟谷纵向侵蚀作用的一种类型。在面蚀的初期,一般沟头溯源侵蚀作用处于主导地位,侵蚀产砂呈增加趋势。

⑯ 纳玛象化石发现地说明牌

纳玛象是古菱齿象亚属的类群之一,是现在亚洲象、非洲象的祖先,牙齿较长。纳玛象生存于更新世时期,是研究黄土高原古环境的主要依据。2007 年 6 月当地村民在此处黄河古道挖沙时发现纳玛象化石发现,纳玛象化石现保存于延川县博物馆。

⑰ 枝脉蕨化石说明牌

枝脉蕨植物化石(*Cladophlebis*),分布于三叠系纸坊组河湖相粉砂岩地层中,多呈碎片状,是成煤的主要层位,时代为二叠纪—白垩纪。

⑱ 古壶穴说明牌

主要发育于基岩层中,圆柱状,是古涡流流水连续对泥砂岩侵蚀,形成柱状洞穴,后再次被重填而形成。以前曾称为芦木化石。

7.6　地质遗迹保护基础设施项目设计

7.6.1　科考道路系统设计

公园科考线路主要由科考步行道、安全护栏两大部分构成。科考步行道设计根据地形地势、科考点位置进行设计,总长 2 000 m,其中沥青混凝土路面科考道 1 200 m,片石路面科考道 800 m;安全护栏设计长度 500 m(表 7-4)。

表 7-4 公园科考线路工程量统计表

项目	名称	数量	合计
科考步行道	沥青混凝土路面科考道	1 200 m	2 000 m
	片石路面科考道	800 m	
护栏	基岩构造观察地段	300 m	500 m
	黄土微地貌观察地段(线路北端)	200 m	

(1) 路线走向与施工

科考线路起始于伏寺湾西侧黄土层与基岩层分界点之下约 40 m 的砂岩风穴地质遗迹处,向西到张家圪崂东侧黄土梁,后沿该黄土梁向北布设。

沥青混凝土路面科考道:全长 1 200 m。片石路面科考道:全长 800 m。

(2) 护栏

沿科考道在地形陡峻危险地带设置护栏,以保障游人人身安全,护栏长度 500 m。护栏由石柱和铁链组成,石柱间距 2 m,石柱埋入地下,地面以上高 1.5 m,入地深度 0.5 m。

7.6.2 生物化石保护系统设计

(1) 纳玛象化石发现地保护设计

纳玛象化石发现于黄河古河道砂层之中,上覆为离石黄土和马兰黄土,土层厚 25 m。为了更有效地对纳玛象化石发现地进行保护,经野外考察,主要采取停止挖沙活动,设置保护界桩、围栏,设立地质遗迹解说牌、公园管理服务(交通)说明牌、公园管理服务(保护提示)说明牌、公园安全管理提示牌等手段进行保护。其中挖沙活动于纳玛象化石发现后经延川县国土资源局回购采砂合同的方式,停止采砂活动,有效地对纳玛象化石发现地进行了保护;在纳玛象化石发现地的四周拟设置护桩 4 个,发现地的出口设置围栏 150 m;设立三级科考点解说牌 1 个、公园公路服务(交通服务)说明牌 2 个(一个设立于公路到发现地的交汇处,另一个设立于步行道的转折处)、公园管理服务(保护提示)说明牌(1 个)、公园安全管理提示牌 1 个。

为提示游客及当地村民对纳玛象化石发现地的保护,在其四周设立界桩 4 个。界桩为石质圆柱状,规格为横截面直径 20 cm,地上高度 1.8 m,地下 0.5 m。保护界桩标注正文为"纳玛象化石发现地保护区",侧面标注"保护界桩及编号"。

公园交通管理服务说明牌标注"纳玛象化石发现地"。公园管理服务(保护提示)说明牌标注为"此处为黄河纳玛象化石发现地,未经许可不得进行任何挖沙、耕种、放牧、采伐等人为活动"。公园安全管理提示牌标注为"温馨提示:此处属于黄土崩塌的易发区,观察时请注意安全,远离坡体"。

围栏布设于原采砂坑的出口,长度 150 m,样式和规格与科考线路护栏相同。

(2) 枝脉蕨化石保护设计

枝脉蕨化石出露于清涧河,化石产出为灰绿色粉砂岩,下部为清涧河河道,上部为灰白色砂岩,在化石层层位的坡面上有岩石崩塌灾害、危岩体。为此,经野外考察,拟采取设置围栏(150 m),清除危岩崩塌,设置危岩监测系统装置,设立三级科考点解说牌、公园管理服务说明牌、公园安全管理提示牌等项目进行保护。在枝脉蕨化石产地地质遗迹点设置围栏,以避免地质遗迹遭受人为等因素的破坏，围栏长度 150 m，样式、规格、要求与科考线路护栏相同。

7.6.3　水土流失监测系统设计

根据监测是了解认识公园不同类型水土流失强度等基本情况的目的，本次水土流失监测项目主要设立黄土坡面侵蚀监测点、黄土重力侵蚀监测点和沟头溯源侵蚀监测点 3 个监测点（图 7-22～图 7-24）。黄土坡面侵蚀监测点，选取具有代表性的坡面地貌，边界采用砖砌水泥界壁圈护，防止内外围水土交换，下方设置石堰和流失水土接收池。黄土重力侵蚀监测点设置于切沟的中断，范围从切沟的边坡到谷缘线之上，面积一般为 50 m×100 m，在设置范围标记界桩，定期观察切沟在重力侵蚀作用下的谷坡后退、水土流失量。沟头溯源侵蚀监点主要监测张家圪崂冲沟的溯源侵蚀强度，监测范围为张家圪崂切沟的沟头，涉及两侧的坡面，方案为在监测范围内设置不同时期沟头、沟谷、坡面侵蚀界桩，观察沟头溯源侵蚀强度变化。

图 7-22　黄土坡面侵蚀监测点

图 7-23　黄土重力侵蚀监测点

图 7-24　沟头溯源侵蚀监测点

野外具体水土流失监测点施工方案制定、数据收集与侵蚀强度计算，需有水土流失防治专家和资质单位的详细设计。

7.6.4　危岩安全监测处理系统设计

经野外对本次实施保护项目的伏寺湾景区、纳玛象化石发现地、枝脉蕨化石等地的考察，根据危险程度，结合 3 期地质遗迹保护项目申报书，确定危岩处理监测点 3 处。其中危岩地质灾害处理点 1 处，处理对象是清涧河枝脉蕨化石处的危岩。危岩地质灾害监测点 2 处，其一为清涧河滑坡，主要监测滑坡体的位移、降雨变化等，预测该处滑坡发生的危险程度和可能性；其二为科考道上的黄土边坡，主要监测黄土节理变化、降水变化，预测该处黄土体发生崩塌的危险程度和可能性。

7.6.5　数据库建设

（1）数据采集

数据库平台中所使用的数据资源包括包含两类：图片数据和信息数据。其中信息数据是指与实际地物相关的信息，包括但不限于坐标区域、地物类型、显示方式等。

由于保护区面积较广，景点（包括地质遗迹点）数量多以及分布比较零散，功能交叉严重，所以数据采集与预处理成了前期工作的一个重点，数据采集更是系统建设的前提工作之一。

在缺少现成数据源的情况下，从系统建设的精度要求考虑，决定使用实地测绘得到关于地物的几何信息，并配合 Google Earth 进行控制点校正。同时展开对地物属性信息的实地调查，内容包括两方面：一方面采集各个景区所有景点（包括地质遗迹点）的属性信息，即包括景点分布信息以及相关属性；另一方面，通过实地调查获取地质遗迹的实际照片，为三维建模做准备。

（2）数据处理

数据处理分多个步骤进行，图 7-25 表示了平台开发所需数据的处理流程。其中原始数据通过实地测绘得到，过程中借助 Google Earth 进行控制点设计；使用 Auto Cad 对测绘数据进行数字化；使用 3DS Max 8 进行三维建模和渲染，模型贴图通过实地采集获得；渲染后对图片进行等比例切割和命名。

（3）工作流程

公园地质遗迹地理空间信息系统建设流程见图 7-25。

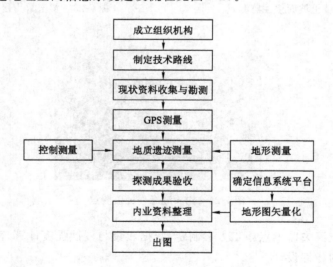

图 7-25　公园数据库建设流程

数据库建设平台开发使用了微软 Visual Studio. net 2003 平台，必须包含 VB 开发语言和 Ajax. net 开发包，能够完成网站开发，能够成功访问数据服务器上的数据库，发布平台使用 Microsoft Windows 2003 SP2（含 IIS6.0 及 .net 环境）。

7.7 项目经费概算

7.7.1 项目概算依据

① 国家计委、建设部、物价局颁发的《工程勘察设计收费标准》(2002 价费字〔2002〕10 号);

②《园林建筑与绿化工程清单编制及计价手册》(中国建筑工业出版社 2007 年版);

③ 交通部 2007 年 10 月 19 日颁布的《公路工程基本建设项目概算预算编制办法》(JTG B06—2007);

④ 陕西省建设厅 2004 年颁布的《陕西省建筑、装饰工程消耗量定额》;

⑤ 住建部 2003 年颁布的《建设工程工程量清单计价规范》;

⑥ 陕西省建设厅颁布的《陕西省工程量清单计价规则》;

⑦ 陕西省建设厅《园林绿化市政工程》相关费用;

⑧ 陕西省建设厅 1999 年颁布的《陕西省建筑工程、安装工程、仿古园林工程及装饰工程费用定额》;

⑨ 市场询价。

7.7.2 项目经费概算

经估算本次地质遗迹保护项目总经费为 305 万元(表 7-5)。

表 7-5 公园地质遗迹保护项目(第三期)经费概算表

项目	名称		单位	数量	工程单价/元	合计/万元
解说标识系统	二级景区解说牌		个	1	25 000	2.5
	三级地质遗迹解说牌		个	18	1 500	2.7
	公共信息标识	公园道路指示牌	个	10	1 000	1
		公园管理服务说明牌	个	5	600	0.3
		公园安全管理提示牌	个	10	600	0.6
科考道路系统	沥青混凝土路面科考道		m	1 200	600	72
	片石路面科考道		m	800	500	40
	护栏		m	500	300	15
生物化石保护系统	纳玛象化石发现地保护	关闭沙场补偿	处	1	300 000	30
		保护界桩	个	4	1 000	0.4
		保护围栏	m	150	350	5.25
	枝脉蕨化石保护	保护围栏	m	150	350	5.25
水土流失监测系统	沟头溯源侵蚀监测点		个	1	80 000	8
	黄土坡面侵蚀监测点		个	1	100 000	10
	黄土重力侵蚀监测点		个	1	100 000	10
危岩安全监测处理系统	安全监测警示系统		套	2	220 000	44
	崩塌体与危岩处理		处	1	170 000	17

项目	名称	单位	数量	工程单价/元	合计/万元
数据库建设项目	数据库设计	项	1	80 000	8
	数据库建设	项	1	50 000	5
	数据资料	项	1	50 000	5
	系统软件	项	1	90 000	9
	系统设计	项	1	60 000	6
	系统开发	项	1	80 000	8
项目总经费/万元			305		

7.8 项目实施进度安排

根据延川自然条件、项目工程特点及地质公园建设要求,本次地质遗迹保护项目实施设计从 2010 年 4 月开始,到 2010 年 12 月,历时 9 个月(表 7-6)。项目进度安排在县国土资源局管理下,统筹计划、合理安排,按照制定的进度安排组织实施,确保保质保量完成项目全部计划。

表 7-6 公园地质遗迹保护项目(第三期)实施进度表

项目	名称		2010								
			4 月	5 月	6 月	7 月	8 月	9 月	10 月	11 月	12 月
解说标识系统	二级景区解说牌		▓	▓	▓	▓	▓				
	三级地质遗迹解说牌		▓	▓	▓	▓	▓	▓			
	公共信息标识	公园道路指示牌	▓	▓	▓	▓	▓				
		公园管理服务说明牌	▓	▓	▓	▓	▓				
		公园安全管理提示牌	▓	▓	▓	▓	▓				
科考道路系统	沥青混凝土路面科考道		▓	▓	▓	▓	▓	▓			
	片石路面科考道		▓	▓	▓	▓	▓	▓	▓	▓	
	护栏							▓	▓	▓	▓
生物化石保护系统	纳玛象化石发现地保护	沙场关闭补偿				2007.07					
		保护界桩				▓	▓				
		保护围栏				▓	▓	▓			
	枝脉蕨化石保护	保护围栏					▓	▓			
水土流失监测系统	沟头溯源侵蚀监测点					▓	▓				
	黄土坡面侵蚀监测点					▓	▓				
	黄土重力侵蚀监测点					▓	▓				
危岩安全监测处理系统	安全监测警示系统						▓				
	崩塌体与危岩处理					▓	▓	▓			

续表 7-6

项目	名称	2010								
		4月	5月	6月	7月	8月	9月	10月	11月	12月
数据库建设项目	数据库设计									
	数据库建设									
	数据资料									
	系统软件									
	系统设计									
	系统开发									

7.9 第三期地质遗迹保护申报项目调整分析

2007 年 7 月,正式提交第三期《地质遗迹保护申报书》,申报书拟定的地质遗迹保护项目内容主要包括地质遗迹保护基础设施项目、化石发现地保护和展示工程、危岩监测工程、安全防护工程及数据库项目等 5 大类,经费预算总计 305 万元(表 7-7)。

本次针对该申报书的项目设计,重新归类划分,设计为解说标识系统、科考道路系统、生物化石保护系统、水土流失监测系统、危岩安全监测处理系统和数据库建设项目等 6 大类,总经费设计 305 万元。本次地质遗迹保护项目设计总体遵循申报的思路,对申报的项目要求具体落实和强化,对申报内容部分内容根据实际情况进行调整(表 7-8)。具体包括:

① 对地质遗迹科考点及其解说牌由申报 10 个增加 9 个,设计为 19 个;

② 设计增加公共信息标识牌 25 个;

③ 设计增加纳玛象发现地保护界桩 4 个;

④ 古生物化石地质遗迹保护护栏由申报 350 m 减少 50 m,设计为 300 m;

⑤ 水土流失监测点由申报 10 个减少 7 个,设计为 3 个;

⑥ 申报书中的地质遗迹保护标识系统为 1 套,设计为解说标识系统中的公共信息标识;

⑦ 申报书中的地质遗迹实时监测点为 4 个,由于在公园建设中暂不安排,将经费用于其他保护项目。

表 7-7   公园第三期地质遗迹保护申报项目及预算表

项目	名称	单位	数量	单位造价/元	合计/万元
地质遗迹保护基础设施项目(伏寺湾保护区)	伏寺湾地质遗迹说明牌	个	10	300	0.3
	伏寺湾地质遗迹围栏	m	350	300	10.5
	伏寺湾地质遗迹护栏	m	500	200	10
	伏寺湾地质遗迹科考道路	m	2 000	350	70
	伏寺湾地质遗迹保护标识系统	套	1	205 000	20.5

项目	名称	单位	数量	单位造价/元	合计/万元
化石发现地保护和展示工程	王家渠纳玛象化石产地保护	处	1	300 000	30
	芦木化石产地保护	处	1	227 000	22.7
危岩监测工程	黄土流失监测点	个	10	22 000	22
	崩塌体稳定性及新生裂缝监测	台	4	42 500	17
安全防护工程	安全警示系统	套	2	140 000	28
	崩塌体及危岩处理	处	1	170 000	17
地质遗迹保护数据库项目	数据库设计	项	1	80 000	8
	数据库建设	项	1	50 000	5
	数据资料	项	1	50 000	5
	系统软件	项	1	90 000	9
	系统设计	项	1	60 000	6
	系统开发	项	1	80 000	8
	地质遗迹实时监测点建设	个	4	40 000	16
项目总金额	305(万元)				

表 7-8　　公园第三期地质遗迹保护项目设计与申报情况对比表

项目	名称		单位	设计项目数量	申报项目数量	项目增减	设计经费/万元	申报经费/万元
解说标识系统	二级景区解说牌		个	1	10	9	7.1	20.8
	三级地质遗迹解说牌		个	18				
	公共信息标识	公园道路指示牌	个	10	0	25		
		公园管理服务说明牌	个	5				
		公园安全管理提示牌	个	10				
科考道路系统	沥青混凝土路面科考道		m	1 200	2 000	0	112	70
	片石路面科考道		m	800				
	护栏		m	500	500	0	15	10
生物化石保护系统	纳玛象化石发现地保护	关闭沙场补偿	处	1	1	0	30	30
		保护界桩	个	4	0	4	0.4	0
		保护围栏	m	150	350	−50	10.5	10.5+22.7
	枝脉蕨化石保护	保护围栏	m	150				
水土流失监测系统	沟头溯源侵蚀监测点		个	1	10	−7	28	22
	黄土坡面侵蚀监测点		个	1				
	黄土重力侵蚀监测点		个	1				

项目	名称	单位	设计项目数量	申报项目数量	项目增减	设计经费/万元	申报经费/万元
危岩安全监测处理系统	安全监测警示系统	套	2	2	0	44	45
	崩塌体与危岩处理	处	1	1	0	17	17
数据库建设项目	数据库设计	项	1	1	0	41	57
	数据库建设	项	1	1	0		
	数据资料	项	1	1	0		
	系统软件	项	1	1	0		
	系统设计	项	1	1	0		
	系统开发	项	1	1	0		
	地质遗迹实时监测点建设	个	将经费用于其他保护项目	4	—4		
项目经费/万元						305	305

7.10　第三期地质遗迹保护项目实施保障措施

7.10.1　提高认识,科学决策

本项目建设由国家和地方共同投资进行,在前两期基础上继续深化实施地质遗迹保护是地质公园可持续发展的重要保证,对于公园地质遗迹管理水平的提高、地学科普教育的宣传有很重要的意义。其中的主要保护内容涉及的方面很多,比较以往的保护目的性更明确,可操作性强。应抓住这一良好机遇,以地质公园设立的核心思想进行科学决策、认真工作,建设好高质量的各项保护工程。

7.10.2　加强领导,落实责任

地质公园地质遗迹三期保护项目任务重、要求严、涉及面广,县政府高度重视地质遗迹保护区的建设,由主管副县长分管,县政府办公室、财政、国土资源、公安、交通、旅游、水利等部门多方协作,互相配合。为确保建设任务保质保量完成,由"陕西延川黄河蛇曲国家地质公园管理处"组织、管理、协调各相关单位工作和项目的运作,全面负责保护区建设日常工作的安排和落实,制定资金管理制度,建立健全会计制度,保证专款专用。

项目建设单位要制定切实可行的实施方案,落实责任,严把项目质量关,管理人员和技术人员要签订质量责任书,责任书内容要具体,任务要明确,便于操作、检查和考核。

7.10.3　严格财务制度,加大建设资金监管力度

保护项目资金来源于国家中央财政拨付和延川县专项资金。具体实施单位一定要严格遵照国家政策进行预算、支出、报销等程序,实行工程财务报账制度。要按照工程建设的预算和进度拨款,严把资金使用关。做到建设资金专户存储,单独建账,专款专用,单独核算,统一管理。严格禁止和杜绝任何方式、任何理由的挤占、截留、滞留和挪用,严格控制开支标准,规范核算手续。

审计部门要加强对建设资金的审计工作,加强对建设资金的监督检查工作。要按照《关

于加强国债专项资金财政财务管理与监督的通知》的有关要求,将审计工作和监督检查工作经常化、制度化,对建设项目实行全过程管理,监督建设单位合理、合格使用资金。

7.10.4 推行工程建设招投标制和工程监理制

为确保建设的质量,工程建设应按市场竞争机制和国家有关规定,依法实行公开招投标制,由具有相应能力的施工单位承包,严禁层层转包。

项目建设主管部门要选派或聘用有资格的监理人员对工程建设进行全程监理,实行技术质量监理终身负责制。工程建设的每个阶段须有监理人员出示监理意见后,才能组织验收、付款。工程竣工后,如发生重大质量问题,首先追究监理人员的责任。

7.10.5 精心组织,建设精品工程

一是精心组织,广泛宣传。要使项目实施单位和人员认识到地质公园保护的重要性、自己担负的责任的重大性。

二是要搞好施工管理,保证项目质量。施工组织由延川县国土资源局全面负责,公园管理处具体负责。本设计是在申报书和公园总体设计的精神制定的三期地质遗迹保护项目总体设计,对于每一项具体工程,要在总体设计的规划原则下,由专业部门做出具体的专门设计,报请延川县国土资源局批准,按照设计严格施工,确保工程质量。要抓好事前指导、中间检查、竣工验收3个环节。事前指导,要提出明确的技术标准,质量要求,防患于未然;中间检查贯穿于施工的全过程;竣工验收,要奖优罚劣,确保质量。

三是科学施工,争建精品工程。在设计的所有项目中,要科学施工,突出个性,坚持与环境和谐、美观、高质量标准,积极创建精品工程。

7.11 第三期地质遗迹保护项目实施效益分析

第三期地质遗迹保护项目的实施,首先是完善伏寺湾景区的地质公园地质遗迹资源保护、景区服务设施,拓展地学科考线路;其次是进一步扩展公园整体的地质遗迹保护范围,增加地质遗迹资源的保护内容,并将在该地区产生经济、社会、环境生态三大效益。

7.11.1 经济效益

第三期地质遗迹保护项目的实施,将促进当地旅游及相关产业的发展,助力当地经济产业结构的调整,提高当地人均收入。当地的农家乐开发、旅游商品开发、旅游饭店发展将尤为突出。目前年接待游客为6万人次,第三期地质遗迹保护项目实施后,预计年接待游客人数将增加2万,年旅游收入将增加300万元。

7.11.2 社会效益

第三期地质遗迹保护项目的实施,将主要为伏寺湾地区提供直接就业机会300个,按1∶5的系数计算,将提供间接就业机会1 500个,有利于当地农村劳动力的安置,减轻当地劳动力就业压力;同时,该项目的实施,将极大地提升当地居民、游客对伏寺湾景区黄河蛇曲、黄土地貌、古生物化石等地质遗迹地学意义和保护知识的认识,将激发社会公众对地学旅游的兴趣和热情,从而使人们更加热爱黄河、热爱祖国的河山。

7.11.3 环境生态效益

公园地处陕北土壤侵蚀严重地区,其土壤侵蚀模数在5 000 t/km² · a以上,属于强度侵蚀区。地质公园的建设,对园区和临近梁塬丘陵沟壑的生态环境绿化美化、护坡工程等项

目的实施,将会有效减少该地的水土流失,直接改善当地生态系统,使西部大开发的战略落在实处,率先在黄土高原地区建成地质公园式山川秀美工程,为整个黄土高原的绿化管理方式提供一个可借鉴的样本。另外,地质公园的建设,使当地的黄河河道不法挖沙行为得到遏制,还黄河自然的生态环境。

思考题

1. 简述旅游规划的层次和响应要求。
2. 简述黄河蛇曲黄土地貌地质遗迹特征。
3. 简述黄河蛇曲峡谷地质遗迹特征。
4. 简述黄河蛇曲地层遗迹特征。
5. 简述黄河蛇曲地质遗迹保护项目的主要措施。
6. 简述如何确定地质公园的范围。
7. 简述如何确定地质公园地质遗迹保护与旅游开发的关系。

8　地质公园科学研究

　　针对地质遗迹的科学研究是建设地质公园的主要内容之一,是实现地学知识科学普及的重要前提。本章是对陕西商南金丝峡国家地质公园岩溶峡谷地质遗迹成因机理、科学性的研究。该公园以岩溶峡谷地貌、十三级瀑布、岩溶洞穴等地质遗迹为特色,赋存有丰富的反映华北地块与扬子地块构造运动、古海洋扩张、拼接、古沉积环境、地壳抬升造山信息等的地质遗迹,是研究秦岭造山带发展、演化历史的重要基地。为此,公园于 2009 年 8 月被国土资源部批准为我国第五批国家级地质公园 。

　　为了保护、利用和建设好公园的地质遗迹,根据国家地质公园建设要求与国家财政部、国土资源部办公厅关于组织申报年度国家级地质遗迹保护项目的精神,按照《陕西商南金丝峡国家地质公园总体规划(2011—2030)》精神,公园已先后实施 3 期地质遗迹保护项目,保护经费投资累计达 2 830 万元。其中,2009 年度公园实施第一期地质遗迹保护项目,保护经费为 650 万元;2010 年度公园实施第二期地质遗迹保护项目,保护经费为 980 万元;2011 年度公园实施第三期地质遗迹保护项目,保护经费为 1 200 万元。

　　第一期地质遗迹保护项目的实施满足了公园的开园要求,项目包括解说标识系统、科考道路、科普宣传及地质博物馆等项目的建设。通过一期地质遗迹保护项目的实施,在满足公园开园的前提下,公园在地质遗迹保护、公园接待条件、公园服务管理水平、基础设施建设等方面均有了很大提升。

　　第二期地质遗迹保护项目,地质遗迹保护范围主要集中于白龙峡景区,实施项目涉及科考道路建设、科考解说标识系统建设、安全防护工程建设及地质基础和专项科研等。通过第二期地质遗迹保护项目的实施,白龙峡景区科考道路建成、科考点解说牌示完善,并满足了 2010 年度中国地质学会旅游地学与地质公园研究分会第 26 届年会在陕西商南召开的要求。

　　第三期地质遗迹保护项目,地质遗迹保护范围主要实施于公园的石燕寨景区,实施项目包括安全防护工程、解说标识系统、科考道路建设、地质科研与科普宣传等四大项目。第三期地质遗迹保护项目的实施扩大了公园的实际旅游空间,增加了道教旅游活动项目,满足了不同旅游市场人群的需求。

　　公园具有奇、险、俊、秀、幽等旅游美学风格,集休闲、探险、观光、度假、科考旅游功能于一体。特别是岩溶峡谷地质景观,以其壮观优美、类型典型、出露完整,系统地展示了山谷地貌演化阶段和过程,具有稀有性和独特性,吸引着不同领域专家、学者进行研究和国内外各地游客的游览和欣赏。但作为公园景观核心与骨架的岩溶峡谷和十三级瀑布群地质遗迹景观,其空间展布规律、发展演化控制因素及演化模式等核心地质问题尚不清晰,亟待进一步的深入研究和探讨。为此,于 2011 年 8 月受商南县金丝峡景区管理委员会委托,我们对公园岩溶峡谷与十三级瀑布群地质景观特征及其演化模式进行科学研究,以期对公园地质景观的地质科学价值研究、地学旅游价值的深入和地质公园等级的提升提供有力的支撑和依据。

本次主要的研究内容包括：

① 调查、提出金丝峡峡谷延伸、规模等特征；研究、提出金丝峡峡谷隘谷、嶂谷、沟谷（狭义）空间展布规律、空间关系；分析、提出金丝峡峡谷景观地质科学成因。

② 野外实测金丝峡峡谷地质剖面，比例尺为 1：10 000。

③ 调查、研究十三级瀑布群地质特征、落差基础数据、地质科学成因。

④ 利用拓普康全站仪测制白龙峡、黑龙峡、青龙峡、丹江源头景区的横向峡谷剖面，获得峡谷切割强度成果。

⑤ 金丝峡水文地质条件研究（岩溶水的补给、排泄，地表水与地下水的互补，泉水水文特征及成因）。

本次科研获得的新认识和成果：

① 基本查明公园地层组成、地质构造特征。

② 深入研究公园岩溶峡谷延伸、规模地貌特征，查明公园隘谷-嶂谷-峡谷（狭义）沟谷系统的空间展布规律与空间关系；分析公园岩溶峡谷地学成因因子，首次提出区别于戴维斯模式和别克模式的公园岩溶峡谷独特成因模式，即金丝峡模式。

③ 系统调查了公园十三级瀑布群的地质特征与落差基础数据，并提出瀑布的相应地学成因。

④ 利用经纬仪、全站仪等仪器测绘了白龙峡、青龙峡、黑龙峡及月牙峡等公园峡谷的横向切割剖面，具体获得了公园不同峡谷的切割强度。

⑤ 初步分析了公园的水文地质条件和特征，特别是对公园的马刨泉、黑龙泉主要泉景进行了一个水文年的系统取样（原水样、酸化水样、碱化水样、石油类水样、侵蚀性 CO_2 水样、微生物水样等）。经过系统分析认为，公园马刨泉、黑龙泉泉水是低钠性天然泉水，可以进行天然泉水饮用水的开发。

⑥ 根据公园地质结构特征，认为公园主要经历了四大地壳运动的地质演化历史。

由于时间紧、经费有限，研究成果与认识存在不足在所难免，不妥之处请指正，并为公园下一步科研工作的更好开展提出宝贵意见和建议。

8.1 公园基本概况

8.1.1 区位条件

公园是在森林公园的基础上，整合周围地质遗迹和地质景观、自然与人文旅游资源扩建而成的地质公园。公园位于陕西省商南县县城西南约 40 km，地处丹江之南，新开岭之北，北纬 33°06′～33°44′，东经 110°24′～111°01′，海拔最低 217.3 m，最高 2 057.9 m，平均 825 m，总面积 28.6 km²，主要地质遗迹分布面积 23.9 km²。

公园所在地商南县地处秦岭东段南麓的陕西、河南、湖北 3 省交界处，是陕西东南门户。北依蟒岭与河南省卢氏县接壤；南与湖北省郧县为邻；东抵界牌与河南省西峡县相望；西至冀家湾与陕西省丹凤县毗连。从交通地理位置看，商南古为京畿长安的东南重镇，秦楚之咽喉，也是我国西北地区通往东南的交通要道和西安的"后花园"。沪陕高速公路、312 国道和西(安)南(京)铁路穿境而过,交通十分便捷。

8.1.2 自然条件

（1）地貌

公园属地商南县位于秦岭南麓,连接巴山北坡,以低山丘陵为主,西北高,东南低,丹江自西向东横贯商南县中部,将商南县分为丹南、丹北两部分,千米以下的低山、丘陵占总面积的 77%,岭谷相间,地势起伏,相差悬殊,平均海拔 825 m,相对高差最大值在 1 840.6 m。

这里属地属于蟒岭的东延部分,山势多西北向东南走向,地势由高趋低,主要由石英片岩、石英岩等变质杂岩组成,山体浑圆,冈峦起伏,山体排列松散,河谷开阔;丹江以南是由结晶灰岩、白云质灰岩、白云岩、板岩、千枚岩、石英片岩、大理岩、变质砂岩组成的新开岭山地,山势多由西向东,地势西高东低,山形陡峭,河谷深切,多具嶂谷地貌特征,多山泉、溶洞,山上植被葱郁。

（2）气候

地处亚热带向暖温带的过渡气候带,气候随海拔高度有一定的差异,具有明显的山地小气候特征。海拔 600 m 以下丘陵属低热区,600～1 000 m 属中温区,1 000 m 以上属高寒区。据资料,本区年平均气温为 14.0 ℃,1月平均气温1.5 ℃,7月平均气温26.0 ℃,极端最高气温40.5 ℃,极端最低气温−12.1 ℃,≥10 ℃活动积温4 406.2 ℃;年日照1 973.5 h,日照百分率45%;年平均降水量803.2 mm,降水多集中在7～9月,占全年降水量的49.5%。早霜始于10月下旬,晚霜终于3月下旬,无霜期217天。

气候特征:具有气候湿润,四季分明,冬无严寒,夏无酷暑的特点,是理想的避暑度假胜地。

地处深山幽谷,春季山花烂漫,姹紫嫣红,生机勃勃,适于踏青春游;夏季空气湿润,绿荫如翠,清爽宜人,最高温度不超过28 ℃,适于纳凉避暑;深秋万紫千红,层林尽染,野果沁香,适于观光、科考;隆冬银装素裹,冰雕玉砌。

（3）水资源

水系属于汉江水系的丹江支流流域。水系结构有3个主要特征,① 明显的不对称性(即丹江南岸支流源远流长,水量丰富,而北岸支流源短、流急);② 宽谷、峡谷交替出现,宽谷段内阶地完整;③ 多弯曲河段,包括丹江和丹江的某些支流。

商南县域的土地面积平均产水量为 2.63×10^5 m³/km。由于水量分布不均匀和下垫面因素影响,所以水资源的空间分布大体分为3个流区:丹江河谷低产流区,浅山丘陵中产流区,深山高产流区。全区域内的河流水主要由降水补给,所以河水流量的变化随大气降水的增减而增减。

主要地表径流有丹江、滔河、湘河、小河。该区域的泉水资源比较丰富,特别是丹南石灰岩山区的滔河、小河等流域泉水是河水常年流量的主要来源。

（4）土壤

商南县域因其地质历史条件复杂,地形多变,加之各种复杂的成土母质自然因素的相互作用,境内土壤类型比较多,共有6个土类,14个亚类,26个土属,72个土种。6个土类分别为水稻土、潮土、新积土、黄棕壤、棕壤以及紫色土。

地形起伏高差大,相对高差 1 700 m,成土母质众多,故形成较多的土壤类型,以垂直分布为主,兼有较显著的地域分布性。

土壤养分状况同养分含量分级标准的较高级数值比较,有机质含量偏低,缺氮、缺磷,以及缺硼、锰、锌等微量元素,土壤瘠薄,理化性状较差。同时,绝大部分土壤分布在山坡上,极易流失,保护和恢复植被、合理开发利用土地资源显得极为重要。

（5）生态环境及动植物

生态环境:位于南北植物交汇区域,既有温带、暖温带落叶阔叶树种,又有亚热带常绿、落叶阔叶树种,有各类植物1 696种,森林覆盖率达89%。林茂草丰,山清水秀,空气清新,自然环境优美。人为干扰少,森林生态系统稳定,保持着良好的生态环境。完整的森林生态系统,具有很强的蓄水、保土、吸尘、制氧、分泌杀菌素、净化等功能。高质量的环境要素,体现了良好的生态环境和旅游开发的"本底"。

据调查,主要木本植物67科,358种,属国家重点保护的珍稀植物16种（Ⅰ级保护植物4种,银杏、红豆杉、南方红豆杉、水杉;Ⅱ级保护植物7种,连香树、水青树、鹅掌楸、秦岭石蝴蝶、水曲柳、独花兰、狭叶瓶儿草等种类;省级保护植物5种,有秦岭杜鹃、山白树、秦岭黄芪、陕西鹅耳枥、庙台槭种类）。

由于山地气候的多样性,其植被具有明显的山地森林植被分布规律,不同海拔具有不同垂直带谱。在河谷及山坡中下部低海拔地区,分布有亚热带常绿阔叶树种和落叶阔叶林带。组成森林的植被树种有栓皮栎、油松、茅栗及藤本植物五味子、紫藤等,其中常绿樟科植物在该段有集中分布,在陕西省很少见,主要有黑壳楠、香叶树、山楠、白楠等,红豆杉在公园内零星广泛分布;在公园山坡的中上部,主要分布着针阔混交林或落叶阔叶林,有油松、华山松、铁杉、铁姜木、白皮松、锐齿栎、桦木等树种,以及松花竹、忍冬、卫茅、连翘、兰科植物、蕨类等林下灌木和草本植物。

公园地域跨越亚热带和暖温带,而且地表结构复杂,植被类型多种多样,为野生动物提供了复杂多样的生活条件,使野生动物数量大,种类多,在动物区系组成上,既有东洋界又有古北界。有陆生脊椎动物25目78科261种,其中鸟类15目35科136种,兽类5目14科25种,两栖爬行类4目13科32种。野生动物列入国家Ⅰ类保护动物的有林麝、豹、云豹、金雕4种;列入国家Ⅱ类保护动物的有红腹锦鸡、白冠长尾雉、勺鸡、斑羚、鬣羚、大鲵及各种猛禽等29种。

8.1.3 公园景区划分

依据公园的景观资源特征和地形特点及游旅线路的安排,遵循景区内的景观资源完整性、景点相对集中性、景区主题特色鲜明、游览线路利于组织和管理等原则,公园景区划分为白龙峡景区、青龙峡景区、黑龙峡景区、石燕寨景区、丹江源景区5大景区。公园面积共计28.6 km²,其中地质景区面积23.9 km²。嶂谷地质遗迹、水文地质遗迹、岩溶地质遗迹、峰岭地质遗迹、构造地质遗迹、地层岩性地质遗迹重点分布,人文景点点缀其间,形成"丹江南岸,山水、文化与地质彼此融合"的总体格局。

8.2 公园大地构造位置

公园位于南秦岭构造带北部,其北以竹林关—青山断裂带为界与中秦岭构造带相邻,南以扬子北缘襄樊—城口断裂为界与扬子板块相接。

秦岭构造带是华北板块与扬子板块漫长的地壳运动过程中经历分离成海、相互碰撞成山、板内裂陷成谷等地质作用所形成的横隔于地球中纬度地区的巨型造山带,是大地构造区划的一级地质构造单元,赋存有丰富的地质遗迹景观和信息,具有认识和研究华北板块与扬子板块之间地壳演化的重要地质记录。

8.3 公园地质

8.3.1 地层

地层产状主体为倾向北东、高角度倾角,北西西—南东东向展布。区内主要出露地层包括:新元古界青白口系耀岭河群、上震旦统灯影组,早古生界水沟口组、岳家坪组、石翁子组、白龙洞组、吊床沟组、晚古生界刘岭群。

(1) 青白口系耀岭河群(Qby)

耀岭河群主体分布于地质公园的南部,南界在景区仙人湖一带,北界在石人沟口一带,呈近东西向展布,南北两侧以断层或片理化带与震旦系灯影组接触。根据梁家湾幅1∶5万区域地质调查报告,耀岭河群时代归属于新古生界青白口纪。

根据岩石组合及变形的差异,耀岭河群进一步可划分为两个岩性段(Qby^1、Qby^2)。

耀岭河群下段(Qby^1):主要分布于庙台子—落花沟一带,主要岩性为灰绿色绿帘片岩、绿帘绿泥钠长片岩,夹薄层砂岩。该段地层片理十分发育,变形强烈。

耀岭河群上段(Qby^2):基本对称分布于耀岭河群下段的南北两侧,主要岩性为绿泥绢云千枚岩、粉砂质板岩、含砂钙质千枚岩、变质砂岩,南侧有大理岩透镜体分布。该岩性段砂岩含量增多。

(2) 上震旦统灯影组(Z_2d)

基本对称分布于耀岭河群的南北两侧,北侧灯影组以F_1、F_2脆性断层分别与刘岭群、耀岭河群相接触,南侧灯影组以片理化构造带与耀岭河群接触,与寒武系正常接触。灯影组岩性在本区岩性主要为灰白色硅质粉晶白云岩、纹层状粉晶白云岩、土黄色-紫红色厚层晶质白云岩,夹硅质白云岩。该组岩性层理发育,层面刀砍纹发育。

(3) 下寒武统水沟口组(ϵ_1sh)

水沟口组分布于公园的中部、沿烂泥湖—菜凹一带展布,北侧与灯影组接触,南部与中寒武统岳家坪组接触。根据岩性差异,水沟口组可划分为上、下两个岩性段(ϵ_1sh^1、ϵ_1sh^2)。

水沟口组上段(ϵ_1sh^1):岩性为灰白色条纹状白云质灰岩、灰黄色中-薄层砂质灰岩。含三叶虫、软舌螺、腕足和古介形虫化石。

水沟口组下段(ϵ_1sh^2):岩性为灰色粉晶质灰岩、灰质白云岩。含有海绵骨针、小壳化石。

(4) 中寒武统岳家坪组(ϵ_2y)

岳家坪组基本对称分布于公园的中部、南部,近北西西—南东东向展布。岳家坪组与下伏水沟口组、上覆石翁子组均为整合接触,含有腕足、三叶虫化石。根据岩性差异,岳家坪组可划分为下、中、上三段(ϵ_2y^1、ϵ_2y^2、ϵ_2y^3)。

岳家坪组下段(ϵ_2y^1):岩性为灰色—灰黄色钙质页岩、千枚岩,夹薄层灰岩。

岳家坪组中段(ϵ_2y^2):岩性为灰黄色砂质灰岩、白云质灰岩。

岳家坪组上段(ϵ_2y^3):灰绿色粉砂质板岩、粉砂岩,夹少量千枚岩;南部岩性以粉砂岩为主。

（5）早奥陶统—上寒武统石翁子组[（$\in_3$-O_1)sh]

石翁子组基本对称分布于公园的中、南侧，与下伏岳家坪组、上覆白龙洞组地层整合接触。岩性为中-薄层白云质灰岩、粉晶质灰岩。含腕足、海百合茎化石。

（6）中奥陶统白龙洞组（O_2b）

白龙洞组分布于公园中部偏南，基本对称分布，与下伏石翁子组、上覆吊床沟组整合接触，南侧岩层厚度大于其北侧岩层厚度。岩性为灰白色含燧石条带、透镜体白云岩、粉晶质白云岩，燧石透镜体一般 15 cm×5 cm，分布于底部层位。含有腕足、珊瑚化石。

（7）中奥陶统吊床沟组（O_2d）

吊床沟组分布于马家台—姜家沟一带，呈北西—南东向展布，是向斜构造的核部，与下伏白龙洞组整合接触。岩性为灰白色晶质白云岩、粉砂质白云岩。含有牙行刺、海绵骨针、骨板化石。

（8）晚古生界刘岭群（Pz_2ll）

刘岭群分布于公园的北侧，未见顶，南侧以 F_1 脆性断层与灯影组接触。岩性为灰色中-厚层中粒砂岩、绢云质板岩，夹泥质板岩，是一套复理石建造的浅变质碎屑组合。因目前尚未获得古生物化石和同位素资料，根据前人资料将其时代暂归属于晚古生界。

8.3.2 侵入体

公园侵入体不发育，仅在公园西侧庙台子三里碥一带出露辉绿岩透镜体。该透镜体东西长约 1 100 m，南北长约 350 m，呈透镜状产出，灰绿色，主要由辉石、长石矿物组成，岩体片理化构造发育。

8.3.3 构造

地层产状主体为倾向北东、高角度倾角，北西西—南东东向展布。地质公园区域主要有褶皱构造和断层构造。

（1）褶皱构造

公园构造格架主体以倒转褶皱构造为特征，由北部倒转背斜构造和南部倒转向斜构造组成。

① 倒转背斜构造

倒转背斜构造，核部在三官庙—若桥垭—三里碥，由耀岭河群下段地层组成，两翼由耀岭河群上段地层组成。背斜构造北翼地层产状正常，南翼地层产状倒转，褶皱轴面产状 25°～35°∠65°～75°，属于同斜倒转背斜构造。

② 倒转向斜构造

倒转向斜构造，核部在马家台—姜家沟一带，由吊床沟组地层组成，两翼由白龙洞组地层、石翁子组、岳家坪组等地层组成。向斜构造的南西翼地层产状正常，北东翼地层产状倒转，褶皱轴面产状 30°～45°∠60°～76°，属于同斜倒转向斜构造。

（2）断裂构造

公园断裂构造较发育，主要由脆性断层和片理化韧性断层带组成。其中脆性断层有 4 条（F_1、F_2、F_3、F_4）。

① 脆性断层

F_1 断层：断层基本沿刘岭群与灯影组分界线展布，断带宽 2～3 m，主要由碎裂状构造岩组成,断层有擦痕,断面产状为 $10°\sim35°\angle65°\sim75°$,断层上盘下降,断层下盘上升,断层性质为正断层。

F_2 断层:与 F_1 断层属于一组,产状几乎平行,断层沿灯影组与耀岭河群分界线展布,断带宽 $2\sim4$ m,主要由碎裂状白云质构造岩组成,擦痕发育,断面产状为 $10°\sim33°\angle60°\sim74°$,断层上盘下降,断层下盘上升,断层性质为正断层。

F_3 断层:分布于钓鱼河—罗圈崖—黄竹爬,断层宽度 $2\sim4$ m,主要由碎裂状断层角砾岩组成,断层带内双溪瀑布处发育方解石晶质脉体,断面产状 $315°\angle73°$,断层上盘下降,断层下盘上升,断层性质为正断层。

F_4 断层:与 F_3 属于一组,几乎平行产出,断层宽度 $3\sim5$ m,断带由断层角砾岩组成,断层带在金狮洞一带可以观察到明显的地层错动、不连续现象,断层产状 $320°\angle80°$,断层上盘下降,断层下盘上升,断层性质为正断层。

② 金丝峡片理化构造带

金丝峡片理化构造带分布于陆督堂的东西两侧,沿耀岭河群与灯影组分界线展布。断层带主要由耀岭河群强片理化构造层组成,片理化带内发育大理岩透镜体构造体。该断层带在地形上具有明显的阶梯状地貌形态显示,断层带南侧的灯影组白云岩一侧为陡立地貌,北侧的耀岭河群为低凹地貌。断层带产状 $30°\sim45°\angle64°\sim75°$。断层带性质为挤压型韧性断层带。

8.4 公园峡谷地质特征

岩溶峡谷是碳酸盐岩地区地质内力与外力共同作用所形成的地质遗迹,是研究地球历史演化、恢复构造运动过程的主要依据。秦岭属典型的中央造山带,地质构造发育,碳酸盐岩地层以其层薄、产状陡立、破碎岩石、泥砂质含量较高而区别于地层厚度大、地层产状平缓稳定、质地较纯的华北板块和扬子板块地区碳酸盐岩,从而形成秦岭地区岩溶峡谷景观的特殊性和独特性。其中陕西商南金丝峡国家地质公园为该特殊性和独特性的深入研究提供了重要研究平台和关键地段。

8.4.1 峡谷类型

根据公园峡谷景观侵蚀和地形特征,公园峡谷类型进一步可划分为隘谷、嶂谷及峡谷(狭义)三大类型。

(1)隘谷

隘谷地质遗迹是指谷地深窄、谷坡近于直立、谷底最窄处无砾石堆积、两侧谷坡陡峭、呈线状延伸、形态为"H"形的沟谷地质地貌景观。公园隘谷地质遗迹出露于中奥陶纪吊床沟组含燧石团块白云岩地层中,北起于金狮洞,经月牙峡,南到锁龙瀑布,在月牙峡一带隘谷景观垂向上显示出明显的以齿状耦合特点,长度约 2.2 km,其南为以十三级瀑布群地质遗迹为主的丹江源景区。隘谷地质遗迹景观两侧崖壁陡立,沟谷狭窄、深切割,谷坡坡度为$75°\sim85°$,谷坡崖壁切割深度 $130\sim180$ m,谷底宽度 $0.8\sim1.6$ m,谷高与谷宽之比为$(85:1)\sim(105:1)$。

(2)嶂谷

嶂谷地质遗迹是指峡谷谷坡陡倾、谷底偶见河床砾石堆积、谷坡陡直深度远大于沟谷宽度的沟谷地质景观,形态介于"V"形与"H"形之间,呈"U"形。公园嶂谷地质遗迹景观分布横跨白龙峡景区和黑龙峡景区,北端起于白龙湖峡谷,南至金狮洞,长度约 3.2 km。嶂谷景观主要出露于中寒武统岳家坪组千枚岩、粉砂岩,石瓮子组白云质灰岩及白龙洞组含燧石白云岩地层,嶂谷谷坡高度为 120～150 m,谷底宽度为 3～8 m,谷坡坡度为 60°～75°,谷高与谷宽之比为(25∶1)～(45∶1)。

(3) 峡谷(狭义)

峡谷(狭义)地质遗迹是指谷底较窄、切割较深,谷坡坡度较缓,谷底渐宽的峡谷地质遗迹景观。公园的峡谷(狭义)地质遗迹北端起自公园北大门,经仙人湖、马刨泉、滴水桥、仕女桥,南至白龙湖北侧峡谷的北端,主要分布于白龙峡景区,长度约为 2.8 km。公园狭义峡谷地质景观主体出露于灯影组白云岩和水沟口组泥灰岩地层之中,谷底河床砾石堆积较多,局部有漫滩相堆积,谷肩圆缓,峡谷整体呈较陡倾的深切"V"形沟谷形态。谷坡坡度为 55°～65°,沟谷切割较深,为 100～140 m,沟谷谷底宽度一般为 5～10 m,谷高与谷宽之比为(15∶1)～(35∶1)。

8.4.2 峡谷空间展布

峡谷地质遗迹是地表河流在流水过程中不断对地球表面进行侵蚀、冲刷所形成的线状延伸的低洼状负地形地貌地质景观,其地质景观类型的差异反映着地质背景、构造特征、侵蚀与地质演化的不同。公园地处长江流域的丹江支流之南,秦岭山系新开岭支脉之北,地势总体为南高北低,岭谷相间,地势起伏,以中山丘陵为主。根据公园峡谷地貌景观发育的地质背景、峡谷形态特征差异,公园岩溶峡谷地貌地质遗迹划分为三大类:其一为隘谷地质遗迹,其二为嶂谷地质遗迹、其三为峡谷(狭义)地质遗迹。三者构成极其稀有、独特、壮观的隘谷—嶂谷—峡谷(狭义)体系。该峡谷体系与公园地质结构特征有着密切的内在关系。

公园峡谷空间展布由南而北依次为隘谷→嶂谷→峡谷(狭义)的分布格局(图 8-1),其中:隘谷展布于锁龙瀑布与阴户区之间,主要包括一线天、月牙峡;嶂谷是公园的主体,展布于阴户区与白龙峡北之间,主要包括九龙壁、黑龙峡与白龙峡;峡谷(狭义)展布于白龙峡北与公园北大门之间,主要包括翰墨崖、蟒洞、观音三圣、黄龙涎等。

8.4.3 峡谷机理分析

公园岩溶峡谷的形成是多因素相互共同作用的结果。经过野外实地考察分析,我们认为公园峡谷地质遗迹景观系统的形成主要受内力主导因素和外力侵蚀因素的影响和控制。其中内力主导因素包括岩石物质因子、断裂构造因子、崩塌作用和新构造运动因子,外力侵蚀因素主要涉及径流侵蚀因子。

(1) 岩石物质因子

岩石地层分布的差异是地质遗迹形成的重要基础和前提。经野外考察,以北西—南东向仙人湖片理化构造带为界,公园具有明显的岩石地层南北二分格局特征。其中北部区以非可溶性岩石地层组成为主体,南部区以可溶性碳酸盐岩岩层为主体。南北两区的峡谷类型与展布亦具有与之明显的对应关系,即北部以沟谷(狭义)分布为主,南部以岩溶峡谷分布为主,显示出公园岩石物质组成因子对岩溶峡谷形成与空间展布的主导型控制作用(图 8-2)。

① 北部岩石物质与峡谷类型分析

公园北部区出露地层主要涉及变质岩及沉积岩等两大类。变质岩以青白口系耀岭河地层为主,沉积岩以系灯影组和刘岭群地层为主。

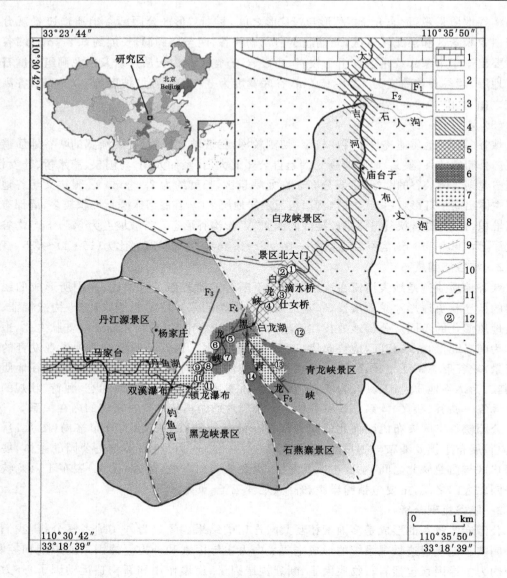

图 8-1 金丝峡岩溶峡谷体系及地质遗迹空间展布

1——碎屑岩区;2——碳酸盐岩区;3——变质岩区;4——沟谷(狭义)区;5——峡谷(狭义)区;

6——嶂谷区;7——隘谷区;8——瀑布群区;9——仙人湖片理化构造带;10——断层;11——景区界线;

12——地质遗迹点位置及编号;①——仙人湖;②——马刨泉;③——仕女献瓜;④——翰墨崖;⑤——蜡烛峰;

⑥——顽佛洞;⑦——旗杆峰;⑧——狮子峰;⑨——金狮洞;⑩——月牙峡;

11——龙头峰;12——七星崖;13——罗汉崖;14——鸡冠峰

耀岭河群分布于公园中北部的庙台子—落花沟一带,由灰绿色绿帘片岩、绿帘绿泥钠长片岩,夹薄层变质砂岩组成,该段地层片理十分发育,变形强烈。灯影组岩石类型主要为灰白色硅质粉晶白云岩、纹层状粉晶白云岩、土黄色-紫红色厚层晶质白云岩,夹硅质白云岩。刘岭群由灰色中-厚层砂岩、泥质岩、板状灰岩组成,是一套碎屑组合沉积。

公园北部的峡谷类型以沟谷(狭义)为主,沟谷(狭义)以相对宽缓的"V"形为特征,谷

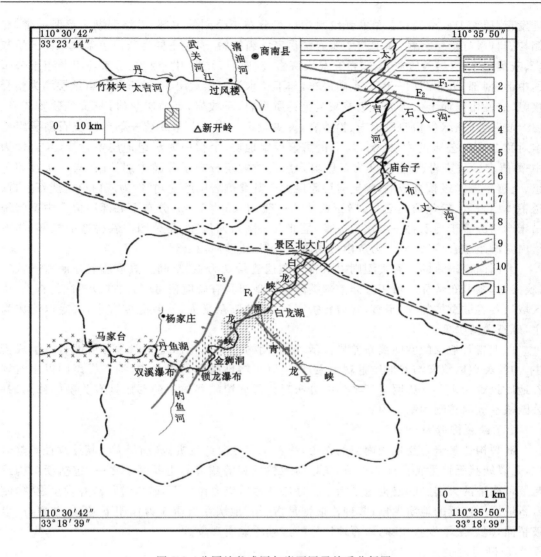

图 8-2 公园峡谷成因与岩石因子关系分析图

1——刘岭群碎学岩区；2——碳酸盐岩为主区；3——耀岭河群变质绿色片岩区；

4——沟谷区；5——峡谷区（狭义）；6——嶂谷区；7——隘谷区；8——瀑布群区；

9——片理化构造带；10——断层构造；11——公园范围；12——景区边界；Ⅰ——白龙峡景区；

Ⅱ——黑龙峡景区；Ⅲ——石燕寨景区；Ⅳ——青龙峡景区；Ⅴ——丹江源景区

坡圆滑、倾角较小，谷底有砾石、漫滩分布，显示公园北部地区岩石相对松软、抗风化能力较低、易于侵蚀的特征。

② 南部岩石物质与峡谷类型分析

公园南部区出露地层主要为震旦系灯影组、寒武系水沟口组、岳家坪组、石翁子组，中奥陶经白龙洞组、吊床沟组等地层，岩性以白云岩、石灰岩等碳酸盐岩为主，夹有少量泥砂岩。

震旦系灯影组分布于耀岭河群的南侧，与耀岭河群以仙人湖构造片理化带相接触，与寒武纪地层正常接触，岩性主要为灰白色厚层状硅质粉晶白云岩、纹层状白云岩。该组岩性层理发育,层面刀砍纹发育。早寒武统水沟口组分布于公园的中部、沿烂泥湖—菜凹一带,北侧与震旦系灯影组接触,南部与中寒武统岳家坪组接触,岩性主要为灰白色条纹状白云质灰岩、灰黄色中-薄层砂质灰岩、灰色粉晶质灰岩、灰质白云岩。中寒武统岳家坪组分布于公园的中部、南部,近北西西—南东东向展布,与下伏水沟口组地层、上覆石翁子组地层均为整合接触,岩性由下而上依次为灰色—灰黄色钙质页岩、千枚岩,夹薄层灰岩,灰黄色砂质灰岩、白云质灰岩,灰绿色粉砂质板岩、粉砂岩,夹少量千枚岩。上寒武统—下奥陶统石翁子组基本对称分布于公园的中、南侧,与下伏岳家坪组地层、上覆白龙洞组地层整合接触,岩性为中-薄层白云质灰岩、粉晶质灰岩。中奥陶统白龙洞组分布于公园中部偏南,与下伏石翁子组、上覆吊床沟组整合接触,南侧岩层厚度大于其北侧岩层厚度,岩性为灰白色含燧石条带、透镜体白云岩、粉晶质白云岩,燧石透镜体一般 15 cm×5 cm,分布于底部层位。中奥陶统吊床沟组分布于马家台—姜家沟一带,呈北西—南东向展布,是公园向斜构造的核部,与下伏白龙洞组整合接触,岩性为灰白色晶质白云岩、粉砂质白云岩。

公园南部出露的沟谷类型则以峡谷地质遗迹景观为主,空间上具有隘谷—嶂谷—峡谷(狭义)体系分布特征。由于公园南部碳酸盐岩地层具有硬度相对较大、难以侵蚀的特点,该区域峡谷谷坡总体陡立、平直,谷肩转折明显,谷坡倾角增大,峡谷宽度减小,谷底以河床为主,砾石漫滩少见。

以上岩石地层的空间展布差异显示,仙人湖构造片理化带之北以非可溶性岩石组成为主,沟谷类型以狭义沟谷地质景观为主;之南以可溶性碳酸盐岩为主,沟谷类型则以岩溶峡谷地质景观为主。这说明岩石类型的分布对公园岩溶峡谷体系的形成具有关键的作用,是公园峡谷成因控制的第一因素。

(2) 断裂构造因子

断裂构造是岩石受地壳内力的作用,沿着一定方向产生机械破裂,失去其连续性和整体性,是以线状延伸为特征地质构造,是地质地貌景观的塑造的主要因子之一,包括断层构造与节理构造两大类。断层构造是指岩石地层在地质应力作用下,破碎、断裂,并发生位移,使岩石地层不连续的地质现象;节理构造则是指岩石地层在地质应力作用下,发生破裂,产生破裂面,但岩层不发生位移,岩石地层保持连续的地质现象。

① 断层构造

公园断层构造较为发育,主要由 5 条脆性断层(F_1、F_2、F_3、F_4、F_5)及金丝峡(仙人湖)片理化构造带组成。其中 F_3、F_4、F_5 这 3 条断层构造与公园峡谷地质景观关系最为密切。

F_3 断层分布于钓鱼河—罗圈崖—黄竹爬方向,断层宽度为 2~4 m;F_4 断层与黑龙峡的展布基本一致,断层宽度为 3~5 m;F_5 断层分布于青龙峡,断层宽度为 2~3 m。3 条断层物质组成和断层性质相似,主要由碎裂状断层角砾岩组成,断层性质为正断层。从 F_3、F_4、F_5 3 条断层构造的空间展布可以看出,F_3、F_4 产状基本一致,属于同一组断层构造,走向为北北东—南南西向;F_5 断层走向为北西—南东向,平面上与 F_3、F_4 呈 "X" 产出。F_3、F_4 断层构造之西,峡谷走向为近东西向,主要分布瀑布群地质景观;F_3、F_4 断层构造之东,峡谷走向为近北东—南西向,主体为岩溶峡谷地质景观。同时,黑龙峡隘谷地质景观基本沿 F_4 断层构造走向延伸,显示出 F_2、F_3 断层组对公园十三级瀑布群与峡谷地质景观分区、黑龙峡隘谷地质景观具有强的控制作用。同时,青龙峡隘谷地质景观亦基本沿 F_5 断层走向延伸,说明 F_5 断层对青龙峡隘谷地质景观的形成起到控制作用。

② 节理构造

公园是节理构造发育的地区。野外调查发现公园主要有走向为北东 10°~15° 及北东 70°~80° 的两组节理构造,节理面平直,产状陡立,在平面上呈棋盘式格子状,类型属于剪切节理(图 8-3)。节理对岩层的剪切破碎,使岩层存在稳定的破裂面,为水流快速侵蚀和方向导向提供了天然的前提和基础。在野外,峡谷延伸与节理构造走向显示出极好的对应和一致性关系;而且,峡谷的蛇曲样式与节理构造具有耦合性,峡谷发展对节理构造有着追踪特征,并且显示走向为北东 70°~80° 的节理构造具有主控性作用(图 8-4)。

图 8-3　节理构造与峡谷关系示意图

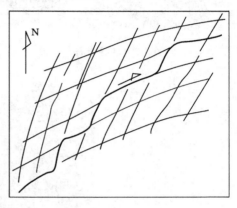

图 8-4　公园节理构造与岩溶峡谷发展
演化关系示意图

(3) 崩塌作用

崩塌作用是金丝峡峡谷谷坡后退扩展形成的重要控制性因子。公园以石灰岩、白云岩等碳酸盐岩地层组成为主,岩石破碎。公园发育两组区域性节理构造,其一走向为 20°~200°,其二走向为 70°~250°,节理构造面陡倾,延伸稳定,几乎直立,节理间距一般为 50~120 cm。含有 CO_2 流水不断对峡谷进行侧蚀,使峡谷河床底部的碳酸盐岩地层溶蚀成穴,使上部的巨大岩体失去支撑,在重力作用下,产生块体式沿节理面崩塌,形成峡谷陡峭、平面呈向峡谷开口的半圆式鱼鳞状的特点(峡谷左侧中部)(图 8-5~图 8-7)。局部峡谷河床形成砾石二元堆积现象。其一为由崩塌作用形成的块体巨大崩石;其二为由峡谷流水冲刷搬运形成的河床冲积砾石。

(4) 新构造运动因子

岩层物质因子和断裂构造因子为公园峡谷系统地质景观的形成奠定了前提和背景,新构造运动因子则为公园峡谷系统地质景观形成起到了不断加深、加速侵蚀的作用。

新构造运动是古近纪以来以喜马拉雅运动为特点的地壳隆升构造运动,运动形式以垂直断块运动为主。在新构造运动过程中,印支板块、欧亚板块与太平洋板块相互作用,青藏高原隆升,使秦岭造山带以间歇式抬升运动形式为主,产生活动断裂构造。与公园峡谷地质景观形成密切相关是竹林关断裂带。新构造运动作用下,竹林关断裂带表现为北部断陷和南部公园区域的抬升,使公园地区发育以金狮洞、顽佛洞、蟒洞等为代表的多层岩溶溶洞地质景观。其中金狮洞海拔高度约为 1 700 m,发育皮壳状方解石矿物集合体(亦称为菜花石、石花生)、石幔、石花及钟乳石;顽佛洞海拔高度约为 1 600 m,发育岩溶作用钙质石笋地

图 8-5　峡谷崩石

图 8-6　峡谷二元堆积现象(细砾石-巨石)

图 8-7　峡谷鱼鳞状崩塌壁(青龙峡)

质遗迹;蟒洞海拔高度 1 200 m,以裂缝式溶洞为特点,洞内发育类型各异的钟乳石地质遗迹景观。3 层溶洞地质景观的形成显示新构造地壳抬升运动的存在,地势不断增高变陡、增加地势能,从而有利于沟谷径流流水不断垂向侵蚀切割,形成深切的峡谷景观。

(5) 溶蚀性径流侵蚀因子

岩层物质、断裂构造及新构造运动是公园岩溶峡谷地质景观的内在控制因子,而径流的溶蚀性侵蚀则是外在和直接的因素。

① 大气环流分析

商南地处北亚热带与暖温带的过渡气候带,南为武当山山脉,北为秦岭—伏牛山山脉,东为南阳盆地,宏观上为马蹄形地理环境,致使东部来的暖湿气流经河南南阳盆地向西爬升到达商南,与东侧的新开岭山脉相遇受阻,暖流气流的流动速度降低,冷却降雨,使公园的年降雨量在同纬度形成高点,年平均降雨量高出 60~180 mm,为公园峡谷地质景观的形成提供了充沛降雨条件。

② 径流过程分析

山地环境,地表水的发展过程一般经历地表停蓄、坡面漫流及径流(沟槽集流)三大阶段,其中径流阶段是峡谷侵蚀的主过程。在公园地区以碳酸盐岩组成的石质山地,山形陡峭、河谷深切、岭谷相间、地势起伏、土层少薄,降雨渗蓄能力变得较低;坡面相对短、陡直,漫流汇集极易形成侵蚀强的沟谷径流。沟谷径流在地壳抬升过程中,以断层面或节理面为先导,因其裂缝发育、渗透性好,加之径流水含有 CO_2,水循环快速,垂向溶蚀性侵蚀强烈,从而形成公园的岩溶峡谷地质景观。

8.5 金丝峡峡谷模式

地表沟谷地貌是地壳内力因素与外力因素综合作用的结果,反映着区域地质构造、地壳运动及河流侵蚀发展演化的过程。因此许多学者对其进行了深入研究,并提出了各自的发展模式或观点,其中以 W. M. 戴维斯和 W. 彭克为代表。

8.5.1 戴维斯模式

美国地貌学家 W. M. 戴维斯(1850～1934 年)认为沟谷地貌是一个有序的发展过程,即从幼年期→壮年期→老年期,谷坡则从狭窄陡倾→宽谷缓倾,这种演化规律结束之后如果地面再次被抬升,将再次重复整个过程,形成侵蚀循环演化模式(图 8-8(Ⅰ))。

8.5.2 W. 彭克模式

德国地质学家 W. 彭克(1888～1923 年)认为如果控制地面剥蚀过程的各种因素不变,河谷地貌外形就不会随时间的前进而发生变化。换言之,随时间的推移沟谷演化不会出现戴维斯认为的幼、壮、老不同阶段,应具有动力平衡状态,河谷谷坡扩展以平行后退为特征(图 8-8(Ⅱ)),形成谷坡梯退动力平衡模式。

从表面上看,两者相互矛盾,具有相互否定性质的观点,其实分别是从沟谷发展演化不同角度和侧面的提炼。其中戴维斯模式是对沟谷地貌演化周期发展的简化,而 W. 彭克模式是对沟谷形态发展演化的概括。

8.5.3 金丝峡模式

陕西商南金丝峡岩溶峡谷具有特殊地貌景观,发育峡谷(狭义)—嶂谷—隘谷地质地貌景观系统。通过野外调查发现,金丝峡岩溶峡谷在岩石组成、控谷构造、侵蚀作用、谷坡发展与形态上具有特殊性,具有自身特征,称为"金丝峡模式"(图 8-8(Ⅲ))。金丝峡模式是秦岭造山带碳酸盐岩地区岩溶峡谷成因的提炼和总结:① 峡谷地质背景以白云岩、石灰岩为主,地层倾角较大,一般 50°～75°。② 峡谷发育脆性断层和节理等线状构造,为峡谷的早期发育提供条件。③ 发育峡谷(狭义)—嶂谷—隘谷不同沟谷地貌景观。④ 峡谷形成主要与 CO_2 不饱和性水流的侵蚀作用、岩体崩塌作用密切相关,形成岩溶峡谷早期以垂向侵蚀为主,使沟谷线状加深,中期以侧向侵蚀为主,后期以岩体崩塌作用为主,实现谷坡鱼鳞状后

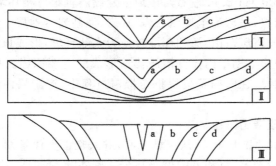

图 8-8 沟谷模式图(a. b. c. d. 表示沟谷演化不同阶段)

Ⅰ——W. M. 戴维斯模式;Ⅱ——W. 彭克模式;Ⅲ——金丝峡模式

退、河床加宽的循环;在沟谷谷坡扩展形态上表现为鱼鳞式蚕食碳酸盐岩的演化特征,沟谷在由小到大的加宽过程中,不同时期的谷坡以高角度陡倾为特点,并非出现戴维斯模式中的逐渐夷平变缓过程,也区别于 W. 彭克模式中的平行后退动力平衡假说。

金丝峡岩溶峡谷谷坡扩展之所以以谷坡陡倾鱼鳞式发展,是由金丝峡地质公园岩石物质、内部组构、大地构造环境及自然地理位置所决定的,说明了金丝峡地貌景观的特殊性。对于金丝峡模式岩溶谷坡扩展演化的深入研究将有助于秦岭构造带新构造运动的研究。

8.6 公园地质演化分析

公园地区地质构造演化,属于秦岭地质构造演化的重要组成部分,经历了反复汇聚、裂解、变形、变位的过程,是一个不断形成、改造的过程。

8.6.1 早期陆块形成阶段

古元古代(2200 Ma B.P.)是形成早期大陆地壳的阶段,特别是五台运动,早期大陆地壳固化,破裂陆块聚集,陆缘沉积附加,形成秦岭及其邻区最早的具一定规模的大陆地块(古中国大陆地壳第一次克拉通化),称原始中国地块,是金丝峡地区的地壳演化的基础。

8.6.2 裂解与汇聚阶段

秦巴板块构造体制主要始于中元古代(2 200~1 000 Ma B.P.)。华北板块与扬子板块不断裂解,形成古秦岭洋,出现宽坪弧后盆地—秦岭分裂型岛弧—松树沟洋盆,构成类似于沟弧盆组合。晋宁运动是该地区地壳演化一次重要转折,结束了元古代广泛的火山活动,转入以稳定类型为主的正常沉积。800 Ma 左右的构造—热事件为这次运动的记录。随着华北板块与扬子板块不断汇聚,松树沟洋盆向北俯冲,古秦岭海(洋)逐渐消亡,宽坪弧后盆地封闭造山。

公园地区由于大陆裂解,发生火山活动,主要形成耀岭河群绿色片岩系。该绿色片岩系是公园最老的地层,是公园早期活动的直接地质记录。

8.6.3 海相碳酸盐岩沉积阶段

震旦纪(800~570 Ma B.P.)古秦岭海(洋)逐渐消亡、地壳隆升之后,该地区开始大洋化,形成海相环境,沉积公园晚震旦世灯影组白云岩地层。

8.6.4 海相沉积与隆升造山阶段

早古生代(570~400 Ma B.P. 左右),该地区延续震旦纪海相环境,沉积水沟口组、岳家坪组、石翁子组、白龙洞组、吊床沟组等白云岩、灰岩、泥砂岩等地层。奥陶纪后,加里东运动使该地区地壳开始隆升、挤压造山,海相环境转换为大陆环境,形成该地区地质地貌的雏形。该期地质运动可能是公园早期层内流变褶皱构造形成的主要原因。早古生代晚期,公园岩石处于塑性状态,华北板块在向扬子板块挤压推覆过程中,产生层内褶皱,使 So'面理代替So 面理。

8.6.5 大陆裂解与挤压造山阶段

晚古生代(400~230 Ma B.P.),从区域上看,进入晚古生代早期,华力西运动使该地区地壳再次裂解,形成秦岭裂陷,沉积刘岭群碎屑岩。晚古生代晚期,公园地区处于挤压造山与相对隆升的状态,华北板块与扬子板块再次挤压形成公园岩层层间褶皱构造与金丝峡韧性逆冲推覆构造。同时,公园地形地势样式基本成型,形成南高北低的地貌状态。

8.6.6　地壳断裂断陷阶段

中生代(230~70 Ma B.P.),该阶段在金丝峡地区仍表现为剥蚀状态,在印支—燕山运动作用下,公园以区域断裂构造作用为主,形成公园断层、节理等构造。

8.6.7　新构造隆升阶段

新生代(70 Ma B.P.之后),该阶段在青藏高原不断隆升的影响下,公园地区以地壳隆升运动为主,形成不同高度的溶洞群地质科考点。

思 考 题

1. 简述建立地质公园的主要目标和任务。
2. 简述金丝峡地质公园地质遗迹的主要类型与特征。
3. 如何认识地质公园科学研究在地质公园建设中的作用。
4. 简述金丝峡自然地理条件特征。
5. 简述金丝峡峡谷类型与特征。
6. 简述金丝峡峡谷的形成原因。
7. 简述金丝峡地区地质历史演化过程。
8. 简述金丝峡峡谷旅游开发面对的主要问题及发展方向。

第四篇 现代农业产业

　　我国是农业大国,农业是关乎国家粮食安全、国民安居、6亿人口生产生活的重要产业。但传统、低水平的农业生产方式已难适应社会的发展和需求,节约集约化、高效、绿色、与休闲旅游的融合等现代农业产业已是人们的追求。本模块主要介绍现代农业产业的类型、特征、功能,以及以商南秦岭山地现代农业产业示范园的总体规划等内容。

9　现代农业

现代农业是相对于传统农业而言的,广泛应用现代科学技术、现代工业提供的生产资料和科学管理方法的社会化农业;在按农业生产力的性质和状况划分的农业发展史上,是最新发展阶段的农业;主要指第二次世界大战后经济发达国家和地区的农业。

现代农业一般划分为都市农业、设施农业、观光农业、休闲农业、循环农业、绿色农业、立体农业等类型。

9.1　都市农业

9.1.1　都市农业概念

都市农业是指地处都市及其延伸地带,紧密依托并服务于都市的农业。都市农业是以生态绿色农业、观光休闲农业、市场创汇农业、高科技现代农业为标志,以农业高科技武装的园艺化、设施化、工厂化生产为主要手段,以大都市市场需求为导向,融生产性、生活性和生态性于一体,高质高效和可持续发展相结合的现代农业。

9.1.2　都市农业类型

按农业功能划分为:

① 农业公园;② 观光农园;③ 市民农园;④ 休闲农场;⑤ 教育农园;⑥ 高科技农业园区;⑦ 森林公园;⑧ 民俗观光园;⑨ 民宿农庄。

9.1.3　都市农业功能

都市农业能够充当城市的藩篱和绿化隔离带,防止市区无限制的扩张和摊大饼式的连成一片;作为"都市之肺",防治城市环境污染,营造绿色景观,保持清新、宁静的生活环境;为城市提供新鲜、卫生、无污染的农产品,满足城市居民的消费需要,并增加农业劳动者的就业机会及收入;为市民与农村交流、接触农业提供场所和机会;保持和继承农业和农村的文化与传统,特别是发挥教育功能。

都市农业概括起来其主要有以下方面的功能:

① 生产功能,也称经济功能;② 生态功能,也称保护功能;③ 生活功能,也称社会功能;④ 示范与教育功能。

9.2　设施农业

9.2.1　设施农业概念

设施农业是采用具有特定结构和性能的设施、工程技术和管理技术,改善或创造局部环境,为种植业、养殖业及其产品的储藏保鲜等提供相对可控的最适宜温度、湿度、光照度等环境条件,以期充分利用土壤、气候和生物潜能,在一定程度上摆脱对自然环境的依赖而进行有效生产的农业,是一种高投入高产出,资金、技术、劳动力密集型的产业。它是利用人工建造的设施,使传统农业逐步摆脱自然的束缚,走向现代工厂化农业生产的必由之路,同时也是农产品打破传统农业的季节性生产限制,实现农产品的反季节上市,进一步满足多元化、多层次消费需求的有效方法。作为一种获得速生、高产、优质、高效的农产品的新型生产方式,设施农业已经成为世界各国用以提供新鲜农产品的主要技术措施。

9.2.2 设施农业特征

设施农业是农业生态系统的一个子系统,因此,它除具有农业生态系统的一般特征之外,还具有下列显著特征。

① 抵御风险的能力强。设施农业对农业生产的各个方面及环节,都进行人为的干预和控制,使农业生产及农产品的储藏不再受到自然的限制,从而增强了抵御风险的能力。

② 物质和能量的投入大。设施农业是科技含量及集约化程度非常高的现代农业生产方式,自然要求有大量物质和能量的投入。

③ 知识与技术高度密集。设施农业是先进的生物技术、工程技术、信息技术、通信技术和管理技术的高度集成,是涵盖了建筑、材料、机械、通信、自动控制、环境、栽培、管理与经营等学科领域的系统工程。

④ 具有经济、社会、生态三重性。设施农业系统是典型的生态经济系统,具有经济、社会和生态综合效益:首先,设施农业通过对环境条件的控制,使农业生产摆脱了自然环境的束缚,实现周期性、全天候和反季节的规模生产,产量高且产品品质好,生产周期短,从而提高经济效益。其次,设施农业可为人们提供新鲜、奇特、健康、安全的农副产品,满足城乡居民对农产品的市场需求,从而取得社会效益。最后,设施农业可使农业资源得到优化配置和高效利用,并改善农业环境,从而取得生态效益。

⑤ 地域差异性显著。设施农业生态系统具有显著的地域差异性。

9.2.3 设施农业类型

设施农业从种类上分,主要包括设施种植和设施养殖两大部分。

设施种植按技术类别一般分为玻璃/PC 板连栋温室(塑料连栋温室)、日光温室、塑料大棚、小拱棚(遮阳棚)四类。

设施养殖主要有水产养殖和畜牧养殖两大类:设施养殖中水产养殖方面按技术分类有围网养殖和网箱养殖技术;畜牧养殖方面,大型养殖场或养殖试验示范基地的养殖设施主要是开放(敞)式和有窗式,封闭式养殖主要以农户分散经营为主。

9.3 循环农业

9.3.1 循环农业概念

循环农业是采用循环生产模式的农业,指在农业生产系统中推进各种农业资源往复多层与高效流动的活动,以此实现节能减排与增收的目的,促进现代农业和农村经济的可持续发展。它是生态农业发展的高级阶段。

随着农业社会向工业社会的演变,农业的生产方式发生了显著变化:一方面,享受现代工业的成果,生产过程中大量运用农业机械,施用化肥、农药,农业劳动生产率大幅度提高,农产品产量大幅度增长;另一方面,过多施用化肥、农药,使用塑料薄膜,造成土壤质量下降,农产品农药残留量的增多使食用安全性受到影响。农机具及石油燃料的广泛应用增加了对大气的污染。养殖业的迅猛发展造成了畜禽粪便无法全部用作农家肥,处理不当又造成了新的污染。家庭新型燃具的使用,影响了秸秆的充分利用,许多农民在田中一烧了事,造成大气污染。过去那种循环的生产方式已演变为"资源—产品—废物"的直线生产方式。当然,也有不少地方在开发利用农产品可食用部分以外的资源,积极探索循环利用的新途径,但并未能上升到建设循环农业的高度。

9.3.2 循环农业特点

(1)循环农业有着一般循环经济 3 个特点

一是"减量化",尽量减少进入生产和消费过程的物质量,节约资源使用,减少污染物的排放;二是"再利用",提高产品和服务的利用效率,减少一次用品污染;三是"再循环",物品完成使用功能后能够重新变成再生资源。

遵循 3 个特点的原则,循环农业可以实现"低开采、高利用、低排放、再利用",最大限度地利用进入生产和消费系统的物质和能量,提高经济运行的质量和效益,达到经济发展与资源、环境保护相协调,并符合可持续发展战略的目标。

(2)循环农业也有着一般循环经济所不具有的由农业自身所产生的特点

一是食物链条,农业内部参与循环的物体往往互为食物,以生态食物链的形式循环,循环中的各个主体互补互动、共生共利性更强;二是绿色生产,对产品的安全性更为强调,控制化肥、农药的施用量;三是干净消费,农业的主副产品在"吃干榨净"后回归大地;四是土、水净化,"万物土中生","万物离不开水",土壤、耕地和水资源的保护和可持续利用要予以特别关注;五是领域宽广,不仅包括农业内部生产方式的循环,而且包括了对农产品加工后废弃物的再利用;六是双赢皆欢,清洁和增收有机结合,既要干净,又要增收,二者不可偏废。

9.4 观光农业

观光旅游农业,是具有保护环境、生态美化环境和观光旅游等功能的农业,又称为观光农业、休闲农业,主要是指以农业生产为依托,与现代旅游业相结合的一种高效农业。

生态观光休闲旅游农业是以农事活动为基础,以农业生产经营为特色,把农业与旅游业结合在一起,利用农业景观和农村自然景观,结合农牧业生产、农业经营活动、农村文化生活等内容,吸引游客前来观赏、游览、品尝、参与、体验、购物、休闲度假的一种农业生产经营方式。

观光农业是近几十年来兴起的一种新兴产业,它是在传统农业基础上发展起来的,融农业生产和观光休闲为一体的新型产业。它以农业为依托,运用生态学原理和系统科学、环境美学的方法,合理地开发利用农业资源,把农业生产经营活动和发展观光休闲结合起来,利用田园景观、农业生产经营活动和农村自然环境吸引游客前来观赏、品尝、劳作、休闲、体验、健身、摄影、购物、度假等,是一种新型农业生产经营形态。

随着近年来都市生活水平和城市化程度的提高以及人们环境意识的增强,集科技示范、观光采摘、休闲度假于一体,经济效益、生态效益和社会效益相结合的综合园区逐渐增多。生态农业观光休闲旅游是由最初的农田发展到统一规划的集观光、休闲、娱乐、教育为一体的有组织的园区发展的高级形态,是将生态、休闲、科普有机地结合在一起。同时,生态型、科普型、休闲型的观光休闲农业园区的出现和存在,改变了传统农业仅专注于土地本身的大耕作农业的单一经营思想,客观上促进了旅游业和服务业的开发,有效地促进了城乡经济的快速发展。它是"农业+观光旅游文化+休闲乐趣"的一种结合体。

要理解观光旅游农业的含义,首先要理解两个基本关系:一是观光与旅游的关系,二是景观农业与观光农业的关系。观光与旅游是两个既相联系又相区别的概念。观光只是旅游活动的一种内容和一种方式;旅游包括观光和休闲两大基本内容和两种基本方式,是观光和休闲的统称。实际生活中,观光与休闲往往相互渗透,因此,人们常常不加区别地相互借用。通常意义上的观光旅游农业实际包括:观光农业和休闲农业以及两者相结合的农业。休闲农业是在经济发达的条件下为满足城里人休闲需求,利用农业景观资源和农业生产条件,发展观光、休闲、旅游的一种新型农业生产经营形态;观光农业,是一种以农业和农村为载体的新型生态旅游业。

9.5 标准化农业

9.5.1 标准化农业概念

标准化,就是为在一定范围内获得最佳秩序,对实际的或潜在的问题制定共同的和重复使用的规则的活动。这个活动过程由制定标准、组织实施标准和监督标准实施 3 个互相关联的环节组成,是一个不断循环、螺旋上升的过程。

标准化的实质:通过制定、发布和实施标准,达到统一。

标准化的目的:获得最佳秩序和社会效益。

农业标准化是指与农业有关的标准化活动,是运用标准化原理对农业生产的产前、产中和产后全过程,通过制定和实施标准,促进先进的农业科技成果和经验迅速推广,确保农产品的质量和安全的活动。其目的是将农业的科技成果和多年的生产实践相结合,制定成"文字简明、通俗易懂、逻辑严谨、便于操作"的技术标准和管理标准向农民推广,最终生产出质优、量多的农产品供应市场,不但能使农民增收,同时还能很好地保护生态环境。其内涵就是指农业生产经营活动要以市场为导向,建立健全规范化的工艺流程和衡量标准。农业标准化的对象主要包括农产品、种子的品种、规格、质量、等级、安全、卫生要求,试验、检验、包装、储存、运输、使用方法,生产技术、管理技术、术语、符号、代号等。

9.5.2 标准化农业主要内容

① 农业基础标准:是指在一定范围内作为其他标准的基础并普遍使用的标准,主要是指在农业生产技术中所涉及的名词、术语、符号、定义、计量、包装、运输、贮存、科技档案管理及分析测试标准等。

② 种子、种苗标准:主要包括农、林、果、蔬等种子、种苗、种畜、种禽、鱼苗等品种种性和种子质量分级标准、生产技术操作规程、包装、运输、贮存、标志及检验方法等。

③ 产品标准:是指为保证产品的适用性,对产品必须达到的某些或全部要求制定的标准,主要包括农林牧渔等产品品种、规格,质量分级、试验方法、包装、运输、贮存、农机具标准、农资标准,以及农业用分析测试仪器标准等。

④ 方法标准:是指以试验、检查、分析、抽样、统计、计算、测定、作业等各种方法为对象

而制定的标准,包括选育、栽培、饲养等技术操作规程、规范、试验设计、病虫害测报、农药使用、动植物检疫等方法或条例。

⑤ 环境保护标准:是指为保护环境和有利于生态平衡,对大气、水质、土壤、噪声等环境质量、污染源检测方法以及其他有关事项制定的标准。例如水质、水土保持、农药安全使用、绿化等方面的标准。

⑥ 卫生标准:是指为了保护人体和其他动物身体健康,对食品饲料及其他方面的卫生要求而制定的农产品卫生标准,主要包括农产品中的农药残留及其他重金属等有害物质残留允许量的标准。

⑦ 农业工程和工程构件标准:是指围绕农业基本建设中各类工程的勘察、规划、设计、施工、安装、验收,以及农业工程构件等方面需要协调统一的事项所制定的标准。如塑料大棚、种子库、沼气池、牧场、畜禽圈舍、鱼塘、人工气候室等的设计验收标准。

⑧ 管理标准:是指对农业标准领域中需要协调统一的管理事项所制定的标准。如标准分级管理办法、农产品质量监督检验办法及各种审定办法等。

9.6　农业产业化

9.6.1　农业产业化概念

农业产业化是以市场为导向,以经济效益为中心,以主导产业、产品为重点,优化组合各种生产要素,实行区域化布局、专业化生产、规模化建设、系列化加工、社会化服务、企业化管理,形成种养加、产供销、贸工农、农工商、农科教一体化经营体系,使农业走上自我发展、自我积累、自我约束、自我调节的良性发展轨道的现代化经营方式和产业组织形式。它实质上是指对传统农业进行技术改造,推动农业科技进步的过程。这种经营模式从整体上推进传统农业向现代农业的转变,是加速农业现代化的有效途径。

9.6.2　农业产业化特征

(1) 专业化生产

从宏观上看,推进农业产业化经营的地区根据当地主导产业或优势产业的特点,形成地区专业化;从微观上看,实行产业化经营的农业生产单位在生产经营项目上由多到少,最终形成主要专门从事某种产品的生产。

现在实行农业产业化经营,是要从大农业到小农业,逐步专业化。只有专业化,才能投入全部精力围绕某种商品生产,形成种养加、产供销、服务网络为一体的专业化生产系列,做到每个环节的专业化与产业一体化相结合,使原料、初级产品、中间产品制作都可以成为最终产品,以形成商品品牌的形式进入市场,从而有利于提高产业链的整体效率和经济效益。

(2) 一体化经营

农业产业化经营是从经营方式上把农业生产的产前、产中、产后诸环节有机地结合起来,实行商品贸易、农产品加工和农业生产的一体化经营。一体化经营组织中的各个环节有计划、有步骤地安排生产经营,紧密相连,组成经济利益共同体,不仅从整体上提高了农业的比较效益,而且使各参与单位获得合理份额的经济利益。这与实施产业化经营以前的分割式部门"条条"化形成鲜明的对比。农业产业化既能把千千万万的"小农户"、"小生产"和纷繁复杂的"大市场"、"大需求"联系起来,又能把城市和乡村、现代工业和落后农业联结起来,从而带动区域化布局、专业化生产、企业化管理、社会化服务、规模化经营等一系列变革,使农产品的生产、加工、运输、销售等环节相互衔接,相互促进,协调发展,实现农业再生产诸方面、产业链各环节之间的良性循环,让农业这个古老而弱质的产业重新焕发生机,充分发挥其作为国民经济基础产业战略地位的作用。

（3）风险共担,利益共享

农业与工商业的结合,从根本上打破了传统农业生产要素的组合方式和产品的销售方式,使农业生产者有机会获得农产品由初级品到产成品的加工增值利润。产业化经营的多元体结成"风险共担、利益均沾"的经济利益共同体,是农业产业化经营系统赖以存在和发展的基础。在单纯的市场机制下,一旦供求关系发生变化,市场价格便随之波动,甚至是剧烈波动,影响农业生产者的利益,也影响农产品加工、储运企业的利益。产业化经营系统内各主体之间不再是一般的市场关系,而是利益共同体与市场关系相结合、系统内"非市场安排"与系统外市场机制相结合的特殊利益关系,就要风雨同舟、休戚与共。由"龙头"开拓市场,统一组织加工、运销,引导生产,可以最大限度地保证系统均衡,使其内部价格及收益稳定,实现各参与主体收益的稳定增长。

产业化经营的多元参与主体之间结成"风险共担、利益均沾"的共同体,是产业化经营的重要特征,也是确认经营实体为产业化经营的核心标准。

（4）企业化管理

农业产业化经营需用现代企业的模式进行管理,通过用管理企业的办法经营和管理农业,使农户及其产品逐步走向规范化和标准化,从根本上促进农业增长方式从粗放型向集约型转变。以市场为导向,根据市场需求安排生产经营计划,把农业生产当作农业产业链的第一环节或"车间"来进行科学管理,这样,既能及时组织生产资料的供应,提供全过程的社会化服务,又存在农产品适时收获后,分类筛选,妥善储存,精心加工,提高产品质量和档次,扩大增值和销售,从而实现高产、优质、高效的目标。

（5）社会化服务

农业社会化服务是产业化农业的题中应有之意。作为一个特征,它一般表现为通过合同（契约）稳定内部一系列非市场安排,使农业服务向规范化、综合化发展,即将产前、产中和产后各环节服务统一起来,形成综合生产经营服务体系。在国外较发达的紧密型农工综合体中,农业生产者一般是从事某一项或几项农业生产作业,而其他工作均由综合体提供的服务来完成。在我国,随着农业产业化经营的发展,多数"龙头"企业从自身利益和长远目标出发,尽可能多地为农户提供从种苗、生产资料、销售、资金到科技、加工、仓储、运输、销售诸环节的系列化服务,从而做到基地农户与"龙头"企业互相促进、互相依存、联动发展。

9.6.3　农业产业化意义

实施农业产业化,不仅对农民收入增长具有极大的促进作用,更重要的是对我国农业的发展具有组织和导向的作用。其重要意义有:① 有利于提高农业产业结构,增加农民收入;② 有利于农业现代化的实现;③ 有利于提高我国农业国际竞争力;④ 有利于提高农业的比较利益;⑤ 有利于加快城乡一体化进程;⑥ 有利于吸收更多的农业劳动力;⑦ 有利于提高农业生产的组织化程度。当然,最根本的是有利于农民增收和共同富裕的实现。

9.7 高效农业

高效农业是以市场为导向,运用现代科学技术,充分合理利用资源环境,实现各种生产要素的最优组合,最终实现经济、社会、生态综合效益最佳的农业生产经营模式。

高效农业绝不仅仅是赚钱多、经济效益高的农业,效益的内涵包括经济效益、社会效益、生态效益,高效农业是经济、社会、生态综合效益最佳的农业。

9.8 立体农业

9.8.1 立体农业概念

狭义的立体农业,仅指立体种植,是农作物复合群体在时空上的充分利用,根据不同作物的不同特性,如高秆与矮秆、富光与耐阴、早熟与晚熟、深根与浅根、豆科与禾本科,利用它们在生长过程中的时空差,合理地实行科学的间种、套种、混种、复种、轮种等配套种植,形成多种作物、多层次、多时序的立体交叉种植结构。

广义的立体农业,是指在单位面积土地上(水域中)或在一定区域范围内,进行立体种植、立体养殖或立体复合种养,并巧妙地借助人工的投入,提高能量的循环效率、物质转化率及第二性物质的生产量,建立多物种共栖、多层次配置、多时序交错、多级质、能转化的立体农业模式。

广义的立体农业,是着眼于整个大农业系统的。它包括农业的广度,即生物功能维;农业的深度,即资源开发功能维;农业的高度,即经济增值维。它不是通常直观的立体农业,而是一个经济学的概念,与当前"循环经济"的概念相似。

9.8.2 立体农业模式

构成立体农业模式的基本单元是物种结构(多物种组合)、空间结构(多层次配置)、时间结构(时序排列)、食物链结构(物质循环)和技术结构(配套技术)。目前立体农业的主要模式有:丘陵山地立体综合利用模式;农田立体综合利用模式;水体立体农业综合利用模式;庭院立体农业综合利用模式。

9.8.3 立体农业特点

一是生产方式优化,运作效率提高。对于单一种植或养殖的农业而言,立体农业是指在单位面积(水域)上,一定的区域范围内或不同海拔高度的地形区内,根据各种植物、动物、微生物的特性和生长繁殖特点,充分利用时、空、热、水、土、氧等自然资源和物资、资金、劳力的投入,运用现代科学技术,把种植业、养殖业及相关的加工业科学地结合起来,建立多物种共生、多层次配置、多级质能循环利用转化的立体种植(立体养殖、立体种养)以及庭院立体种养的高产高效生产方式,在不断增强区域农业的综合生产能力和综合效益的同时,提高土壤肥力,减少环境污染,促进生态平衡,使农业生产处于良性循环之中,达到经济、社会、生态效益的统一。

二是合理利用时空,巧妙组装配套。立体农业的产生、发展有着自身的内在规律。它是把时间、空间作为农业资源加以组合利用,是研究农业生物与环境和非生物关系的应用科学。从生产方式上讲,立体农业主要指立体种植;从综合开发上讲,立体种植主要指种植、养殖、加工业,包括农、林、牧、副、渔、微生物等各业。

三是注重整体协调,构筑良性循环。立体农业既是传统农业的精华,又是生态农业和农业开发的综合结晶。它突破了传统经济的低层次、传统结构的内循环及传统管理的老模式,打破了"人口—耕地—粮食"线性循环的旧框架,建立了"人口—资源—商品"良性循环的新格局,开创了立体生态农业经济的新局面,有助于加快现代农业持续发展的步伐。

思考题

1. 简述我国农业发展的过程和特征。
2. 简述现代农业含义及产生的背景。
3. 简述现代农业产业含义。
4. 简述现代农业的主要类型及特征。
5. 简述目前我国三农现状、问题及发展方向。
6. 简述现代农业发展主要瓶颈及其对策。

10 现代农业产业示范园总体规划

10.1 项目概况

10.1.1 项目区位

本项目规划区为陕西商南试马现代农业产业示范园,规划层次为总体规划。该示范园位于商南县城以西 12 km 处的试马镇,属浅山丘陵地区,312 国道和西合铁路穿镇而过,区位优越,交通便利。本次规划范围北至试马水库,南至红庙村毛河与试马河交界处,东西以试马河川道与其两侧山坡地地形转折为界,涉及荆家河、试马街、郭垭、红庙和观音堂 5 个行政村,规划面积 4.5 km²。

10.1.2 规划依据

① 《中华人民共和国城乡规划法》;

② 《中华人民共和国土地管理法》;

③ 《旅游规划通则》;

④ 《国家农业科技园区管理办法》;

⑤ 《国家农业标准化示范区管理办法(试行)》;

⑥ 《农田水利工程规划设计手册》;

⑦ 《城市道路交通规划设计规范》(GB 50220—95);

⑧ 《村庄整治技术规范》(GB 50445—2008);

⑨ 《中共中央国务院关于推进社会主义新农村建设的若干意见》;

⑩ 《全国现代农业发展规划(2011~2015 年)》;

⑪ 《商洛市生态高效农业发展“十二五”规划》;

⑫ 《商南县国民经济与社会发展第十二个五年规划纲要》;

⑬ 《丹江口库区及上游地区经济社会发展规划》;

⑭ 国家、陕西省、商南县有关政策、法规、标准、规程、条例等;

⑮ 项目组实地调研资料。

10.1.3 指导思想

本规划以科学发展观和党的十八大精神为指导,以加快转变经济发展方式为主线,以建设社会主义新农村为统领,按照“城乡统筹发展”的总体要求,结合试马镇“三位一体”的建设发展总体规划,以现代农业产业为核心,着力构建“绿色产业、特色园区、宜居城镇、基础设施、人力资源、民生保障”六大农业支撑体系,打造一个农业科技化、农业标准化、农业信息化、农业产业化、农业生态化、农业休闲化、农业艺术化、农业景观化(以下简称“八化”)于一体的现代农业产业示范园,以此来促进农业增效、农民增收,推进社会主义新农村建设,带动商南县区域经济的发展。

10.1.4   规划原则

规划原则主要遵循城乡统筹发展、市场导向、科技先导、机制创新、多元投入、生态循环及农旅结合等（图 10-1）。

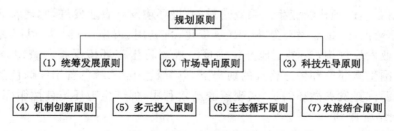

图 10-1   农业产业示范园规划原则

（1）统筹发展原则

坚持把农科研究与科技示范、资源开发与资源保护、经济效益与社会效益、近期效益与长远发展统筹发展的原则；坚持把发展现代农业与推进农业产业化、农村城镇化和社会主义新农村建设结合起来，与循环经济、生态农业和环境保护结合起来，统筹考虑，综合推进。要通过项目建设，推进农村城市化、农业现代化、环境友好化的进程。同时，要注重绿色农产品生产、农产品加工、市场流通等产业发展各环节的相互配套和相互促进，促进农业产业进入良性发展的轨道。

（2）市场导向原则

坚持以市场为导向，以企业为主体，以效益为中心，积极调整现代农业种植结构和产业结构，重点发展市场前景广阔、产业覆盖面积大、促进农民增收和农业增效的农业产业以及物流、旅游等服务业。按照市场经济规律进行运营和管理，实现规范化生产、标准化管理、社会化服务、市场化经营、企业化运作、产业化发展的模式，以开发绿色产品、发展生态农业为重点，发展优质高效农业，提高农业产业化水平和农业整体效益，从而实现经济效益、社会效益、生态效益的有机统一。

（3）科技先导原则

强化科学进步，技术创新。综合运用国内外现代农业科技成果、现代农业生产手段和现代农业经营管理模式，加强新品种、新技术、新体制的引进、集成、提升、展示和推广，优化种植模式、产品结构和经营策略，建立高效农产品生产体系，提高农产品附加值，提升农产品竞争力，促进主导产业升级，实现科技化、集约化、高效化。

（4）机制创新原则

现代农业产业示范园区的建设是新时期发展现代农业的一项基础性、前瞻性工程，带有一定的试验示范性质。要通过大胆探索，创新土地流转制度、利益分配制度、投资融资制度、资金使用与管理制度、项目审批与管理制度、科技支撑与服务制度等，增强发展活力，实现良性发展，并为区内外农业发展提供有益借鉴。

（5）多元投入原则

在特色绿色农产品开发过程中，政府的主要任务是搭建平台，提供服务，建设公共服务基础设施。园区要以产业为平台，以项目为载体，多元化融通资金，引导和鼓励工商资本、民间资本、外商资本、科研单位以及其他社会力量投资开发农业,推进现代农业产业项目建设,提高农产品附加值,做大做强农业龙头企业。同时,要充分发挥企业、农户在发展现代特色农业中的主体地位。

(6) 生态循环原则

强调和谐自然的现代农业生态系统建设,推进环境友好农业发展,实现农业健康持续发展战略。在示范园区,按照循环经济3R(减量化、再利用、再循环)标准,根据资源环境承载力,决定种植业发展规模,控制土地开发强度。规划将生态环境保护与资源合理利用相结合,在尊重周围生态环境和生态格局的前提下,以"绿色生产、绿色营销和绿色消费"为宗旨,利用地域、资源优势发展循环经济,实现资源高效利用,促进生态环境良性循环。

(7) 农旅结合原则

农旅结合就是把农业发展与休闲娱乐结合起来,集"吃、住、行、游、购、娱"于一体,打破一、二、三产业的界限,带动农产品加工业、服务业、交通运输、建筑、文化等相关产业的发展,促进农村产业结构的调整和优化。对农业而言,可以借助旅游业的优势,增加农业产业附加值,促进农民就业增收。对于旅游业而言,现代农业产业化经营和多功能性本身就是极好的旅游资源,可以发展农业体验与生态乡村旅游,将示范园区农村风情、民俗拓展为新的旅游资源,进一步丰富旅游资源的内涵。农旅结合可以拉长农业产业链,促进农村产业结构的调整和优化。

10.1.5 规划期限

本规划实施期限为7年(2013年~2020年),具体分4个阶段实施。

(1) 第一阶段为2013~2014年

该阶段按照超前规划引导、区域功能清晰、产业布局合理、交通便捷通畅、配套设施完善的原则,遵循"论证、科研、规划、招商四位并举"的工作思路,完成园区道路、河道堤坝、环境美化、水利工程等基础设施建设,完成基本的现代农业产业项目建设、各阶段规划设计。

(2) 第二阶段为2015~2016年

创新体制和机制,吸引强势企业入驻园区,完成示范园区设施蔬菜种植示范区和生态养殖示范区建设,提升园区档次,实现农业新技术创新、展示、示范、推广等各项功能。同时着力提升园区周边环境,增强园区承载能力。

(3) 第三阶段为2017~2018年

围绕商南一心五区旅游格局的构想,紧紧抓住上苍坊景区的发展机遇,全面推进示范园区现代生态农业体验旅游产业项目建设,主要包括试马水库、茶园等地的旅游接待设施建设。

(4) 第四阶段为2019~2020年

全面推进园区的"八化"建设,加快发展示范园区农产品的深加工项目建设,提高农产品的附加值,构造完整的产业链体系,全面发挥现代农业产业示范园区的现代农业示范、高效、产业化等作用和功能。

10.2 自然地理条件分析

10.2.1 商南概况

商南县位于鄂豫陕3省8县结合部,是陕西的东南门户。该县为浅山丘陵地貌,基本地理状况是"八山一水一分田"。总面积 2 307 km²,全县辖 13 个镇 164 个村 3 个社区,总人口 24.2 万人,其中农业人口 14.2 万人。有耕地 21.33 万亩,人均 0.9 亩。商南县历史悠久, 资源丰富,基础设施完善。312 国道、西南铁路和西合高速公路横贯东西,商郧路、郭山路、 商卢路纵横南北,"三横三纵"的道路网络基本形成;电信、电视遍布城乡,网电覆盖全县,城 镇建设步伐加快,城市功能日趋完善,县域经济发展环境良好。

10.2.2　气候条件

商南县为浅山丘陵地貌,属北亚热带向暖温带过渡性大陆季风气候。坐标介于东经 110°24′～111°01′之间,北纬 33°06′～33°44′之间。四季分明,光照充分,雨量充沛,年平均气 温 14 ℃,多年平均降水量 803.2 mm,日照 1 973.5 h,无霜期 216 d。

10.2.3　资源条件

商南县是一块结构复杂,以低山、丘陵为主体的山区。境内地势西南部和北部较高,东南 部和中部较低,千米以下的低山、丘陵占总面积的 77%。丹江自西向东横贯县境中部,把全县 分为丹南、丹北两部分。岭谷相间,地势起伏,相差悬殊,相对高差最大值在 1 840.6 m。由于 复杂的地质构造、外应力的影响和人类活动等原因,境内地形复杂,差异较大。大致以丹江为 界,丹北是蟒岭的东延部分,山势多西北向东南走向,地势由高趋低,主要由石英片岩、石英岩 等变质杂岩组成,山体浑圆,冈峦起伏,尤其是西界公路以南地区,山体排列松散,河谷开阔,但 植被较差。丹江以南是由结晶灰岩、板岩、千枚岩、石英片岩、大理石岩、变质砂岩组成的新开 岭山地,山势多由西向东,地势西高东低,山形陡峭,河谷深切,多溶洞山泉,山上植被葱郁。已 探明矿产资源 270 种,其中镁橄榄石、金红石、钾钠长石、水晶等储量大,开采价值高。森林覆 盖率 62.4%,有各类植物 1 696 种,野生动物 278 种;药用植物 1 192 种,其中国家挂牌收购 的127 种。

10.3　总体规划定位与功能

10.3.1　总体定位

规划按照"高起点规划、高标准建设、高效能管理、高水平发展"的指导原则,紧紧围绕"农 民增收、企业增效、财政增长"的发展目标,采取"政府引导、社会参与、市场运作、滚动开发"的 管理模式,以试马镇丰富的资源为依托,以客源市场需求为导向,以产品创新为突破,按照"农 业为核心、产品求效益"的发展思路,以科技型、生态型、观光型、休闲型、高效型一体化的现代 农业为核心,以"龙头企业＋专业合作社＋农户"为产业经营模式,以"畜—沼—菜(果)"为生态 循环模式的发展格局,建设集生产、示范、物流、生态、休闲相互融合的高标准现代农业产业示 范园区。

10.3.2　总体目标

(1) 总体目标

总体目标为:全市第一,全省一流,全国知名。

经过两年的建设,全面建成空间布局合理、产业结构优化、资源节约利用、经济效益显著、 生态环境友好、城乡社会和谐、具有商南特色和核心竞争力的现代生态农业体系。将商南县试 马现代农业产业示范园区建成全市第一、全省一流、全国知名的现代农业产业示范园区,同时 与上苍坊景区联动发展,使试马镇成为商南县副中心和第二休闲体验旅游目的地。

（2）具体规模与指标

规划实施后,园区生产设施不断完善,良种全面覆盖并保持持续更新,全面实行标准化生产,农产品全部达到无公害标准,部分达到绿色食品、有机食品标准,农业劳动者素质显著提高。实现园区一、二、三产业协调发展,吸引县城以外的游客进入园区,使园区周边的群众经济收入翻一番,城镇化率达到70%以上,农业科技贡献率达到75%以上,无害化处理达到100%,使其成为全县现代农业产业园区建设的典范,成为"全市第一、全省一流、全国知名"的现代农业产业示范园区。具体规模与指标见表10-1。

表 10-1   示范园区生态种植产业指标表

项目	面积	项目	规模
食用菌种植基地	50 亩	标准化生猪养殖基地	年出栏生猪 1 万头
设施蔬菜种植基地	250 亩	标准化肉鸡养殖基地	年出栏肉鸡 100 万只
露天蔬菜种植	30 亩	散养土鸡基地	出栏土鸡 50 万只
白茶种植示范园	1 000 亩	肉种鸡孵化场	年孵化种蛋 3 000 万枚
油茶种植示范园	5 000 亩		
莲鱼养殖基地	300 亩		
中草药种植园	100 亩		

（3）产业定位

根据园区发展的总体目标,根据试马镇的自然、经济等多种条件,将园区的产业定位为特色养殖产业、白茶油茶产业、蔬菜种植产业、中草药种植产业、农产品深加工业及现代农业休闲旅游产业(图 10-2)。

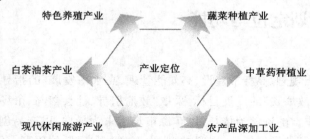

图 10-2　现代农业产业示范园产业定位

（4）功能定位

根据园区规划的总体定位,借鉴国内外优秀的农业园发展模式,结合试马镇当地的自然、经济、社会特点及发展趋势,商南县试马现代农业产业示范园区的功能定位为以"创新、科技"为主题,突出地域特色与文化特色,以工业化、产业化思路发展农业,以生态、安全、高效、无公害化农产品为核心,种-养-加-游一体化发展的功能齐全的现代农业产业示范园区。主要功能如下。

① 生产加工功能

依托商南科技、人才、资金、市场、信息、基础设施、交通通讯等优势,建成农业现代化、分工专业化、适度规模化、经营集约化的现代农业示范园区,为商南居民提供高效、优质、安全、生态的名优农产品,满足不同层次居民的物质消费需要。充分利用农业高新技术,如现代生物技术、组培块繁技术等,培育优良农作物,开发优质精品加工设施设备,使整个农产品生产实现标准化、优质化、系列化和安全化。全面提高农产品质量,形成从现代农业生产、加工到销售的产业链条,引导园区朝规模化、产业化、专业化方向发展。

② 示范转化功能

现代农业技术示范与成果转化是现代农业产业示范园区的基本功能。通过项目引进和建设,把国内外先进适用的生物工程技术、设施栽培技术、节水灌溉技术、集约化种养技术、农产品精加工技术以及信息管理技术等引进园区进行展示示范,形成浓厚的农业文化氛围,以带动周边区域农业科技水平的提高和农村经济的发展,促进农业科技成果的推广和应用。同时将引进的农业生产先进技术与传统技术进行重新组装集成,形成适合商南地区特点的配套技术。通过发挥其技术的创新功能,为园区技术资源储备提供源源不断的新鲜动力,确保园区始终处于科技技术领先地位。

③ 辐射带动功能

商南试马现代农业产业示范园区集聚现代农业装备、先进技术和优秀的科技专业人才,具有辐射农产品、高新技术、先进的科技成果与知识信息的作用,由此带动农业新技术的应用、农村生产力的发展和农村整体科技水平的提高。园区通过集聚科技基础和人才优势,在农业设施装备、农业科技开发应用方面进行突破,极大提升农业综合生产力,实现农业现代化,成为带动商南农业现代化的辐射源,通过示范、辐射作用推动区域经济的发展。

④ 科普教育功能

商南试马现代农业产业示范园区所采用的新技术、新成果、新的运行机制和新的管理体制都可成为其他各地、各农业企业和农业科技机构关注和参考的样板。同时园区通过示范培训,可以培养农业科技人才,强化农业科技队伍建设,提高农民的文化水平和生产基本技能,培养造就具有一定的科技水平、能基本使用现代技术、了解社会信息的公民。

⑤ 休闲体验旅游功能

除保持原有自然环境外,还可利用现代农业产业先进设施和高新技术及其成果展示,配以园区整体和谐的园林化设计,取农业观光、农村休闲以及现代农业产业体验等多种形式的项目设计,形成融艺术性、科学性、趣味性、观赏性于一体的现代生态农业休闲体验旅游、教育培训的重要基地,满足城乡居民休闲旅游、体验旅游等需求,使得园区不断拓展现代农业产业发展内涵,积极发展生态农业旅游产业,由单纯提供农产品物质性产品向精神性旅游产品延伸。

10.4　总体布局与建设项目规划

10.4.1　总体结构

园区总体结构为"核心区＋带动区＋辐射区"。

核心区:北至试马水库大坝,南到南泥湖,总面积约为 4.5 km²;主要功能包括:探索秦岭山地现代农业的发展模式,生产加工生态型安全型农产品,示范转化农业新科技和培训农业人才。

带动区:范围包括试马水库以北,试马河与毛河交界以南,西到清油河,东到大坪、捉马沟,总面积约为 13 km²;主要功能包括:农产品代理、生态保育、商贸加工和就业培训。

辐射区:东起城关镇,西至百家岗、清油河镇,总面积为 27 km²;主要功能包括:促进该区农业科技的应用,推动农业科技的辐射,提高农民的收入水平。

10.4.2 核心区总体布局与建设项目规划

规划坚持宏观指导、统一规划、综合配套、因地制宜的布局原则,科学规划设计。根据项目所在地的地形地势、土地利用情况,结合园区发展的总体思路以及目标,本项目核心区总体结构设计为一心、一轴、三大板块。

一心,即试马镇综合服务中心。

一轴,即试马河生态景观轴;依托试马河河流走势,将试马河建设成为贯穿示范园区南北的防洪绿色安全屏障、休闲体验旅游的自然生态景观长廊和现代农业发展的聚集带。

三大板块,即生态种植示范板块、生态养殖示范板块、现代生态农业休闲体验旅游板块。

10.4.3 项目规划

项目规划格架总体为一心、一轴、三大板块(图 10-3)。

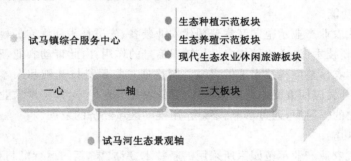

图 10-3　现代农业产业示范园规划格架

(1) 试马镇综合服务中心

① 功能定位

试马镇综合服务中心既是以农畜产品的生产、加工、集散、贸易中心为核心的农产品交易中心,又是以接待服务为核心的客户服务中心。该区与 312 国道相邻,交通十分便利。规划在此设置停车场、汽车站、农产品加工储运中心、农贸交易中心和综合服务楼等项目,为园区提供加工、储存、转运等多种服务。

② 农产品交易中心

农产品交易中心是该区的一个重点项目,占地约 20 亩,是商南农副产品对外交易平台,主要设置集散交易区、贮藏保鲜区、展示展销区和物流服务区 4 个功能分区。集散交易区,主要建设钢屋架大棚、固定摊位、货车停车场等设施;贮藏保鲜区,主要建设大型气调库、分类包装中心等设施;展示展销区,主要建设市场管理中心、展示展销大楼等设施;物流服务区,主要建设信息网络中心、技术培训中心、质量安全检测中心和接待服务中心等设施。

稳定农产品市场、促进农民增收、扩大农产品消费最重要的途径是推进示范园区商贸流通体系和品牌建设。其中,示范园区建设最终以农产品形式来展现。如何将示范园区的生态、有机、安全、高质量的产品送到消费者的餐桌,是示范园区建设的内容之一。应以多样性的流通方式组织示范园区产品销售、商贸流通。

③ 农产品交易模式

A. 农超对接

传统农产品流通和配送,基本沿农户生产—合作社收购—多级批发商—零售商—消费者的链条。这样使生产者与消费者之间加入多级的第三者,增加成本,同时会使农产品质量难以得到保证,农户的收入降低。农超对接,是农户和城市超市商家直接联系,由农户向超市、菜市场和便利店直供农产品的新型流通方式,主要是为优质农产品进入超市搭建平台,构建市场经济条件下的产销一体化链条,实现商家、农民、消费者共赢的模式。

示范园区现代农产品销售流通首先选择商南、商洛、西安等周边城市对生态环保绿色蔬菜、蛋禽肉有消费需求群体的大中销售商、酒店饭馆、超市,专项提供绿色农产品,打造有影响力的品牌产品。

B. 生态超市

示范园区设立生态超市,可以展示示范园区绿色农产品,包括有机绿色蔬菜、食用菌、蛋禽肉、花卉、中草药等核心农产品,展示农产品的生产过程和无公害、生态、环保、安全的特色,使之成为示范园区绿色农产品对外宣传和销售的窗口。

C. 电子商务现代流通模式打造

在其他农产品交易流通渠道打造的同时,示范园区也注重电子商务网站现代流通模式的跟进和建设。建立电子商务平台,可以将示范园区农产品的产业理念、生产过程、产品优势、产品实景及产品照片等向社会、消费者展示,使消费端的市场、商场、超市及消费居民直接选择和订购,可以在一定条件下进行快速配送。

D. 品牌培育与建设

现代农产品的交易实质上是品牌的销售,因此,示范园区需要培养一批具有竞争力和发展潜力的特色农产品,尤其是秦岭山地优势现代农产品,特别是绿色蔬菜、食用菌、中草药、花卉及冷水水产品(鱼)等。在品牌建设过程中,要以国家绿色产品认证和地理标志产品认证为突破口,获得社会和消费者对示范园区绿色农产品的认识、认可和欢迎。在示范园区的生产过程中,要确保无污染,所生产的农产品需符合国家标准。

示范园区农产品与商务流通体系的建设是一个长期的过程,要持续加强流通主体的建设,不断完善市场服务功能,建成以生态超市为基础、农超对接为骨干、配送专卖为先导、电子商务跟进的具有现代水平的农产品商贸流通体系。

(2) 生态种植示范板块

该区充分利用试马镇现有的资源,结合当地的实际情况,引进高新技术,按梯次开发一批高、中端农业项目,充分发挥示范园区的生产示范作用。

① 食用菌种植基地

食用菌是一类有机、营养、保健的绿色食品。发展食用菌产业符合人们消费增长和农业可持续发展的需要,是农民快速致富的有效途径。食用菌栽培所需要的原料都是农作物秸秆等农业生产废弃物,而栽培食用菌的下脚料又可以作为生产有机肥、饲料等的原料,能够有效促进农业生态循环和废弃物减排。

本次规划的食用菌种植基地位于试马街村,312国道旁,占地50亩。食用菌采用大棚进行栽培,主要栽培品种为白灵菇、金针菇、鲍鱼菇、鸡腿菇等品种;场地包括:原料储备室、拌料与装袋室、灭菌室、发菌室、加工室和包装室等。

② 设施蔬菜种植基地

该基地位于试马街村,占地250亩。园区将对现有的低效能大棚进行改造,推广使用独栋与 GSW-832 型连栋薄膜温室大棚以及异型温室大棚。这种大棚具有土地利用率高、室内作机械化程度高、单位面积能源消耗少、室内温光环境均匀等优点,更适合现代化设施农业的发展要求标准,满足未来设施农业融入高科技发展的需求,也是现代机械化农业必然发展趋势。根据规划地的地形,基地还设计有少量的单栋和异形棚,可以使有限的土地得到充分的利用。基地将引进新品种和先进实用的农业设施和设备,推进有机蔬菜高效栽培技术、农药残留快速检测技术、节水灌溉技术等。主要的蔬菜品种包括:番茄新品种(佳粉 15、中杂 7 号、中杂 9 号),黄瓜新品种(中农 7 号、津春 3 号),甜(辣)椒新品种(苏椒 5 号、甜杂 6 号、湘研 2 号)等新型适用于日光温室品种。基地还将建几个异型棚,提高其示范效应(图 10-4)。

图 10-4　农业设施样式

③ 生态餐厅

生态餐厅是将现代设施农业和绿色餐饮完美结合的产物,通过运用建筑学、园林学、设施园艺学、生态学等相关学科知识进行规划、设计和建设,以设施调控技术、农艺栽培技术来维护餐厅的优美环境,把温室的轻巧、便捷、明朗的特点与建筑的多功能性融为一体,把大自然丰富多彩的生态景观"微缩化"和"艺术化",打造假山、瀑布、小桥流水、竹木亭阁等一系列园林景观,为就餐者提供绿色、优美、舒适、悠闲、宜人的就餐环境,使用餐者有身处世外桃源之感。本次规划的生态餐厅可同时容纳 1 000 人就餐。

④ 工厂化育苗馆

蔬菜工厂化集中育苗是集现代高新技术于一体,运用企业化生产经营的方式,培育优质高产蔬菜秧苗,从而推进蔬菜产业的发展。该馆利用现代化的育苗自动化大棚设施和最先进的现代育苗技术,以企业化的模式组织种苗生产和经营,实行种苗规模化管理,避免气象灾害及病虫害对种苗的影响,使出苗率、成活率达到 99.5%。同时,通过基质培养的种苗根系发达,吸收水分、养分能力强,定植后不会伤根缓苗,将大大降低农户的种植风险,推动农业产业化的进程(图 10-5)。

图 10-5　工厂化育苗馆内景

⑤ 花卉馆

　　花是世间最美的精灵,它恣意绽放的美丽,带给人们多少欢欣与赞叹。然而正如俗语所说的"花无百日红",其转瞬即逝的特性,又每每令人扼腕叹息。梦幻花卉馆通过智能控温、控湿技术、保鲜技术,打破时间和地域的限制,为花卉提供一个常态化的生长环境,使鲜花最美的姿态在更长的时间里呈现给大家。同时建成后的花卉馆也是商南最美的婚纱摄影基地,它把展示、互动、消费三大功能完美地结合在一起(图 10-6)。

图 10-6　花卉馆展示

⑥ 现代农业创意馆

　　该馆以生物技术、工程技术及信息技术为核心,以自动化大棚设施为基础,聚集国内外掌握现代农业关键技术的研发机构和企业,展示国内外农业高新科技成果,示范现代农业新品种、新技术、新模式。主要内容包括造型农业、奇异嫁接、绿色家园、远程监控系统等项目。该馆能使游客深入了解现代农业的方方面面,提升每一位游客的体验深度,提升园区整体的口碑(图 10-7)。

图 10-7　现代农业创意展示

⑦ 白茶种植园

　　白茶种植园包括无性系良种茶苗繁育区和生产区两部分,其中繁育区占地 100 亩,生产区占地 1 000 亩。该区主要分布在河岸两侧相对平坦的地带,采用最先进的无性系良茶品种,为全县发展无性系良种茶园起示范带动作用,同时解决当地剩余劳动力,提高农民的收入

（图 10-8）。

图 10-8　白茶园

⑧ 品茗楼

规划在现有茶叶加工厂的北面或者西侧修建品茗楼，供游客休闲、喝茶之用。在品茗楼中修建一条茶文化长廊，让游客了解中国的茶文化，特别是白茶的历史、品种等相关知识（图 10-9）。

图 10-9　品茗及茶文化展示

⑨ 茶叶加工厂

依托现有的茶叶加工厂，引进先进技术，提高生产效率，进行茶叶的深加工，生产价值较高的茶叶产品；同时为游客演绎传统茶叶的加工方法，让游客了解传统加工与现代加工的异同。

⑩ 油茶种植园

油茶种植园包括油茶种植基地、茶油加工厂和油茶林木良种生产繁育基地。在现有油茶种植园的基础上增加种植面积，使其达到 5 000 亩的规模；种植范围以郭垭村两侧的丘陵山坡地为主，逐步扩大，建设油茶林木良种生产繁育基地，为园区乃至全县提供茶苗（图 10-10）。

图 10-10　油茶园

⑪ 油茶加工厂

依托示范园区的油茶产业,在商南工业园区建设油茶加工厂,场地规模 10 亩。油茶加工厂可以进行三大项目深加工,具有广泛的市场和发展空间:其一是茶油籽精炼及深加工项目;其二是提取皂素;其三是茶壳综合利用。

茶油是一种优质食用油,可降低胆固醇,预防心血管疾病,同时还可制造天然高级护肤产品;皂素是一种性状极好的活性剂和发泡剂,有强的去污能力,广泛用于化工、食品和医药行业;利用茶壳可提炼糖醛、木糖醇、栲胶等副产品,糖醛多用于橡胶、合成树脂等行业,木糖醇用于医药、国防、皮革等行业,栲胶主要用于制革、工业浮选剂等行业。

⑫ 神农百草观光园

商南县素有"商地无闲草"和"天然药库"之美称。全县药用植物 1 192 种,国家挂牌收购 127 种,山茱萸、柴胡、连翘等药材享誉全国。神农百草园采用现代种植技术,以黄姜、杜仲、柴胡、山茱萸、丹参等种类为主,同时在其中穿插种植秦岭特有的植物、花卉等,形成秦岭的百花园。

百花、百草与现在的石头挡土墙将形成一道亮丽的景观,充分展现乡野风采(图 10-11)。

图 10-11 神农百草观光园景观图

(3) 生态养殖示范板块

① 生猪养殖场

依托在建的 17 个养猪猪舍,按现代养猪生产工艺和猪场建设方案,引进性能优良的种母猪,按照生猪标准化养殖方案,提高养殖效率,将其建设成为一个年生猪出栏达到 1 万头的生态养殖示范基地(图 10-12)。

图 10-12 生态养猪示范

② 肉鸡养殖场

在原有肉鸡养殖场的规模上进行扩建,使原来的 6 个鸡舍增加到 12 个,按照标准化养鸡的相关流程,使其达到年出栏肉鸡 100 万只的养殖规模。

③ 肉种鸡孵化场

本场分肉种鸡饲养场和肉种鸡孵化场两个项目,同为"商南县肉鸡系列开发"重大项目中的两个龙头企业项目。本场占地 42.5 亩,拟建标准化自动肉种鸡舍 8 栋 7 500 m²,饲养肉种鸡 6 000 套。孵化场建一座高智能电脑自控孵化厅,年孵化种蛋 3 000 万枚(图 10-13)。

图 10-13　肉种鸡养殖示范

④ 散养土鸡基地

散养土鸡基地位于试马镇郭垭村 4 组,依山而建,占地面积 290 亩,拥有标准化全封闭式鸡舍 5 栋。基地实行公司＋基地＋合作社＋农户模式,发展订单农业,提供产、供、销一条龙服务,主要发展具有当地传统品质的土鸡、山鸡、乌鸡等品种,积极引进和改良外地山鸡、固始鸡、草鸡、芦花鸡等优良禽类品种(图 10-14)。

图 10-14　生态散养鸡管理示范

⑤ 立体鱼池

利用荆家河对面高低错落的台地,修建立体鱼池,养殖鲟鱼、鲑鱼、鳟鱼等既有观赏价值又有经济价值的名贵鱼种,以满足本地和外地商品市场及养殖市场的需求,规模可达 150 亩。水流通过拦渔网自上而下流入河中,形成叠水景观(图 10-15)。在河中设置拦河坝,当水库进入枯水期时,鱼池可循环使用拦河坝中的水。建成后的立体鱼池不但是一处名贵鱼种养殖基地,而且也是一处极具吸引力的现代生态农业休闲体验景观。

⑥ 莲鱼共养生态观光园

莲鱼共养是充分利用生物互补效应的一种共生互利的立体种养模式,具有节约土地、节省劳力、提高水资源利用率、高产高效等优点(图 10-16)。藕池养鱼不仅能充分利用藕池的天然饵料,提高鱼的产量和品质,疏松土壤,增加肥力,利用生物除害,增加莲藕产量,还可利

图 10-15 立体鱼池景观

图 10-16 莲鱼共养示范

用荷花景观发展旅游项目。规划依托现有的莲鱼养殖基地,增加养殖面积,使其达到 500 亩的规模。

(4) 现代生态农业休闲体验旅游板块

近年来,随着假日经济和国家带薪休假制度的实施,休闲旅游迅速发展。顺应这一消费需求,生态农业休闲体验旅游的市场潜力越来越大,特别是国家对商南秦岭山地现代生态农业和休闲体验旅游目的地建设的发展战略定位,使示范园区打造现代生态农业休闲体验旅游板块的目标更加明确。根据园区的发展目标以及规划地的现实情况,首先规划将打造上苍竹苑、荆家河农家乐、莲鱼共养和茶园休闲体验旅游项目。在示范园区发展到一定阶段和条件许可情况下,随着园区品牌的传播、影响力的扩大以及继续发展的需要,可选择打造一批休闲度假旅游项目,如在南泥湖地段打造休闲渔庄、渔家客栈以及在试马水库地段打造镇河塔等一批旅游项目。

① 上苍竹苑

现有的上苍乐园接待能力和接待层次较为有限,随着园区的发展,它将不能满足园区的日常接待需要。规划在上苍乐园旁新建一中高档休闲场所,命名为上苍竹苑,它将有效地与上苍乐园形成功能互补,满足游客餐饮住宿与休闲的需求(图 10-17)。

② 荆家河农家乐

按照建设美丽乡村的标准,对荆家河村现有的房屋立面、道路以及环境卫生进行改造提升,对农户门前的蔬菜种植区域按照实用功能与观赏功能相结合的景观要求进行种植结构

图 10-17　上苍竹苑景观

调整与美化设计,将其建设成环境优美、卫生整洁、内涵丰富的田园佳境。与此同时,按照一户一品的要求创建农家乐旅游品牌,促进当地农业人口的就业、增收。

③ 莲鱼共养生态观光园休闲体验旅游

莲鱼共养生态观光园是依托现有的莲鱼养殖基地,将荷花美景、鱼游动感、两侧自然山景与试马河优美河段融为一体,在莲鱼共养池的上方修建空中观光廊道,使游客在享用无公害环保以鱼为特色的农家乐的同时,可以漫步于莲鱼景观之上。

④ 茶园休闲体验旅游

依托示范园区的白茶油茶种植园,在白茶种植园及种植油茶的山坡上,对原有的生产道路进行改造,形成既可以生产使用,又可以使游客旅游和体验茶园的生产和美景,并且在附近的山顶修建亭子、雕塑、造型塔等景点设施,达到茶园的生产和旅游两重功能。

10.5　基础设施规划

10.5.1　道路交通系统规划

(1) 道路网规划的原则

充分考虑地形条件和各分区功能的要求,利用主要道路系统和各分区地块规模、形状及功能特点,为总体构思的实施创造条件,在保证园区各功能的合理联系,为园区的生产、生活等提供便捷的内外部交通的基础上进行布置。

(2) 道路分类

综合考虑园区各功能区的规模、内外部交通运输性质和道路服务功能、客货流向交通量、人流量等,将园区路网划分为迎宾大道、主干道、滨河观光道路及环线道路4个类型,并有机地构成园区完整的道路网络。

(3) 道路网布局

根据各类道路在路网中的地位、交通功能,对路网进行合理布局(表 10-2)。

表 10-2 示范园交通系统规划技术指标及工程量一览表

地段 具体要求	迎宾大道	主干道	滨河观光道路			环线道路
			1	2	3	
走向延伸	试马镇街道牌坊向北,到与试马河的交汇处	试马水库—312国道—试马镇街道牌坊—试马镇街道—安家沟—郭垭村—试马河东侧临时堤坝—白茶园南—南泥湖	新312国道大桥—老312国道大桥	老312国道大桥—试马河东侧堤坝—安家沟附近	铁路之南,到茶园桥,沿试马河的西侧设计	南泥湖南侧危桥—砖厂—庙坪—百茶园
宽度	双向4车道,25 m	双向双车道,主体宽15 m,路面宽9 m,人行道3 m×2条;郭垭村向南主体宽度13 m,路面9 m,人行道4 m宽	主体10 m,路面7 m,人行道宽3 m	新修10 m路面,路面7 m宽,人行道3 m宽	北侧:路面宽3 m,单车道,人行道宽3 m,道堤分离。南侧:道堤合一,路宽3 m。具体要以地形地势设计	道路7 m宽
要求	与试马镇街道一致	景观优美,人行道与堤坝一体	人行道紧邻试马河,形成堤坝道路一体	原有的堤坝作为景观人行道设计。堤坝道路一体	北侧道路与人行道分离,人行道与堤坝一体	远离民居、民房
功能	是示范园区商贸流通、旅客接待的主要场所和道路	农产品、农户生产生活用品、旅客自驾车的主要交通道路	滨河观光道路主要以农户、产业项目农产品内部运输、农用车运输为主,因此以单车道设计			观光环线

10.5.2 景观绿地规划

（1）景观规划

园区作为现代农业产业示范园,景观小品的设计要充分体现园区的特色。除去水体自然景观,整个项目区的标志性景观塑造,要通过每个功能分区中功能性构筑、桥、水道、植物等多元景观要素的平面组成与有机构成,打造综合的主题空间艺术组合区,使之营造为整个项目区的标志性景观群。园区景观要通过空间形态来表达文化,通过环境形象来传递文化,同时把功能与文化的各个方面进行综合,让建筑、环境、人的综合空间来感染各类人群,以达到使人愉悦的静态美与动态美,并使标志性景观群成为整个项目区的代表,以强化项目区的核心功能和品质。项目区内各功能组团也要塑造具有一定主题的标志性景观节点,使之较好地反映和体现各功能组团的核心功能和特色。

为丰富农村群众休闲娱乐生活,促进社会主义精神文明建设,规划将试马镇铁路桥以南的空地规划设计为园林绿地式小广场,在小广场上设置廊道、亭子、座椅以及健身设施,为试马镇居民提供一个休闲、健身和娱乐的好去处。

（2）树种搭配设计

① 道路绿化

对于现有的柳树绿化带,对大于 10 m 的缺树区进行补种,补种间距为 3.5 m,补种树种为柳树或者杨树。新修的道路、堤坝统一使用树高 2.5～3 m、树干直径 5～8 cm 的油茶树。

② 主体植物搭配

尽量采用秦岭特有植物:陕西石蒜、太白贝母、太白山紫斑牡丹、太白美花草。

（3）给水工程

给水工程的设计主要是针对园区的灌溉、饲养畜禽用水以及其他农业生产用水。居民饮用水系统由县水务局另行设计。

① 选址及水源选址

灌溉用水取自试马水库坝头取水室,同时修建加压站,利用试马镇北高南低的地势,重力输送水到其他产业项目区。

② 供水规模

设计原则:供水规模(即最高日供水量)包括生态养殖项目用水量、生态种植项目用水量、生态休闲旅游项目用水量和其他未预见用水量,应根据当地实际用水需求列项,按最高日用水量的 120% 进行计算设计。

生态养殖项目用水量:示范园区生态养殖项目主要包括生态养殖、生态养鸡两大类项目,用水标准见表 10-3。

表 10-3   饲养畜禽日最高用水定额表   单位:L/(头或只·d)

畜禽类别	用水定额	畜禽类别	用水定额	畜禽类别	用水定额
马	40～50	育成牛	50～60	育肥猪	30～40
骡	40～50	奶牛	70～120	羊	5～10
驴	40～50	母猪	60～90	鸡	0.5～1.0

根据年生猪出栏 1 万头的规模,其中年出栏育肥猪 7 000 头、出栏猪仔 3 000 头,则需要该项目存栏青年猪 2 500 头,母猪 300 头。结合表 10-3 用水标准,日需用水量为 152.40 t,年需用水量为 55 626 t。

生态种植项目用水量:示范园区的生态种植项目主要包括设施蔬菜、莲鱼共养、神农百草园(中草药)、花卉及白茶油茶等五大项目。根据走访和调查,用水量为:

设施蔬菜(含食用菌):25～55 吨/(年·亩),规模为 100 亩,年用水量计 6 600 t。

莲鱼共养(含立体鱼池):45～60 吨/(年·亩),规模 120 亩,年用水量计 8 640 t。

神农百草园(中草药):30～45 吨/(年·亩),规模 500 亩,年用水量计 27 000 t。

花卉:1 000 吨/(年·棚),规模 2 个大棚,计 2 000 t。

茶园:30～50 吨/(年·亩),规模 500 亩,年用水量计 30 000 t。

生态休闲旅游用水量:生态休闲旅游用水主要涉及生态餐厅、农家乐、接待服务等用水。年接待量为 5 万人次,每日每人用水量为 10～20 L,年游客用水量计 438 000 t。

不可预测用水量:按上述用水量的 10% 计算,为 56 786.6 t。

示范园区年用水量总估算:示范园区总年用水量为上述用水量之和,即:62.5 万 t。

③ 用水平衡

根据示范园区的生态养殖、生态种植、生态休闲观光旅游三大类项目用水量的估算,示范园区年用水量总估算为 62.5 万 t。而示范园区上游的试马水库年供水量约 70 万 t,基本可以满足示范园区的项目用水量。

但上述用水量不包括试马镇居民的用水量。试马镇人口规模为 8 000 人,按 60 L 的日均用水标准,居民年用水量总需要 17.52 万 t。在鼓励居民节约用水的同时,需要开发清油河上游为试马镇居民生活用水的第二水源地。

④ 管材选取

园区室外供水管道为埋地敷设方式,其管材采用 PE 给水管,给水管口径为 DN400 mm,主要满足种植区与养殖区生产用水。园区内部明装的给水管及消防给水管、卫生间内的给水管均采用 PE 塑料管。

PE 给水管的主要特点:

一是优良物理性能,柔性好,抗扭曲。

二是安装简单,连接可靠,连接强度高于管材本体。

三是无毒,耐磨损,耐腐蚀。

四是使用寿命长,维护成本低。

五是卫生性能良好。

⑤ 净水工艺

水源—浑水输送管—沉淀池—消毒池—过滤—清水池—配水管网—用户。

10.5.3　河道整治规划

(1)河道堤坝建设

由于试马河存在河道防洪标准偏低、堤防形式单一、河道淤积等问题,为提高该段的防洪能力,改善河道环境,本次规划按照防洪工程及生态景观建设相结合,建设"水清、岸绿、流畅、人水和谐"的生态河道堤坝,进一步提升河道的整体形象,使治理河段达到三十年一遇防洪标准。

(2)景观绿化

试马河在未建设地段能够保留好现有河流蓝线之内部分,留足河岸两边景观绿地,进行河道景观上的改造,利用生态岸道的建设方式,增加植物覆盖率景观绿化和人行步道及休闲空间观光绿化,体现自然河道的丰富景观和亲水人文空间;保护原有岸边路边树木,改造护岸形式,增加植物品种和垂直绿化,体现滨水绿色廊道。按照"总量适宜、布局合理、植物多样、景观优美"绿化要求,对两岸堤防进行高标准绿化,并根据条件可能,在部分河道两岸建设生态林带,布置休闲景观,打造河岸绿色长廊,努力使河道两岸成为居民群众游憩、休闲、运动、亲水的主空间。

(3)修建阶梯式跌水水面

在试马河的示范园区地段修建阶梯式自然仿生小型拦水坝体群,形成连续的跌水水面,打造既有涓涓流水又有小小激流的自然河道景观。水坝的修建以考虑自然地形、安全、防洪、景观优美、生产用水、保证河流在枯水期的水体景观等因素进行规划。跌水水面坝体要充分利用大宽度鹅卵石材料,间隔布置,踏着横在河中坝体上大石块,游客可跃过溪水,跳到对岸,得到休闲体验的目的。

（4）河道疏通

对河道旁侧进行垃圾清理、河道疏通，对两岸堤防进行加固美化，总长度 7 km。

10.5.4 电力与电信规划

（1）电力规划

将试马镇变压器扩容到 100 kVA，随着远期生产规模的扩大，可在上苍坊和红庙村各增设 1 座 35 kVA 变压器，以满足整个园区的需要。

（2）电路架设方式

供电线路架设尽量使用地下缆线，地下输电，如必须使用地上架线，尽量做到隐而不露，远离景区道路，远离古树名木和重要景点，不破坏或少破坏树木。变压器架设也应选择隐蔽处，避开风景透视线。

（3）电信规划

目前，在园区内已接通了程控电话，固定电话部分已能满足用户需要，移动、联通、电信的信号覆盖良好。规划在上苍坊景区分别建设 1 个移动、联通、电信通信基站，以满足景区内人们对移动通信的需要。

园区内的服务中心、休闲度假区要加强电信基础设施建设，使游客能看有线电视、能上网、能收发传真。

园区利用试马镇邮电服务点，开展邮寄、报刊收发、传真及快件寄送等服务。

10.6 门楼、石碑、马雕塑

门楼、石碑及马雕塑是示范园区的标志。

门楼是上苍坊景区的标志，设置于荆家河主干道路，门楼以花岗石或者石灰岩石为材料，样式为传统古典门楼造型，格调古朴大方，题名为"上苍坊"。

石碑是示范园的标志，石材为花岗石，造型为直立式的石英晶体形状，反映地方特色、向上、现代的风采，下部为花岗石的基座，石碑安置于视觉通达的老 312 国道与新 312 国道交汇处，题名为"商南县现代农业产业示范园"。

马雕塑，依托试马镇的马文化进行设计，石材为天然石材，或者铜质，整体雕塑由马单体雕塑和刻有马文化传说的基座两部分组成，放置于观音堂与园区主干道的交汇处。

10.7 园区示范内容

示范园区以现代农业产业为核心，主要示范内容有三：一是陕南秦岭山地现代生态高效特色农业种植，二是与试马镇"三位一体"城镇化建设相结合，三是与现代生态农业产业相互渗透的休闲体验旅游相结合。

10.7.1 陕南秦岭山地现代生态高效特色农业种植示范

发展特色效益农业是建设现代农业产业示范园区的核心要义，是符合商南农业农村实际的现实选择，是促进农民长期稳定增收的有效途径。商南县试马现代农业产业示范园区以建设现代农业为主线，以发展特色效益农业为主题，结合试马镇特有的地貌、气候、生态资源和秦岭山地的实际情况，通过示范新技术、新的生产模式、新的产业发展模式和新的科技成果,探索一条以"一棚三茬"食用菌栽培、大棚蔬菜轮作高效栽培、南茶北种高效栽培、花卉自选采摘体验游和莲鱼立体生态养殖五大特色项目示范模式为主的陕南秦岭山地现代农业产业发展路径,摆脱一家一户小农生产的传统农业模式,改变传统的单一的农产品结构,推动特色农业规模化、全产业链发展,促进农民就业,增加农民收入,同时推进全县其他乡镇乃至商洛其他地区现代农业的发展。

(1)"一棚三茬"食用菌栽培模式

"一棚三茬"食用菌栽培模式是为了充分利用农业资源,降低食用菌生产成本,提高生产效益,减少浪费和污染的一种食用菌高效栽培模式,具体操作方法及效益简介如下:

第一茬:平菇、姬菇或白灵菇。以姬菇为例:7月中旬至8月底完成制种,9月上旬即可接种栽培,10月初出菇,采菇期可延续到第二年的3月底,其间共出4潮菇。

第二茬:鸡腿菇。8月份至10月底完成制种。保存菌种至第二年4月份。4月上旬,待上茬平菇或姬菇采收完后,将废料运至棚外暴晒2~3 d,粉碎,然后把废料与新料按4∶6的比例混合,装袋接种。利用第一茬废料,可以节约开支。发菌约需1个月时间。5月上旬菌丝发好后即可脱袋、覆土。5月中下旬开始采菇,6月底结束。其间可出3潮菇。

第三茬:草菇。4月初至5月底完成制种,7月初开始种植草菇。原料可采用60%的麦秸加40%的菌糠,掺入适量的过磷酸钙,可利用第二茬废料。原料配好后,铺于棚内畦间,厚度掌握在20 cm左右,然后接种。约10 d后出菇,本茬可收2潮菇。

(2)大棚蔬菜轮作高效栽培模式

轮作是指同一块地上有计划地按顺序轮种不同类型的作物和不同类型的复种形式称为轮作。轮作可均衡利用土壤中的营养元素,把用地和养地结合起来;改变农田生态条件,改善土壤理化特性,增加生物多样性,免除和减少某些连作所特有的病虫草的危害;同时还可以促进土壤中对病原物有拮抗作用的微生物的活动,从而抑制病原物的滋生。

(3)南茶北种高效栽培模式

南茶北种高效栽培模式是根据商南县试马镇的地形、土壤以及各种水文条件,将南方与之相似地区发芽率高、产量高、抗灾性强的茶叶品种引入示范园进行种植的一种模式。园区引进的白茶油茶品种多产于我国南方,气候属亚热带海洋性季风气候,年平均气温16.6 ℃,无霜期243 d,年降水量1 400 mm,年日照时数2 009 h。而商南县为浅山丘陵地貌,地形以低山、丘陵为主,属亚热带向暖温带过渡性大陆季风气候。四季分明,光照充分,雨量充沛,年平均气温14 ℃,多年平均降水量803.2 mm,日照1973.5 h,无霜期216 d。二者气候条件较为相似,通过商南地区的成功示范种植("秦油9号"、"秦油15号"和"秦油18号"),将极大推广白茶油茶品种的种植空间,带动商南茶业发展。

(4)林药结合种植模式

林药结合种植模式,就是依托园区的生态林地保育区,让生态保育区在发挥其环境保育作用的同时能够产生经济价值,与林地相结合进行中草药种植,引导农户退耕还林种植木本药材,增加效益。

(5)花卉自选采摘体验游模式

花卉自选采摘体验游模式,是让游客在观赏旅游的过程中,可以根据自己的喜好自行采摘鲜花,形成人在花中游、信手采自爱的体验游,可直接以不同花开期开展采摘活动。同时,大棚鲜花可以直接供应花店和婚庆公司,将其与更多的社会资源和旅游资源多元结合,形成一种"1＋N"模式,拉动了旅游消费。

(6) 莲鱼共养生态观光园模式

莲田养鱼是指在莲田里进行莲、鱼互补,这是一种"以莲为主,莲鱼结合,以鱼促莲"的综合经营方式。莲鱼共养具有美丽的莲花、动感十足的多彩鱼儿,是非常吸引游客的资源。因此,可在养鱼莲田之上叠加简明的空中游客步行道,使游客欣赏人、莲、鱼融为一体的美景。

(7) 规模化可持续型生态养猪模式

所谓生态养猪就是在不污染自然环境的前提下,以生产绿色猪肉产品为目标,尽量为猪提供良好的生活环境,使猪健康快速地成长,无污染、高效、新型的一种科学养猪方法。示范园以年出栏1万头生猪为目标,建立沼气池,对猪排泄物进行符合国家标准的处理,产生的沼液可以再次用于冲洗猪舍,沼渣经处理后形成有机肥料,用于种植,形成循环利用,实现零排放的理念。

同时,为使猪肉质量更加优美、瘦肉含量更高、受到社会欢迎,可采用动、静相结合的养殖思路。

静,即生猪在猪舍的养殖。动,即养殖场专门为猪建设干地运动场和用于跳水的水池,让猪加强运动,提高猪的瘦肉率,提高猪肉品质。

猪跳水:将饲养的育肥猪赶往高台进行跳水锻炼,通过游泳锻炼来提高猪的免疫力,增加猪的进食量和生长速度,提高猪肉的品质和口感。

10.7.2 与"三位一体"城镇化建设相结合

把现代农业产业示范园的建设与试马镇扶贫移民搬迁、小城镇建设紧密结合,形成"三位一体"处置化建设模式。园区的建设将为移民提供丰富的就业岗位,从而保障农民增收致富,促进移民搬迁工程的顺利进行;同时,园区的建设还将促进城镇基础设施(道路、桥梁、景观、绿化等)的建设,提升当地城镇化水平。最终目标是要将试马镇建成经济繁荣、布局合理、设施配套、功能健全、环境整洁、具有较强辐射能力的小城镇。

要切实带领农民致富,引导农户积极参与示范园区建设。园区的建设将直接促进试马镇荆家河、试马街、郭垭、红庙及观音堂5个村的农民和农户在现代农业产业化过程中得到实惠、增收致富。

农户致富可以通过以下方式和途径予以实现:

① 农户土地参股:农户将自己所承包土地以股份的形式流转给生产企业,在年终可以获得双方约定的利益和红利。

② 经营农家乐和经济林种植:示范园区内有试马河、试马水库、现代农业种植和养殖项目,自然风光秀丽,是现代农业休闲观光的理想之地。为了适应示范园区的发展,当地农户可以选择合适地段开办和经营农家乐,满足游客对农家、生态、原生态食品和饮食的需求;同时,在示范园区的周边可以种植经济林,例如樱桃等,使游客在观赏的同时进行采摘,增加收入。

③ 鼓励家庭农场式的新型合作社:随着示范园区基础设施建设的持续改善,试马镇农村经济发展环境不断优化,准入门槛不断放宽,加之在政府融资办企业的指导下,可整合和吸收当地农户民间资本,鼓励农户在条件成熟后联合经营示范园区的现代农业产业项目,形成规模化、合作化的市场效应,实现真正的传统农业向农业产业化的过渡,走现代家庭农场的发展之路。

④ 农民向农业工人角色转换：在示范园区的建设过程中，不断培育和支持龙头企业的形成，壮大新型经营主体，拉动农业产业化，推进现代农业的工业化，最终创造就业岗位和机会，吸纳当地农民富余劳动力，在技术培训后，让他们走进企业，实现产业工人的角色转换，实行计时工资，或者月工资的方式，让农民获得工业式劳动力的收入和福利。

10.7.3 与现代生态农业产业相互渗透的休闲体验旅游相结合

与现代生态农业的种养加产业链相互渗透的休闲体验旅游，是一种以农业和农村为载体的新型生态旅游业。近年来，伴随全球农业的产业化发展，人们发现，现代农业不仅具有生产性功能，还具有改善生态环境质量、为人们提供农家体验、休闲旅游的功能。

试马镇属于山地丘陵地带，片区内山清水秀，雨量充沛，生态纯净天然。在此条件下，园区发展与现代生态农业相结合的休闲体验旅游具有得天独厚的优势。园区以现代农业产业为大背景，改善生态环境，维护和美化农业与农村自然景观风貌，吸引游客旅游。在生态种植方面，规划在白茶种植园和油茶种植园中根据地形地势将生产道路设计成休闲体验旅游道路，同时在合适山坡地点设计引景点，吸引游客；在莲鱼共养观光园修建空中旅游廊道等旅游设施，使原本只具有渔业生产功能的项目，同时具备旅游的功能；在生态养殖方面，可开展例如猪跳水等一系列的活动和项目，增强旅游的趣味性。园区还可以将深加工环节以面向生产和旅游参观双重功能进行设计，对游客进行开放，使其成为园区的一项创新模式。

10.8　示范园产业链结构

种-养-加-游-体化产业链：为降低市场风险，稳定产品结构，示范园区对产业链进行延伸，以种（现代种植）、养（生态养殖）、加（农产品深加工）、游（与现代农业相互渗透的休闲观光游）一体化模式为特色，创造高效、绿色、环保、安全、循环的示范园，种—养—加的各产业合理布局上，既保证现代农业产业的生产活动，又着眼于现代生态农业产业休闲体验旅游的要求，形成产业生产与旅游相互渗透的特点，实现示范园区的健康可持续发展。

10.8.1 生态种植示范产业链

示范园区生态种植项目主要有大棚蔬菜、食用菌、茶叶、花卉、中草药、莲鱼等。产业链发展可以划分为两个阶段：其一是绿色无公害农产品生态示范种植产业链，其二是绿色无公害农产品生态示范加工链延伸。

绿色无公害农产品生态示范种植，以基本的种植农产品生产链为主体，实施按季度性需求和自然条件变化进行不同农产品的生产。

绿色无公害农产品生态示范加工链延伸，按照循序渐进的方式进行农产品的深加工，主要应集中在茶叶、食用菌、中草药、花卉四者的深加工产业链的延伸。茶叶产业，形成栽培、采摘、加工、休闲观光一体化的产业模式；在茶叶产业链上，注重加工链的延伸，开发产品有茶化妆品、茶食品、茶医药；在开发过程中，要以中国茶文化为线索，使文化、产品、观光有机结合。食用菌深加工包括脱水烘干加工，制成食用菌的干货产品、罐头腌制产品加工、调味品加工、方便食品加工、保健食品加工，成品药及化妆美容成品深加工等，具体深加工的产品选定要充分考虑技术、市场和资源的条件。花卉业的深加工，包括干花产品、花卉精油萃取深加工，以及花食品等产品。

（1）食用菌产业链

设备原料供应—菌种生产—食用菌栽培—食用菌加工—食用菌储运—食用菌销售。

食用菌深加工：

食用菌产品除了以往的脱水烘干制品、罐头制品、腌制品外，已开发了速冻制品、真空包装制品、饮料、调味品（香菇方便汤料、金针菇精、蘑菇酱油等）、方便食品（蘑菇泡菜、香菇脯、冰花银耳、茯苓糕、平菇什锦菜、食用菌蜜饯等）、保健品（虫草冲剂、灰树花保健胶囊、灵芝保健酒等）、药品（云芝糖肽，香菇多糖的针剂、片剂等）。食用菌产品已进入精深加工的产业化阶段。

（2）蔬菜产业链

蔬菜种植（种子种苗业、有机肥业、温室蔬菜）—蔬菜加工（保鲜蔬菜加工、净菜加工、休闲食品深加工）—蔬菜产品流通（传统菜市场、超市、上门送菜）。

蔬菜深加工：

脱水蔬菜。这种蔬菜加工方法是通过干燥技术处理使蔬菜体积大大缩小，保存十分方便，加工时通常采用冷冻干燥法，先将蔬菜洗净处理，再将其冷冻，而后移放于较高温度的真空干燥条件下，使冰迅速化为水汽而蒸发掉。

速冻蔬菜。将洗净整理的蔬菜，经烫漂处理后，放入−15～−18 ℃环境中，经较短时间和极快的速度使之冰化，使之在低温条件下较好地保持原菜的色香味和各种有效营养成分。

洁净蔬菜。这种蔬菜加工方法是将收获的新鲜蔬菜经初加工，剔除残根、老叶、虫伤株，再洗净包装成干净的新鲜蔬菜上市销售。此菜的特点是新鲜洁净，消费者购买后可以直接加工食用，十分方便。

菜汁饮料。这是一种新型纯天然保健饮料。加工方法是先将蔬菜洗净，通过研磨粉碎获取 70%～80%悬胶状蔬菜原汁，它能保持蔬菜原有的风味和营养，其特点是口感好、风味独特。

（3）花卉产业链

花卉种植（球根贮藏、品质检验、繁育选优、制种）—花卉加工（花卉保鲜、干花加工、花卉产品深加工）—花卉产品流通（花店、超市）。

花卉产品深加工：

鲜切花。鲜切花又称切花，是指从活体植株上切取的，具有观赏价值，用于制作花篮、花束、花环、花圈、瓶插花、壁花，以及胸饰花等花卉装饰的茎、叶、花、果等植物材料。

干花。干花即利用干燥剂等使鲜花迅速脱水而制成的花。这种花可以较长时间保持鲜花原有的色泽和形态。

花卉食品。花卉，除了直接具有美容养颜的功效外，也具有优化调节肌体功能、增强免疫力、延缓衰老等效果，可利用花卉开发食品，如花茶。

花卉精油。花卉内含保湿因子，能迅速唤醒肌肤的生机，利用丰富的天然花卉微量元素生产花卉精油，用于人体皮肤的护理。

（4）白茶产业链

白茶种植（茶苗培育、有机肥业）—产业加工（普通白茶、速溶白茶）—白茶产品流通（超市、商店）。

白茶产品深加工：

速溶白茶。速溶白茶是将茶叶中提取的水可溶物进行转化和转溶，增进速溶茶的色、香、味，然后进行干燥，使之成为一种速溶的固体饮料。

微胶囊白茶。微胶囊技术又称微胶囊包埋技术，或微胶囊造粒技术，就是将固体、液体和气体物质包埋在一个微型胶囊内，使之成为一种固体微粒的技术。

（5）油茶产业链

油茶种植（茶苗培育、有机肥业）—产业加工（普通油茶、速溶白茶）—油茶产品流通（超市、商店）。

油茶产品深加工：

油茶是一种综合利用价值极高的经济树种，主要产品为茶油，副产品包括茶枯和茶壳。茶枯经深加工可提取残油、皂素，可用于生产饲料、制作抛光粉和有机肥；茶壳经提取可用于制糠醛、木糖醇、栲胶、活性炭和培养基等。

10.8.2　生态养殖示范产业链

生态养殖示范项目主要包括生态养猪、生态养鸡项目，与此相伴的有沼气环保项目。该项目的产业链可以划分为两个阶段：其一是近期的养—沼—种产业链，其二是远期的蛋禽肉深加工产业链延伸。

近期的养—沼—种产业链，是生态养殖的初级产业链。该产业链通过在养殖过程中对动物产生的排泄物进行分离、收集，生产沼气、沼液和沼渣，处理后的沼液再次利用，冲洗圈舍，沼渣经过分类处理形成不同用途的有机肥料，使用于田地，形成环保零排放的循环式生产模式。沼气还可以输送到用户端，作为燃料，节省煤炭和电，形成第二个产业链。

远期的蛋禽肉深加工产业链延伸，是在规模化养殖的前提下，或与当地其他养殖企业联合，进行蛋禽肉的深加工产业链延伸，主要包括猪肉深加工产品和鸡肉深加工产品。具体产品有冷冻肉、分割肉、肉制品、熟食品和旅游食品。

（1）养猪产业链

种猪—饲料生产—基地养殖—屠宰—保鲜、储存—加工。

猪肉深加工：

冷冻肉、分割肉、肉制品、熟食品和旅游食品。

（2）养鸡产业链

雏鸡—饲料—基地养殖—屠宰—深加工—循环利用（有机肥生产）。

鸡肉深加工：

鸡肉深加工产品主要有三大类：一类是去头去内脏的"西装鸡"；第二类是分割鸡，即鸡腿、鸡翅、鸡脯、鸡爪等，分别包装计价，供应超市、炸鸡店等；第三类是深加工鸡，主要是一些传统的加工产品（如烧鸡等）和西式快餐。

10.9　投资估算与分期建设

10.9.1　投资估算

估算项目主要包括试马镇综合服务中心、生态种植示范板块、生态养殖示范板块、现代生态农业休闲体验旅游板块、基础设施板块和规划设计版块等共计1个中心、5个板块、48个项目。按照国家现行投资概算的有关标准和市场状况，对本规划建设项目投资进行估算。商南县试马现代农业产业示范园区建设项目总投资为50 297.25万元（表10-4）。

表 10-4 示范园区建设项目总投资估算表

板块	项目		规模	单价	合计/万元	资金来源
试马镇综合 服务中心	农产品交易中心		12 000 m²	2 000 元/m²	2 400	政府扶持 招商引资
	停车场		12 000 m²	2 000 元/m²	2 400	
	汽车站		1 处	20 万元/处	20	
	储藏区		6 000 m²	3 000 元/m²	1 800	
	客户服务大楼		3 000 m²	3 000 元/m²	900	
生态种植 示范板块	设施蔬菜种植基地		50 000 m²（大棚）	850 元/m²	4 250	政府扶持 招商引资
	食用菌种植基地		20 000 m²（大棚）	924 元/m²	1 048	
	生态餐厅		5 000 m²	4 000 元/m²	2 000	
	工厂化育苗馆		10 000 m²	1 500 元/m²	1 500	
	梦幻花卉馆		10 000 m²	1 500 元/m²	1 500	
	现代农业创意馆		10 000 m²	1 500 元/m²	1 500	
	白茶种植园		1 100 亩	1.8 万元/亩	1 980	
	油茶种植园		5 000 亩	1.35 万元/亩	1 080	
	品茗楼		800 m²	5 000 元/m²	400	
	茶叶加工厂				1 200	
	油茶加工厂				1 600	
	立体鱼池		100 000 m²	550 元/m²	5 500	
	莲鱼共养生态观光园					
	神农百草园		200 亩	30 000 元/亩	600	
生态养殖 示范板块	生态养猪场		15 舍	15 万元/舍	225	
	生态肉鸡养殖场				630	
	种鸡孵化场					
	生态散养鸡基地					
现代生态 农业休闲 体验旅游板块	上苍竹苑		3 000 m²	4 500 元/m²	1 350	
	茶园休闲体验旅游设施				1 500	
	莲鱼共养生态 观光园旅游设施				800	
	荆家河农家乐				300	
基础设施板块	道路	迎宾大道	0.35 km	105 万元/km	36.75	政府投资
		主干道	7.5 km	85 万元/km	637.5	
		滨河观光道	6.5 km	75 万元/km	487.5	
		环线道	4.5 km	75 万元/km	337.5	
	绿化工程				2 000	
	给水工程		11 km	30 万元/km	330	
	排污工程		5 km	30 万元/km	150	
	沼气处理厂		1 处	1 500 万元/处	1 500	

板块	项目		规模	单价	合计/万元	资金来源
基础设施板块	生态式污水处理场		2 处	400 万元/处	1 600	政府投资
	电力与电信工程				800	
	亮化工程		500 个灯	0.95 万元/灯	475	
	河道疏通工程		7.5 km	20 万元/km	150	
	河道水面水坝群工程		8 座	60 万元/座	480	
	河道堤坝工程		12 km	35 万元/km	420	
	桥梁工程	新修桥	5 座	500 万元/座	2 500	
		加宽扩建桥	2 座	120 万元/座	240	
		美化桥	6 座	60 万元/座	360	
	环境治理工程	垃圾收集站	7 处	30 万元/处	210	
		垃圾转运车	2 辆	60 万元/座	120	
	门楼、石碑、马雕塑				700	
规划设计板块	总体规划、详细规划、施工图设计				280	
总计/万元			50 297.25			

10.9.2　资金筹措

示范园区建设项目投资大,建设周期长,需要多渠道筹集项目建设资金。为了使示范园区建设获得足够的资金支持,要以政府扶持为导向,发挥财政资金的乘数效应,招商引资为主体,引导金融机构增加信贷资金投放,鼓励农民、企业和其他社会力量投入。凡是以农业基础设施、农业科研、试验示范、社会性为主的项目,应以政府扶持投资为主;凡是生态种植、生态养殖、农产品加工等项目以企业投入为主,向社会招商筹集资金。

(1) 政府财政专项扶持资金

本规划重点项目建设可紧紧抓住国家扩大内需、省级新农村建设、加大西部开发和帮扶革命老区等一系列发展机遇,申请中央、省、市等专项资金投入,并随当地经济发展适度增加重点项目资金投入。

(2) 政府项目扶持资金

整合中央、省、市项目扶持资金,包括现代农业产业基地建设专项资金、土地整理资金、农业综合开发项目、农田水利项目、农村公路建设项目等配套资金。

(3) 招商引资及其他资金

整合社会资金,招商引资,包括农业产业化龙头企业、金融机构、社会团体、专合组织、农户投入等资金。

10.9.3　项目投融资与对口扶持方向分析

项目运行坚持"政府指导、企业主导、市场化运行、农民参与"的模式。政府以做好示范园区基础设施建设和扶持政策性支持申报为主,创造企业入驻和生产良好条件的创造;企业以进行项目建设、投资、产品宣传、营销、科技帮扶农户为核心;农户支持和参与政府示范园区引导和企业生产建设活动,积极参与企业的管理、技术培训和生产过程,尽快适应农业工人身份的转换,实现示范园区和农民真正的增效和增收。

示范园区建设和运行是一个长期性的过程,需要大量资金的投入。为了使示范园区健康和谐、可持续地发展,对具体项目可能的投融资与对口扶持方向列表分析如下(表 10-5)。

表 10-5　　　　　　　　　　　　示范园项目投融资与对口扶持方向分析表

国家部委	农业部	◆示范园区建设整体打包申请农业部"农业科技跨越计划"、"科技兴农和可持续综合示范工程"等扶持财政资助; ◆示范园区内标准化生猪养殖项目打包申请农业部"生猪大县奖励"扶持财政资助; ◆示范园区的节水灌溉项目打包申请农业部"节水农业示范基础工程"扶持财政资助; ◆示范园的沼气项目打包申请"农村沼气建设"扶持财政资助; ◆示范园区生态大棚蔬菜种植、油茶和白茶项目打包申报"菜篮子产品标准化生产"扶持财政资助
	国家发改委	◆对示范园区建设整体打包申请国家发改委"现代农业高技术示范工程"扶持财政资助
	财政部	◆示范园区建设整体申请中央财政现代农业生产发展资金资助; ◆示范园区的良种农作物申请中央财政农作物良种补贴; ◆示范园区的农业科技推广和服务体系申请财政部支持农业技术推广、农业科技成果转化、高产创建、基层农业技术推广体系改革与建设示范、农民培训、农民专业合作组织发展资金资助; ◆示范园区的良种培育申请"现代种业发展基金"资助
	科技部	◆示范园区的农业科技推广示范申请农业科技成果转化资金资助
	国家林业局	◆示范园区的油茶白茶种植项目申请国家林业局现代林业发展资金资助
省市支持		◆示范园区建设整体申请陕西省农业综合开发资金资助; ◆示范园区建设整体打包申请省农业方面"现代农业示范园区建设"扶持财政资助; ◆示范园区电网项目打包申请"农村电网改造"扶持财政资助; ◆示范园区试马河整理项目打包申请水利、环保方面的"防洪、河道治理"扶持财政资助; ◆示范园区道路建设项目打包申请交通方面的"农村道路建设"扶持财政资助; ◆示范园区 5 个村的农业特色产品打包申报农业方面"一村一品"扶持财政资助; ◆示范园区专业合作社打包申请"专业合作建设"扶持财政资助

10.9.4　分期建设规划

本规划实施期限为 7 年(2013~2020 年),具体分 4 个阶段实施(表 10-6)。

第一阶段为 2013~2014 年(基础设施)。

该阶段按照超前规划引导、区域功能清晰、产业布局合理、交通便捷通畅、配套设施完善的原则,遵循"论证、科研、设计、招商四位并举"的工作思路,完成园区总体规划、控制性详规、重点产业园建设性详规和产业发展规划,完成综合服务中心、道路、堤坝、绿化、亮化及其配套基础设施建设。

第二阶段为 2015~2016 年(生态养殖＋生态种植)。

创新体制和机制,吸引强势企业入驻园区,完成设施蔬菜种植示范区和生态养殖示范区的建设,提升园区档次,实现农业新技术创新、展示、示范、推广、创效等各项功能;同时着力提升园区周边环境,增强园区承载能力。

第三阶段为 2017~2018 年(现代农业休闲旅游)。

围绕商南一心五区旅游格局的构想,紧紧抓住上苍坊景区的发展机遇,全面推进园区现代农业休闲旅游的发展,争取与上苍坊景区联动发展,将园区打造成商南第二休闲旅游目的地。建设示范园区与现代农业产业相互渗透的旅游项目,具体包括试马水库区的接待酒店、农家乐、白茶油茶园的旅游道路、引景点、莲鱼共养空中观光道等项目建设。在示范园旅游发展成熟之后,可以考虑进行试马水库的镇河塔、南泥湖渔家乐、农家客栈等旅游项目建设。

第四阶段为 2019～2020 年(现代农业产业深加工)。

在全面推进示范园建设后,该阶段主要进行现代农业产业的农产品的深加工项目建设,提高农产品的附加值,降低市场风险,完善产业链体系,全面发挥现代农业产业示范园区的示范和推广作用。

表 10-6 示范园区项目建设进度表

板块	建设项目	建设阶段			
		第一阶段	第二阶段	第三阶段	第四阶段
试马镇综合服务中心	农产品交易中心	■	■		
	停车场	■	■		
	汽车站		■		
	储藏区		■		
	客户服务大楼	■			
生态种植示范板块	设施蔬菜种植基地		■	■	
	食用菌种植基地		■	■	
	生态餐厅		■	■	
	工厂化育苗馆		■	■	
	梦幻花卉馆		■	■	
	现代农业创意馆		■	■	
	白茶种植园	■	■		
	油茶种植园	■	■		
	品茗楼		■	■	
	茶叶加工厂				■
	油茶加工厂			■	■
	立体鱼池	■			
	莲鱼共养生态观光园			■	
	神农百草园			■	
生态养殖示范板块	生态养猪场	■	■		
	生态肉鸡养殖场	■	■		
	种鸡孵化场	■	■		
	生态散养鸡基地	■			
现代生态农业休闲体验旅游板块	上苍竹苑			■	■
	茶园休闲体验旅游设施			■	
	莲鱼共养生态观光园旅游设施			■	
	荆家河农家乐				

板块	建设项目		建设阶段			
			第一阶段	第二阶段	第三阶段	第四阶段
基础设施板块	道路	迎宾大道	■			
		主干道	■			
		滨河观光道	■			
		环线道	■			
	绿化工程		■			
	给水工程		■			
	排污工程		■			
	沼气处理厂		■	■		
	生态式污水处理场			■	■	
	电力与电信工程		■	■		
	亮化工程		■			
	河道疏通工程		■			
	河道水面水坝群工程		■			
	河道堤坝工程		■			
	桥梁工程	新修桥	■			
		加宽扩建桥	■			
		美化桥	■			
	环境治理工程	垃圾收集站	■	■		
		垃圾转运车	■			
	门楼、石碑、马雕塑		■	■		

思 考 题

1. 简述开展现代农业产业的基本条件。
2. 简述陕西省开展现代农业产业的现状。
3. 简述秦巴山地发展现代农业产业的必要性。
4. 简述我国对发展现代农业产业的主要政策和方针。
5. 简述商南试马自然地理条件特征。
6. 简述试马现代农业产业示范园总体结构。
7. 简述认识和降低发展现代农业产业成本问题。
8. 简述示范园的示范领域及其作用。

第五篇　环境影响与评价

　　人类在获得丰富物质、享受现代生活条件的同时,伴随有严重雾霾、水土流失、河流断流、滑坡泥石流等灾害的频发,造成严重的自然环境污染,直接危害着人类的健康和社会发展。要改变这种环境破坏的现状、保护生态环境,就必须加强对建设项目的环境影响评价,寻找治理措施。本模块主要介绍环境影响评价类型、评价影响因素和过程等基本理论,并具体介绍了煤矿矿山建设项目自然地理环境分析及环境影响评价等内容。

11 环境影响及其评价

11.1 相 关 概 念

环境影响是指人类活动(经济活动、政治活动和社会活动)对环境的作用和导致的环境变化以及由此引起的对人类社会和经济的效应。按影响的来源分,环境影响可分为直接影响、间接影响和累积影响。按影响的效果分,环境影响可分为有利影响和不利影响。按影响的性质分,环境影响可分为可恢复影响和不可恢复影响。另外,环境影响还可分为短期影响和长期影响,地方、区域影响或国家和全球影响,建设阶段影响和运行阶段影响等。

环境影响评价,是指对规划和建设项目实施后可能造成的环境影响进行分析、预测和评估,提出预防或者减轻不良影响的对策和措施,进行跟踪监测的方法与制度。环境影响评价包括规划的环境影响评价、建设项目的环境影响评价。

规划的环境影响评价是指根据国家及地方环境保护法律、法规、部门规章以及标准、技术规范的规定及要求,国务院有关部门、设区的市级以上地方人民政府及其有关部门,对其组织编制的土地利用的有关规划,区域、流域、海域的建设、开发利用规划,以及工业、农业、畜牧业、林业、能源、水利、交通、城市建设、旅游、自然资源开发的有关专项规划的环境影响评价。

建设项目的环境影响评价:根据国家及地方环境保护法律、法规、部门规章以及标准、技术规范的规定及要求,环境影响技术评估机构综合分析建设项目实施后可能造成的环境影响,对建设项目实施的环境可行性及环境影响评价文件进行客观、公开、公正的技术评估,为环境保护行政主管部门决策提供科学依据而进行的活动。

11.2 规划的环境影响评价

11.2.1 评价目的

通过评价,提供规划决策所需的资源与环境信息,识别制约规划实施的主要资源(如土地资源、水资源、能源、矿产资源、旅游资源、生物资源、景观资源和海洋资源等)和环境要素(如水环境、大气环境、土壤环境、海洋环境、声环境和生态环境),确定环境目标,构建评价指标体系,分析、预测与评价规划实施可能对区域、流域、海域生态系统产生的整体影响,对环境和人群健康产生的长远影响,论证规划方案的环境合理性和对可持续发展的影响,论证规划实施后环境目标和指标的可达性,形成规划优化调整建议,提出环境保护对策、措施和跟踪评价方案,协调规划实施的经济效益、社会效益与环境效益之间以及当前利益与长远利益之间的关系,为规划和环境管理提供决策依据。

11.2.2　评价范围

按照规划实施的时间跨度和可能影响的空间尺度确定评价范围。

评价范围在时间跨度上,一般应包括整个规划周期。对于中、长期规划,可以规划的近期为评价的重点时段;必要时,也可根据规划方案的建设时序选择评价的重点时段。

评价范围在空间跨度上,一般应包括规划区域、规划实施影响的周边地域,特别应将规划实施可能影响的环境敏感区、重点生态功能区等重要区域整体纳入评价范围。

确定规划环境影响评价的空间范围一般应同时考虑 3 个方面的因素,一是规划的环境影响可能达到的地域范围;二是自然地理单元、气候单元、水文单元、生态单元等的完整性;三是行政边界或已有的管理区界(如自然保护区界、饮用水水源保护区界等)。

11.2.3　评价工作流程

在规划纲要编制阶段,通过对规划可能涉及内容的分析,收集与规划相关的法律、法规、环境政策和产业政策,对规划区域进行现场踏勘,收集有关基础数据,初步调查环境敏感区域的有关情况,识别规划实施的主要环境影响,分析提出规划实施的资源和环境制约因素,反馈给规划编制机关;同时确定规划环境影响评价方案。

在规划的研究阶段,评价可随着规划的不断深入,及时对不同规划方案实施的资源、环境、生态影响进行分析、预测和评估,综合论证不同规划方案的合理性,提出优化调整建议,反馈给规划编制机关,供其在不同规划方案的比选中参考与利用。

在规划的编制阶段:首先,应针对环境影响评价推荐的环境可行的规划方案,从战略和政策层面提出环境影响减缓措施。如果规划未采纳环境影响评价推荐的方案,还应重点对规划方案提出必要的优化调整建议。编制环境影响跟踪评价方案,提出环境管理要求,反馈给规划编制机关。其次,如果规划选择的方案资源环境无法承载、可能造成重大不良环境影响且无法提出切实可行的预防或减轻对策和措施,以及对可能产生的不良环境影响的程度或范围尚无法做出科学判断时,应提出放弃规划方案的建议,反馈给规划编制机关。

在规划上报审批前,应完成规划环境影响报告书(规划环境影响篇章或说明)的编写与审查,并提交给规划编制机关。

11.2.4　评价原则

全程互动:评价应在规划纲要编制阶段(或规划启动阶段)介入,并与规划方案的研究和规划的编制、修改、完善全过程互动。

一致性:评价的重点内容和专题设置应与规划对环境影响的性质、程度和范围相一致,应与规划涉及领域和区域的环境管理要求相适应。

整体性:评价应统筹考虑各种资源与环境要素及其相互关系,重点分析规划实施对生态系统产生的整体影响和综合效应。

层次性:评价的内容与深度应充分考虑规划的属性和层级,并依据不同属性、不同层级规划的决策需求,提出相应的宏观决策建议以及具体的环境管理要求。

科学性:评价选择的基础资料和数据应真实、有代表性,选择的评价方法应简单、适用,评价的结论应科学、可信。

11.2.5　规划分析

(1)基本要求

规划分析应包括规划概述、规划的协调性分析和不确定性分析等。通过对多个规划方案具体内容的解析和初步评估,从规划与资源节约、环境保护等各项要求相协调的角度,筛选出备选的规划方案,并对其进行不确定性分析,给出可能导致环境影响预测结果和评价结论发生变化的不同情景,为后续的环境影响分析、预测与评价提供基础。

(2) 规划概述

简要介绍规划编制的背景和定位,梳理并详细说明规划的空间范围和空间布局,规划的近期和中远期目标、发展规模、结构(如产业结构、能源结构、资源利用结构等)、建设时序、配套设施安排等可能对环境造成影响的规划内容,介绍规划的环保设施建设以及生态保护等内容。如规划包含具体建设项目时,应明确其建设性质、内容、规模、地点等。其中,规划的范围、布局等应给出相应的图、表。

分析给出规划实施所依托的资源与环境条件。

(3) 规划协调性分析

分析规划在所属规划体系(如土地利用规划体系、流域规划体系、城乡规划体系等)中的位置,给出规划的层级(如国家级、省级、市级或县级)、规划的功能属性(如综合性规划、专项规划、专项规划中的指导性规划)、规划的时间属性(如首轮规划、调整规划;短期规划、中期规划、长期规划)。

筛选出与本规划相关的主要环境保护法律法规、环境经济与技术政策、资源利用和产业政策,并分析本规划与相关要求的符合性。筛选时应充分考虑相关政策、法规的效力和时效性。

分析规划目标、规模、布局等各规划要素与上层位规划的符合性,重点分析规划之间在资源保护与利用、环境保护、生态保护要求等方面的冲突和矛盾。

分析规划与国家级、省级主体功能区规划在功能定位、开发原则和环境政策要求等方面的符合性。通过叠图等方法详细对比规划布局与区域主体功能区规划、生态功能区划、环境功能区划和环境敏感区之间的关系,分析规划在空间准入方面的符合性。

筛选出在评价范围内与本规划所依托的资源和环境条件相同的同层位规划,并在考虑累积环境影响的基础上,逐项分析规划要素与同层位规划在环境目标、资源利用、环境容量与承载力等方面的一致性和协调性,重点分析规划与同层位的环境保护、生态建设、资源保护与利用等规划之间的冲突和矛盾。

分析规划方案的规模、布局、结构、建设时序等与规划发展目标、定位的协调性。

通过上述协调性分析,从多个规划方案中筛选出与各项要求较为协调的规划方案作为备选方案,或综合规划协调性分析结果,提出与环保法规、各项要求相符合的规划调整方案作为备选方案。

(4) 规划的不确定性分析

规划的不确定性分析主要包括规划基础条件的不确定性分析、规划具体方案的不确定性分析及规划不确定性的应对分析 3 个方面。

规划基础条件的不确定性分析:重点分析规划实施所依托的资源、环境条件可能发生的变化,如水资源分配方案、土地资源使用方案、污染物排放总量分配方案等,论证规划各项内容顺利实施的可能性与必要条件,分析规划方案可能发生的变化或调整情况。

规划具体方案的不确定性分析:从准确有效预测、评价规划实施的环境影响的角度,分析规划方案中需要具备但没有具备、应该明确但没有明确的内容,分析规划产业结构、规模、布局及建设时序等方面可能存在的变化情况。

规划不确定性的应对分析:针对规划基础条件、具体方案两方面不确定性的分析结果,筛选可能出现的各种情况,设置针对规划环境影响预测的多个情景,分析和预测不同情景下的环境影响程度和环境目标的可达性,为推荐环境可行的规划方案提供依据。

（5）规划分析的方式和方法

规划分析的方式和方法主要有:核查表、叠图分析、矩阵分析、专家咨询(如智暴法、德尔斐法等)、情景分析、博弈论、类比分析、系统分析等。

11.2.6　现状调查与评价

（1）基本要求

通过调查与评价,掌握评价范围内主要资源的赋存和利用状况,评价生态状况、环境质量的总体水平和变化趋势,辨析制约规划实施的主要资源和环境要素。

现状调查与评价一般包括自然环境状况、社会经济概况、资源赋存与利用状况、环境质量和生态状况等内容。实际工作中应遵循以点带面、点面结合、突出重点的原则。

现状调查可充分收集和利用已有的历史(一般为一个规划周期,或更长时间段)和现状资料。资料应能够反映整个评价区域的社会、经济和生态环境的特征,能够说明各项调查内容的现状和发展趋势,并注明资料的来源及有效性;对于收集采用的环境监测数据,应给出监测点位分布图、监测时段及监测频次等,说明采用数据的代表性。当评价范围内有需要特别保护的环境敏感区时,需有专项调查资料。当已有资料不能满足评价要求,特别是需要评价规划方案中包含的具体建设项目的环境影响时,应进行补充调查和现状监测。

（2）现状调查内容

自然地理状况调查内容主要包括地形地貌,河流、湖泊(水库)、海湾的水文状况,环境水文地质状况,气候与气象特征等。

社会经济概况调查内容一般包括评价范围内的人口规模、分布、结构(包括性别、年龄等)和增长状况,人群健康(包括地方病等)状况,农业与耕地(含人均),经济规模与增长率、人均收入水平,交通运输结构、空间布局及运量情况等。重点关注评价区域的产业结构、主导产业及其布局、重大基础设施布局及建设情况等,并附相应图件。

环保基础设施建设及运行情况调查内容一般包括评价范围内的污水处理设施规模、分布、处理能力和处理工艺,以及服务范围和服务年限;清洁能源利用及大气污染综合治理情况;区域噪声污染控制情况;固体废物处理与处置方式及危险废物安全处置情况(包括规模、分布、处理能力、处理工艺、服务范围和服务年限等);现有生态保护工程建设及实施效果;已发生的环境风险事故情况等。

资源赋存与利用状况调查一般包括评价范围内的以下内容:

① 主要用地类型、面积及其分布、利用状况,区域水土流失现状,并附土地利用现状图。

② 水资源总量、时空分布及开发利用强度(包括地表水和地下水),饮用水水源保护区分布、保护范围,其他水资源利用状况(如海水、雨水、污水及中水)等,并附有关的水系图及水文地质相关图件或说明。

③ 能源生产和消费总量、结构及弹性系数,能源利用效率等情况。

④ 矿产资源类型与储量、生产和消费总量、资源利用效率等,并附矿产资源分布图。

⑤ 旅游资源和景观资源的地理位置、范围和主要保护对象、保护要求,开发利用状况

等，并附相关图件。

⑥ 海域面积及其利用状况，岸线资源及其利用状况，并附相关图件。

⑦ 重要生物资源（如林地资源、草地资源、渔业资源）和其他对区域经济社会有重要意义的资源的地理位置、范围及其开发利用状况，并附相关图件。

环境质量与生态状况调查一般包括评价范围内的以下内容：

① 水（包括地表水和地下水）功能区划、海洋功能区划、近岸海域环境功能区划、保护目标及各功能区水质达标情况，主要水污染因子和特征污染因子、主要水污染物排放总量及其控制目标、地表水控制断面位置及达标情况、主要水污染源分布和污染贡献率（包括工业、农业和生活污染源）、单位国内生产总值废水及主要水污染物排放量，并附水功能区划图、控制断面位置图、海洋功能区划图、近岸海域环境功能区划图、主要水污染源排放口分布图和现状监测点位图。

② 大气环境功能区划、保护目标及各功能区环境空气质量达标情况、主要大气污染因子和特征污染因子、主要大气污染物排放总量及其控制目标、主要大气污染源分布和污染贡献率（包括工业、农业和生活污染源）、单位国内生产总值主要大气污染物排放量，并附大气环境功能区划图、重点污染源分布图和现状监测点位图。

③ 声环境功能区划、保护目标及各功能区声环境质量达标情况，并附声环境功能区划图和现状监测点位图。

④ 主要土壤类型及其分布，土壤肥力与使用情况，土壤污染的主要来源，土壤环境质量现状，并附土壤类型分布图。

⑤ 生态系统的类型（森林、草原、荒漠、冻原、湿地、水域、海洋、农田、城镇等）及其结构、功能和过程，植物区系与主要植被类型，特有、狭域、珍稀、濒危野生动植物的种类、分布和生境状况，生态功能区划与保护目标要求，生态管控红线等，主要生态问题的类型、成因、空间分布、发生特点等，附生态功能区划图、重点生态功能区划图及野生动植物分布图等。

⑥ 固体废物（一般工业固体废物、一般农业固体废物、危险废物、生活垃圾）产生量及单位国内生产总值固体废物产生量，危险废物的产生量、产生源分布等。

⑦ 调查环境敏感区的类型、分布、范围、敏感性（或保护级别）、主要保护对象及相关环境保护要求等，并附相关图件。

（3）现状分析与评价

资源利用现状评价：根据评价范围内各类资源的供需状况和利用效率等，分析区域资源利用和保护中存在的问题。

环境与生态现状评价：

① 按照环境功能区划的要求，评价区域水环境质量、大气环境质量、土壤环境质量、声环境质量现状和变化趋势，分析影响其质量的主要污染因子和特征污染因子及其来源；评价区域环保设施的建设与运营情况，分析区域水环境（包括地表水、地下水、海水）保护、主要环境敏感区保护、固体废物处置等方面存在的问题及原因，以及目前需解决的主要环境问题。

② 根据生态功能区划的要求，评价区域生态系统的组成、结构与功能状况，分析生态系统面临的压力和存在的问题、生态系统的变化趋势和变化的主要原因。评价生态系统的完整性和敏感性。当评价区面积较大且生态系统状况差异也较大时，应进行生态环境敏感性分级、分区，并附相应的图表。当评价区域涉及受保护的敏感物种时，应分析该敏感物种的

生态学特征。当评价区域涉及生态敏感区时,应分析其生态现状、保护现状和存在的问题等。要明确当前区域生态保护和建设方面存在的主要问题。

③ 分析评价区域已发生的环境风险事故的类型、原因及造成的环境危害和损失,分析区域环境风险防范方面存在的问题。

④ 分性别、年龄段分析评价区域的人群健康状况和存在的问题。

主要行业经济和污染贡献率分析:

分析评价区域主要行业的经济贡献率、资源消耗率(该行业的资源消耗量占资源消耗总量之比)和污染贡献率(该行业的污染物排放量占污染物排放总量之比),并与国内先进水平、国际先进水平进行对比分析,评价区域主要行业的资源、环境效益水平。

环境影响回顾性评价:

结合区域发展的历史或上一轮规划的实施情况,对区域生态系统的变化趋势和环境质量的变化情况进行分析与评价,重点分析评价区域存在的主要生态、环境问题和人群健康状况与现有的开发模式、规划布局、产业结构、产业规模和资源利用效率等方面的关系,提出本次规划应关注的资源、环境、生态问题,以及解决问题的途径,并为本次规划的环境影响预测提供类比资料和数据。

(4) 制约因素分析

基于上述现状评价和规划分析结果,结合环境影响回顾与环境变化趋势分析结论,重点分析评价区域环境现状和环境质量、生态功能与环境保护目标间的差距,明确提出规划实施的资源与环境制约因素。

(5) 现状调查与评价的方式和方法

现状调查的方式和方法主要有:资料收集、现场踏勘、环境监测、生态调查、问卷调查、访谈、座谈会等。

现状分析与评价的方式和方法主要有:专家咨询、指数法(单指数、综合指数)、类比分析、叠图分析、灰色系统分析、生态学分析法(生态系统健康评价法、生物多样性评价法、生态机理分析法、生态系统服务功能评价方法、生态环境敏感性评价方法、景观生态学法等)。

11.2.7 环境影响识别与评价指标体系构建

(1) 基本要求

按照一致性、整体性和层次性原则,识别规划实施可能影响的资源与环境要素,建立规划要素与资源、环境要素之间的关系,初步判断影响的性质、范围和程度,确定评价重点;并根据环境目标,结合现状调查与评价的结果,以及确定的评价重点,建立评价的指标体系。

(2) 环境影响识别

重点从规划的目标、规模、布局、结构、建设时序及规划包含的具体建设项目等方面,全面识别规划要素对资源和环境造成影响的途径与方式,以及影响的性质、范围和程度。如果规划分为近期、中期、远期或其他时段,还应识别不同时段的影响。

识别规划实施的有利影响或不良影响,重点识别可能造成的重大不良环境影响,包括直接影响、间接影响、短期影响、长期影响,各种可能发生的区域性、综合性、累积性的环境影响或环境风险。

对于某些有可能产生具有难降解、易生物蓄积、长期接触对人体和生物产生危害作用的重金属污染物、无机和有机污染物、放射性污染物、微生物等的规划,还应识别规划实施产生的污染物与人体接触的途径、方式(如经皮肤、口或鼻腔等)以及可能造成的人群健康影响。

对资源、环境要素的重大不良影响,可从规划实施是否导致区域环境功能变化、资源与环境利用严重冲突、人群健康状况发生显著变化3个方面进行分析与判断。

① 导致区域环境功能变化的重大不良环境影响,主要包括规划实施使环境敏感区、重点生态功能区等重要区域的组成、结构、功能发生显著不良变化或导致其功能丧失,或使评价范围内的环境质量显著下降(环境质量降级)或导致功能区主要功能丧失。

② 导致资源与环境利用严重冲突的重大不良环境影响,主要包括规划实施与规划范围内或相邻区域内的其他资源开发利用规划和环境保护规划等产生的显著冲突,规划实施导致的环境变化对规划范围内或相关区域内的特殊宗教、民族或传统生产、生活方式产生的显著不良影响,规划实施可能导致的跨行政区、跨流域以及跨国界的显著不良影响。

③ 导致人群健康状况发生显著变化的重大不良环境影响,主要包括规划实施导致具有难降解、易生物蓄积、长期接触对人体和生物产生危害作用的重金属污染物、无机和有机污染物、放射性污染物、微生物等在水、大气和土壤环境介质中显著增加,对农牧渔产品的污染风险显著增加,规划实施导致人居生态环境发生显著不良变化。

通过环境影响识别,以图、表等形式,建立规划要素与资源、环境要素之间的动态响应关系,给出各规划要素对资源、环境要素的影响途径,从中筛选出受规划影响大、范围广的资源、环境要素,作为分析、预测与评价的重点内容。

(3) 环境目标与评价指标确定

环境目标是开展规划环境影响评价的依据。规划在不同规划时段应满足的环境目标可根据国家和区域确定的可持续发展战略、环境保护的政策与法规、资源利用的政策与法规、产业政策、上层位规划,规划区域、规划实施直接影响的周边地域的生态功能区划和环境保护规划、生态建设规划确定的目标,环境保护行政主管部门以及区域、行业的其他环境保护管理要求确定。

评价指标是量化了的环境目标,一般首先将环境目标分解成环境质量、生态保护、资源利用、社会与经济环境等评价主题,再筛选确定表征评价主题的具体评价指标,并将现状调查与评价中确定的规划实施的资源与环境制约因素作为评价指标筛选的重点。

评价指标的选取应能体现国家发展战略和环境保护战略、政策、法规的要求,体现规划的行业特点及主要环境影响特征,符合评价区域生态、环境特征,体现社会发展对环境质量和生态功能不断提高的要求,并易于统计、比较和量化。

评价指标值的确定应符合相关产业政策、环境保护政策、法规和标准中规定的限值要求,如国内政策、法规和标准中没有的指标值也可参考国际标准确定;对于不易量化的指标可经过专家论证,给出半定量的指标值或定性说明。

(4) 环境影响识别与评价指标确定的方式和方法

环境影响识别与评价指标确定的方式和方法主要有:核查表、矩阵分析、网络分析、系统流图、叠图分析、灰色系统分析、层次分析、情景分析、专家咨询、类比分析、压力-状态-响应分析等。

11.2.8 环境影响预测与评价

(1) 基本要求

系统分析规划实施全过程对可能受影响的所有资源、环境要素的影响类型和途径,针对环境影响识别确定的评价重点内容和各项具体评价指标,按照规划不确定性分析给出的不同发展情景,进行同等深度的影响预测与评价,明确给出规划实施对评价区域资源、环境要素的影响性质、程度和范围,为提出评价推荐的环境可行的规划方案和优化调整建议提供支撑。

环境影响预测与评价一般包括规划开发强度的分析,水环境(包括地表水、地下水、海水)、大气环境、土壤环境、声环境的影响,对生态系统完整性及景观生态格局的影响,对环境敏感区和重点生态功能区的影响,资源与环境承载能力的评估等内容。

环境影响预测应充分考虑规划的层级和属性,依据不同层级和属性规划的决策需求,采用定性、半定量、定量相结合的方式进行。对环境质量影响较大、与节能减排关系密切的工业、能源、城市建设、区域建设与开发利用、自然资源开发等专项规划,应进行定量或半定量环境影响预测与评价。对于资源和水环境、大气环境、土壤环境、海洋环境、声环境指标的预测与评价,一般应采用定量的方式进行。

(2) 环境影响预测与评价的内容

规划开发强度分析:

① 通过规划要素的深入分析,选择与规划方案性质、发展目标等相近的国内、外同类型已实施规划进行类比分析(如区域已开发,可采用环境影响回顾性分析的资料),依据现状调查与评价的结果,同时考虑科技进步和能源替代等因素,结合不确定性分析设置的不同发展情景,采用负荷分析、投入产出分析等方法,估算关键性资源的需求量和污染物(包括影响人群健康的特定污染物)的排放量。

② 选择与规划方案和规划所在区域生态系统(组成、结构、功能等)相近的已实施规划进行类比分析,依据生态现状调查与评价的结果,同时考虑生态系统自我调节和生态修复等因素,结合不确定性分析设置的不同发展情景,采用专家咨询、趋势分析等方法,估算规划实施的生态影响范围和持续时间,以及主要生态因子的变化量(如生物量、植被覆盖率、珍稀濒危和特有物种生境损失量、水土流失量、斑块优势度等)。

影响预测与评价:

① 预测不同发展情景下规划实施产生的水污染物对受纳水体稀释扩散能力、水质、水体富营养化和河口咸水入侵等的影响,对地下水水质、流场和水位的影响,对海域水动力条件、水环境质量的影响。明确影响的范围与程度或变化趋势,评价规划实施后受纳水体的环境质量能否满足相应功能区的要求,并绘制相应的预测与评价图件。

② 预测不同发展情景规划实施产生的大气污染物对环境敏感区和评价范围内大气环境的影响范围与程度或变化趋势,在叠加环境现状本底值的基础上,分析规划实施后区域环境空气质量能否满足相应功能区的要求,并绘制相应的预测与评价图件。

③ 声环境影响预测与评价按照 HJ 2.4 中关于规划环境影响评价声环境影响评价的要求执行。

④ 预测不同发展情景下规划实施产生的污染物对区域土壤环境影响的范围与程度或变化趋势,评价规划实施后土壤环境质量能否满足相应标准的要求,进而分析对区域农作物、动植物等造成的潜在影响,并绘制相应的预测与评价图件。

⑤ 预测不同发展情景对区域生物多样性(主要是物种多样性和生境多样性)、生态系统连通性、破碎度及功能等的影响性质与程度,评价规划实施对生态系统完整性及景观生态格局的影响,明确评价区域主要生态问题(如生态功能退化、生物多样性丧失等)的变化趋势,

分析规划是否符合有关生态红线的管控要求。对规划区域进行了生态敏感性分区的,还应评价规划实施对不同区域的影响后果,以及规划布局的生态适宜性。

⑥ 预测不同发展情景对自然保护区、饮用水水源保护区、风景名胜区、基本农田保护区、居住区、文化教育区域等环境敏感区、重点生态功能区和重点环境保护目标的影响,评价其是否符合相应的保护要求。

⑦ 对于某些有可能产生具有难降解、易生物蓄积、长期接触对人体和生物产生危害作用的重金属污染物、无机和有机污染物、放射性污染物、微生物等的规划,根据这些特定污染物的环境影响预测结果及其可能与人体接触的途径与方式,分析可能受影响的人群范围、数量和敏感人群所占的比例,开展人群健康影响状况分析。鼓励通过剂量—反应关系模型和暴露评价模型,定量预测规划实施对区域人群健康的影响。

⑧ 对于规划实施可能产生重大环境风险源的,应进行危险源、事故概率、规划区域与环境敏感区及环境保护目标相对位置关系等方面的分析,开展环境风险评价;对于规划范围涉及生态脆弱区域或重点生态功能区的,应开展生态风险评价。

⑨ 对于工业、能源、自然资源开发等专项规划和开发区、工业园区等区域开发类规划,应进行清洁生产分析,重点评价产业发展的单位国内生产总值或单位产品的能源、资源利用效率和污染物排放强度、固体废物综合利用率等的清洁生产水平;对于区域建设和开发利用规划,以及工业、农业、畜牧业、林业、能源、自然资源开发的专项规划,需要进行循环经济分析,重点评价污染物综合利用途径与方式的有效性和合理性。

累积环境影响预测与分析:

识别和判定规划实施可能发生累积环境影响的条件、方式和途径,预测和分析规划实施与其他相关规划在时间和空间上累积的资源、环境、生态影响。

资源与环境承载力评估:

评估资源(水资源、土地资源、能源、矿产等)与环境承载能力的现状及利用水平,在充分考虑累积环境影响的情况下,动态分析不同规划时段可供规划实施利用的资源量、环境容量及总量控制指标,重点判定区域资源与环境对规划实施的支撑能力,重点判定规划实施是否导致生态系统主导功能发生显著不良变化或丧失。

(3) 环境影响预测与评价的方式和方法

规划开发强度分析的方式和方法主要有:情景分析、负荷分析(单位国内生产总值物耗、能耗和污染物排放量等)、趋势分析、弹性系数法、类比分析、对比分析、投入产出分析、供需平衡分析、专家咨询等。

累积影响评价的方式和方法主要有:矩阵分析、网络分析、系统流图、叠图分析、情景分析、数值模拟、生态学分析法、灰色系统分析法、类比分析等。

环境风险评价的方式和方法主要有:灰色系统分析法、模糊数学法、数值模拟、风险概率统计、事件树分析、生态学分析法、类比分析等。

资源与环境承载力评估的方式和方法主要有:情景分析、类比分析、供需平衡分析、系统动力学法、生态学分析法等。

11.2.9 规划方案综合论证和优化调整建议

(1) 基本要求

依据环境影响识别后建立的规划要素与资源、环境要素之间的动态响应关系,综合各种资源与环境要素的影响预测和分析、评价结果,论证规划的目标、规模、布局、结构等规划要素的合理性以及环境目标的可达性,动态判定不同规划时段、不同发展情景下规划实施有无重大资源、生态、环境制约因素,详细说明制约的程度、范围、方式等,进而提出规划方案的优化调整建议和评价推荐的规划方案。

规划方案的综合论证包括环境合理性论证和可持续发展论证两部分内容。其中,前者侧重于从规划实施对资源、环境整体影响的角度,论证各规划要素的合理性;后者则侧重于从规划实施对区域经济、社会与环境效益贡献,以及协调当前利益与长远利益之间关系的角度,论证规划方案的合理性。

(2) 规划方案综合论证

① 规划方案的环境合理性论证:

A. 基于区域发展与环境保护的综合要求,结合规划协调性分析结论,论证规划目标与发展定位的合理性。

B. 基于资源与环境承载力评估结论,结合区域节能减排和总量控制等要求,论证规划规模的环境合理性。

C. 基于规划与重点生态功能区、环境功能区划、环境敏感区的空间位置关系,对环境保护目标和环境敏感区的影响程度,结合环境风险评价的结论,论证规划布局的环境合理性。

D. 基于区域环境管理和循环经济发展要求,以及清洁生产水平的评价结果,重点结合规划重点产业的环境准入条件,论证规划能源结构、产业结构的环境合理性。

E. 基于规划实施环境影响评价结果,重点结合环境保护措施的经济技术可行性,论证环境保护目标与评价指标的可达性。

② 规划方案的可持续发展论证:

A. 从保障区域、流域可持续发展的角度,论证规划实施能否使其消耗(或占用)资源的市场供求状况有所改善,能否解决区域、流域经济发展的资源瓶颈;论证规划实施能否使其所依赖的生态系统保持稳定,能否使生态服务功能逐步提高;论证规划实施能否使其所依赖的环境状况整体改善。

B. 综合分析规划方案的先进性和科学性,论证规划方案与国家全面协调可持续发展战略的符合性,可能带来的直接和间接的社会、经济、生态环境效益,对区域经济结构的调整与优化的贡献程度,以及对区域社会发展和社会公平的促进性等。

③ 不同类型规划方案综合论证重点:

A. 进行综合论证时,可针对不同类型和不同层级规划的环境影响特点,突出论证重点。

B. 对资源、能源消耗量大、污染物排放量高的行业规划,重点从区域资源、环境对规划的支撑能力、规划实施对敏感环境保护目标与节能减排目标的影响程度、清洁生产水平、人群健康影响状况等方面,论述规划确定的发展规模、布局(及选址)和产业结构的合理性。

C. 对土地利用的有关规划和区域、流域、海域的建设、开发利用规划,以及农业、畜牧业、林业、能源、水利、旅游、自然资源开发专项规划,重点从规划实施对生态系统及环境敏感区组成、结构、功能所造成的影响,以及潜在的生态风险等方面,论述规划方案的合理性。

D. 对公路、铁路、航运等交通类规划,重点从规划实施对生态系统组成、结构、功能所造成的影响,规划布局与评价区域生态功能区划、景观生态格局之间的协调性,以及规划的能源利用和资源占用效率等方面,论述交通设施结构、布局等的合理性。

E. 对于开发区及产业园区等规划,重点从区域资源、环境对规划实施的支撑能力、规划的清洁生产与循环经济水平、规划实施可能造成的事故性环境风险与人群健康影响状况等方面,综合论述规划选址及各规划要素的合理性。

F. 城市规划、国民经济与社会发展规划等综合类规划,重点从区域资源、环境及城市基础设施对规划实施的支撑能力能否满足可持续发展要求、改善人居环境质量、优化城市景观生态格局、促进两型社会建设和生态文明建设等方面,综合论述规划方案的合理性。

(3) 规划方案的优化调整建议

根据规划方案的环境合理性和可持续发展论证结果,对规划要素提出明确的优化调整建议,特别是出现以下情形时:

① 规划的目标、发展定位与国家级、省级主体功能区规划要求不符。

② 规划的布局和规划包含的具体建设项目选址、选线与主体功能区规划、生态功能区划、环境敏感区的保护要求发生严重冲突。

③ 规划本身或规划包含的具体建设项目属于国家明令禁止的产业类型或不符合国家产业政策、环境保护政策(包括环境保护相关规划、节能减排和总量控制要求等)。

④ 规划方案中配套建设的生态保护和污染防治措施实施后,区域的资源、环境承载力仍无法支撑规划的实施,或仍可能造成重大的生态破坏和环境污染。

⑤ 规划方案中有依据现有知识水平和技术条件,无法或难以对其产生的不良环境影响的程度或者范围做出科学、准确判断的内容。

规划的优化调整建议应全面、具体、可操作。如对规划规模(或布局、结构、建设时序等)提出了调整建议,应明确给出调整后的规划规模(或布局、结构、建设时序等),并保证调整后的规划方案实施后资源与环境承载力可以支撑。应将优化调整后的规划方案,作为评价推荐的规划方案。

11.2.10 环境影响减缓对策和措施

规划的环境影响减缓对策和措施是对规划方案中配套建设的环境污染防治、生态保护和提高资源能源利用效率措施进行评估后,针对环境影响评价推荐的规划方案实施后所产生的不良环境影响,提出的政策、管理或者技术等方面的建议。

环境影响减缓对策和措施应具有可操作性,能够解决或缓解规划所在区域已存在的主要环境问题,并使环境目标在相应的规划期限内可以实现。

环境影响减缓对策和措施包括影响预防、影响最小化及对造成的影响进行全面修复补救等 3 个方面:

① 预防对策和措施可从建立健全环境管理体系、建议发布的管理规章和制度、划定禁止和限制开发区域、设定环境准入条件、建立环境风险防范与应急预案等方面提出。

② 影响最小化对策和措施可从环境保护基础设施和污染控制设施建设方案、清洁生产和循环经济实施方案等方面提出。

③ 修复补救措施主要包括生态修复与建设、生态补偿、环境治理、清洁能源与资源替代等措施。

如规划方案中包含具体的建设项目,还应针对建设项目所属行业特点及其环境影响特征,提出建设项目环境影响评价的重点内容和基本要求,并依据本规划环境影响评价的主要评价结论提出相应的环境准入(包括选址或选线、规模、清洁生产水平、节能减排、总量控制和生态保护要求等)、污染防治措施建设和环境管理等要求。同时,在充分考虑规划编制时设定的某些资源、环境基础条件随区域发展发生变化的情况下,提出建设项目环境影响评价内容的具体简化建议。

11.2.11 环境影响跟踪评价

对于可能产生重大环境影响的规划,在编制规划环境影响评价文件时,应拟定跟踪评价方案,对规划的不确定性提出管理要求,对规划实施全过程产生的实际资源、环境、生态影响进行跟踪监测。

跟踪评价取得的数据、资料和评价结果应能够为规划的调整及下一轮规划的编制提供参考,同时为规划实施区域的建设项目管理提供依据。

跟踪评价方案一般包括评价的时段、主要评价内容、资金来源、管理机构设置及其职责定位等。其中,主要评价内容包括:

① 对规划实施全过程中已经或正在造成的影响提出监控要求,明确需要进行监控的资源、环境要素及其具体的评价指标,提出实际产生的环境影响与环境影响评价文件预测结果之间的比较分析和评估的主要内容。

② 对规划实施中所采取的预防或者减轻不良环境影响的对策和措施提出分析和评价的具体要求,明确评价对策和措施有效性的方式、方法和技术路线。

③ 明确公众对规划实施区域环境与生态影响的意见和对策建议的调查方案。

④ 提出跟踪评价结论的内容要求(环境目标的落实情况等)。

11.2.12 评价结论

评价结论是对整个评价工作成果的归纳总结,应力求文字简洁、论点明确、结论清晰准确。

在评价结论中应明确给出:

① 评价区域的生态系统完整性和敏感性、环境质量现状和变化趋势,资源利用现状,明确对规划实施具有重大制约的资源、环境要素。

② 规划实施可能造成的主要生态、环境影响预测结果和风险评价结论;对水、土地、生物资源和能源等的需求情况。

③ 规划方案的综合论证结论,主要包括规划的协调性分析结论,规划方案的环境合理性和可持续发展论证结论,环境保护目标与评价指标的可达性评价结论,规划要素的优化调整建议等。

④ 规划的环境影响减缓对策和措施,主要包括环境管理体系构建方案、环境准入条件、环境风险防范与应急预案的构建方案、生态建设和补偿方案、规划包含的具体建设项目环境影响评价的重点内容和要求等。

⑤ 跟踪评价方案,跟踪评价的主要内容和要求。

⑥ 公众参与意见和建议处理情况,不采纳意见的理由说明。

11.3 建设项目环境影响评价

11.3.1 评价的原则、基本内容与方法

(1) 评价的原则

为科学决策服务的原则:环境影响技术评价在环境保护行政主管部门审批环境影响评

价文件之前进行,属技术支撑行为。在评估依据、内容、方法、时限等方面必须体现为环境管理科学决策服务的原则。

客观公正原则:环境影响技术评估在综合考虑建设项目建设过程中和项目实施后对环境可能造成影响的基础上,对建设项目实施的环境可行性与建设项目环境影响评价文件进行技术评估,其评估结论必须实事求是、客观、公正。

与环境影响评价采用相同依据的原则:环境影响技术评估与环境影响评价文件采用相同的依据,应依据国家或地方现行的法律、法规、部门规章、技术规范和标准。

突出重点原则:环境影响技术评估应根据建设项目特点和所在区域环境特征,针对工程可能存在的环境影响,从影响因子、影响方式、影响范围、影响程度、环境保护措施等方面进行重点评估,明确重大环境问题的评估结论。

广泛参与原则:环境影响技术评估须广泛听取公众意见,综合考虑相关学科和行业的专家、环境影响评价单位及其他有关单位的意见,并认真听取当地环境保护行政主管部门的意见。

技术指导性原则:环境影响技术评估应对建设项目环境保护对策措施和环境保护设计工作提出技术指导。涉及新技术的建设项目,应指出新技术的推广导向。

(2)宏观评估内容

与法律法规和政策的符合性:从项目规模、产品方案、工艺路线、技术设备等方面,评估建设项目与法律法规、环境保护规划、资源能源利用规划、国家产业发展规划和国家行业准入条件等有关政策的符合性。

与相关规划的相符性:评估建设项目选址(或选线)与现行国家、地方有关规划,以及相关的城乡规划、区域规划、流域规划、环境保护规划、环境功能区划、生态功能区划、生物多样性保护规划、各类保护区规划及土地利用规划等的相符性。

循环经济与清洁生产水平:从能耗、物耗、水耗、污染物产生及排放等方面,与国家颁布的清洁生产标准或国内外同类产品先进水平相比较,对建设项目的原料、工艺、技术装备、生产过程、管理及产品的清洁生产水平进行综合评估;从企业、区域或行业等不同层次,评估建设项目在资源利用、污染物排放和废物处置等方面与循环经济要求的符合性。

环境保护措施与达标排放:评估建设项目实施各阶段所采取各项环境保护措施的可靠性和合理性,包括污染防治措施、生态恢复措施、生态补偿与保护措施、环境管理措施、环境监测监控计划(或方案)、施工期环境监理计划以及"以新带老"、区域污染物削减等;要求所采取的环境保护措施技术经济可行,设备先进、可靠,符合行业的污染防治技术政策,符合行业清洁生产要求,确保污染物稳定达标排放,二次污染防治措施与主体工程同步实施。

环境风险:评估项目建设存在的环境风险制约因素,从环境敏感性角度评估建设环境风险可接受性;评估环境风险防范措施和污染事故处理应急方案的可靠性和合理性。

环境影响预测:评估建设项目实施后的环境影响程度与范围的可接受性。

污染物排放总量控制:评估建设项目污染物排放总量与国家总体发展目标的一致性,与地方政府的污染物排放总量控制要求的符合性,采取的相应污染物排放总量控制措施的可行性。

公众参与:评估公众尤其是直接受到工程环境影响的公众对项目建设的意见;分析建设单位对有关单位、专家和公众意见采纳或者未采纳的说明的合理性。

（3）具体评价内容

① 大气环境影响技术评价。

② 地表水环境影响技术评价。

③ 地下水环境影响技术评价。

④ 声环境影响技术评价。

⑤ 固体废物环境影响技术评价。

⑥ 陆生生态环境影响技术评价。

⑦ 水生生态环境影响技术评价。

⑧ 景观美学影响技术评价。

⑨ 环境风险技术评价。

⑩ 总量控制技术评价。

⑪ 公众参与技术评价。

⑫ 环境监管计划技术评价。

11.3.2 建设项目环境影响评价分类

为了更好地对建设项目进行有针对性的环境影响评价，环境保护部于 2017 年 6 月 29 日颁布了《建设项目环境影响评价分类管理名录》（部令第 44 号），明确规定建设项目可划分为 50 大类，192 个基本类型，根据建设项目的类型不同和重要程度的差异，需进行相应的报告书、报告表或登记表 3 类级别的环境影响评价。

思 考 题

1. 简述环境影响、环境影响评价含义。

2. 简述环境影响评价的类型及其含义。

3. 简述环境影响的必要性。

4. 简述环境影响现状评价涉及的主要要素。

5. 如何进行环境影响识别？

6. 如何建立环境影响评价体系？

7. 简述建设项目环境影响评价的主要类型与要求。

8. 简述规划项目环境影响评价主要方法和要求。

9. 简述环境影响预测评价的主要内容。

12 煤矿矿井及选煤厂建设项目环境影响评价^①

该环境影响评价对象为陕北双山煤矿建设项目,项目位于陕西省榆林市市区东北方向 24 km 处,行政区划隶属榆林市榆阳区麻黄梁镇管辖。煤矿区西北—东南方向长约 3.93 km,西南—东北方向宽约 2.86 km,面积约 11.24 km²,地质储量 158.37 Mt,工业储量 157.07 Mt,可采储量 87.86 Mt,设计规模 1.2 Mt/a。矿井及选煤厂设计生产能力为 1.2 Mt/a,服务年限 52.3 a,矿井建设期 28 个月。

12.1 总 则

12.1.1 编制依据

(1) 国家有关法规、规划

《中华人民共和国环境保护法》《中华人民共和国大气污染防治法》《中华人民共和国水污染防治法》《中华人民共和国固体废物污染环境防治法》《中华人民共和国环境噪声污染防治法》《中华人民共和国防沙治沙法》《中华人民共和国煤炭法》《建设项目环境保护管理条例》《建设项目环境影响评价分类管理名录》《关于西部大开发中加强建设项目环境保护管理的若干意见》《国家环保总局关于进一步加强建设项目环境保护管理工作的通知》《中华人民共和国环境影响评价法》《中华人民共和国水土保持法》《中华人民共和国清洁生产促进法》《中华人民共和国矿产资源法》《中华人民共和国文物保护法》《风景名胜区条例》《土地复垦条例》《国务院关于环境保护若干问题的决定》《燃煤二氧化硫排放污染防治技术政策》《关于加强工业节水工作的意见》《关于进一步加强环境影响评价管理防范环境风险的通知》《关于印发加快煤炭行业结构调整、应对产能过剩的指导意见的通知》《矿山地质环境保护规定》。

(2) 环境保护和行业发展规划

《国家环境保护"十一五"规划》《全国生态功能区划》《全国生态环境保护纲要》《煤炭工业发展"十一五"规划》《关于核定建设项目主要污染物排放总量控制指标有关问题的通知》《关于加强资源开发生态环境保护监管工作的意见》《关于发布〈矿山生态环境保护与污染防治技术政策〉的通知》《国务院关于促进煤炭工业健康发展的若干意见》《环境影响评价公众参与暂行办法》《煤炭产业政策》《国家发展改革委关于加强煤炭基本建设项目管理有关问题的通知》。

(3) 地方有关法规及规划

《陕西省环境保护"十一五"规划》《陕西省人民政府关于印发〈陕西省贯彻落实《全国生态

---

① 该项目完成于 2010 年 1 月 19 日,当时使用的环评书中的文件及标准有些已经过时,请同学们在学习时注意及时查找最新的文件及标准。

环境保护纲要》的实施意见〉的通知》《陕西省限制投资类产业指导目录》《陕西省煤炭石油天然气开发环境保护条例》《陕西省环保局〈关于转发国家环保总局《关于核定建设项目主要污染物排放总量控制指标有关问题的通知》的通知〉》《陕西省人们政府关于印发陕西省行业用水定额的通知》《陕西省生态功能区划》《陕西省水功能区划》《陕西省城市饮用水水源保护区环境保护条例》《陕西省煤炭石油天然气资源开采水土流失补偿费征收使用管理办法》《陕西省人民政府关于划分水土流失重点防治区的公告》《关于印发陕西省加强陕北地区环境保护若干意见的函》《榆林市城市总体规划 2006～2020》《榆林市"十一五"工业发展规划》。

(4) 技术导则

《环境影响评价技术导则 总纲》《环境影响评价技术导则 地面水环境》《环境影响评价技术导则 声环境》《环境影响评价技术导则 非污染生态环境》《环境影响评价技术导则 大气环境》《煤炭工业建设项目环境影响评价文件编制规定及审查要点》《建筑物、水体、铁路及主要井巷煤柱留设与压煤开采规范》《关于加强煤炭矿区总体规划和煤矿建设项目环境影响评价工作的通知》《清洁生产标准 煤炭采选业》。

12.1.2 评价目的、原则及标准

(1) 评价目的

在对工程分析、区域环境现状调查的基础上,根据国家和地方的有关法律法规、发展规划,分析项目建设是否符合国家的产业政策和区域发展规划,生产工艺过程是否符合清洁生产和环境保护政策;对项目建设后可能造成的污染和生态环境影响范围及程度进行预测评价;分析项目排放的各类污染物是否达标排放、是否满足总量控制的要求;对设计拟采取的环境保护措施进行评价,在此基础上提出技术上可靠、针对性和可操作性强、经济和布局上合理的最佳污染防治方案和生态环境减缓、恢复、补偿措施;从环境保护和生态恢复的角度论证项目建设的可行性,为管理部门决策、工程设计和环境管理提供科学依据。

(2) 评价原则

① 结合项目特征和环境特点,以环保法规为依据,以有关方针、政策为指导,力求客观、公平、公正地进行评价。

② 尽量收集、利用现有的有效资料、类比资料及环评成果进行评价,并进行必要的现场调查。

③ 该项目为资源开采、加工、贮运的建设项目,以贯彻清洁生产、污染物达标排放和总量控制为重点,对矿井的工业场地选址、矸石周转场选址、环保措施的可行性从经济和环保等方面进行论证;在开采区,则以采煤工艺和地表沉陷为主线。

④ 积极贯彻清洁生产的思想,从设计和设备的选型、生产到产品的加工、贮运等各个环节都要体现预防为主、防治结合的全过程管理思想。

⑤ 根据本项目的特点,评价工作以工程分析为龙头,以控制污染物排放和生态环境保护为重点,以清洁生产水平、总量控制为关注点,以对工程在建设期、营运期各环境要素的环境影响进行分析、预测评价并提出相应的防治措施为落脚点。现状评价以数据为依据,预测模式选取实用可行,治理措施可操作性强,结论准确。

⑥ 公众参与的原则:按国家环保总局"环发[2006]28 号"文开展公众参与工作。对于公众意见汇总于报告书,提出采纳与不采纳意见,以供环境管理部门决策。

⑦ 污染物的排放除达标排放外,还要服从总量控制指标。

⑧ 报告书编写力求简洁、明了、重点突出。

（3）评价标准

① 环境质量标准

A. 环境空气执行《环境空气质量标准》中的二级浓度限值标准；

B. 地表水执行《地表水环境质量标准》中的Ⅱ类标准；

C. 地下水执行《地下水质量标准》中的Ⅲ类标准；

D. 声环境执行《声环境质量标准》中的2类声环境功能区标准；

E. 生态环境评价执行《土壤环境质量标准》中的二级标准和《保护农作物的大气污染物最高允许浓度》。

② 污染物排放标准

A. 锅炉烟气排放执行《锅炉大气污染物排放标准》中的二类区Ⅱ时段标准；其他工业粉尘排放执行《大气污染物综合排放标准》中的二级标准；

B. 项目位于榆林城区饮用水源的上游，污废水零排放；

C. 一般工业固体废物执行《一般工业固体废物贮存、处置场污染控制标准》中有关要求；生活垃圾执行《生活垃圾填埋污染控制标准》中的有关要求；

D. 厂界噪声执行《工业企业厂界环境噪声排放标准》中的2类标准；建筑施工噪声执行《建筑施工场界噪声限值》中的相关标准；

E. 煤炭工业大气污染物、无组织排放、煤矸石堆置物建设执行《煤炭工业污染物排放标准》中表4、表5及煤矸石堆置场污染控制中的有关规定。

③ 其他按国家有关规定执行。

12.1.3 评价工作等级、范围及重点

（1）评价等级、范围

按照"环境影响评价技术导则"中评价工作等级的划分原则，评价工作等级及划分依据见表12-1，环境因子的评价范围见表12-2。

表 12-1 　　　　　　　　　　　　　　　　评价工作等级及划分依据

环境要素	主要指标	项目指标（或特征）	工作等级
环境空气	$P_i/(m^3/h)$	$P_{TSP}=0.72\%$、$P_{SO_2}=5.04\%$ $P_{max}=P_{maxSO_2}<10\%$	三
声学	所处地区	高厂址最近居民点在 500 m 以上功能区属于适用 GB 3096—2008 规定的 2 类标准地区	三
	项目类型	大型	
	影响人口	影响人口未增加	
生态	工程影响范围/km²	19.04 km²＜50 km²	二
	生物量	生物量、绿地量有所减少	
	所处地区	生态脆弱区	
地表水		污废水全部综合利用，仅作一般论述	三

表中：P_i 为第 i 个污染物的最大地面浓度占标率，P_i 的计算方法为：

$$P_i = \frac{C_i}{C_{\alpha i}} \times 100\%$$

式中　P_i——第 i 个污染物的最大地面浓度占标率，%；

　　　C_i——采用 SCREEN 估算模式计算出的第 i 个污染物的最大地面浓度，mg/m^3；

　　　$C_{\alpha i}$——第 i 个污染物的环境空气质量标准（mg/m^3），一般选用《环境空气质量标准》中 1 小时平均取样时间的二级标准的浓度限值。

表 12-2　　　　　　　　　　　　　　　　环境影响评价范围

环境要素	评价级别	评价范围
环境空气	三级	以新建场地锅炉房烟囱为中心，以 5 km 为直径，约 19.63 km² 的范围内
地表水	三级	污废水全部综合利用，仅对井田内的柳巷河作现状评价
噪声	三级	工业场地周界外 1 m 范围，兼顾附近 200 m 范围内敏感点
生态环境	二级	井田及周边适当外延 500 m，面积为 19.04 km²
地下水	二级	同生态评价范围，面积 19.04 km²
公众参与	—	榆阳区、麻黄梁镇，重点是井田范围内及周围的公众

（2）评价重点

由表 12-1 可以看出，本次评价工作除了生态为二级评价外，其他均为三级评价。因项目所在地区生态环境较脆弱，结合本工程具体特点，确定其评价重点为：

① 生态环境的影响评价：地表沉陷将本着"远粗近细"的原则，通过地表沉陷计算，重点评价全井田主采煤层（3号煤）开采后引起的地表沉陷影响；对于受影响的村庄给出安置方式和计划，沉陷区给出综合整治复垦计划。

② 水体环境影响评价：以采煤对井田上部含水层的影响为主，重点对具有供水意义含水层的影响及对地下水量的影响进行分析。

③ 综合治理及防治对策：对环保措施进行评述与论证，重点是生态综合防护、恢复措施，固体废弃物处理及水资源化利用。

④ 主要针对煤矸石综合利用的可行性，分析资源化的可能性，对矸石周转场选址的合理性进行论证（容积、汇水面积、工程地质条件等）。

12.1.4　环境保护目标及污染控制内容

根据工程的工艺特征和排污特点，参照《"十一五"期间全国主要污染物排放总量控制计划》、《国务院关于酸雨控制区和二氧化硫污染控制区有关问题的批复》中的有关要求，确定总量控制指标为：环境空气的 SO_2、水体的 COD（化学需氧量）。

综合各因子的评价范围与评价重点，确定本次评价的环境保护目标见表 12-3，建设项目污染控制内容及目标见表 12-4。

表 12-3 主要环境保护目标

序号	类型	保护对象	位置关系	原因	达到的标准或要求
1	生态环境	麻黄梁镇	EEN 约 830 m	可能受沉陷影响	留设煤柱保护
		明长城	N 70 m(最近距离)		留设煤柱及采后修复
		旧榆神公路	S 40 m		保护性开采
		柳巷河	NW 1 400 m(井田中部)	可能受沉陷影响	受井田边界及大巷煤柱保护
		三朴树水库	NW 2 600 m(井田边界)		采前搬迁
		西庄村	EN 1 900 m(8 户 47 人)		采前搬迁
		马场滩村	NE 1 200 m(9 户 35 人)	可能受沉陷影响	采取植物与工程措施相结合的方式,保护水资源
		地表植被	生态评价范围内		达到 GB 3095—1996 中的二级标准
2	环境空气	工业场地	—	锅炉烟气排放影响、煤尘污染影响	达到 GB 3095—1996 中的二级标准
		大气评价范围内居民点	麻黄梁镇及大圪坨村(ES 1 700 m)		
3	地表水	柳巷河(水源地二级水域)	NW 1 400 m(井田中部)	可能沉陷、污废水影响	保护性开采、废水全部回用不外排
		三朴树水库	NW 2 600 m(井田边界)	可能受沉陷影响	受井田边界及大巷煤柱保护
4	地下水	井田内民井	井田内	地表沉陷、导水裂缝带	留设煤柱或搬迁,居民日常供水不受影响
		井田内第四系潜水	井田内	地表沉陷、导水裂缝带	留设煤柱、保护性开采,减少水资源流失
		矸石周转场地下水	SE 约 2 900 m	矸石淋溶液对地下水影响	地下水质不受影响,GB/T 14848—93 标准

注:以上位置关系是以工业场位置地为参考。

表 12-4 污染控制内容及目标

污染控制内容		环保措施	控制目标
废气	SO₂排放	蒸汽锅炉配置花岗岩水浴冲击式脱硫除尘器,除尘效率 95%,脱硫效率 60%,常压热水炉采用户环保锅炉,自带除尘效率 85%	GB 13271—2001 中 2 类区Ⅱ时段标准
	煤尘	筛分系统设于车间内,封闭输煤系统等,设洒水装置,筒仓储煤等	GB 20426—2006《煤炭工业污染物排放标准》表 4、表 5 标准
废水	井下水	混凝、沉淀、气浮、过滤、消毒处理后,综合利用	100%回用,禁止外排
	生产、生活污水	生化处理后 100%回用	
固废	矸石排放	综合利用	GB 20426—2006《煤炭工业污染物排放标准》、GB 16899—2008《物活垃圾填埋污染控制标准》处置率 100%
	灰渣、脱硫渣	综合利用	
	生活垃圾排放	运往榆阳区垃圾处理场处置	
噪声	噪声排放	隔声、消声、减震、绿化等	GB 12348—2008 的 2 类标准

12.2　项目概况

12.2.1　井田境界、储量、煤层、煤质及开采技术条件

（1）井田境界

根据国土资源部"国土资函〔2006〕659 号"文《关于陕西省神府新民、榆神、榆横、渭北煤炭国家规划矿区矿业权设置方案的批复》，双山井田东北与柳巷井田、榆树湾井田相邻，西北与杭来湾井田相邻，西南部与二墩河井田、郝家梁井田相邻，东南部与麻黄梁井田相邻。井田西北—东南方向长约 3.93 km，西南—东北方向宽约 2.86 km，面积约 11.24 km²。井田境界和登记的探矿权范围一致，井田境界见表 12-5。

表 12-5　　　　　　　　　　　　　　矿井井田境界

拐点	直角坐标		地理坐标	
	坐标 X	坐标 Y	东经	北纬
1	4 258 937	19 410 123	109°58′13″	38°27′30″
2	4 256 976	19 408 020	109°56′47″	38°26′25″
3	4 257 691	19 407 439	109°56′23″	38°26′48″
4	4 260 033	19 405 485	109°55′01″	38°28′03″
5	4 261 921	19 407 582	109°56′27″	38°29′05″
6	4 261 596	19 407 882	109°56′39″	38°28′55″

（2）地质储量

矿业权设置方案，井田范围内两层煤共获得地质储量 158.37 Mt，工业储量 157.07 Mt，设计储量 128.94 Mt，可采储量为 87.86 Mt，矿井资源汇总见表 12-6。

表 12-6　　　　　　　　　　　　矿井资源汇总表　　　　　　　　　　　　单位：Mt

煤组	矿井地质资源/储量	矿井工业资源/储量	永久煤柱损失	矿井设计资源/储量	工业场地和主要井巷煤柱	开采损失	可采储量
3	150.96	149.66	26.82	122.84	10.89	27.98	83.97
3⁻¹	7.41	7.41	1.31	6.10	1.52	0.69	3.89
合计	158.37	157.07	28.13	128.94	12.41	28.67	87.86

（3）煤层特征

本井田含煤地层为侏罗系中统延安组，共含可采煤层 2 层，分别为 3、3⁻¹ 号煤层，煤层特征见表 12-7。

表 12-7　　　　　　　　　　　　　　　　煤层及顶底板特征表

	煤层编号	3	3⁻¹
可采情况 ≥0.80 m	最小~最大/m	8.16~11.38	1.42~1.90
	平均/m	9.90	1.65
	可采范围面积(km²)/占全井田面积比例(%)	全区可采 11.24/100	分布区全部可采 3.37/30.0
直接顶板	厚度及岩性	0.30~32.46 m;泥岩为主,次为炭质泥岩、粉砂岩、中砂岩	0.92~3.48 m;细砂岩为
夹矸	层数	局部 1~4 层	个别 1 层
	厚度/m	0.06~0.74	0.36~0.77
	岩性	炭质泥岩、泥岩为主,少量粉砂质泥岩、粉砂岩等	泥岩
直接底板	厚度及岩性	0.69~11.59 m;泥岩为主,粉砂质泥岩、粉砂岩、细砂岩次之	1.99~10.85 m;泥岩为主,少量泥质粉砂岩
埋深/m	最小~最大	164~268	174~230
	一般	180~210	190~210
煤层间距		2.97~6.08 m,平均 4.27 m	
底板高程/m		1 068~1 100	1 068~1 095
煤层结构		简单	简单
厚度变化情况		规律明显	规律明显
煤层稳定程度		稳定	稳定
倾角/(°)		0.36	0.38
煤类		以长焰煤为主,不黏煤次之	以长焰煤为主,不黏煤次之

　　3 号煤层呈层状产于延安组第三段上旋回的顶部或上部,层位稳定,分布广泛,厚度大,是区内主要可采煤层;3⁻¹ 号煤层于延安组第三段上旋回上部呈层状产出,为 3 号煤层下分岔煤层,与 3 号煤层间距变化在 2.97~6.08 m 之间,平均 4.27 m,主要分布于井田第二勘查线以西南。

　　(4)煤质特征

　　本区的 3 号煤层属中水分、特低灰、特低硫、特低磷、富油、特高热值的长焰煤及不黏煤,主要用于动力用煤、气化用煤、低温干馏用煤和液化用煤,也可用于炼焦配煤和高炉喷吹用煤。各煤层煤质特征见表 12-8、表 12-9。

表 12-8   煤层煤质特征表（一）

煤层		工业分析/%			全硫 St,d/%	发热量 $Q_{net.d}$ /(MJ/kg)	磷 P_d/%	$F(10^{-6})$	$As(10^{-6})$
		水分 M_{ad}	灰分 A_d	挥发分 V_{daf}					
3	原	5.38~8.50	5.47~12.97	36.80~41.77	0.07~0.79	27.36~30.79	0.002~0.005	$\dfrac{32\sim103}{71(18)}$	$\dfrac{1\sim3}{2(17)}$
		6.83(20)	7.96(20)	38.56(20)	0.47(20)	29.59(17)	0.003(17)		
	浮	2.71~7.57	1.97~3.61	35.81~38.66	0.14~0.20	31.61~32.19	0.001~0.005	$\dfrac{21\sim78}{52(15)}$	$\dfrac{0\sim2}{1(15)}$
		4.88(20)	2.44(20)	37.10(20)	0.17(19)	31.90(17)	0.002(16)		
3^{-1}	原	5.63~7.32	3.24~7.04	36.93~39.28	0.17~0.52	30.34~32.05	0.001~0.006	$\dfrac{56\sim80}{66(6)}$	$\dfrac{0\sim2}{1(6)}$
		6.59(7)	5.79(7)	37.92(7)	0.36(7)	31.01(5)	0.003(6)		
	浮	1.91~5.90	2.06~3.81	36.37~38.26	0.12~0.29	31.76~32.27	0.000~0.010	$\dfrac{42\sim56}{48(5)}$	$\dfrac{0\sim1}{1(5)}$
		4.25(7)	2.52(7)	37.48(7)	0.18(5)	31.98(5)	0.003(6)		

表 12-9   煤层煤质特征表（二）

煤层		元素分析/%			
		C_{daf}	H_{daf}	N_{daf}	O_{daf}
3	原	80.51~83.03 81.89(19)	4.09~4.97 4.49(19)	0.26~1.06 0.77(19)	10.78~14.14 12.00(19)
	浮	81.45~83.63 82.93(19)	4.66~5.03 4.83(19)	0.21~1.25 0.80(19)	10.36~12.74 11.22(19)
3^{-1}	原	81.74~83.22 82.52(6)	4.48~5.13 4.76(6)	0.42~1.13 0.73(6)	11.15~12.44 11.51(6)
	浮	81.44~83.61 82.75(7)	4.71~5.26 4.95(7)	0.42~1.09 0.87(7)	10.37~11.85 11.16(7)

（5）开采技术条件

① 瓦斯：本井田煤层瓦斯含量甚微，属瓦斯矿井。瓦斯成分以非烃气（N_2，CO_2）为主。

② 煤尘：工业分析计算出各煤层煤尘爆炸性指数远大于有爆炸性危险10%的临界值，表明煤尘具有爆炸性危险。

③ 煤的自燃性：经对各煤层做自燃倾向测试，本井田3号和3^{-1}号煤层为易自燃煤层。

④ 地温：本井田属地温正常区，无地热危害。

⑤ 顶底板：3号煤层以难冒落顶板为主，局部地段为中等冒落顶板，煤层底板多为粉砂岩，整体稳定性较好；3^{-1}号煤层为难冒落顶板，底板以泥岩为主，强度较小，稳定性较差，属不稳定性底板。

⑥ 其他：本区地质结构简单，井田内地层平缓，煤层倾角小于10°，主采煤层厚度大，埋藏浅、赋存稳定，水文地质类型属二类一型，即以裂缝含水层充水为主的水文地质条件简单的矿床。

12.2.2 井田开拓与开采

（1）井田开拓方式及井筒布置

井田采用斜井单水平开拓全井田，水平大巷布置在 3 号煤层中。矿井投产时形成 3 条井筒，主斜井、副斜井在主井工业场地内，回风立井布置在风井场地。其中主、副斜井沿基本平行于明长城中线由东北向西南方向布置，回风立井布置在 ZK105 钻孔附近，井筒特征见表 12-10。

表 12-10　井筒特征表

序号	名称		单位	主斜井	副斜井	立风井
1	井口坐标	纬距 X	m	4 258 092.600	4 258 065.300	4 257 660.000
		经距 Y	m	19 408 548.040	19 408 586.500	19 407 530.000
2	井口标高		m	+1 288.50	+1 288.50	+1 288.50
3	提升方位		度	67°22′51″	67°22′51″	
4	井筒倾角		度	12	6	90
5	井筒长度		m	935	2 000	222
6	井筒净直径		m	4.40	5.40	5.00
7	井筒净断面		m²	14.2	20.1	19.6
8	用途			运煤、兼进风和安全出口	辅助提升、兼进风和安全出口	排水、回风和安全出口

（2）水平划分及水平间联系

本井田可采煤层 2 层，3^{-1} 号煤层为 3 号煤层的下分岔煤层；上距 3 号煤层 2.97～6.08 m，平均 4.27 m。根据煤层赋存特征及间距，井田为单水平开拓，主水平设在 3 号煤层，水平标高 +1 094 m。

（3）盘区划分及开采顺序

本井田采用大巷条带式开采，不再人为划分盘区，全井田采煤工作面前进式由南向北单翼按顺序接续开采，工作面内按后退式回采。

（4）巷道布置

本矿井不设盘区巷道，回采巷道采用大巷条带式布置，大巷沿井田西北边界由南东向北西方向布置。井下大巷组由辅助运输大巷、带式输送机大巷和回风大巷组成，巷道中心线间距为 40 m。大巷布置于 3 号煤层中，其中回风大巷沿煤层顶板布置，带式输送机大巷沿煤层中部布置，辅助运输大巷沿煤层底板布置。3^{-1} 煤层与 3 号煤层共用一组大巷进行开采。

（5）采煤方法

矿井采煤方法确定为综合机械化采煤法（3 号煤层采用预采顶分层放顶煤采煤法，3^{-1} 号煤层采用中厚煤层单一长壁采煤法），全部垮落法管理顶板。

（6）回采工艺及设备选型

本矿井采用"一井一面"，装备一个综采工作面，工作面采用端部斜切进刀、双向割煤方式，工作面回采率为 93%。工作面主要采煤设备见表 12-11。

表 12-11   工作面主要设备表

序号	名称	工作面设备
1	采煤机	MG300/700－WD 型电牵引采煤机,采高:1.8～3.6 m, 截深:800 mm,滚筒直径:1 800 mm
2	工作面刮板输送机	SGZ764/400 型刮板输送机,能力 800 t/h,长度 180 m
3	转载机	SZZ764/132 型转载机,能力 800 t/h,长度 50 m
4	破碎机	PCM110 型破碎机,能力 1 000 t/h,破碎粒度<300 mm
5	工作面胶带输送机	SSJ1000/160 型可伸缩胶带输送机,能力 800 t/h,带宽 1 000 mm
6	液压支架	支撑掩护式 ZY6400/17/35 型,高度 1.7～3.5 m,支护强度 0.82～0.93 MPa
7	乳化液泵站	LRB400/31.5 型乳化液泵站,流量 2×200 L/min
8	喷雾泵站	WPZ320/10 型喷雾泵站,流量 320 L/min

除上述主要设备外,还配备有 TXU-150 型探水钻机、WJ-24-2 型阻化剂发射泵、小水泵、调度绞车等设备。

(7) 工作面布置及参数

井田采用条带式开采,首采工作面 301 工作面沿主斜井井底附近的 3 号煤层大巷东侧布置。首采工作面参数见表 12-12。

表 12-12   首采工作面参数表

采区名称	工作面		回采煤层	工作面长度/m	采高/m	年推进度/m	生产能力/Mt		备注
	编号	装备					年	月	
301	301 上	综采	3	160	2.8	2 112	1.18	0.098 3	
	掘进	综掘					0.08	0.006 7	
	掘进	炮掘					0.02	0.001 7	
合计							1.30	0.108	1.28

(8) 巷道掘进及井巷工程

井下装备一个综掘工作面,一个炮掘工作面,年掘进工程总量为 5 000 m 左右,矿井采掘面比为 1:2。本项目井巷工程见表 12-13。

表 12-13   井巷工程数量表

项目		巷道长度/m				掘进体积/m³			
		煤	岩	半煤岩	小计	煤	岩	半煤岩	小计
开拓工程	井筒		3 247		3 247		76 485		76 485
	大巷	3 693			3 693	68 653			68 653
	主要硐室	571	325		896	6 745	3 903		10 648
	小计	4 264	3 572		7 836	75 398	80 388		155 786

续表 12-13

项目	巷道长度/m				掘进体积/m³			
	煤	岩	半煤岩	小计	煤	岩	半煤岩	小计
准备及回采工程	6 148			9 561	9 561	164 318		164 318
合计	13 825	3 572		17 397	239 716	80 388		320 104

矿井移交生产时,总井巷工程量为 17 397 m,其中煤巷 13 825 m,占 79.5%;岩巷 3 572 m,占 20.5%。万吨掘进率为 145 m。

(9) 井下运输

井下主运输采用胶带输送机,辅助运输采用无轨胶轮车运输。

(10) 井底车场及硐室

矿井不设井底车场,井下主要硐室有井下主变电所、主水泵房及水仓、井下消防材料库、井下爆炸材料发放硐室等。

(11) 通风方式及设施

采用中央分列式通风系统,抽出式通风方式。总通风量 110 m³/s,容易时期通风负压 1 208.4 Pa,困难时期通风负压 1 659 Pa。选用 FBCDZ-No27/220×2 (B)型防爆对旋轴流式通风机 2 台,其中 1 台工作,1 台备用。

(12) 井下排水

矿井正常涌水量 191 m³/h,最大涌水量 272 m³/h。井下设 1 间主排水泵房,选用 3 台 MD280-43×6 型矿用耐磨多级离心泵,矿井正常涌水量时,水泵 1 台工作,1 台备用,1 台检修;矿井最大涌水量时,2 台水泵同时工作。

(13) 矿井提升系统

主斜井带式输送机运量 $Q=800$ t/h、带宽 $B=1\,000$ mm、带速 $V=4.0$ m/s、电机功率 $2×500$ kW,机长 935 m。

12.2.3 矿井工作制度及服务年限

矿井年工作日为 330 d,采用"四六"工作制,即每天 3 班生产,1 班检修,每班工作 6 h,日净提升时间为 16 h;选煤厂年工作日为 330 d,采用"三八"工作制每天 3 班作业,其中 2 班生产,1 班检修,每班工作 8 h。

矿井共获得可采储量 87.86 Mt,考虑 1.4 储量备用系数,矿井总服务年限 52.3 a,其中主采煤层 3 号煤层服务年限为 50 a。

12.2.4 矿井地面生产系统

(1) 煤炭加工系统

① 厂型、建设规模及服务年限

根据矿井产品用户情况,煤矿建设配套的矿井型选煤厂,原煤处理能力与矿井生产能力一致,为 1.2 Mt/a。选煤厂服务年限与矿井相同。

② 选煤工艺及分选粒级

本工程选煤工艺采用动筛跳汰工艺,分选粒度确定为 30～300 mm。最终产品为 -30 mm,30～80 mm,+80 mm 三种。

③ 工艺流程

　　矿井来煤,先进行 cp30 mm 预先筛分,筛下−30 mm 的混煤直接作为产品煤,筛上＋30 mm 大块进入动筛跳汰机排矸,动筛生产的精煤进入分级筛进行分级,然后洗大块、洗中块分别入仓储存和装车外运销售。动筛的透筛物经筛分机脱水后,粗煤泥由旋流器和高频筛进行回收,细煤泥由隔膜压滤机进行回收,脱水回收的粗细煤泥再掺入−30 mm 的末原煤中,进入末煤仓储存装车销售。澄清后的澄清水作为循环水使用,跑冒滴漏水也进入煤泥水处理系统进行处理。洗选后产品平衡见表 12-14,选煤厂水平衡示意见图 12-1。

表 12-14　　　　　　　　　　　　　产品平衡表

		产率	产量			灰分	水分	发热量 /(kcal/kg)
			t/h	t/d	万 t/a			
精煤	洗大块	18.71%	42.53	680.49	22.46	8.61%	12.50%	6 229
	洗中块	23.26%	52.85	845.84	27.91	8.61%	12.80%	6 207
	末煤	54.66%	124.24	1 987.58	65.59	13.71%	13.00%	5 805
	小计	96.63%	219.62	3 513.91	115.96	12.03%	12.90%	5 940
矸石		3.37	7.65	122.45	4.04	73.70%	15.00%	2 456.61
合计		100.00	227.27	3 636.36	120.00	14.10%	14.00%	5 660

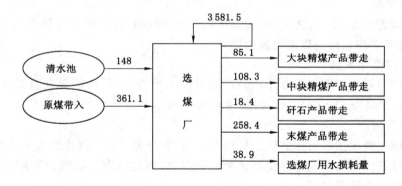

图 12-1　选煤厂水量平衡示意图

注:单位为 m³/d;本图未考虑选煤厂用水损耗量。

④ 主要设备

选煤厂主要设备选型见表 12-15。

表 12-15　　　　　　　　　　　主要设备名称及技术指标

序号	设备名称	主要技术特征	入料量 t/h(m³/h)		选用台数
			最小	最大	
1	原煤分级筛	2.4×4.8 香蕉筛,双层,下层 $\phi=30$ mm,上层 $\phi=100$ mm	300	500	1
2	动筛跳汰机	液压式,TDY15/3.0,$F=3.0$ m²	180	300	1
3	末煤脱水筛	直线振动筛 1548 型,$\phi=0.5$ mm	42	70	1

序号	设备名称	主要技术特征	入料量 t/h(m³/h)		选用台数
			最小	最大	
4	浓缩旋流器组	φ200×2,分级力度 0.05 mm	30	80	1
5	煤泥高频脱水筛	SUE1431 型低噪,F=4 m²,筛孔 0.3 mm	18	20	1
6	快开式隔膜压滤机	F=150 m²	11	14	1
7	斜板式浓缩机	NXB,F=515 m²	—	—	2 (1用1备)
8	块煤分级筛	1548 型,筛缝 80 mm	70	100	1 套

(2) 地面工艺总布置

地面生产系统主要有原煤储存系统、选煤系统、产品储存系统、矸石系统等。

① 原煤储存系统

原煤储存系统主要包括井田驱动机房、原煤仓和原煤仓带式输送机栈桥等。原煤仓位于主井井田和动筛车间之间,采用一个圆筒仓,直径 22 m,单仓容量 10 000 t。主斜井带式输送机将原煤提出地面后,在井田驱动机房内转载至原煤仓带式输送机,输送至煤仓贮存并缓冲。

② 动筛车间

动筛车间为长 25.5 m、宽 16 m 的钢结构厂房,原煤预先分级筛与动筛跳汰机一对一布置,同时布置有动筛系统的煤泥处理系统。

③ 产品煤储存系统

产品煤储存系统主要包括 3 个圆筒产品仓及 1 个方仓,其中圆筒仓直径 15 m,每个仓容为 3 500 t,方仓为 21 m×14 m,容量为 4 000 t。

④ 矸石系统

矸石系统主要包括矸石带式输送机栈桥、矸石方仓等。矿井掘进矸石不出井,全部充填井下。洗煤矸石经矸石带式输送机运输装入矸石仓,通过汽车外运综合利用或运至工业场地东南侧的矸石周转场处置。

矸石仓为 8 m×8 m 方仓,容量为 800 t,矸石仓下设 1 台电液动汽车装车闸门。

矸石周转场位于工业场地东南侧 2.9 km 处的头兴沟内,头兴沟为一自然荒沟,主沟道长度 2 375 m,平均宽度约 70 m,坝址以上沟道长 1 454.4 m,平均比降 7.7,流域面积 1.03 km²,高差 90 m,两侧坡度较大,地表为沙土,自然植被脆弱,主要为天然灌草地,整个沟道断面呈宽窄相间的 U 形,无常流水。占地面积 4.76 hm²,总库容为 37.75 万 m³(有效库容为 17.82 万 m³),在不考虑综合利用时服务年限约为 8 年。

(3) 地面辅助系统

辅助生产设施有机修车间、综采设备中转存放库、煤样室、化验室、坑木加工房等。

① 矿井修理车间

修理车间承担矿井机电设备的日常检修和维护任务,矿井采掘设备的大、中修委托榆神矿区内的机修厂或外委解决。

矿井机电设备修理车间设有机修、电修、铆焊、矿修工段,其面积为 864 m²。

② 综采设备中转存放库

中转存放库面积为 18 m×72 m＝1 638 m²，内设 1 台双钩桥式起重机，负责换装时的起吊任务；还设部分清洗设备，可对升井设备进行清洗，以方便该设备的维护、检验和修理。

③ 坑木加工房

由于本矿井为综合机械化开采，坑木需求量很少，因此矿井只设坑木改制间，主要为矿井提供一些零星木材和完成少量的坑木改制任务。面积 12 m×9 m＝108 m²。

④ 煤样、化验室

煤样室主要担负本矿生产的原煤煤样和产品煤样的采取，并制作送检煤样；化验室主要是对本矿原煤及产品煤送检煤样进行煤质化验，对灰分、水分、发热量、灰熔点等指标进行相关测定分析，靠近动筛车间布置，面积 28.5 m×7.5 m＝214 m²。

12.2.5 项目给排水与采暖供热、供电

（1）给排水

① 水源

本次设计矿井工业场地地面生产、生活及消防用水取自工业场地西南约 11 km 处的榆阳区石如水库地表水，井下生产用水采用处理后的矿井水。

由于本项目井下涌水量相对较大，环评从节约水资源的角度提出，井下涌水处理后除作为生产用水外，也可作为地面杂用水，减少石如水库的取用水量，节约区域水资源。石如水库地表水仅作为生活水及备用水源。

石如水库水源地建有水源泵房，内设取水泵自水库内吸水，将水提升至水源地转输水池内，由水源地转输泵房内的转输泵加压通过输水管线供至位于工业场地的日用消防水池，经消毒后，由设在日用消防泵房内的生活泵供至水塔及工业场地各用水点。

② 用水量

矿井总用水量为 1 612 m³/d，其中地面生产、生活用水量 654 m³/d，井下消防洒水用水量 360 m³/d，制浆用水量 598 m³/d，用水情况见表 12-16。

表 12-16　　　　　　　　　矿井用水量表

序号	用水项目	用水量/(m³/d)	备注
1	生活用水	14.0	水源井新鲜水
2	食堂用水	17.0	
3	洗浴	83.8	回用深度处理后的矿井水
4	洗衣房	17.4	
5	单身宿舍	55.8	
6	锅炉补充水	108	
7	锅炉除尘器补充水	90	
8	动筛排矸车间生产补充水	148	回用处理的生活污水及矿井水
9	煤场洒水降尘	25	回用处理后生活污水
10	场外道路及矸石周转场洒水降尘	22	
11	工业场地及洒水绿化	35	
12	未预见水量	38	
	小计	654	

序号	用水项目	用水量/(m³/d)	备注
13	井下消防洒水	360	回用处理后的矿井水
14	制浆用水	598	回用处理后的矿井水
15	地面消防用水	486	不计入水平衡
	合计	1 612	

③ 排水

污废水主要来源为生产废水、生活污水和井下排水,排水系统采用分流制:

矿井地面生产、生活污废水产生量为 177 m³/d;矿井正常涌水量为 45.84 m³/d。本环评要求地面生产、生活污废水经处理后全部回用,不外排;井下排水经分质处理后部分回用,剩余矿井水采用管道送至麻黄梁工业集中区作为其内企业的生产补充水,目前已与麻黄梁工业集中区筹备管理处签订了用水协议。

本区处于榆林市水源地的上游,废水禁止外排。为了确保废水真正实现零排放,预防矿井水资源化用户意外情况的发生,环评要求在风井工业场地建一生态蓄水池,作为矿井水在非正常状况下临时储存场所。

生态水池规格为 40 m×50 m,深 9.0 m,有效水深为 8.0 m,考虑水面蒸发因素(5%)外,按矿井水 30%、50% 及全部排入生态水池计算,分别可贮存 17.8 d、10.7 d 及 5.3 d 的矿井排水量。

生态水池底部标高为 +1 306.9 m,考虑减小弃土、弃渣的需要,挖土作为生态水池的围堰,内边坡设浆砌石护坡,底部做防渗处理。关于生态水池的相关工程应在初步设计中根据具体情况做详细设计。

④ 污水处理站

为保护环境,充分利用水资源,矿井分别在工业场地内新建地面生产、生活污水处理站和井下排水处理站。井下水处理设计能力 4 800 m³/d,采用混凝、沉淀、气浮、过滤、消毒等处理工艺。地面生活污水处理站,日处理能力 200 m³/d(设计为 400 m³/d),采用二级生化加深度处理的方法进行处理。

(2)采暖及供热

矿井总热负荷为 12 770 kW。设计提出工业场地集中供热锅炉房内选用 3 台 SZL10-1.25-All 型快装蒸汽锅炉,2 台 1.0SMW 常压热水锅炉。采暖期 3 台 10 t 蒸汽锅炉同时运行,非采暖期运行 2 台 1.0SMW 常压热水锅炉运行。

(3)供电

矿井全矿有功功率为 7 565 kW,工业场地建 35/10 kV 变电所 1 座,其两回电源分别以 LGJ-120 的 35 kV 线路引自麻黄梁 110 kV 变电站 2 段 35 kV 母线,2 条 35 kV 单回架空线路,长度均为 10.0 km,总长度为 20.0 km。

(4)通讯

依托当地电信业和移动通讯业基站,矿井通讯系统采用程控交换总机。

12.2.6　厂址位置及总平面布置

（1）选址

通过现场勘察，根据井田北部的地形条件，经综合比较，设计提出两个方案。

① 方案一：井田南部场地方案。

② 方案二：井田东部场地方案。

根据井田地形条件、场地外联道路、场内道路、供水线路、供电专线、土方量与运输条件，以及井田开拓因素等综合分析，工业场地最终选择方案一，即工业场地选择在井田内南部 ZK1575 号钻孔东北方向的波状沙丘地，距麻黄梁镇西约 1 km，场地标高约＋1 280～＋1 295 m。

（2）工业场地总平面布置

根据工业场地各建筑的功能、性质分工业场地为生产区、辅助生产设施区、行政设施区 3 个区。

生产区位于工业场地的北部和东部，主要为筛选系统生产设施和预留区，主要布置有主斜井驱动机房、原煤仓、动筛车间、产品仓、矸石仓、汽车过磅房、煤样室及化验室、锅炉房、胶轮车加油站、生活污水处理设施等。

辅助生产设施区位于工业场地的中西部，主要布置有浴室灯房及任务交代室联合建筑、35 kV 变电所、无轨胶轮车库、矿井机修车间、综采设备中转库、油脂库、器材棚、材料库、坑木改制间、日用消防水池、井下消防洒水水池等建筑。

行政设施区位于工业场地的西南部，根据与外部道路的联系，将办公楼布置在场区的中南部，主要人流出入口处，办公楼西侧布置有 2 栋单身公寓和食堂等设施。工业场地布置的主要技术经济指标详见表 12-17。

表 12-17　　　　　　　　　工业场地主要技术经济指标表

序号	名称		单位	数量	备注
1	工业场地占地面积		hm²	12.60	
2	围墙内占地面积		hm²	10.62	
	其中	单身区占地	hm²	0.75	
		35 kV 变电所占地	hm²	0.27	
		建构筑物占地面积	hm²	3.08	
		各种专用场地占地面积	hm²	2.10	
		道路占地面积	hm²	1.50	
		场地绿化面积	hm²	3.19	其中环评要求增加 1.6
3	建筑系数		%	29	
4	场地利用系数		%	62.90	
5	绿化系数		%	30.00	设计为 15%

注：本场地填方量 20.51 万 m³，挖方量 13.36 万 m³，场地平整时以挖做填。

（3）工业场内排水及防洪排涝

井田按一百年一遇洪水位标高设计，三百年一遇标高校核，工业场地按一百年一遇洪水位标高设计。工业场地地处半沙漠、半丘陵地貌区,工业场地及附近无地表径流,故工业场地的选址基本上不受防洪因素的影响。

(4) 其他场地

其他场地主要包括矸石周转场、风井场地等。其中矸石周转场位于工业场地东南约 2.9 km荒沟内,占地 4.76 hm²。

风井位于主井场地西部约 1.0 km 处,占地 1.9 hm²,布置有回风立井、通风机房、配电间、制浆系统以及井下水处理系统和回用系统等。风井场地与旧榆神公路建有联络公路。主要技术经济指标详见表 12-18。矿井总占地见表 12-19。

表 12-18   风井场地主要技术经济指标表

序号	名称		单位	数量	备注
1	工业场地占地面积		hm²	1.90	
2		围墙内占地面积	hm²	1.64	
	其中	建构筑物占地面积	hm²	0.65	
		道路、专用场地占地面积	hm²	0.25	
		场地绿化面积	hm²	0.50	其中环评要求增加 0.25
3	建筑系数		%	36.63	
4	场地利用系数		%	54.88	
5	绿化系数		%	30.00	设计为 15%

注:本场地填方量 9 500 m³。

表 12-19   矿井占地面积表

序号	项目		单位	数量	备注
1	场地	工业场地总占地	hm²	12.6	
2		风井场地	hm²	1.9	
3	供排水管线	水源地泵房	hm²	0.05	
4		输水管线	hm²	5.0	临时占地
5		排水管线	hm²	2.3	临时占地
6	场外道路	风井公路占地	hm²	0.11	
7		排矸道路占地	hm²	0.88	
8	输电线路		hm²	2.25	其中1.6为临时占地
9	矸石周转场占地		hm²	4.76	临时占地
10	合计		hm²	16.19	不包括临时占地

12.2.7 场外道路

本项目新建的场外道路有排矸公路和风井道路。排矸公路全长 1.14 km,占地 0.88 hm²,风井道路长 0.143 km,占地 0.11 hm²,分别按为厂外道路 4 级标准及郊区型道路标准设计。

12.2.8 项目组成

本项目组成主要包括主体工程(井巷工程、地面生产系统)、辅助工程、公用工程、行政与公共设施、场外道路等,详见表 12-20。

表 12-20　　　　　　　　　　　　　矿井工程项目一览表

项目		类别	工程内容
主体工程	井巷工程	主斜井	斜长 935 m,倾角 12°,净断面 14.2 m²
		副斜井	斜长 2 000 m,倾角 6°,净断面 20.1 m²
		回风立井	深 222 m,倾角 90°,净断面 19.6 m²
		井巷工程	井巷工程总长 17 937 m,掘进总体积 320 140 m³
		井底车场及硐室	不设井底车场,井下主要硐室有井下主变电所、主水泵房及水仓、井下消防材料库、井下爆炸材料发放硐室等
		通风系统	风门间、配电间、风道
	地面生产系统	矿井生产及储煤系统	驱动机房、原煤储煤圆筒仓(1×φ22 m、单仓容量 10 000 t)、原煤皮带输送系统、产品筒仓及一个方仓(3×φ15 m,单仓容量 3 500 t,方仓为 21 m×14 m)矸石方仓(8 m×8 m)、产品及矸石皮带输送系统等
		选煤厂	准备车间、主厂房、产品仓、浓缩池等
		装载点及栈桥	转载点采用钢筋砼框架结构;栈桥主要采用钢筋砼箱型和钢架、钢支架结构,全封闭
辅助工程			汽车库、材料库(含消防材料库)、材料棚、矿井修理车、综采设备中转库、胶轮车库、油脂库、矿井木材加工房、煤样室、化验室等
公用工程		给水	水源为石峁水库及处理后井下水。石峁水库水源地设有 150 m³ 水泵房、输水池、11 km 输水管线;工业场地内设有日用消防水池 2 座(容量 500 m³)、井下消防洒水水池 1 座,容积 500 m³
		供电	工业场地设 35/10 kV 变电站 1 座。其两回 35 kV 供电电源取自引自麻黄梁 110 kV 变电站两段 35 kV 母线
		供热	工业场地新建锅炉房 1 座,内设 SZL10-1.25-AII 型锅炉 3 台,2 台 1.05 MW 常压热水锅炉(环评要求采用环保型)
		矿井水处理站	井下水处理站 1 座,设于风井场地
		生活污水处理站	地面生活污水处理站 1 座,设于主井场地
		排水	处理后水部分回用于煤矿生产,其余用于麻黄梁工业集中区生产补充水,不外排。管线长 5.0 km
行政与公共设施			办公楼、联合建筑、单身宿舍、食堂及文化中心等
场外道路		排矸公路	新建,长 1 140 m,占地 0.88 hm²。采用厂外 4 级道路标准,路基宽 6.5 m,路面宽 3.5 m,路面结构采用 18 cm 厚泥结碎石
		风井道路	新建,长 143 m,占地 0.11 hm²。采用郊区型道路标准,路基 6.0 m,路面宽 4.5 m,路面采用 5 cm 厚沥青表处结构,基层采用 30 cm 厚水泥稳定碎石

12.3　工程分析

12.3.1　矿井工艺流程

　　矿井主要生产工艺过程为:井下采用综合机械化采煤法(长壁综采开采顶分层法),全部垮落法管理顶板。井下布设一个生产系统开采 3 号煤层、3^{-1} 号煤层,采煤工作面原煤经工作面带式输送机→大巷带式输送机→主斜井带式输送机运至地面原煤仓,同时掘进工作面来煤,经其配套的带式输送机到达大巷带式输送机,进入主煤流系统。原煤由原煤仓经胶带输送机运至动筛车间(选煤厂)后,进入一台预先分级筛中,经筛分后,-30 mm 级的筛下物进入末煤上仓胶带机,运往产品仓,$+30$ mm 级的筛上物进入动筛跳汰机进行排矸处理,矸石由一条矸石胶带机运往矸石仓;动筛精煤由一条胶带机运往产品仓,分为 $+80$ mm、30 mm~80 mm 两种产品分别入仓外销。矿井生产工艺见图 12-2。

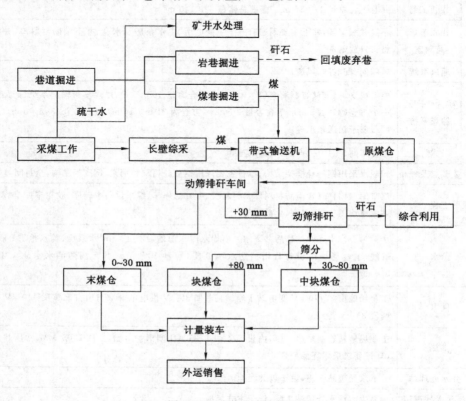

图 12-2　矿井生产工艺图

12.3.2　新建工程污染源及治理措施

(1)工程施工期污染源与污染物

① 大气污染源

施工期的大气污染源主要为施工场地裸露地表在大风气象条件下的风蚀扬尘、施工队伍临时生活炉灶排放的烟气,建筑材料运输、装卸中的扬尘,土方运输车辆行驶产生的扬尘,临时物料堆场产生的风蚀扬尘,混凝土搅拌站产生的水泥粉尘等。污染物大多为无组织排放。根据神华集团榆家梁矿、孙家沟矿等施工期有关监测资料类比,施工扬尘不采取防治措施,平均风速下影响至施工边界外 200 m 内 TSP(total suspended particle,总悬浮颗粒物)浓度超标 3~5 倍,采取防治措施情况下一般可以达标。

② 水污染源

施工期水污染源主要为施工中产生的泥浆废水、施工区的冲洗与设备清洗废水、施工队伍的生活污水等。

泥浆废水中泥浆含量较高,主要污染物为 SS(suspended solids,悬浮物)。施工现场应设泥浆沉淀循环池,泥浆水循环利用,钻孔过程中排出的钻渣(泥土)全部送入循环泥浆池用于配制钻孔护壁泥浆,钻孔施工过程中没有泥浆排放。冲洗水主要污染物为 SS,其次是石油类;生活污水主要污染物为 SS,BOD_5(5 天生物化需氧量),COD(化学需氧量)等。

③ 噪声源

施工期噪声源主要为各类施工机械。根据本工程施工活动的特点,经类比调查主要施工设备噪声级类比调查结果见表 12-21。

表 12-21　　　　　　　　　　　施工期间主要噪声源声压级

产噪设备	声压级/参放距离[dB(A)/m]	产噪设备	声压级/参放距离[dB(A)/m]
吊车	72～73/15	压风机	95/1
装载机	85/3	振捣机 50 mm	93/1
挖掘机	67～77/15	电锯	103/1
推土机	73～83/15	升降机	78/1
打桩机	85～105/15	扇风机	92/1
混凝土搅拌机	91/1	重型卡车/拖拉机	80～85/7.5

④ 固体废物

双山矿井施工期排放的固体废物主要为岩巷岩石及建筑垃圾等,固废约为 8.29 万 m^3,全部用于风井场地及场外道路的填垫,不外排。

⑤ 生态环境

施工过程中场地开挖对土地造成扰动影响,堆填土石方、取土石方等工程引起水土流失量增加,矸石周转场、输排水管线路作业等临时占地,将破坏地表植被,引起局部生态环境恶化。

(2)工程生产运营期污染源与污染物

矿井生产过程中主要污染为排水、扬尘、噪声、固废及生态影响。

① 水质调查与确定

本工程参考同处榆神矿区矿井水(二墩矿井)水质确定矿井水及生活污水水质,分别见表 12-22,表 12-23。

表 12-22　　　　　　生活污水水质类比监测调查结果一览表　　　　　　单价:mg/L

矿井名称	SS	COD	BOD_5	石油类
双山煤矿	120	130	60	5
评价标准	70	100	20	5

表 12-23　　　　　　矿井水水质类比监测调查结果一览表　　　　　　单位:mg/L

矿井名称	SS	COD
双山煤矿	300	60
评价标准	50	50

② 矿井水

矿井正常涌水量为 45.84 m³/d,矿井水水质属以煤尘、岩粉为主的单纯性污染。采用经混凝、沉淀、气浮、过滤、消毒处理后的矿井水 1 404 m³/d,回用于主井工业场地生产、生活杂用及井下生产用水,剩余 3 153 m³/d 用作麻黄梁工业集中区工业用水。

③ 工业场地污水

工业场地生产、生活污水主要包括浴室、食堂、卫生间以及矿灯房等生产部门排放的废水等,主要污染物为 COD,BOD₅,SS 和石油类等,工业场地污水量为 177 m³/d,经地埋式二级生化处理站处理达标后全部用于场地生产用水(场内洒水绿化、场外道路、矸石场、煤场洒水降尘等)及选煤厂补充水。双山煤矿新建工程水量平衡见图 12-3。

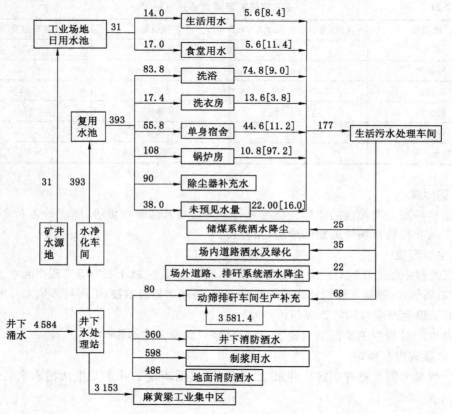

图 12-3 煤矿水量平衡图

说明:a) 未特殊标明的数据为全矿正常用水量,各水量单位为 m³/d;
b) "[ ]"标明的数据为损失水量;c) 地面消防用水未参与水量平衡。

(3) 大气污染源及设计拟采用的治理措施

① 工业场地锅炉房

煤炭井下开采及煤炭加工的大气污染源主要为工业场地内锅炉房。本矿井工业场地新建锅炉 1 座,内设 3 台 SZL10-1.25-All 型快装蒸汽锅炉及 2 台 1.05MW 常压热水锅炉,采暖季 3 台快装蒸汽锅炉运行供热,非采暖季 2 台常压热水锅炉运行提供热水。

蒸汽锅炉分别配置花岗岩水浴冲击式脱硫除尘器,添加脱硫剂(双碱法)为 NaOH 和

CaO,除尘效率达 95%,脱硫效率 60%,烟气处理后由高 45 m,出口内径 1.0m 的砖烟囱排放。常压热水炉采用环保型热水锅炉,自带 85% 除尘效率。锅炉排放的污染物可满足《锅炉大气污染物排放标准》(GB 13271—2001)中Ⅱ时段"二类区"标准要求。具体的污染物排放量见表 12-24。

表 12-24　　　　　　　　锅炉排放大气污染物一览表

		排放浓度限值		治理后排放量 /(kg/h)		治理后排放浓度 /(mg/Nm³)	
		烟尘	SO₂	烟尘	SO₂	烟尘	SO₂
工业场地	采暖期 (3×10 t/h)	50	300	3.45	12.18	59.3	209.14
	非采暖期 (2×1.5 t/h)			1.04	3.05	177.89	522.86

② 煤粉尘

煤粉尘主要产生于输煤栈桥、转载点、筛分系统、矸石周转场以及装车系统等,为局地扬尘污染。

对皮带走廊及其转载点采用半圆形玻璃钢罩密封,在罩上设 FM 型下饲式袋式除尘器,除尘效率可达 98%,同时在运煤皮带转载机头处设喷雾洒水降尘。对运煤矸车辆应加强管理,限载限速,装满物料后应加盖篷布防止抛洒碎屑。

矸石仓出料口处设置喷雾洒水装置,以控制矸石装车时的粉尘产生。矸石周转场设置洒水降尘装置,周边进行绿化,以有效控制扬尘,加大煤矸石利用量,减少煤矸石在工业场地停留时间。

通过采取上述综合防治措施后,整个生产系统煤(粉)尘排入外环境的煤尘浓度和煤尘量均低于 GB 20426—2006《煤炭工业污染物排放标准》的允许限值。

经类比煤尘产生量为 240 t/a,排放量为 40.8 t/a。

(4) 固体废物污染源、污染物及拟定防治措施

① 煤矸石

本矿井生产能力 1.2 Mt/a,井下掘进矸石产生量为 0.72 万 t/a,不出井,全部井下排弃;地面排矸系统矸石为 4.04 万 t/a。

生产期地面生产系统产生矸石,在不进行综合利用时全部用汽车运往矿井工业场地东南侧的临时矸石场周转场排弃,四周设置洒水设施,并进行绿化。

矸石露天堆放将造成一定程度大气扬尘污染,同时,由于大气降水的冲刷和浸泡,造成矸石中部分可溶物的浸出,可能对附近地表水和土壤造成污染。因此从环保和资源综合利用角度出发,本项目拟将矸石全部用于榆林基泰阳光发电有限公司发电。

② 锅炉灰渣

工业场地锅炉房灰渣总排放量为 1 107.8 t/a。建设单位已与陕西省榆林市利民建筑工程公司签订锅炉灰渣综合利用协议,将灰渣用于屋顶保暖材料。

③ 生活垃圾

生活垃圾主要由工业场地的建筑、食堂等部门排放。生活垃圾按每人每天 0.8 kg 计算,排放量为 606.4 kg/d,200.1 t/a。生活垃圾成分复杂,有机物含量较高,应有组织地排放。矿井配备垃圾筒和垃圾车,定期运往榆林市榆阳区指定场所处置。

工业场地生活污水处理设施每年产生污泥约 3.14 t(干污泥),污泥经机械脱水后与生活垃圾一起处理,因其量较少,环评建议污泥作为场地绿化农肥。井下污水处理站每年产生污泥约 306.32 t,环评建议资源化或外销。

④ 脱硫渣

本项目采用花岗岩水浴冲击式脱硫除尘器,添加脱硫剂(CaO 和 NaOH)实现烟气除尘脱硫,脱硫废渣产生量为 110.26 t/a,主要成分为脱硫石膏,全部用于当地建筑材料。

(5)噪声污染源与治理

工业场地内的噪声源主要来自矿井主、副井井口房、通风机房、锅炉房、坑木加工房、机修车间及选煤系统等。产噪设备主要为带式输送机、风机、破碎机、分级筛、动筛机/溜槽等。经类比调查,其噪声级一般在 82～110 dB(A)之间,见表 12-25。

表 12-25　　主要噪声源一览表

序号	噪声源	设备	声压级 dB(A)	
			防治前	治理后
1	矿井通风机房	轴流式矿井通风机	98	70
2	主斜井驱动机房	带式输送机	96	70
3	空压机房	空压机	85	65
4	动筛排矸车间	分级筛等	98	70
5	工业场地锅炉房	鼓风机、引风机	95	65
6	坑木房	电锯	110	88
7	机修车间	电机	98	75

设计考虑对矿井噪声源进行综合治理,尽量选用低噪声机电设备,并进一步优化车间及厂区的布局,对于高噪声设备主要采取消声、吸声、隔声、阻尼、减振等常规声治理措施,可使厂界噪声值满足《工业企业厂界环境噪声排放标准》(GB 12348—2008)中 2 类区标准要求。

消声装置主要用于矿井通风机进风口,锅炉房鼓风机进出口、引风机出口以消除空气动力性噪声;吸声主要用于通风机房、坑木加工房、机修车间等高噪声混响严重的车间。吸声结构材料、面积将根据降噪量、车间生产安全等要求确定。隔声主要用于控制高噪声设备的辐射噪声,在动筛排矸车间设隔声门窗;锅炉房、机修车间、动筛车间、空压机房做基础减震处理。

噪声控制效果:预计消声器的消声量为 20～25 dB(A),吸声结构的吸声量在 4～10 dB(A),隔声屏的隔声量为 7～12 dB(A),隔声间的隔声量为 20～25 dB(A),阻尼的降噪量在 10～20 dB(A)。

煤炭装卸作业中主要采用皮带运输机运送,其机电设备功率均较低且安装在室内,因此不会对声环境产生污染影响。

（6）地表沉陷与预防

① 地表沉陷影响分析

双山矿井的开采将引起地表的下沉、倾斜、水平变形和倾斜变形,地面建筑、公路、地表水系、供电线路都将遭受不同程度的破坏,并形成较大面积的沉陷区,使生态环境遭受一定程度的破坏。

② 地表沉陷预防与生态保护

双山煤矿的生态保护以沉陷区治理和矸石的综合治理为主。

地表沉陷的预防措施有以下几种。

A. 对建筑物的保护措施

对矿井工业场地和附属建、构筑物采用留设永久保护煤柱的方法。具体方案将在后续章节详细论述。

B. 对水体保护措施

井田中部的柳巷河及其上水库采用保护性开采方式进行保护。

C. 对村庄的保护

井田南部麻黄梁镇留设保护煤柱,井田内零星住户进行搬迁。

D. 对文物古迹的保护措施

井田西南部的明长城留设保护煤柱。

E. 其他保护措施

井田南部的部分旧榆（林）神（木）公路与工业场地、水库、村庄及明长城一块留设保护煤柱,其他公路无须留煤柱,采取"采后修复"措施。

F. 地表沉陷整治覆土

对沉陷区的治理主要应从恢复土地功能出发,采用土地平整、填补裂缝等办法恢复耕地质量。

（7）水土保持

矿井在建设期和运营期都将不同程度地破坏原有地形地貌,开挖、破损、压占土地,施工中填方挖方,运营期产生的固体废物都将不同程度造成水土流失。因此,为减少水土流失,应合理布置工业场地建、构筑物,减少工业场地占地面积,减少对原有地形地貌的破坏,矿井建设期尽量避开雨季,井下巷道布置在煤巷中,加强固体废物的综合利用或安全处置,对工业场地进行绿化,在场地内设一定量的排水沟。

（8）绿化

因地制宜、结合场地的不同功能,合理绿化。对工业场地办公区、居住区、辅助生产区、道路进行绿化,对于办公区适当多种常青树、开花乔灌木及果树,对于生产区,选择吸滞粉尘能力较强的乔灌木、绿篱和地被植物。

12.3.3 矿井拟采取的环保措施

矿井设计拟采取的环保措施与环评要求的环保措施对比一览见表12-26。

12.3.4 排污量的预计

根据以上分析,本项目大气污染源、水污染源、噪声污染源、固体废物的产生情况以及采取防治措施后的排污情况,详见表12-27。

表 12-26 工程拟采取的环保措施与环评要求

污染源分类		设计要求	环评要求	处理预期效果
气	锅炉	花岗岩水浴冲击式脱硫除尘器,除尘效率95%,脱硫效率60%	除尘器同设计,但采用双碱法实现脱硫,常压热水锅炉选用环保型,自带85%除尘效率	满足 GB 13271—2001 二类区Ⅱ时段标准
	储煤场	筒仓储煤	增设洒水设施及袋式除尘器	《煤炭工业污染物排放标准》(GB 20426—2006)表4、表5限值
	预筛分系统	未提及	设于车间内,产尘环节设密闭吸尘罩和喷雾洒水装置降尘	
	皮带、转载点	对皮带走廊及其转载点采用半圆形玻璃钢罩密封,在罩上设FM型下饲式袋式除尘器,同时在运煤皮带转载机头处设喷雾洒水降尘	同设计	
水	井下排水	混凝沉淀处理,井下消防用水回用	进行混凝、沉淀、气浮、过滤、消毒处理后回用于生产、生活杂用及井下消防洒水等用水环节,剩余部分全部用于麻黄梁工业集中区用水	零排放
	工业场地废水	生化二级处理后,回用于选煤厂洗煤补充用水,剩余部分回用于矿井生态用水及道路洒水用水	采用综合污水处理设备进行二级生化处理后,全部回用,不外排	
固废	煤矸石	采掘矸石不出井,暂时堆放在临时矸石存放场,随后通过汽车运至附近矸石电厂	采掘矸石全部井下回填,筛分矸石全部综合利用于榆林基泰阳光发电有限公司,同时设矸石临时周转场	减少水土流失
	灰渣、脱硫渣	作为当地建筑、铺路材料、水泥厂原料	用于陕西省榆林市利民建筑工程公司生产屋顶保暖材料	
	生活垃圾	由当地卫生行政部门指定场所处置	同设计	符合环卫部门要求
	处理站污泥	无	矿井水处理站污泥外销;地面污水处理站污泥用作场地绿化农肥	尽可能资源化
声	矿井各类主要强噪设备	选用低噪设备,采用消声、隔声、减振等降噪措施,同时加强管理	加消声器、基础减震、隔声门窗、绿化等	厂界噪声符合 GB 12348—2008 之2类区标准
	绿化	主井绿化率为15%,风井为15%	主井、风井场地绿化率均提高到30%以上	绿化系数达30%以上
	建设期	未提及	要求从气、水、噪、生态方面给予污染防治和修复,同时加强建设期环境监理	满足建设期相关要求

表 12-27　"三废"预计排放情况表

污染源	污染物产生情况			污染物排放情况				污染物预期削减情况		
	类别	浓度	产生量	类别	浓度	排放量	拟采取的环保措施	去除率或利用率/%	削减量	削减比例/%
井下排水	排水量		151.27	排水量		0	混凝、沉淀、气浮、过滤、消毒处理、全部综合利用	100	151.27	100
	COD	60	90.76	COD	18	0		70	90.76	100
	SS	300	453.81	SS	30	0		90	453.81	100
工业场地排水	排水量		5.84	排水量		0	生产废水、生活污水经污水设备处理后全部回用	100	5.84	100
	COD	130	7.59	COD	24	0		80	7.59	100
	SS	120	7.01	SS	36	0		80	7.01	100
	BOD5	60	3.50	BOD5	6	0		90	3.50	100
	石油类	5	0.29	石油类	1.5	0		70	0.29	100
锅炉烟气	烟气量		17 071.35	烟气量		17 071.35	经花岗岩水浴脱硫除尘器除尘、脱硫,除尘率95%,脱硫效率60%	0		0
	SO_2	522.86	78.59	SO_2	209.14/522.86	34.37		60	44.22	60
	烟尘	1 185.97	178.26	烟尘	59.3/177.89	10.16		95	168.1	95
	煤尘		240	煤尘	≤80	40.8	采用筒仓、密闭罩、袋式除尘器、场地洒水等	83	199.2	83
固体废物	灰渣		0.111	灰渣		0.011	灰渣、脱硫渣用于建材公司,生活垃圾排入当地垃圾处置场;矸石进行综合利用	100	0.111	100
	脱硫渣		0.011	脱硫渣				100	0.011	100
	生活垃圾		0.020	生活垃圾		0		100	0.020	100
	生产期选矸		4.04	生产期选矸		0		100	4.04	100

备注：① 废污水：排放量单位为万 t/a,浓度单位为 mg/L,污染物排放量单位为 t/a；废气：烟气量单位为万 m³/a,浓度单位为 mg/m³,污染物排放量单位为 t/a；固体废弃物：排放量单位为 t/a。

② 烟尘、SO_2 浓度 A/A 表示：供热锅炉烟气浓度/茶水炉烟气浓度。

12.4 建设项目地区的环境概况

12.4.1 自然环境概况

(1) 地形地貌

井田地处毛乌素沙漠东南缘与陕北黄土高原接壤地带,地表基本被第四系松散沉积物所覆盖。区内地形总体起伏不大,南、北部为黄土梁岗区,地势较高,中部为沙漠滩地区及河谷阶地区,地势较低。以柳巷河为界,北侧地形相对较平坦,海拔标高一般在 1 270~1 300 m 之间;南侧起伏较大,海拔标高一般在 1 270~310 m 之间。区内最高点位于井田北部杜家窑子梁顶,高程 1 347.0 m;最低点位于井田西部的柳巷河河道内,高程 1 253.0 m。最大相对高差约 94 m。

(2) 气候

本区属温带大陆性干旱、半干旱季风气候。天气多变,春季干旱而多风沙,夏季炎热多雷雨,秋季凉爽而短促,冬季干冷而漫长,日照充足,雨热同季。年平均气温 8.1 ℃,7~8 月最高气温 36.7 ℃,1 月最低气温 −29.7 ℃,日温差 15 ℃~2 ℃。年平均降水量 414 mm,年平均蒸发量 1 907.2 mm。7~9 月份为雨季,十月中旬降雪,翌年二月解冻,无霜期 150~180 d。冬季至春末夏初多风,平均风速 2.2 m/s,最大风速可达 18.7 m/s,风向多为北西,据《中国地震烈度区划图》井田对照地震烈度小于 6 度。

(3) 地表水系

区内水系较发育,主要河流为柳巷河,由东向西横穿井田中部,该河为头道河最大的支流。根据调查,由于沿柳巷河在本井田内及井田外围东部建有不少于 10 个拦水坝,因此河道只在雨季形成地表水流,一般无流水存在。

头道河常年流水,最小流量 0.057 m³/s,最大流量 1.67 m³/s,平均流量为 0.295 m³/s,在距井田 20 km 处注入榆溪河。

榆溪河从井田西边界外约 20 km 处由北向南流过,其多年平均流量为 11.75 m³/s,根据《榆林地区地面水域适用功能区划分方案》,榆溪河源头至红石峡段划为生活饮用水源地,执行地表水Ⅲ类标准,按要求不能设排污口。头道河为榆溪河的一级支流,本项目禁止设排污口。穿过井田中部的柳巷河属红石峡水库水源地二级水域保护区。

榆林市红石峡水库为榆林市集中生活饮用水水源地,位于榆林市区西北 7 km 处,属于红石峡水库水源地保护范围。

(4) 地质与水文地质

① 构造

井田位于鄂尔多斯盆地之次级构造单元陕北斜坡中部,地质构造简单,区内未发现较大断裂、褶皱及岩浆活动痕迹,局部发育宽缓的波状起伏。总体构造形态为一向北北西缓倾的单斜层,倾向 350°,倾角小于 10°。

根据勘探,井田内解释和推断有 3 个隐伏断(层)点,均为正断层,落差 5.6~7.4 m,可靠性评价为较可靠。

② 地层

井田地表全部被新生界松散沉积物覆盖,由新至老主要有第四系全新统风积沙、冲洪积层、上更新统萨拉乌苏组、中更新统离石组、新近系上新统静乐组、侏罗系中统直罗组、延安组、下统富县组，基岩地层之间为整合接触关系。由老至新分述如下：

侏罗系下统富县组：

井田内无钻孔揭露，据的 ZK1550 孔资料，该组厚度大于 28.00 m。岩性以浅灰、紫红色块状细粒长石砂岩及同色粉砂岩为主，夹少量紫红色厚层状泥岩及浅灰色粗粒长石砂岩。

侏罗系中统延安组：

全井田分布，为本区含煤地层，主要为一套河流一湖沼相含煤沉积，岩性为灰-灰白色细-粗粒长石砂岩、深灰色粉砂岩、泥岩夹黑色碳质泥岩、煤层（线），组成多个次级沉积旋回，厚度 277.48～294.45 m。

侏罗系中统直罗组：

岩性以灰白～灰黄色中（细）粒砂岩和浅灰绿、灰褐色粉砂岩、泥岩为主。该组遭受后期风化剥蚀，仅残留其下部层位，在井田 ZK103—ZK205—ZK305 连线以南缺失，厚度 0～39.66 m。底部为灰白色厚层状中（粗）粒长石砂岩，含较多植物茎干化石及泥砾，分布较稳定，是延安组和直罗组界线的重要标志层（K4）。该组与下伏地层延安组呈整合接触。

新近系上新统静乐组：

全井田分布，仅出露于井田西南部柳巷河南岸一带，岩性为紫红或褐红色粉砂质黏土。该地层是本区内最主要的隔水层，厚度变化较大，为 12.56～97.22 m，平均 62.88 m，与其他地层均为角度不整合接触。

第四系：

广布全区，不整合于一切老地层之上。地表多以现代风积沙、离石组为主。

12.4.2　水文地质

（1）含水层

井田地下水划分为 2 种类型（即第四系松散岩类孔隙及孔隙裂缝潜水、碎屑岩类裂缝水）和 5 个含水岩层（组）（即全新统冲洪积层孔隙潜水、上更新统萨拉乌苏组孔隙潜水、第四系中更新统黄土孔隙裂缝潜水、侏罗系碎屑岩类风化壳裂缝水、碎屑岩类裂隙承压水）。主要含水层特征叙述如下。

① 全新统冲洪积层孔隙潜水

分布于井田东北部的淤地坝中。冲洪积地层厚度一般厚 10～30 m。地层主要由松散的中砂、粉细沙、粉沙夹粉土组成，地下水赋存条件较好，含水层厚度 10.65 m，水位埋深 9.35 m，降深 4.56 m，涌水量为 1 144.11 m³/d，单位涌水量 1.0312 L/s，渗透系数20.194 m/d，富水性强。水化学类型为 HCO_3—$Ca \cdot Mg$ 型水，矿化度 201.73 mg/L。

② 上更新统萨拉乌苏组孔隙潜水

分布于井田中部。萨拉乌苏组地层呈条带状及不规则状分布于柳巷河及其支流两侧，其上多为现代风积沙覆盖。岩性以灰黑色粉砂及灰黄色含黏土质细砂等组成，厚 0～20 m。含水层厚 5～12 m，水位埋深 6～9 m。降深 2.5 m，涌水量 187.66 m³/d，单位涌水量 0.132 L/s，渗透系数 7.486 m/d，富水性中等。水化学类型为 HCO_3—$Ca \cdot Mg$ 型水，矿化度 361.84 mg/L。

③ 第四系中更新统黄土孔隙裂缝潜水

广布全区，出露于井田的南部和北部，在井田的中部隐伏于萨拉乌苏组及现代风积沙地层之下。含水层岩性主要为粉土质黄土,厚度一般为 20～40 m。井田北部和南部的黄土梁岗区,水位埋深大,富水性弱,水位埋深 40.31 m,降深 16.09 m,涌水量 1.56 m^3/d,单位涌水量 0.001 07 L/s,渗透系数 0.001 3 m/d;靠近井田中部的河谷阶地区水位埋藏较浅,富水性较弱,含水层厚度 54.54～119.24 m,水位埋深 10.46～16.30 m,降深 45.69～46.86 m,涌水量 51.93～52.70 m^3/d,单位涌水量 0.013 L/s 檝,渗透系数 0.013 m/d;水化学类型为 HCO_3—Ca·Mg、HCO_3—Mg·Na·Ca 型水,矿化度 215.92～268.01 mg/L。

另外,中生界碎屑岩类根据水力特征划分为 2 个含水岩组,即侏罗系碎屑岩类风化带裂缝水及碎屑岩类裂隙承压水。

④ 侏罗系碎屑岩类风化带裂缝潜水

全区分布,均隐伏于新近系静乐组红色黏土之下,含水层为基岩顶部的风化裂缝带,一般厚 20 m 左右。最大涌水量 54.58～428.21 m^3/d,含水层厚度 30.43 m,降深 16.50 m,涌水量 2.07 m^3/d,单位涌水量 0.001 5 L/s,渗透系数 0.003 m/d,富水性弱。水化学类型为 HCO_3—Na·Ca,矿化度 286.00 mg/L。

⑤ 碎屑岩类裂隙承压水

以 3 号煤层为界分上、下 2 个含水岩段:

A. 3 号煤层之上碎屑岩类裂隙承压水分布于 3 号煤层之上,含水层主要为延安组第四段砂岩,以中粒砂岩为主,少量细砂岩,厚 29～68 m,平均 50.85 m。水位埋深 6.09～23.30 m,含水层厚度 31.02～67.93 m,降深 33.30～44.95 m,涌水量 0.26～87.09 m^3/d,渗透系数 0.007～0.060 88 m/d,富水性弱。水化学类型为 HCO_3—Na·Mg 型及 HCO_3—Na·Mg·Ca 型水,矿化度 278.90～316.06 mg/L。

B. 3 号煤层之下碎屑岩类孔隙裂隙承压水

分布于 3 号煤层至延安组底界之间层段中。岩性主要为浅灰色粉、细砂岩与深灰色泥岩不等厚互层夹煤层,裂缝不发育,含水层较薄。富水性极弱。

(2) 隔水层

① 静乐组红土

广布全井田,厚 12.56～97.22 m,平均 62.88 m。岩性为棕红色黏土及粉砂质黏土,具褐色斑块,白色网纹,夹多层钙质结核层及钙板,较致密,为第四系潜水与基岩裂缝水间良好的隔水层。

② 泥岩类

在基岩中,厚度较大且连续分布的泥岩、粉砂质泥岩、泥质粉砂岩及部分粉砂岩等泥岩类,与含水层相间分布,厚度一般为 10～40 m,为层间裂隙承压水的隔水层。

(3) 地下水的补给、径流、排泄条件

第四系松散含水层潜水以大气降水补给为主,部分为沙漠凝结水及灌溉回归水补给,而阶地受两侧黄土梁岗区黄土层潜水的侧向补给。地下水的径流主要受地形地貌的控制,流向由高至低与现代地形吻合,即柳巷河以北大体由东北向西南方向径流;柳巷河以南,地下水总体由东南向西北方向径流。排泄主要是以泄流的形式补给地表水,次为蒸发消耗、垂向渗漏和人工开采。

基岩风化带裂缝水,因受其上覆红土隔水层的制约,主要接受井田外围同一含水层的侧向补给。其径流方向与岩层产状关系密切,大体向井田西部及西南部沟谷基岩出露处径流,以泉的形式排泄。

井田内基岩承压水主要通过区域上基岩风化裂缝带潜水的下渗补给,还接受基岩裸露地段地表水的渗入补给。受区域上向西微倾的单斜构造的影响及上下隔水层的制约,径流方向基本沿岩层倾向由东向西或西南方向运移,愈向西部,埋藏愈深,交替循环条件愈差,基本形成了较为封闭的储水空间,故水量小,水质差。

（4）水文地质类型

本区水文地质勘探类型应划为二类一型,即以裂缝含水层充水为主的水文地质条件简单的矿床。一般涌水量为 191 m³/h,矿井最大涌水量为 272 m³/h。

12.4.3　文物古迹、自然保护区及天保工程

（1）文物古迹及自然保护区

根据现场调查,井田范围内无自然保护区和风景名胜区。文物保护单位有明长城遗址,沿本井田东南边界自南西—北东向展布。

明长城是战国秦、隋、明几代所筑的长城,是我国历代修筑长城较多的地区。明长城横亘榆林的北六县,东起府谷清水营,西至定边花马池。全长 885 km,有 819 座守护壕墙、崖塞,780 座小墩,15 座边墩,36 座营堡以及 1 座榆林卫城,构成了一道营堡相连、墩台相望的千里防线。其中,在井田范围内的长度约 2.1 km,由于屡遭破坏,又被沙漠侵吞,损毁严重,为国家重点保护文物。

（2）天保工程

天保工程即天然林资源保护工程,其主要任务一是全面停止长江上游、黄河上中游地区天然林的商品性采伐,二是管护好工程区内 14.3 亿亩的森林资源,三是在长江上游、黄河上中游工程区营造新的公益林,四是分流安置由于木材停伐减产形成的富余职工 74 万人。榆林市的天保工程总面积为 17 000 亩,榆阳区面积为 5 700 亩,麻黄梁镇涉及 2 170 亩,主要分布在麻黄梁镇东侧的北大村和南沙村,其功能主要为防风固沙,双山井田范围内不涉及天保工程。

12.4.4　井田涉及社会环境概况

麻黄梁镇位于榆阳区东北约 26 km 处古长城沿线,属黄土丘陵沟壑区和毛乌素沙漠南缘的典型风沙草滩区过渡地带。全镇总面积 452.1 km²,其中耕地面积 4 858 hm²,草地 8 267 hm²,已形成万亩以上集中连片的优质人工牧草 5 块。全镇辖 24 个行政村,119 个村民小组,3 726 户,11 571 人。

该镇具有三大资源优势:一是土地资源广阔,适宜种植多种牧草,目前已保存林草面积 20 万亩;二是煤炭资源丰富,70％的地下埋藏 5～11 m 厚的优质煤炭资源;三是种草养殖业已成为该镇的支柱产业,麻黄梁镇是全区最大的养羊乡镇,是国家级白绒山羊育种基地。2007 年全镇工农业总产值 1.22 亿元,乡镇企业总产值 8 000 万元,农业总产值 4 195 万元,人均收入 3 586 元,建成小康村 2 个。全镇共有学校 22 所,其中中学 1 所,中心小学 1 所。

（1）井田范围涉及的村庄调查

井田范围内除涉及麻黄梁镇（部分）外,还有西庄及马家滩 2 个居民点,具体情况见表 12-28。

表 12-28 井田内居民基本情况

所属乡镇	自然村	户数/户	人口/人	人均耕地/(亩/人)	人均收入/(元/人)	居住方式	居民饮水来源
麻黄梁镇	西庄	8	47	2.83	2 831	分散居住	潜水井
	马家滩	9	35	2.67	2 949	分散居住	潜水井
	麻黄梁镇	128	241	—	4 680	集中居住	水井

(2) 污染源调查

根据《榆横矿区(北区)总体规划》,井田东北与柳巷井田、榆树湾井田相邻,西北与杭来湾井田相邻,西南部与二墩河井田、郝家梁井田相邻,东南部与麻黄梁井田相邻。目前榆树湾煤矿(8.0 Mt/a)已建成投产,麻黄梁矿井正在建设,二墩河(30 万 t/a)煤矿作为地方煤矿处于运营中。榆树湾煤矿及二墩河煤矿工业场地远离双山场地,处于大气评价范围之外。除此之外本区无其他污染源。

(3) 环境质量现状

榆林环境监测站于 2009 年 1 月 8 日～12 日,2 月 11 日～2 月 12 日、2 月 11 日～2 月 16 日、1 月 16 日对双山矿井新建工程评价区范围内的环境空气、地下水、地表水、噪声等环境要素进行了现状监测,各监测点功能见表 12-29。

表 12-29 各监测点位置及功能

序号	环境要素	监测点或断面位置	相对位置	主要功能
1	环境空气	马场滩	位于工业场地北 1.3 km	上风向、清洁点
		工业场地	—	场区
		大圪塔村	位于工业场地东南 2.0 km	下风向、居民区
2	地下水	麻黄梁镇		井水
		矸石周转场		潜水
3	声	主井工业场地各侧边界		厂界噪声
		风井场地		厂界噪声
4	地表水	柳巷河断面 1、断面 2		现状水质

① 地表水

地表水监测项目的分析方法及检出限见表 12-30。

表 12-30 水环境监测项目及分析方法

序号	监测项目	分析方法	检出限
1	pH	玻璃电极法	0.02pH 单位
2	SS	重量法	4 mg/L
3	NO_2^--N	分光光度法	0.003 mg/L
4	NH_3^--N	水杨酸分光光度法	0.01 mg/L
5	As	二乙基二硫代氨基银分光光度法	0.007 mg/L

序号	监测项目	分析方法	检出限
6	Ar—OH	4-氨基安替比林光度法	0.002 mg/L
7	COD_{Cr}	重铬酸钾法	10 mg/L
8	BOD_5	稀释与接种法	2.0
9	石油类	红外分光光度法	0.01 mg/L
10	SO_4^{2-}	铬酸钡分光光度法	8 mg/L
11	DO	电化学探头法	0.2 mg/L
12	细菌总数	稀释培养法	
13	总硬度	EDTA 滴定法	0.05 mg/L
14	F^-	离子择电极法	0.05 mg/L
15	粪大肠菌群	多管发酵法	

地表水环境现状监测结果见表 12-31。

表 12-31　　　　　　　　地表水环境现状监测结果统计表

监测断面项目	$1^\#$ 断面		$2^\#$ 断面		GB 3838—2002 中的 II 类标准
	监测均值	超标倍数	监测均值	超标倍数	
pH	7.77	0	7.56	0	6~9
NH_3-N	0.661	0.33	0.332	0	0.5
石油类	0.04	0	0.03	0	0.05
BOD_5	6.1	1.03	8.6	1.87	3
COD	16	0.07	14	0	15
As	0.007 L	0	0.007 L	—	0.05
Ar—OH	0.002 L	0	0.002 L	0	0.002
S^{2-}	0.160	0.6	0.104	0.04	0.1
SS	36.5	—	47		
DO	7.4	0	7.5	0	≥6
备注	除 pH 外,其余项目单位均为 mg/L				

由表 12-31 的数据可以看出,监测 $1^\#$ 断面 NH_3—N、石油类、BOD_5、COD 及 S^{2-} 分别有不同程度的超标,超标倍数分别为 0.33、1.03、0.07、0.6,但 $2^\#$ 断面仅 BOD_5、S^{2-} 超标,超标倍数分别为 1.87、0.04,由于 $1^\#$ 断面靠近马场滩居民点,同时周围及沿线无其他污染源,因此地表水水质超标可能与周围居民点生产、生活污水排放有关。

② 地下水

地下水水质监测结果见表 12-32。

由表 12-32 可以看出,地下水监测点监测结果均满足《地下水质量标准》(GB/T 14848—93)III 类标准,可见评价区地下水环境总体良好。

表 12-32　　　　　　　　　　　地下水水质监测结果统计表

监测点位 项目	麻黄梁镇		矸石周转场		GB/T 14848—93 中 的Ⅲ类标准
	监测均值	超标倍数	监测均值	超标倍数	
pH	8.14	0	7.98	0	6.5～8.5
SO_4^{2-}	10.5	0	9.65	0	≤250
F^-	0.39	0	0.43	0	≤1.0
Ar—OH	0.002 L	0	0.002 L	0	≤0.002
NH_3^--N	0.069	0	0.083	0	0
总硬度	154	0	131	0	≤450
NO_2^--N	0.003 L	0	0.003 L	0	≤0.02
细菌总数	40	0	90	0	≤100
总大肠菌群	<3	0	<3	0	≤3
备注	① 井深 20 m,水位 7m,水温 10 ℃; ② 除 pH 为无量纲、细菌总数为个/ml 外、总大肠菌群为个/L 外,其余项目单位均为 mg/L				

③ 空气质量

大气监测项目的分析方法及检出限见表 12-33。

表 12-33　　　　　　　　　　　监测分析方法及检出限

序号	监测项目	测定方法/来源	检出限/(mg/m³)
1	SO_2	甲醛吸收-副玫瑰苯胺光度法/GB/T 15262—94	0.007
2	NO_2	Saltzman 法/GB/T 15435—95	0.004
3	TSP	重量法/GB/T 15432—95	0.001

大气环境监测结果见表 12-34。

表 12-34　　　　　　　　　　　环境空气现状监测结果统计表

污染物	监测点位	小时平均浓度			日平均浓度		
		浓度范围 /(mg/m³)	最大超 标倍数	超标率/%	浓度范围 /(mg/m³)	最大超 标倍数	超标率/%
SO_2	马场滩	0.007～0.019	—	—	0.008～0.023	—	—
	工业场地	0.007～0.070	—	—	0.008～0.039	—	—
	大圪塔	0.007～0.022	—	—	0.008～0.017	—	—
NO_2	马场滩	0.006～0.039	—	—	0.015～0.026	—	—
	工业场地	0.009～0.043	—	—	0.016～0.031	—	—
	大圪塔	0.004～0.029	—	—	0.014～0.024	—	—
TSP	马场滩				0.196～0.228	—	—
	工业场地				0.185～0.221	—	—
	大圪塔				0.129～0.181	—	—
评价标准	采用 GB 3095—1996《环境空气质量标准》中的二级标准:SO_2 日平均值 0.15 mg/m³,小时平均值 0.50 mg/m³;NO_2 日平均值 0.12 mg/m³,小时平均值 0.24 mg/m³;TSP 日平均值 0.30 mg/m³						

SO_2 的小时浓度范围为 0.007～0.07 mg/m³,日均浓度范围为 0.008～0.039 mg/m³,小时浓度和日均浓度在各监测点均无超标现象。

NO_2 的小时浓度范围为 0.004～0.043 mg/m³,日均浓度范围为 0.014～0.031 mg/m³,小时浓度和日均浓度在各监测点均未出现超标现象。

TSP 的日均浓度范围 0.129～0.228 mg/m³。在各监测点均未出现超标现象。

从以上数据可看出本评价区空气质量良好。

④ 声学环境现状

噪声监测共布设 5 个点,工业场地边界 4 个点,风井场地设 1 个点。

监测时间为 2009 年 1 月 12 日;频率为一期 1 天,昼间、夜间各 1 次;监测方法是使用 HY104 型声级计,依据《声环境质量标准》(GB 3096—2008)有关规定进行监测。监测结果见表 12-35。

表 12-35 环境噪声现状监测结果

序号	监测点		声级值(昼)dB(A)	声级值(夜)dB(A)	达标情况
1	工业场地	东厂界	43.3	40.4	达标
2		南厂界	45.5	40.7	达标
3		西厂界	42.1	39.2	达标
4		北厂界	40.6	38.8	达标
5	风井场地		46.2	43.1	达标
GB 3096—2008 2 类区标准			60	50	达标

由表 12-35 可以看出,工业场地、风井场地现状噪声值均满足标准要求,该区声环境质量较好。

综合以上分析可以看出,双山煤矿新建工程评价范围内大气环境质量较好,井田中部的柳巷河监测断面中 $NH_3^- - N$、石油类、BOD_5、COD 及 S_2^- 分别有不同程度的超标,超标可能与周围居民点生产、生活污水排放有关;地下水各监测点指标监测统计结果均满足《地下水质量标准》(GB/T 14848—93)中的Ⅲ类标准;工业场地、风井场地现状噪声值均满足标准要求,该区声环境质量较好。总之,评价区环境质量总体良好。

12.5 建设期环境影响预测与评价

12.5.1 建设期主要环境问题

(1) 建设期主要施工内容

本项目属于新建工程,建设期工程内容可分为 3 部分:一部分为地下工程;一部分为地面工程;第三部分为设备、电器、给排水等安装工程。建设工期 24.8 个月。

地下工程主要为井下生产系统建设,包括井筒、井底车场、通风系统的建设。由于此部分工程在地下完成,与地面相隔绝,噪声、粉尘等不会影响地面环境,而在建设中产生的初期掘进矸石运至地面后全部用于平填场地,后期掘进矸石不出井,不会因长期堆弃而产生水土流失等环境问题,故地下工程对环境基本无影响,评价中不再考虑。

地面工程主要是地面生产系统、辅助设施、地面运输系统、生活设施及公用工程等的建设。

安装工程包括设备安装、电器电缆安装和给排水管网等安装。

（2）建设期主要环境影响

根据本工程建设期施工内容，结合同类煤炭建设项目的普遍特征分析，本项目建设期存在的主要环境问题表现为：

① 施工中场地进行平整，地基开挖，弃土弃渣的临时堆放，将会破坏地表植被，在短期内会使水土流失加剧，对生态环境产生一定的负面影响。

② 施工队伍生活污水与施工废水排放，对地表水体可能造成一定的影响。

③ 工业场地土石方移动、"三材"准备将增加当地交通运输量，会对当地交通运输状况，以及道路两侧及施工场地周围的声环境产生不良影响。

④ 散状物料堆放、施工形成的裸露地表、施工过程与交通运输等扬尘将对环境空气质量产生不利影响。

⑤ 建设期大量施工人员的聚集，将对当地粮食与蔬菜供应，以及饮食服务业、文化设施等社会经济环境带来一定压力。

12.5.2 建设期环境影响分析

（1）水环境影响分析

① 地表水环境影响分析

本项目矿井建设的工期为28.2个月，工程建设期对水环境产生影响的主要集中在工业场地的建设。风井场地和场外道路等的建设由于工程量相对较小且分散，因此影响也较为轻微。

本工程施工高峰期间工业场地施工人员可能达到200多人，每人每天生活污水排放量以90 L计，预计生活污水排放量约18 m^3/d；而施工废水和井下初期少量涌水由于主要是无机污染，在采取废水回收措施后，大多可用于施工过程。

生活污水中的主要污染物是SS和COD，而建设期间由于新建系统的生活污水处理设施尚未健全，难以集中处理并排放，这些污水如不进行处理是不能满足排放标准要求的。

风井场地的建设期较短，施工人员也较少，可参照矿井工业场地的污废水处理方式处理污水；对场外道路的施工，应尽量减少施工营地的数量，建议在条件允许时，借助当地的生活设施；施工场地所产生的少量生活污水可直接用于周围的绿化用水，但不得直接排入地表水体中。

采取上述措施后，施工期对地表水体质量影响较小，而且是短期的。

② 地下水环境影响分析

建设期的工程活动内容较多，但主要集中在地面，仅井巷掘进过程中会揭穿部分含水层，在工作面整备结束后即转为营运期。因此，在对地面施工废水妥善处置的前提下，对地下水体的影响环节较少。

由于矿井的主、副斜井工程量较大，在掘进过程中所穿越的地层主要有新生代的第三系和第四系地层，中生代地层，可能会造成地下水资源的破坏，因此在井巷掘进过程中，采用先探后掘、一次成形的施工方法。这种方法的优点是提高了建设的安全性与施工效率，从保护地下水体的角度讲，井巷掘进中应注意的有：

A．对可能遇到的强富水性含水层地段，应采用井筒冻结法进行施工，以减少岩体力学性质发生突变的可能性和非煤系地层含水层的疏干水量；

B．井筒施工中揭穿的含水层应及时封堵，尤其对在本区具有供水意义的第四系潜水含水层，更应使用隔水性能良好且毒性小的材料，如 Fe、Mn 含量少且纯度高的高标号水泥；

C．排水沟管应与主体工程同时敷设，掘进过程所产生的淋水必须排入地面场地集水池中与施工废水一并处理，不得排入地表水体或地下就地入渗；

D．合理安排施工顺序，在工作面整备结束前，地面矿井水回用系统应建成并调试完毕，以便在矿井试生产阶段即实现矿井水的资源化。

综上，矿井建设期对地下水环境的影响环节及影响程度均较小，在采取合理环保措施后，这种不利影响是轻微的、短期的，也是环境可接受的。

（2）声环境影响分析

① 施工期噪声源分析

项目施工过程中，主要噪声源是地面工程施工中的施工机械，以重型卡车、拖拉机为主的运输车辆，以及为井筒与井巷施工服务的通风机和压风机。

类比确定的主要噪声源源强见表 12-36。

表 12-36　　　　　　　　　施工期间主要噪声源声压级

序号	声源名称	噪声级 dB(A)	备注
1	推土机	73～83	距声源 15 m
2	挖掘机	67～77	距声源 15 m
3	混凝土搅拌机	91	距声源 1 m
4	打桩机	85～105	距声源 15 m
5	振捣机	93	距声源 1 m
6	电锯	103	距声源 1 m
7	吊车	72～73	距声源 15 m
8	升降机	78	距声源 1 m
9	扇风机	92	距声源 1 m
10	压风机	95	距声源 1 m
11	重型卡车、拖拉机	80～85	距声源 7.5 m
12	装载机	85	距声源 3.0 m

② 噪声影响预测结果及分析

施工阶段一般为露天作业，无隔声与消减措施，故噪声传播较远，对工业场地周围的影响较大。各个声源单独作用时的超标范围见表 12-37。

由于施工场地内施工机械数量波动较大，要准确预测施工场地各厂界噪声值较为困难，下面根据不同施工阶段的施工机械组合情况，分析给出不同阶段施工阶段噪声超标范围，具体见表 12-38。

表 12-37 施工噪声影响预测结果

序号	声源名称	最高噪声级 dB(A)	评价标准 dB(A)		最大超标范围/m	
			昼间	夜间	昼间	夜间
1	推土机	83(15 m)	75	55	38	377
2	挖掘机	77(15 m)	75	55	19	189
3	混凝土搅拌机	89(1 m)	70	55	9	50
4	打桩机	105(15 m)	85	禁止施工	150	——
5	振捣机	93(1 m)	70	55	14	79
6	电锯	103(1 m)	70	55	45	251
7	吊车	73(15 m)	65	55	38	119
8	升降机	78(1 m)	65	55	4	14
9	扇风机	92(1 m)	75	55	7	71
10	压风机	95(1 m)	75	55	10	100
11	重型卡车、拖拉机	85(7.5 m)	70	55	42	237
12	装载机	85(3.0 m)	70	55	17	96

表 12-38 施工噪声影响预测结果

序号	施工期	施工设备组合噪声叠加值最大值 dB(A)	影响半径/m	
			昼间	夜间
1	地面设施打桩阶段	105	150	禁止施工
2	地面设施地基施工阶段	83	38	377
3	地面设施结构施工阶段	90	6	56

从表 12-38 可以看出,在所有施工过程中打桩阶段昼间影响范围最大,夜间必须禁止施工。由于场地周围距离最近的村庄在 890 m 左右,因此施工噪声对居民影响较小。

重型载重汽车等交通工具噪声影响较大,昼间影响范围是 42 m,夜间影响范围是 237 m。

进出工业场地的公路沿线有麻黄梁镇,因此车辆运输应尽量避免在夜间进行。

(3) 环境空气影响分析

项目在施工过程中对大气环境的影响主要表现在:施工作业面和地面运输产生的扬尘;土方挖掘、堆积清运建筑材料如水泥、石灰、沙子等散装物装卸、堆放的扬尘;运输建筑材料、工程设备的汽车尾气;挖、铲、堆、捣、打桩等施工设备产生废气;施工过程中使用的锅炉和茶炉等排放的烟尘、SO_2 等。

有关资料显示,施工工地的扬尘 60% 以上是汽车运输材料引起的道路扬尘。道路扬尘量的大小与车速、车型、车流量、风速、道路表面积尘量等多种因素有关。一般情况下,运输弃土车辆的道路扬尘量约为 1.37 kg/(km·辆),运输车辆在挖土和弃土区现场的道路扬尘量分别为 10.42 kg/(km·辆)和 7.2 kg/(km·辆),挖土区和弃土区的道路扬尘污染比弃土运输途经道路扬尘污染严重。

另外,施工粉尘的污染程度与风速、粉尘粒径、粉尘含水量和汽车行驶速度等因素有关。其中汽车行驶速度及风速两因素对粉尘的污染影响最大,汽车行驶速度和风速增大,产生的起尘量呈正比或级数增加,粉尘污染范围相应扩大。

施工扬尘会造成局部地段降尘量增多,对施工现场周围的大气环境会产生一定的影响。本工程项目施工现场距离居住点、村庄等环境敏感点均较远,同时与噪声的影响相似,这种污染也是局部的、短期的,工程完成之后这种影响就会消失,因此施工期的扬尘对环境影响较小,但在施工期仍应采取相应的措施减轻其对周围环境的影响。

(4) 固体废物环境影响分析

工业场地施工期固体废物主要为井下大巷掘进产生的泥土、废岩石及掘进矸石,其次为地面施工生产中产生的建筑垃圾、包装物及施工产生的生活垃圾等。挖方总量 25.02 万 m^3,填方总量 25.02 万 m^3,实现挖填平衡,对环境基本没有影响。

建筑垃圾主要是废弃的碎砖、石、砼块等和各类包装箱、纸等,产生量较少。废弃碎砖、石、砼块等作为地基的填筑料,各类包装箱、纸有专人负责收集分类存放,统一运往废品收购站进行回收利用,因此,双山煤矿施工中建筑垃圾不会对矿区环境产生影响。

施工营地生活垃圾产生量按 0.25 kg/(d·人)估算,工业场地施工高峰期生活垃圾产生量约为 50 kg/d,如不及时处理,在气温适宜的条件下会滋生蚊虫、产生恶臭、传播疾病,对施工区人群健康、景观环境产生不利影响。施工单位应派专人负责垃圾收集工作,设置密闭式垃圾站,由当地环卫部分收集处置。

(5) 生态环境影响分析

① 占地引起的生态环境影响分析

占地可分为施工占地和工程占地。施工占地基本上属临时占地,影响是短期的、可以恢复的;工程占地影响是长期的,其中建、构筑物道路等占地是不能恢复的。双山煤矿总占地面积 29.15 hm^2(其中永久性用地为 16.19 hm^2,临时性用地为 12.96 hm^2),占地类型主要为灌草地和荒沙地(不占用基本农田或耕地)。

施工中因场地的开挖会对原有植被造成破坏,这种破坏由于一部分属于永久性占地不会再恢复,而临时性占地,其植被则会随着工程的结束逐步恢复。所以施工中对能保留的植被应尽量保留;对不能保留的地段,在施工后期或结束后,能恢复的地段应及时恢复,尽量减少绿地面积的破坏和减少。其中应对场地分片进行恢复,包括地面硬化及绿化。由于场地外围以沙地为主,建设单位可以与当地政府协商,对其进行绿化。随着这些措施的逐渐显效,不利影响会趋于减弱。

② 水土流失引起的生态环境影响分析

主井场地和各种专用堆存场地都需要大面积整平或处理,从而使原有的地表结构及植被完全遭到破坏,因此将导致受影响的地表表土抗蚀能力减弱,使局部地段产生水土流失现象,带来不利的生态环境影响。若施工期处于雨季等不利气象条件下,大量土方堆置,经雨水冲刷也会加剧局部地段水土流失现象。

根据水土保持方案,该项目建设中破坏原地貌面积 26.3 hm^2,在不采取任何水保措施时,可能产生的水土流失总量为 2.29 万 t。

(6) 对社会环境及生活环境的影响分析

项目建设期施工人员涌入,将会给附近居民提供一些就业机会,促进当地第三产业的发展,同时施工过程也将促进当地工业和运输业的发展,当地的社会经济条件将得到改善;但大量施工人口涌入会造成当地生活和文化娱乐设施及副食供应紧张等不利影响。

12.5.3 建设期环境保护措施

(1) 水污染防治措施

① 对生活污水进行集中处理,严禁散排。根据污水分布情况采用可移动式一体化污水处理装置进行处理,处理后水质达到场地、道路洒水和施工用水标准。

② 建设期应在施工场地周围设置截污沟并在场地内设置沉淀池,施工废水和少量矿井涌水集中经沉淀之后进行回用,以减少建设期的污废水排放量,节约水资源。

总之,建设期废水不得排入地表水体或地下就地入渗。

(2) 噪声污染防治措施

① 选择性能良好且低噪声的施工机械,并注意保养,维持最低噪声水平。

② 对机械操作人员采取轮流工作制,减少工人接触高噪声的时间,并要求佩戴防护耳塞。

③ 合理安排施工时间,对强噪声设备应避免在夜间作业,尽量安排在白天进行施工,运输车辆也安排在白天进出,减轻对沿途居民的影响。

④ 应加强管理,文明施工,合理布局施工现场,避免对敏感人群造成严重影响;物料进场要安排在白天进行,避免夜间进场影响居民休息。

⑤ 应在开工前报当地环保部门批准。

(3) 环境空气污染防治措施

① 土石方挖掘完后,要及时回填,剩余土方应及时运到需要填方的低洼处,或临近堆放在施工生活区主导风向的下风向,减轻对施工生活区的影响;弃方应最终按要求及时运至矸石周转场排弃,同时防止水土流失。

② 散装水泥、沙子和石灰等易生扬尘的建筑材料不得随意露天堆放,应设置专门的堆场,且堆场四周有围挡结构,以免产生扬尘,对周围环境造成影响。

③ 混凝土搅拌机应设在专门的场地内,散落的水泥等建筑材料要经常清理。

④ 为防止运输过程中产生的二次扬尘污染,要对施工道路定时洒水,并且在大风天气(风速>6 m/s),停止土石方施工,并对容易产生二次扬尘污染的重点施工现场进行遮盖。

⑤ 在施工工作面,应制定洒水降尘制度,配套洒水设备,专人负责,定期洒水,在大风口要加大洒水量,增加洒水次数。

⑥ 施工过程中采用的锅炉和茶炉应符合环保要求,并配备消烟除尘设备,使烟尘达标排放。

⑦ 运输建筑材料和设备的车辆不得超载,运输颗粒物料车辆的装载高度不得超过车槽,并用篷布蒙严盖实,不得沿路抛洒。

(4) 固体废物防治措施

施工活动中产生的固体废物主要有施工、建筑废料、废弃土石方边角料以及少量生活垃圾等。施工期间产生的固体废物要分类及时清运至指定的处置场,严禁随处堆放。建设期土方平衡,无弃方。

(5) 生态保护及恢复措施

① 尽可能保留新征土地内的现有植被,对于被破坏的地段,在施工后期或结束后,及时恢复,尽量降低绿地面积的破坏和减少程度;

② 尽量减少施工临时占地,在满足施工要求的前提下,施工场地要尽量小,以减轻对施工场地周围土壤、植被和道路的影响,不得随意侵占周围土地;

③ 施工时,必须限制在施工范围内,不得随意扩大范围,尽量减少对附近的植被和道路的破坏;

④ 施工中,尽量保护好前期建设中的场区生态环境,对破坏的乔、灌、草进行及时的栽种和补植;

⑤ 施工完成后,对施工临时占地要及时恢复植被。

(6) 暴雨及沙尘暴天气情况下主要生态保护措施

本区处于毛乌素沙地与陕北黄土高原的接壤区,区内暴雨及沙尘暴天气出现相对较频繁,为防止或减小恶劣天气过程中的生态环境影响,环评提出以下措施:

① 密切关注暴雨及沙尘暴等恶劣天气变化预报,做好相应的通报工作。

② 在恶劣天气施工区及周围人员要及时撤离或及时做好人员的保护工作。

③ 暴雨来临前,应对施工开挖面进行加固处理,暴雨持续过程中应定时巡查,防止开挖面发生坍塌,引发泥石流、滑坡等地质灾害;同时应确保各种管路畅通,应防止垃圾、杂物堵塞水道,造成积水。沙尘暴天气之前应加强临时土方堆场的防护工作,如检查保护设施完好情况,增加土方的含水率等;沙尘暴持续过程中同样应定期检查防护措施的运行状况。

④ 制定完善的暴雨及沙尘暴天气情况下的应急预案,加强施工队伍的培训和演练,提高应急处置能力;编制预防暴雨、沙尘暴灾害知识,增强施工人员防灾减灾意识,减轻灾害造成的损失。

⑤ 施工场地尽量减小或避免破坏植被,减少临时占地,经常洒水,及时进行植被的恢复。

⑥ 暴雨及沙尘暴过后,应对造成的生态破坏点及隐患点及时给予修复。

(7) 加强施工中的环境监理

① 环境监理工作的形式和任务

建设单位应通过委托具有工程监理资质,并经环境保护业务培训的第三方单位,对施工期拟采取的环境保护措施的实施情况进行监督;并依据环境影响报告书中的环境监理方案要求,在施工招标文件、施工合同和工程监理招标文件、监理合同中明确各自的环境保护责任。工程监理单位应依据建设单位的委托和监理合同中的环境保护要求,将环境保护监理工作纳入工程监理细则。

② 监理工作方案和内容

根据双山煤矿施工期污染防治措施和环境监测计划制定环境监理方案,具体内容见表12-39。

表 12-39   施工期环境监理内容

主要环境问题	监理内容
废气	监督施工营地内锅炉烟尘达标排放;监督落实各项抑制扬尘措施
废水	监督施工废水进入沉淀池处理,根据水质经移动式一体化污水处理设施处理后回用,确保施工期废水不得外排
施工噪声	监督噪声达到《建筑施工厂界噪声限值》标准,应保证夜间施工噪声不致扰民
固体废物	施工期间产生的固体废物要分类及时清运至指定的处置场,严禁随处堆放。及时进行挖填平衡及弃方利用
生态环境	检查施工现场土方堆置点的临时挡护措施;监督施工期水土保持措施实施
其他	监督环保设施的施工、安装、调试

③ 环境管理

双山煤矿应与施工单位联合组建施工期环境保护机构,职责是组织实施环保设施的"三同时"和对施工引起的各类污染进行防治,监督和检查工程施工进度和质量。

双山煤矿矿井环保科应加强施工监督管理,对施工单位进行经常性的检查,监督施工单位环境保护措施的落实情况,督促、检查施工单位工程竣工后剩余弃土、建筑垃圾等的清运,保证处置和清运率达到 100% 的要求,发现环境问题及时应解决、改正,确保本项目"三同时"制度的贯彻落实。

综上所述,归纳建设期各项环保措施及其预期效果详见表 12-40。

通过采取上述措施,建设期的不利影响应该是轻微的、短暂的。

12.6 营运期环境影响预测与评价

12.6.1 大气环境影响预测与评价

根据本工程特点,本评价预测内容包括以下方面:

① 预测分析燃煤烟气对环境空气的影响;

② 预测分析生产性扬尘对环境空气的污染;

③ 预测评价运输扬尘对环境空气的污染。

(1) 燃煤烟气对环境空气影响预测分析

① 主要污染源及排放强度

矿井工业场地新建 1 间锅炉房,内设 3 台 SZL10-1.25-AⅡ型快装蒸汽锅,采暖季运行供热,同时锅炉房还设有 2 台 1.05MW 环保型常压热水锅炉,提供非采暖季生活热水。锅炉烟气对环境的影响主要为其运行产生的烟尘和 SO_2 对环境的影响。根据煤质、除尘设备(水浴脱硫除尘器,添加脱硫剂)、锅炉容量等情况,供热锅炉参数及污染物排放情况估算见表 12-41。

表12-40　施工期环保措施一览及预期效果表

序号	项目名称	环保设施或措施内容	实施部位	实施时间	保护对象	实施保证措施	预期效果
1	锅炉烟气治理	选用工艺先进、烟尘能达标排放的生活锅炉	施工生活区	施工准备期		①建立矿级环境管理机构，配备专职或兼职环保管理人员；②制定相关环境管理条例、质量管理规定；③环境监理人员经常检查、监督施工，定期向有关部门汇报面书，发现问题及时解决、纠正	周围环境空气质量达到 GB 3095—1996《环境空气质量标准》二级标准
2	施工扬尘防治	①建筑原材料堆放场地周围设围挡设施；②建筑垃圾及时清运至指定场所；③经常清扫施工场地及道路；④运输车辆限载遮盖	①材料堆放场周围；②废弃物料产生处；③施工场地及道路；④运输车辆	全部施工期	施工场地周围空气环境，施工人员及周围植被		
3	施工废水处理	设废水沉淀池	产生污废水的施工场所附近	施工准备期	施工场地及周围土壤、植被及施工生活区		土壤、植被不受污染；污废水不得排入地表水体
4	生活污水处理	①一体化污水处理装置处理；②处理后全部回用	施工人员生活区	①施工准备期；②全部施工期			
5	施工噪声防治	①选用低噪声设备；②操作人员采取减少接触时间、戴防护耳塞等措施；③强噪声设备白天作业	①施工场地强噪设备；②强噪声设备操作人员；③施工场地	①施工准备期；②全部施工期；③全部施工期	施工人员		施工场地边界噪声符合 GB 12523—90《建筑施工厂界噪声限值》标准要求
6	固体废物处置	①挖填平衡；②生活垃圾收集后运至当地卫生行政部门指定场所	工业场地、场外道路、矸石周转场等	施工准备期	施工场地周围空气环境、土壤及植被		符合 GB 18599—2001《一般工业固体废物贮存、处置场污染控制标准》要求
7	生态环境保护	控制施工场地占地，及时恢复植被	施工场地边界及临时占地	全部施工期	施工场地周围土壤、植被		工场地周边土壤、植被破坏不被破坏

表 12-41　　　　　　　　　　　　供热锅炉排污参数及源强

项目 季节	容量 /(t/h)	烟囱 高度/m	烟囱 内径/m	燃煤量 /(kg/h)	烟气量 /(m³/h)	除尘 效率/%	脱硫 效率/%	排放量/(kg/h)		排放浓度/(mg/Nm³)	
								TSP	SOZ	TSP	SOZ
采暖期	3×10	45	1.0	4 050.72	582 593.4	95	60	3.45	12.18	59.3	209.14
非采暖期	2×1.5			405.07	5 825.9	85	/	1.04	3.05	177.89	522.86
GB 13271—2001 II 时段二类区排放标准								200		900	

② 预测内容及预测模式

预测时段为采暖季 3 台 10 t/h 的锅炉同时运行,煤矿供热锅炉排放的污染物成分较简单,主要预测 SO_2、TSP 在综合气象条件下地面一次最大落地浓度及其发生的距离。

采用《环境影响评价技术导则　大气环境》(HJ/T2.2—2008)中推荐的估算模式 Screen View 进行预测计算。

③ 预测结果及评价

经预测,采暖期在综合条件下 SO_2、TSP 落地浓度随距离变化情况见图 12-4、图 12-5,最大落地浓度及发生距离见表 12-42。

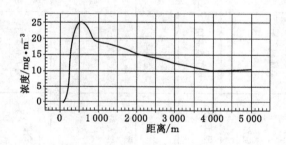

图 12-4　采暖季 SO_2 随距离变化曲线图

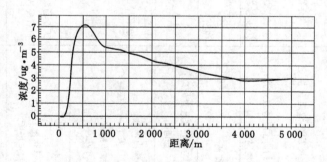

图 12-5　采暖季 TSP 随距离变化曲线图

表 12-42　　　　　　　　有风时 SO_2、TSP 的一次最大落地浓度及发生距离

项目	SOZ	TSP
最大落地浓度/(mg/m³)	0.025 21	0.007 12
最大落地浓度距离/m	588	588

从图 12-4、图 12-5 及表 12-42 可见,在综合气象条件下,采暖季锅炉排放的 SO_2 小时最大浓度为 0.025 21 mg/m³,仅占 GB 3095—1996 二级标准限值的 5.04%,无超标现象,出现距离在双山煤矿工业场地锅炉房 SE 方向约 0.59 km 处。同时,SO_2 的净增浓度也满足 GB 9137—88《保护农作物的大气污染物最高允许浓度》的限值。TSP 小时浓度最大值为 0.007 12 mg/m³,对周围 TSP 浓度影响贡献值很小。

综上所述,本工程建设后锅炉排污对环境空气影响预测结论如下:

A. 采用设计所选的除尘器,除尘效率为 95%、脱硫效率 60% 时,锅炉排污既能够达到 GB 13271—2001 排放标准的要求,又能满足 GB 9137—88《保护农作物的大气污染物最高允许浓度》的限值。

B. 预测的锅炉所排的大气污染物扩散浓度均可满足环境空气二级标准的要求,其净增落地浓度值较小,对周围环境空气的影响程度和范围均在可以接受的限度之内。

(2) 生产性扬尘污染影响分析

① 污染源源强

生产性扬尘主要包括原煤、成品煤输送系统、选煤厂破碎筛分工序、各煤炭转载点、输煤栈桥以及装车点等处的煤尘污染。由于输送系统采用密闭结构,尘源就主要集中产生在选煤厂的筛分破碎工序上。

动筛排矸车间中筛分破碎系统产尘量类比神东矿区大柳塔洗煤厂筛分破碎车间及榆家梁矿破碎筛分车间产尘实测数据,经类比确定平均吨煤产尘量约为 200 g,即年产生粉尘量为 240 t;本项目拟采取集尘罩、袋式除尘器对车间煤粉尘进行治理,设备去除效率可达 98%,类比其综合除尘效率也在 83% 左右。据此计算本选煤厂煤粉尘排放源强为 40.8 t/a。

② 煤尘污染影响分析

车间内生产性扬尘对外环境的污染影响采用类比法进行分析。

参照榆林市环境监测站对孙家沟矿监测结果,经原煤仓、皮带转运、筛分系统、产品仓等处所设除尘器除尘后排放的粉尘,无论排放速率还是排放浓度均符合《煤炭工业污染物排放标准》的要求。经分析知,在考虑喷淋洒水的降尘效果后筛分破碎系统综合除尘效率在 83% 以上,因此外逸粉尘量很小。其外排粉尘对外环境的影响仍采用类比进行分析。

选取神东矿区的大柳塔选煤厂筛分破碎车间作为类比调查对象。根据大柳塔选煤厂筛分破碎车间的排尘特点,分别在起尘高峰和稳定期测定车间粉尘浓度,同时测定排气筒的排尘浓度和除尘效率,以及除尘器不运转时车间的煤尘浓度,监测结果见表 12-43。

表 12-43 煤尘监测结果

监测时间	车间名称	车间浓度/(mg/m³)		排尘浓度/(mg/m³)	排气量/(m³/h)	排尘量/(kg/h)	除尘效率/%
		有除尘	无除尘				
开车后半小时	破碎车间	5.2	18.1	28.5	14 043	0.40	78
	筛分车间	5.6	22.2	30.6	13 389	0.41	92
稳定期	破碎车间	4.1	10.1	17.2	13 966	0.24	72
	筛分车间	4.3	12.2	18.6	13 457	0.25	89

从监测结果可以看出,无除尘措施时,筛分系统内的煤尘浓度比有除尘措施时要高

1.46～2.96 倍;采取除尘措施后,排入外环境的煤尘浓度和煤尘量均低于《煤炭工业污染物排放标准》的允许限值。

又根据大柳塔选煤厂 3# 车间外的实测结果,在距车间 20 m 距离处,空气中的 TSP 浓度为 2.5 mg/m³;在距车间 50 m 处,空气中的 TSP 浓度已接近当地环境的背景值,即当筛分破碎车间采取了防治措施后,外排的煤尘浓度值较小,仅对工业场地内近距离空气环境有一定影响。

通过类比分析,可以预测本项目的筛分系统在采取除尘措施后,排放的煤尘浓度对周围空气环境的影响较小。

井下原煤经主斜井带式输送机运至地面后,由生产系统原煤带式输送机运至地面生产系统进行原煤分级、块煤排矸后入产品仓贮存。产品仓为密闭的圆筒仓或方仓,可做到原煤"不露天、不落地",从根本上消除了原煤在堆贮过程中可能产生风蚀扬尘而污染周围环境的来源。

矿井的原煤是通过胶带输送机输送的,此环节的扬尘主要发生在物料转载点处以及刚启动时的输煤皮带处,这些地方的尘源影响情况与破碎筛分系统的情况基本相同。对于胶带输送机而言,因其是安装在密闭结构的输煤栈桥内,同时在转载点设有收尘设施,因此其扬尘对外环境基本无影响。

装车外运的煤含水率在 10% 左右,由煤场向汽车车厢装载时,通过机控布煤设备,该设备当煤尘产生时有自动喷洒水降尘装置,因此装车系统煤尘影响在可接受范围之内。

(3)运输扬尘影响预测分析

汽车运输时由于碾压卷带产生的扬尘对道路两侧一定范围会造成污染,扬尘量的大小与车流量、道路状况、气候条件、汽车行驶速度等均有关系。

类比神府矿区运煤道路 TSP 实测值得知,TSP 浓度随着车流的增加而增大;路面平坦且无积尘的公路扬尘浓度为 0.45～0.61 mg/m³,而路面坑洼不平且有积尘的公路扬尘浓度为 7.14～11.87 mg/m³,前者扬尘浓度远小于后者。

神府矿区运煤公路两边不同距离处扬尘浓度实测结果见表 12-44。可以看出,浓度随距离增加而衰减,主要影响范围在约 100 m 以内,250 m 处运输扬尘的影响就较小。

表 12-44　　　　　　　　　　　公路扬尘随距离衰减实测值　　　　　　　　单位:mg/m³

时段/h	到公路边距离						车流量/(辆/h)
	2 m	5 m	10 m	50 m	100 m	250 m	
08	7.21	4.11	1.45	1.13	0.82	0.48	88
09	11.2	6.52	2.14	1.63	1.22	0.36	168
10	10.62	6.16	2.24	1.38	0.99	0.42	178
13	8.82	5.02	1.64	1.33	0.87	0.55	114
14	9.73	5.52	1.71	1.34	0.92	0.47	142
15	8.41	4.78	1.65	1.18	0.78	0.49	98
18	7.02	4.04	1.36	0.97	0.67	0.35	78
19	6.74	3.98	1.28	0.87	0.62	0.47	66
20	6.80	3.90	1.30	0.84	0.63	0.44	h0
平均值	8.51	4.89	1.64	1.16	0.84	0.45	

本项目煤炭全部采用公路运输,年运输量为 120 万 t,按 25 t/(辆·次)计算,最大道路车流量为 290 辆/日(空、重车)。项目运煤道路为工业场地南侧的二级公路(旧榆神公路)沥青路面,目前路况好于类比矿区道路,同时车流量远小于类比矿区公路的车流量,因此道路扬尘浓度及其影响范围要比类比矿区公路小;另外环评要求对运输路面洒水降尘,根据道路洒水抑尘试验结果(表 12-45),道路每天洒水 4~5 次,可使扬尘减少 70%左右,并且扬尘造成的污染距离可缩小至 20~50 m 范围内。因此可以预测,煤矿运输道路扬尘对环境空气的影响程度较低且影响范围较小,一般在公路两侧 20~50 m 范围内。

表 12-45　　　　　　　　　　　道路洒水抑尘试验结果表

距离/m		5	20	50	100
扬尘浓度/(mg/m³)	不洒水	10.14	2.89	1.15	0.86
	洒水	2.01	1.40	0.67	0.60

需要说明的问题是,运输扬尘污染防治重在管理,运输车辆车厢封闭,严禁抛洒,运输道路洒水抑尘、道路及时修缮等都是行之有效的措施。同时陕西省 1999 年起规定:煤炭在销售和运输过程中其表面含水率不得低于 5%、运煤车辆必须盖有篷布等。这些规定的实施,大幅度减轻了运煤车辆扬尘对环境的影响。

12.6.2 声学环境影响预测分析

(1)噪声源分析

双山矿井工业场地布置的强噪声源主要有:矿井井口房、通风机房、锅炉房、坑木加工房、机修车间及选煤系统等。主要产噪设备分别为:驱动机、空压机、鼓风机、引风机、通风机、分级筛、动筛机、电锯等。这些设备噪声大部分是宽频带的,而且都是固定噪声源。根据该项目的生产规模与设备初步选型结果类比确定了本工程工业场地主要噪声源及其声压级,具体见表 12-46。

根据工业场地建构筑物设计情况,上述这些产噪设备均置于室内或密闭于栈桥内。由于有门、窗、墙等"组合墙体"的屏蔽作用,故产噪设备的噪声主要局限在室内。经类比调查,其噪声级一般在 82~105 dB(A)之间,该煤矿主要噪声源治理前后的源强与关心点的距离详见表 12-46。

表 12-46　　　　　矿井主要噪声源、源强及与预测点(厂界外 1 m)距离

噪声源		声压级 dB(A)		距离/m			
		防治前	防治后	东厂界	西厂界	南厂界	北厂界
主井工业场地	锅炉房	90	65	117.5	272.5	174.9	234.9
	主井驱动机房	96	70	352.1	53.9	284.8	18.6
	空压机房	85	65	386.1	11.2	302.4	52.7
	动筛排矸车间	98	70	164.9	254.4	122.5	216.1
	坑木加工房	105	88	198	213.1	175.1	168.7
	机修车间	98	75	287.8	88.1	241.9	56.9
风井场地通风机房		98	70	50.7	50.7	13.5	87.1

注:防治后声压级为车间外 1 m 处声压级。

（2）预测方案及模式

① 预测方案

噪声受影响对象主要是居民集中区或居民点，由于主井、风井工业场地周围无居民点，评价中将仅对其厂界噪声进行预测。其中机修车间和坑木加工房夜间不工作，所以在夜间预测中不纳入噪声源中。

② 预测模式

A. 室内噪声源声的声传播衰减模式：

$$L_p(r) = L_{p2} + 10lgS - 20lgr - 8$$

式中　$L_p(r)$——受声点的声级压，dB(a)；

　　　L_{P2}——噪声源在车间墙外 1 m 处的声压级，dB(a)；

　　　S——墙结构的透声面积，m²；

　　　r——噪声源在车间墙外 1 m 处与受声点之间的距离，m。

B. 声压级合成模式：

$$L_P = 10lg\sum_m (10^{0.1L_{Pco}})$$

③ 预测参数选取

根据项目资料，计算采用的各声源墙结构的透声面积见表 12-47。

表 12-47　　　　　　　　　　　各声源墙结构的透声面积

室内声源位置	透声面积	
	长×宽/m²	高/m
驱动机房	21.0×15	15.8
锅炉房	28.8×25.5	10.0
空压机房	25.0×7.5	6.0
动筛排矸车间	25.5×16.0	19.5
坑木加工房	12.0×9.0	6.0
机修车间	48.0×18.0	10.5
通风机房	23.0×15.0	8.0

④ 预测结果

双山煤矿主要噪声源在采取防减措施后，对主井、风井工业场地厂界的净增声压级分别见表 12-48 和表 12-49，主井、风井工业场地净增值与环境本底值叠加后的声压级见表 12-50。

表 12-48 主要噪声源对主井工业场地厂界影响净增声压级 单位:dB(A)

类别	噪声源	东厂界	西厂界	南厂界	北厂界
采取措施后	锅炉房	39.7	32.4	36.7	34.1
	主井驱动机房	34.8	51.1	38.1	61.8
	空压机房	21.8	52.5	29.1	44.3
	动筛排矸车间	44.6	40.9	45.2	40.2
	坑木加工房	51.4	50.8	53.7	54.0
	机修车间	40.6	50.9	46.4	58.9
	合成影响(昼间)	52.8	56.5	55.1	64.1
	合成影响(夜间)	46.2	53.6	46.5	61.9

注:坑木加工房及机修车间夜间不工作。

表 12-49 主要噪声源对风井工业场地厂界影响净增声压级 单位:dB(A)

类别	噪声源	东厂界	西厂界	南厂界	北厂界
采取措施后	通风机房	48.7	46.0	62.0	45.8

表 12-50 厂界噪声影响预测值与本底值叠加结果 单位:dB(A)

类别	时段	东厂界	西厂界	南厂界	北厂界
采取措施主井场地	昼间	53.3	56.9	55.5	64.1
	夜间	47.2	53.8	47.5	61.9
采取措施风井场地	昼间	50.6	49.1	62.1	49.0
	夜间	49.8	47.9	62.0	47.7
GB 12348—2008 2 类					
GB 3096—2008 2 类	昼间 60 dB(A),夜间 50 dB(A)				

(3) 预测结果及分析

由表 12-50 可见,采取措施后主井工业场地厂界昼间噪声值在 53.3~64.1 dB(A)之间,夜间噪声值在 47.2~61.9 dB(A)之间,昼间噪声除北厂界、夜间噪声除北、西厂界外,其他厂界均满足 GB 3096—2008《工业企业厂界环境噪声排放标准》2 类标准要求,北厂界昼、夜噪声分别超标 4.1 dB(A)、11.9 dB(A),超标的原因主要是主井驱动机房距北厂界较近(约 18.6 m)所致,北厂界昼、夜均实现达标距离为厂界外 54 m。西厂界夜间超标 3.8 dB(A),超标的原因主要是空压机房与驱动机房噪声共同影响所致,西厂界夜间达标距离为厂界外 9 m 处。

风井工业场地厂界昼间噪声值在 49.1~62.1 dB(A)之间,夜间噪声值在 47.7~62.0 dB(A)之间,昼、夜噪声除南厂界外,其他厂界均满足 GB 3096—2008《工业企业厂界环境噪声排放标准》2 类标准要求,南厂界昼夜分别超标 2.1 dB(A)、12.0 dB(A),超标原因主要是通风机房距南厂界较近(约 13.5 m)所致。南厂界昼、夜均实现达标距离为厂界外 41 m。

综上可见,双山矿井投产运营后,生产噪声对主井工业场地北厂界、西厂界、风井场地南厂界影响较明显,影响范围在厂界外 60 m 范围内。由于本项目厂界外 500 m 范围内无任何环境敏感点,因此不会对周围居民及其他敏感点产生影响。为了进一步降低或避免生产噪声对厂界和周围环境的影响,环评提出以下防治措施或优化方案。

① 进一步加强驱动机房、空压机房及通风机房的噪声防治措施,如强化设备减震措施,设置隔、吸声导向屏等;

② 加强噪声源与厂界之间的绿化,实现进一步降噪;

③ 设计下阶段进行平面布局优化,在满足工程需要的基础上合理调整驱动机房、空压机房及通风机房的场内位置;

④ 主井工业场地西厂界外 50 m 内,北厂界和风井工业场地南厂界外 100 m 内禁止规划建设居住区。

12.6.3 固体废物影响预测与评价

(1) 固体废物来源

煤矿生产过程中产生的主要固体废物有煤矸石、锅炉灰渣、生活垃圾及脱硫废渣。煤矸石来自于巷道掘进时产生的掘进矸石和选煤产生的矸石;锅炉灰渣来自矿井工业场地的锅炉房;生活垃圾来自矿井职工日常生活。双山煤矿新建工程固体产生量及处置方式见表 12-51。

表 12-51 煤矿固体废物排放量

分类	组成	产生量	处置方式
井下采煤掘进矸	泥岩、炭质	7 200 t/a	充填采空区和废弃巷道
动筛排矸系统矸石	泥岩	40 400 t/a	综合利用
灰渣	灰渣	1 120.84 t/a	综合利用
生活垃圾	有机物和无机物	176.88 t/a	集中收集、定期运往榆林市榆阳区垃圾场处理
脱硫废渣	脱硫石膏	110.26 t/a	综合利用

生产期井下采煤产生的矸石,不出井,全部井下充填采空区和巷道;生活垃圾及脱硫废渣产量较小,其中垃圾全部运至榆林市榆阳区垃圾场统一处置,脱硫废渣全部用作建筑材料。下面主要对生产期的选煤矸石、灰渣进行预测评价。生产期产生的煤矸石、灰渣在综合利用途径不通畅时,全部排入矿井工业场地拟选矸石周转场进行临时堆存处置。

(2) 固体废物环境影响预测评价

① 矸石对环境的污染影响预测

A. 煤矸石类别的判定

本次环评采用双山井田西南侧中能榆阳煤矿 3 号煤层矸石的浸出试验数据(表 12-52)(委托国土资源部西安矿产资源监督检测中心完成)进行类比分析,双山煤矿与中能煤矿地质条件、成煤年代、煤层赋存条件基本相同,且开采煤层相同。

表 12-52 矸石浸出液与评价标准对比 单位:mg/L

类别	分析项目									
	As	Hg	Pb	Cd	Cr^{+6}	S^{2-}	F$^-$	Zn	Cu	pH
中能榆阳煤矿矸石浸出液监测数据	0.003 1	0.000 56	<0.002	<0.10 μg/L	<0.01 μg/L	0.022	0.84	0.007 03	0.005 84	8.36
GB/T 14848—93 中Ⅲ类标准	0.05	0.001	0.05	0.01	0.05	/	1.0	1.0	1.0	6.5~8.5
GB 8978—1996 一级标准	0.5	0.05	1.0	0.1	0.5	1.0	10	2.0	0.5	6~9

说明:矸石毒性浸出方法为《固体废物浸出毒性浸出方法硫酸硝酸法》(HJ/T299—2007)。

由表 12-52 可以看出,浸出液各项指标均未超过 GB 8978—1996 最高限值要求,根据《一般工业固体废物贮存、处理场污染控制标准》中有关规定,确定本矸石周转场属于Ⅰ类一般固体废物排放场地,本工程矸石周转场按Ⅰ类贮存场设计。

煤矸石对环境的影响主要反映在堆场占地、淋溶水对土壤的影响、矸石扬尘等方面影响。

以榆家梁矸石进行类比,榆家梁矸石成分分析结果见表 12-53。

表 12-53 矸石工业及化学分析结果

工业分析	灰分/%	全硫/%	有机硫/%	固定碳/%	发热量/(kJ/kg)	—	—
	86.34	0.07	0.004	7.27	6 714.29	—	—
化学分析	烧失量	SiO$_2$/%	Al$_2$O$_3$/%	Fe$_2$O$_3$/%	CaO/%	MgO/%	TiO$_2$/%
	8.80	56.36	27.05	4.98	2.91	0.97	0.15

由表 12-53 可以看出,矸石是有一定热值的可以综合利用的资源。正常情况下本项目矸石全部综合利用,本次主要评价选煤矸石在综合利用途径不通畅时,在矸石场周转时的环境影响。

B. 矸石排放方式

矸石采用汽车运输方式运往矸石场排弃。

C. 矸石堆放自燃可能性及其环境影响分析

关于矸石堆放自燃的机理很多,目前的研究结果表明:硫铁矿结核是引起矸石自燃的决定因素,水和氧是矸石自燃的必要条件,碳元素是矸石自燃的物质基础。因此,除含硫外,矸石处置后是否自燃,还可以从可燃成分、通风状况、氧化蓄热条件、堆积处理方式等方面来评价。评价采用波兰的 PSO/Z 法对矸石山的自燃倾向进行预测。矸石山自燃因素的分级和评分见表 12-54。矸石山自燃倾向预测判别见表 12-55。双山矿井矸石自燃倾向判断结果见表 12-56。

表 12-54 矸石山自燃因素的分级和评分

序号	矸石自燃因素	因素分级	各级评分
1	矸石灰分含量	91~100	−50
		81~90	0
		70~80	10
		55~69	15
		≤55	20
2	矸石最大粒径/mm	<5	0
		6~20	3
		21~40	5
		>40	10
3	矸石水解能力	小	0
		中	−5
		大	−15
4	矸石山类型	低于地面堆放,无顶	0
		低于地面堆放,有顶	3
		平顶	5
		圆锥堆放	7
5	矸石山高度/m	<4	0
		4~10	3
		11~18	8
		>18	10
6	矸石山体积/$10^3 m^3$	<10	0
		10~100	2
		101~200	5
		>200	8
7	矸石运至矸石山的方式	轨道、钢丝绳式皮带机、自然散落	5
		同上,但推土机推平	0
		汽车运输,山顶卸车	0
		汽车运输,分层卸车	−5
8	防火措施	分层压实并在表面加隔离层堵漏	−50
		分层压实,不堵漏	−40
		表面压实和堵漏	−30
		表面压实不堵漏	−25
		堵漏不压实	−15
		无措施	0

表 12-55　　　　　　　　　　　　　矸石自燃倾向判别表

自燃等级	P 值	自燃倾向判别
I	<0	不自燃
II	1~15	不大可能自燃
III	16~30	有可能自燃
IV	31~48	很有可能自燃
V	>48	肯定能自燃

注:计算公式为 $P = \sum_{i=1}^{s} A$,P 为自燃指数,A 为各项引起自燃因素的得分。

表 12-56　　　　　　　　　　　双山矿井矸石自燃倾向判断结果

项目名称	灰分/%	粒径/cm	水解能力	堆存类型	高度/m	体积/10³ m³	运矸方式	防火措施	
特征	86.34	21~40	中	低于地面无顶	<4	<10	汽车运输分层卸车	表面压实堵漏	得分合计
得分	0	5	—5	0	0	0	—5	—30	—35

由表 12-56 可知,矸石自燃指数为—35,说明双山矿井矸石理论上不会发生自燃,但矸石自燃是一个很复杂的物理化学过程,当内外界条件出现异常,加之人为点燃和雷电引起等因素出现时,自燃的可能性还是存在的。

矸石堆自燃时会产生烟尘及 CO、SO_2、H_2S 等大量有害气体污染周围的环境,同时伴有大量的煤尘,污染矸石周转场周围及下风向地区的空气环境,严重损害人体健康;还会使流经矸石堆的降水酸度增加,造成小范围内水体及土壤的污染。因此必须采取措施防止矸石自燃现象发生。

D. 对土壤环境的污染影响分析

为了解矸石排放对土壤的影响程度,将收集到的神东公司煤矸石有害元素分析结果和区内土壤背景值进行对比,并与土壤环境质量标准对照,详见表 12-57。

表 12-57　　　　　　　　　土壤背景值与矸石有害元素含量对比表　　　　　　　单位:ppm

项目	采用深度/m	Pb	Cu	As		Zn	F—	Cd	Cr		Hg
神东矿区土壤背景值	0~20	10.1	11.5	7.1		47.8	305	0.028	45.7		0.028
	20~40	11.0	11.9	7.3		47.9	291	0.028	46.1		0.026
神东矿区矸石		15.5	14.8	1.1		11.1	592.7	0.32	37.8		0.018
土壤环境质量二级标准		≤350	≤100	水田 ≤20	旱田 ≤25	≤30	/	≤0.6	水田 ≤350	旱田 ≤250	≤1.0

由表 12-57 可以看出,本矿区土壤背景值中各元素含量均未超过《土壤环境质量标准》二级标准,说明该地区土壤满足现有环境功能的要求。

神东矿区矸石中有害元素的含量与土壤背景值中相应元素的含量对比,可以看出矸石中的 As、Cr、Zn、Hg 低于土壤背景值;Pb、Cu、F⁻、Cd 不同程度地高于背景值,其中 Pb 高于背景值 0.4～0.5 倍,Cu 高于背景值 0.24～0.28 倍,F⁻ 高于背景值 0.94～1.04 倍,Cd 高于背景值 10.4 倍。

虽然矸石样品中 Pb、Cu、F⁻、Cd 含量高于本区土壤的背景值,但并未超过《土壤环境质量标准》二级标准,因此可以认为双山矿井建成后堆放于矸石周转场的矸石对本地区土壤的不利影响在标准允许的范围内。

E. 矸石淋溶对水环境的污染影响分析

矸石在矸石周转场堆放,如排水不畅受雨水浸泡后,其有害元素中的可溶解部分就可能溶解随雨水迁移,对水体和土壤产生影响。由表 12-52 可知,矸石浸出液中有害元素浓度均在地下水环境质量Ⅲ类标准范围内,且满足综合排放一级标准。可见矸石淋溶水对环境的影响是较小的。另外,评价区气候干燥,降雨量小,蒸发量大,降水后受蒸发和排泄条件的影响,矸石充分淋溶和浸泡的条件和机会很少,实际各有害元素溶出浓度远比试验条件下的相应浓度小得多,因此矸石淋溶水不会对水体造成明显的影响。

② 灰渣对环境的污染影响分析

锅炉灰渣对环境的影响主要为扬尘影响、自燃影响以及淋溶水对环境的影响。锅炉机械未充分燃烧的煤占锅炉灰渣的 8% 左右,比较均匀地混杂在灰渣内,不集中,可燃物在灰渣中含量低,且易燃烧的挥发分已烧失,因此锅炉灰渣不会自燃。

本项目灰渣优先用作建筑材料,不能利用时运至矸石场分区堆放周转,分段分层填埋和治理,尽量减少裸露面积,减少了起尘源强,放到一定高度后即予以硬化,起尘可能性也不大。

通过与神东主要煤层化学成分及有害元素分析结果的类比,本矿区煤灰成分均以 SiO₂ 为主,有害元素 As、F 的含量均很低,因此可以认为锅炉灰渣不能综合利用时,即使矸石场周转,也不会构成对环境的污染。

③ 垃圾对环境的污染影响分析

本项目的生活垃圾以废纸、塑料、灰渣为主,其次为有机质等。垃圾的随意堆放一是造成感观污染,再者其中的有机质容易变质、腐烂,析出污水,招致蚊蝇,从而导致污染空气,传染疾病,影响环境卫生。因此对生活垃圾必须妥善处理。本矿井生活垃圾全部运入榆林市榆阳区垃圾场统一处理。这样只要加强管理,可避免生活垃圾对环境的影响。

综上所述,双山矿井生产中排弃的固体废物主要是矸石;正常情况下矸石不会产生自燃,其扬尘与否与矸石湿度和外界气象条件有关,淋溶液对水环境的污染贡献很小,影响甚微;同时本项目矸石场仅作为临时周转场所,固体废物堆放对环境的污染影响是不大的。但从资源利用角度看,应加强矸石、灰渣综合利用力度,减少堆存,减轻对环境造成的影响。

12.6.4　地表水影响预测评价

双山矿井营运期工业场地生产、生活污废水经处理后全部回用,不外排;井下排水经分质处理后部分回用,剩余全部作为麻黄梁工业集中区生产补充水。因此本项目生产期无外排污废水,对地表水体基本无影响。

12.7　生态环境影响预测与评价

12.7.1　生态评价基本原则

①以生态现状调查资料为基础,研究生态系统结构与功能的相适应原理,从保护生态结构的完整性,达到保持生态系统环境功能的目的;

②以人为本,将经济、社会与环境看作是一个相互联系、相互影响的复合系统,特别注重煤炭资源的综合利用与经济可持续发展间的关系;

③将保护生态环境的核心——水资源的保护——放在首要位置,评价煤矿建设对其产生的影响并寻求有效的保护途径;

④将普遍性与特殊性相结合,关注煤矿建设引发的生态环境变化的特殊问题,例如地表沉陷问题;

⑤关注重大生态问题,如采煤对地下水的影响,将解决重大生态问题与恢复和提高生态环境功能紧密结合,以适应当地经济、社会发展和精神文明建设不断增长的需求;

⑥评价区生态脆弱,同时也是工矿开发的重点区,沙质荒漠化及水蚀荒漠化交替存在,评价中将结合本区已有经验,提出防治荒漠化的初步思路。

12.7.2　生态评价等级、范围及保护目标

（1）评价等级、范围

评价等级为二级;评价范围为全井田及周边向外延 500 m,合计 19.04 km²,重点评价主采煤层（3 号煤层）开采后生态环境影响。

（2）生态环境保护目标

评价生态环境保护目标主要有井田内的土地资源、植物、动物、具有供水意义的浅层地下水等。各主要保护目标及拟采取的措施详见表 12-58。

表 12-58　　　　　　　　　　生态环境保护目标

类别	保护对象	范围	保护目标	主要措施
土壤	表层土、水土保持设施	全井田	① 土壤流失控制比<0.7; ② 水土流失总治理度>90%	① 建设期水土; ② 生产期工程
土地资源	井田内土地资源	全井田	① 对土地利用结构不产生大影响; ② 扰动土地治理率井田范围内>95%	① 水土保持措施; ② 沉陷区土地综合整治措施
植被	灌草植被、草结皮、人工林木	全井田	① 植被恢复系数>97%; ② 工业场地植被覆盖度≥30%; ③ 井田生态保护区林草植被覆盖度>25%	① 工业场地绿化; ② 沉陷区植被恢复
动物	野生动物	全井田	物种和种群基本不受影响	尽可能少占土地,保护野生动物
地下水	第四系松散岩类孔隙潜水含水层	全井田	尽可能减少第四系松散岩类孔隙潜水层的破坏	保护性开采

类别	保护对象	范围	保护目标	主要措施
地表水	水库	—	不影响水库水量及正常功能	实施保护性开采
	柳巷河	井田中部	不影响柳巷河水量及径流方向	实施保护性开采
文物	古长城	—	确保文物质量、等级不受影响	留设保护煤柱
居民	井田内居民	—	不影响居民正常的生产、生活	搬迁或留设保护煤柱

14.7.3 生态环境现状调查与评价

评价采用遥感(RS)、全球定位系统(GPS)和地理信息系统(GIS)等高新技术结合的方法对评价区生态环境进行了调查。生态环境现状调查以 2008 年 9 月的 SPOT-5 卫星图像为信息源,空间分辨率 10 m,遥感解译范围为规划区边界外延 500 m,其中线状地物解译长度不小于 1 cm,解译图斑不小于 4 mm²,满足项目生态评价要求。

(1) 地貌类型现状

评价区位于毛乌素沙地与陕北黄土高原的过渡带,地形较为平缓,地势呈中部低南北两侧略高,出露的主要地层主要有中更新统灰黄色粉砂质亚黏土和全新统风积沙、冲积砂土和砂砾石。评价区地貌划分为风沙滩地、覆沙黄土丘陵和河流地貌三大类型,其中以风沙滩地为主。各类地貌类型面积见表 12-59。

表 12-59　　　　　　　　　　　地貌类型分布面积统计表

地貌类型		面积/km²	占评价区面积百分比/%
风沙滩地	流动沙丘(地)	1.22	6.41
	半流动、半固定沙丘(地)	7.36	38.66
	固定沙丘(地)	8.08	42.44
	滩地	0.07	0.37
覆沙黄土丘陵	半流动、半固定沙丘(地)覆沙黄土丘陵	0.64	3.36
河流地貌	河流阶地	1.67	8.77
合计		19.04	100

风沙滩地在评价区分布面积最大,包括流动沙丘(地),半流动沙丘、半固定沙丘(地),以及固定沙丘(地)。沙丘形式以固定沙丘为主,形态以梁窝状沙丘为主。流动沙丘(地)分布范围较小,主要分布于评价区西北角;半流动、半固定沙丘(地)广泛分布于评价区;固定沙丘(地)主要分布于井田西南部、北部的杜家窑子和南部麻黄梁镇。

覆沙黄土丘陵地貌仅分布于西庄村以东,类型为半流动沙丘、半固定沙丘(地)覆沙黄土丘陵,沙丘形态以梁窝状沙丘为主,沙丘高度一般小于 10 m。

受河流的下切作用影响,评价区内榆溪河的支流头道河(柳巷河)河流阶地较为发育,现大多为农田,面积 1.67 km²,占评价区总面积的 8.77%。

(2) 植被类型

评价区位于陕北长城沿线沙生植被、草甸草原小区,为农牧交错地带,植被类型处于以矮生灌丛为主的沙生植被与以禾草、杂类草为主的旱生植被的过渡带,两者相互混生。参考中国科学院中国植被图编辑委员会编撰的《中国植被图集》(2001 年),评价区植被类型共分为自然植被、农业植被、无植被地段 3 类。分布面积统计见表 12-60。

表 12-60　　　　　　　　　　　评价区植被类型分布面积统计表

植被类型		面积/km²	占评价区面积的百分比/%
自然植被	沙蒿、沙柳主灌丛	7.92	41.61
	沙蒿、禾草灌草丛	7.43	39.03
农业植被	一年一熟农作物	2.71	14.24
无植被地段		0.49	2.57

注:不包括水体与建设用地面积。

灌丛为评价区的优势植被群落,广泛分布于评价区的风沙滩地中,主要种类有沙蒿、沙柳等,在局部地区沙柳高度可达 2 m 以上,而沙蒿平均高度约 40 cm。灌草丛在评价区分布范围也较大,主要分布于评价区中、西部。主要种类有沙蒿、禾草、杂类草等。禾草为混生植被,主要分布于群落底部,以针茅、长芒草为主。

农业植被主要分布于河流阶地与风沙滩地,耕地类型为水浇地。分布于头道河的河流阶地,其耕作条件很好,土壤类型为砂质黏土,有机质含量高,农作物产量高,主要种植一年一熟粮食作物,种类有春小麦、莜麦、荞麦、玉米、土豆等,在部分地区还有少量水稻的分布。

无植被地段面积小,地表植被覆盖度小于 5%,地貌类型以流动沙丘(地)为主,生态环境脆弱。

(3) 植被覆盖度

根据植被覆盖地表的百分比,评价区的植被覆盖度划分为 4 级,中高覆盖度(50%～70%)、中覆盖度(30%～50%)、低覆盖度(10%～30%)、极低覆盖度(<10%)。农业植被不分等级。评价区为半干旱气候,长期以来,过度开垦与放牧现象等较为严重,植被覆盖度低,土壤侵蚀严重,是我国生态环境治理的重点地区。随着三北防护林建设及退耕还林政策的实施,生态环境得到明显改善。但植被覆盖度仍以低覆盖度为主,中部植被覆盖度低于南、北部,分布面积见表 12-61。

表 12-61　　　　　　　　　　　植被覆盖度分布面积统计表

植被覆盖度类型	面积/km²	占评价区面积百分比/%
中高覆盖度	4.34	22.79
中覆盖度	3.75	19.69
低覆盖度	7.98	41.91
极低覆盖度	0.17	0.90
农业植被	2.80	14.71
合计	19.04	100

中高覆盖度植被分布于评价区南部与北部杜家窑子。植被类型以沙柳、沙蒿为主。

中覆盖度植被主要分布于马场滩以东,西庄以北也有分布。植被类型以沙蒿、沙柳为主。

低覆盖度植被分布面积最大,广泛分布于评价区中部与西部,中部分布面积大于南部和北部,西部面积大于东部面积。植被类型以沙蒿、禾草为主。

极低覆盖度植被零星分布于头道河以北。

农业植被块状分布于麻黄梁乡、西庄、马场滩附近,主要为水浇地。

(4)土地利用现状

按照国土资源部颁布的《土地利用现状分类标准》(GB/T 21010—2007)的规定,评价区的土地利用现状分为 7 个一级类型和 8 个二级类型,评价区土地利用类型分布面积统计表见表 12-62。

表 12-62 土地利用类型分布面积统计表

土地利用类型		面积/km²	占评价区面积的百分比/%
耕地	水浇地	2.83	14.87
林地	灌木林地	7.83	41.15
草地	天然牧草地	7.38	38.78
工矿仓储用地	工业用地	0.02	0.11
住宅用地	城镇住宅用地	0.12	0.63
交通运输用地	公路用地	0.05	0.26
水域	坑塘水面	0.31	1.63
未利用土地	沙地	0.49	2.57

评价区为半干旱气候,地貌以风沙地貌为主,位于我国北方农牧交错带的中部,为典型的荒漠化草原生态系统,土地利用方式主要受地形、地表组成物质、气候及水资源条件的控制,以灌林地为主,草地、耕地次之,工矿仓储用地、住宅用地、交通运输用地与水域面积较小。

耕地多为水浇地,主要分布于河流阶地与风沙滩地,分布于麻黄梁乡、西庄、马场滩附近。主要种植一年一熟粮食作物,农产品种类有春小麦、莜麦、荞麦、玉米、土豆等,在部分地区还有少量水稻的分布。

林地主要为灌木林地,区内分布相对较大,主要分布于固定沙丘(地),半流动、半固定沙丘(地),主要种类有沙蒿、沙柳等,在局部地区沙柳高度可达 2 m 以上,而沙蒿平均高度约40 cm。

草地为区内的优势植被群落,主要为天然牧草地,植被类型以禾草、杂类草为主,常与沙蒿混生,占评价区面积的 38.78%。

工矿仓储用地主要为工业用地,分布于为麻黄梁镇东北方向 0.5 km 处。

住宅用地主要为城镇住宅用地,城镇住宅用地主要为麻黄梁等乡镇所在地。

交通用地主要为乡镇公路,面积为 0.05 km²,占评价区面积的 0.26%。

水域为坑塘水面,分布于头道河或附近滩地中,麻黄梁镇北侧也有零星分布。

未利用土地为沙地,分布分散,地表形态以波状沙丘为主,主要分布于马场滩东侧,头道河(柳巷河)北侧等地。

（5）土壤侵蚀现状

根据水利部颁布的《土壤侵蚀分类分级标准》（SL190—2007）中的 5 种容许侵蚀量及区域特性，本区域土壤侵蚀容许侵蚀量选用 500 t/km² · a。

根据《生态环境状况评价技术规范》，评价区土壤侵蚀可划分为水力和风力侵蚀两大类型，以及极强度、强度、中度、轻度和微度等 5 个土壤侵蚀强度等级。评价区土壤侵蚀类型分布面积见表 12-63。

表 12-63　　　　　　　　　　　　　土壤侵蚀类型分布面积统计表

土壤侵蚀类型与强度		面积/km²	占评价区面积百分/%
水力侵蚀	微度水力侵蚀	0.50	2.63
风力侵蚀	轻度风力侵蚀	8.99	47.22
	中度风力侵蚀	3.75	19.70
	强度风力侵蚀	3.85	20.22
	极强度风力侵蚀	1.62	8.51

评价区土壤侵蚀强度较大，以风力侵蚀为主，面积达 18.23 km²，占评价区面积的 95.75%；水力侵蚀面积仅 0.50 km²，占评价区面积的 2.63%

水力侵蚀在评价区以微度为主，主要分布于头道河的河流阶地。植被类型以农田为主，植被发育较好。

风力侵蚀在评价区分布面积大，以轻度、中度、强度和极强度侵蚀为主，广泛分布于风沙滩地区，中部侵蚀强度大于南、北部，西部土壤侵蚀强度大于东部。

轻度风力侵蚀分布面积最大，主要分布于评价区东部麻黄梁镇至杜家窑子一带，西北部也有部分分布；中度风力侵蚀主要分布于杜家窑子南侧，西庄以东，评价区西北部也有部分分布；强度风力侵蚀主要分布于评价区中部头道河的两侧，其他地方也有零星分布；极强度风力侵蚀分布面积较小，主要分布于评价区中部头道河的两侧，马场滩以东也有零星分布。

（6）动物资源

野生动物的地理分布在动物地理区划中属古北界—蒙新区—东部草原亚区。

目前该区的野生动物组成比较简单，种类较少。根据现场调查及资料记载，目前该区的野生动物（指脊椎动物中的兽类、鸟类、爬行类和两栖类）约有 70 多种，隶属于 22 目 39 科，其中兽类 4 目 9 科，鸟类 15 目 26 科，爬行类 2 目 2 科，两栖类 1 目 2 科。此外，还有种类和数量众多的昆虫。

评价区家畜主要有山羊、绵羊、牛等，据调查，评价区内无国家珍稀保护物种。

（7）评价区生态环境现状小结

评价区地处我国北方农牧交错带的中部，为典型荒漠草原生态系统，通过遥感技术对评价区生态环境现状进行调查，从而得出该区地貌、植被、土地利用、土壤侵蚀等基本生态环境因子的分布规律及其分布特征，评价区生态环境现状总结如下：

① 评价区位于毛乌素沙地与陕北黄土高原的过渡带，地形较为平缓，地势呈中部低南北两侧略高，地貌划分为风沙滩地、覆沙黄土丘陵和河流地貌三大类型，其中以风沙滩地为主，占评价区面积的 87.88%。风沙滩地固定沙丘（地）占有较大比例。

② 植被类型共分为自然植被、农业植被、无植被地段 3 类,其中,灌丛为评价区的优势植被群落,占评价区面积的 41.61%,主要种类有沙蒿、沙柳等。植被覆盖度以低覆盖度为主,中部植被覆盖度低于南、北部。

③ 评价区为半干旱气候,位于我国北方农牧交错带的中部,为典型的荒漠化草原生态系统。土地利用方式以灌木林地为主,占评价区面积的 41.15%,草地、耕地次之,工矿仓储用地、住宅用地、交通运输用地与水域面积较小。

④ 土壤侵蚀可划分为水力和风力侵蚀两大类型,极强度、强度、中度、轻度和微度等 5个土壤侵蚀强度等级。以风力轻度侵蚀为主,占评价区面积的 47.22%,其次为风力强度侵蚀。

总之,评价区生态环境较脆弱,沙质荒漠化与土壤侵蚀等生态环境问题较突出,以资源型缺水为主。

12.7.4 生态环境影响预测与评价

根据双山矿井生态环境现状调查和煤矿开发生态环境影响特点,本次生态环境影响评价内容主要包括以下方面:

① 采煤引起的地表沉陷、地下水疏排等可能导致植被减少、农业减产、水土流失加剧等生态环境问题;

② 煤矿开发后对地下水资源、动植物资源、土地资源等的影响;

③ 土地、村庄、人口变迁等导致农业生态环境的影响。

(1) 地表沉陷影响预测与评价

① 井田开拓与开采

井田含煤地层为侏罗系中统延安组,全井田可采煤层为 3、3^{-1} 号煤层,其中 3^{-1} 为 3 号煤层下分岔煤层,在井田局部分布。3、3^{-1} 号煤煤层厚度分别为 8.16～11.38 m(平均 9.9 m)、1.42～1.90 m(平均 1.65 m),煤层倾角小于 1°。全井田以斜井单水平开拓,水平大巷布置在 3 号煤层中,采用长壁综采采煤方法,全部垮落法管理顶板。井田采用条带式开采,不划分盘区,采煤工作面前进式由南向北单翼按顺序接续开采,工作面内按后退式回采。

矿井总服务年限 52.3 a,其中 3 号煤层全区可采,为主采煤层,服务年限为 50 a。本环评主要对井田主采煤层 3 号煤层开采后的地表沉陷进行预测分析,并对全井田所有可采煤层开采后的地表沉陷进行分析预测。

② 地表沉陷预测方法、模式及参数选取

根据本井田的煤层赋存条件和井田开拓与井下开采方式等,本次预测采用国家煤炭局《建筑物、水体、铁路及主要井巷煤柱留设与压煤开采规程》中推荐的概率积分法最大值预测方法,模式为:

最大下沉值:$W_{max}=M\times q\times\cos\alpha$,mm;

最大倾斜值:$I_{max}=W_{max}/r$,mm/m;

最大曲率值:$K_{max}=1.52W_{max}/r^2$,10^{-3}/mm;

最大水平移动值:$U_{max}=b\times W_{max}$,mm;

最大水平变形值:$\varepsilon_{max}=1.52\times b\times W_{max}/r$,mm/m。

式中 M——煤层开采厚度,mm;

α——煤层倾角;

q——下沉系数；

b——水平移动系数；

r——主要影响半径，m；$r=H/\tan\beta$；

H——煤层埋深，m。

地表移动延续时间：$T=2.5\times H(\mathrm{d})$。

地表最大下沉速度：$V_{max}=K(\mathrm{Wcm}\cdot C)/H(K \text{ 取 } 1.1)$。

在煤矿开采中对地表沉陷的预测，一般均参照原国家煤炭工业局制定的《建筑物、水体、铁路及主要井巷煤柱留设与压煤开采规程》中推荐的参数，这对采煤预测地表沉陷具有指导意义，但依此作为具体的井田预测参数的选取时，往往会与实际情况产生较大的差距。本次评价参数的选取，是根据与双山煤矿处于同一煤田（陕北侏罗系煤田），相邻矿区的大柳塔矿井和补连塔矿井长期观测取得的实际数据作为本次预测参数，其理由是：

A. 属同一煤田（陕北侏罗系煤田），相邻矿区，古沉积环境相同，同为陆相碎屑岩沉积，成煤时代相同；

B. 主要开采煤层基本相同，同为侏罗系中统延安组中上部煤层，煤层厚度、倾角，顶底板岩性特征等地质、水文特征相同或相近；

C. 开采工艺相同或相近，同为机械化综采；

D. 主采煤层上覆地层厚度和岩性相似，为砂岩、泥岩互层及第四系的黄土、粉沙土、风积沙层、冲积沙地等松散层。

根据上述的类比条件，参照原国家煤炭工业局制定的《建筑物、水体、铁路及主要井巷煤柱留设与压煤开采规程》有关要求，评价选取的计算参数如下：

a. 下沉系数选取

初次采动系数 $q_初=0.62$；重复采动系数 $q_复=0.65$。

b. 开采影响传播角

$\theta=90°-0.68\alpha$；θ 为 $89.32°$。

其中：α 为煤层倾角，双山煤矿煤层倾角小于 $1°$。

c. 水平移动系数（b）

$b=0.30\times(1+0.008\,6\alpha)$，$b$ 为 0.30。

d. 主要影响角正切值（$\tan\beta$）

$\tan\beta=(1-0.003\,8\alpha)\times(D+0.003\,2H)$；

式中 D——岩性影响系数，取 1.82；

H——开采煤层埋深。

e. 主要影响半径（r），$r=H/\tan\beta$，m。

以上 H、$\tan\beta$、r 等参数计算结果见表 12-64。

表 12-64　　　　　　　　　　　地表沉陷基本参数表

可采煤层	煤层厚度/m	埋深 H/m	$\tan\beta$	r/m	拐点移动距/s	沉陷影响范围
3	8.16～11.38 9.9	164～268	2.34～2.67	70.1～99.3	29.5～48.2	40.5～51.0
3^{-1}	1.42～1.9 1.65	174～230	2.37～2.54	82.1	31.3～41.4	42.1～49.2

③ 计算方法

A. 根据全井田、采区的开采条件、地形地质条件以及钻孔资料，确定划分计算块断，应用《地表移动与变形预计系统》进行计算机模拟计算；

B.《地表移动与变形预计系统》是煤炭科学研究总院唐山分院与平顶山矿务局于1991年完成的科研项目。该系统1991年12月13日通过中国统配煤矿总公司技术发展局的鉴定，成果编号：(91)中煤总技鉴定第404号。计算依据国家煤炭局2000年颁发的《建筑物、水体、铁路及主要井巷煤柱留设与压煤开采规程》的有关规定。《地表移动与变形预计系统》所采用的数学模型为"概率积分法"。

C. 根据计算，结合地形，利用图形处理系统给出开采后地表沉陷等值线图，以及开采区域各变形指标的剖面图。

④ 地表沉陷影响预测结果

根据前述预测模式、计算原则及选取的参数，按极值计算方法确定地表下沉、移动与变形结果。全井田各煤层开采后预测结果见表12-65。

表 12-65 全井田各煤层地表移动与变形预测结果

可采煤层	开采厚度/m	$W_{max}/(mm/m)$	$I_{max}/(mm/m)$	$K_{max}/(10^{-3}/m)$	U_{max}/mm	$\varepsilon_{max}/(mm/m)$
3	8.16～11.38 9.9	5 058.4～7 029.7	63.1～87.7 76.5	1.195～1.661 1.45	1 517.5～2 108.9 1 841.1	28.76～39.97 34.89
3^{-1}	1.42～1.9 1.65	922.9～1 234.8 1 072.3	11.2～15.0 13.1	0.208～0.278 0.242	276.9～370.4 321.7	5.13～6.86 5.96

全井田各煤层开采后地表沉陷最大值为 8 162 mm，出现在井田西侧柳巷河北侧。根据本井田的地质特征及已确定的参数，地表沉陷影响边界一般在开采边界以外 40.5～51.0 m，平均 45.4 m。

⑤ 地表移动延续时间和最大下沉速度预测

A. 地表移动延续时间

在无实测资料的情况下，地表移动的延续时间(T)可根据下式计算：

$$T = 2.5 \times H(d)$$

H——工作面平均采深，m。

根据上述公式，通过综合计算求得全井田煤开采后地表移动延续的时间一般约 1.12～1.84 a。

B. 地表最大下沉速度

$$V_0 = K \frac{W_{cm} \cdot C}{H}$$

式中 K——系数(1.1)；

W_{cm}——最大下沉值，mm；

C——工作面推进速度，m/d；

H——平均开采深度，m。

通过综合计算,全井田各煤层开采后,地表最大下沉速度值约 221.56 mm/d。

评价区停采后地表沉降总延续时间在时间段分配上,初期剧烈变形,中期缓慢变形,晚期相对稳定。但在出现地表裂缝和沉陷坑的部位,变形期相对较长,影响程度相对严重,特别是重复采动时,地表变形周期会变长。

⑥ 地表沉陷影响评价

本矿井地表沉陷影响的主要对象为采区内的地表形态、村庄建筑、土地资源和地表植被、电力和通讯设施、水体、文物古迹及井泉等。

A. 采煤沉陷对地表形态及地貌的影响分析

评价区位于毛乌素沙地与陕北黄土高原的过渡地带,地貌以风沙滩地为主。煤层开采后,其上覆岩因失去支撑作用自下而上发生冒落、裂缝和移动、整体弯曲下沉,最终在地表形成沉陷区。在沉陷边缘或工作面四周等其他地点会出现一些下沉台阶,并出现一些较大的地表裂缝。

矿井开采煤层较厚,煤层开采后地表最大下沉值为 8.16 m,在局部地段(主要为沉陷边缘或裂缝区)开采对地表形态和地形标高会产生一定的影响,但由于沉陷稳定后整个井田区域都会相继下沉,因此不会改变井田区域总体地貌类型。但开采产生的一些较大地表裂缝,将会破坏原始地貌的完整性,造成与周围自然景观的不相协调,对生态景观有一定的负面影响。地表沉陷影响范围在开采边界外 40.5~51.0 m,主要受影响地段为沉陷边缘。

B. 采煤地表沉陷对村庄建筑影响评价

我国《建筑物、水体、铁路及主要井巷煤柱留设与压煤开采规程》中制定了砖混(石)结构的建筑物破坏(保护)等级标准,见表 12-66。在该规程中,判断砖混结构建筑物损坏等级的地表变形参数分别为水平变形 ε、曲率 K 和倾斜 I,由于农村建筑高度小,评价房屋的损害等级以水平变形值为主要依据。

表 12-66　　　　　　　　　砖混(石)结构建筑物损坏等级

损坏等级	盘区	地表变形值			损坏分类	结构处理
		水平变形 ε /(mm/m)	曲率 k /(10^{-3}/m)	倾斜 I /(mm/m)		
I	—	≤2.0	≤0.2	≤3.0	极轻微损坏	不修
					轻微损坏	简单维修
II	—	≤4.0	≤0.4	≤6.0	轻度损坏	小修
III	—	≤6.0	≤0.6	≤10.0	中度损坏	中修
IV	—	>6.0	>6.0	>10.0	严重损坏	大修
					极度严重损坏	拆建

根据开采设计、动态移动变形值的预计结果及上述确定的建筑物破坏等级评价原则,井田内村庄建筑物破坏情况见表 12-67。

表 12-67　　　　　　　　　　　　井田内村庄建筑物破坏等级及保护措施

所属乡镇	自然村	水平变形 ε (mm/m)	曲率 K (10^{-3}/m)	倾斜 I (mm/m)	破坏等级	保护措施
麻黄梁镇	西庄	40.30	1.676	88.37	IV	采前搬迁
	马家滩	42.34	1.920	92.84	IV	采前搬迁
	麻黄梁镇	38.37	1.689	84.14	IV	留设保护煤柱

　　井田范围内涉及 2 个自然村及 1 个乡镇,均在井田可采区域内,根据计算结果,采煤对井田内村庄建筑破坏等级达到 IV 级以上。设计仅对麻黄梁镇留设保护煤柱,未留设 2 个村庄保护煤柱,环评提出对西庄、马家滩村进行采前搬迁。

　　C. 采煤地表沉陷对土地资源和地表植被影响评价

　　本井田煤层埋藏由北向南、由东向西逐渐变浅,地表多为第四系风积沙和松散黄土。类比其他井田地表沉陷情况,在采动作用下,地表可能会产生一定宽度和深度的裂缝,沉陷的主要影响地段为沉陷盆地边缘,这一区域可能会形成沉陷坡、地面裂缝以及沉陷台阶等,使土质疏松,涵水能力下降,影响土地的使用功能。这种影响的时间受开采规划制约,开采过后由于受地表土层吸收、缓冲作用,地表裂缝等会重新变窄或闭合并逐步趋于稳定,如再加以必要的整治措施,对土地耕作和地表植被的影响程度有所降低,但这种影响仍是长远的。

　　煤炭开采后形成地表沉陷,会使地表潜水沿裂缝下渗,同时地表会出现更多的土沙移动,加速水土流失和土壤沙化,不利于地表野生植被的生长。这种破坏,不同的植被类型,其受影响的程度也有较大差别,靠地下潜水生长的高大乔木受影响的程度明显偏大,而靠凝结水生长的低矮草灌等受影响的程度则明显偏低。

　　根据调查,井田内的主要土地类型为灌木林地,其次为草地,耕地主要为水浇地,分布于麻黄梁镇、西庄、马场滩附近。地表沉陷对林木的影响为林木歪斜、倾倒,对农作物的影响是使农作物减产。一般情况下,沉陷盆地边缘农业会减产约 40%,林地受影响的程度远小于农业植被等。双山井田受影响的土地利用类型及植被类型统计见表 12-68 和表 12-69,全井田地表沉陷影响面积见表 12-70。

表 12-68　　　　　沉陷盆地边缘地带(严重影响)土地利用类型及面积统计　　　　　单位:km²

土地 　面积 开采范围	水浇地	灌林地	草地	工业用地	住宅用地	公路用地	水域	未利用地	合计
主采煤开采后	0.101	0.609	0.573	0	0	0.014	0.014	0.019	1.33
全井田开采后	0.115	0.744	0.607	0	0	0.016	0.016	0.022	1.52

表 12-69　　　　　沉陷盆地边缘地带(严重影响)植被类型及面积统计　　　　　单位:km²

植被类 　面积 开采范围	沙蒿、沙柳灌丛	沙蒿、禾草灌草丛	农业植被	无植被地段	合计
主采煤开采后	0.617	0.579	0.101	0.033	1.33
全井田开采后	0.744	0.607	0.115	0.038	1.52

表 12-70 　　　　　　　　　　地表沉陷影响程度面积统计　　　　　　　　　　单位：km²

盘区	较严重影响区（盆地边缘）	中度影响区（盆地中部）	轻度或不影响区（不开采区或留煤柱区）	合计
主采煤开采后	1.33	7.34	2.80	11.47
全井田开采后	1.52	7.15	2.87	11.54

说明：主采煤层开采后有 2.31 km² 影响区位于井田边界外，主要为轻度影响；全井田有 1.38 km² 位于井田外，主要为轻度影响。

由表 12-68 可以看出，在留设保护煤柱后，3 号煤层开采及全井田开采后严重影响区影响的土地类型主要为灌林地，其次为草地，其中灌林地分别占严重影响区面积的 45.79%、48.94%。对于受影响的耕地按当地亩产 272.3 kg，盆地边缘受损土地减产 40% 计，则 3 号煤层开采后及全井田开采后严重影响区每年粮食减产分别为 41.25 t 和 46.97 t。

由表 12-69 可见，盆地边缘受影响的植被类型主要为沙蒿、沙柳灌丛。

由表 12-70 可见，3 号煤层开采后及全井田开采后较严重影响区面积分别为 1.33 km²、1.52 km²，分别占总影响面积的 11.60%、13.17%，主要分布于沉陷边缘一带，对该区域的整治应以人工措施为主，辅以自然恢复；而中度影响区面积分别为 7.34 km²、7.15 km²，应以自然恢复为主。

D. 对地表水体及民用井、泉的影响及供水预案

井田内水体较发育，涉及的主要地表水体为井田中部的柳巷河及其支流，同时根据调查，柳巷河及其支流上分布有部分小型水库及坑塘（或淤地坝），具体情况见表 12-71。

表 12-71 　　　　　　　　　　井田范围内水库及坑塘调查情况

序号	位置	类型	建设时间	容量/m³	目前汇水面积/km²	功能
1	柳巷河支流马场滩处	坑塘	1980	18 600	0.1	
2	柳巷河三朴树村附近	水库	1968	345 000	3	① 头道河源头水，下游水源地补充源；② 当地农灌
3	井田东南角	坑塘	—	562.5	0.01	
4	井田东南角	坑塘（淤地坝）	—	1 760	已成农田	
5	柳巷河河道	坑塘（淤地坝）	1952	81 000	2.0	
6	马场滩西 1.2 km 处	坑塘	1972	75 300	1.5	

由表 12-71 可见，井田范围内水库或坑塘建设时间较早，其稳固性不容乐观，双山开采后引起的地表下沉，尤其是工作面周围的裂缝，对区内地表水体、水库及坑塘水面将可能产生影响。由于三朴树水库受井田边界煤柱及大巷煤柱的保护，受开采影响较小。对于坑塘环评要求采取定期巡防、坝体加固等措施以预防或减缓采煤对其产生的影响。

井田内柳巷河处于头道河的上游，井田内地表水体涉及红石峡水源地水域、陆域二级保护区。由于井田内煤层埋藏较深，加之柳巷河处于井田中部，根据预测结果采煤不会对柳巷河的水量及径流方向造成明显改变，故不会对柳巷河产生明显影响。设计中也未对其留设保护煤柱（根据《陕西省煤炭石油天然气开发环境保护条例》（2007 年 9 月）第二十九条的规定：禁止在生活饮用水地表水源一级保护区内进行煤炭、石油、天然气开发。禁止在生活饮

用水地表水源二级保护区内新建、扩建向水体排放污染物的煤炭、石油、天然气开发项目。），为了最大限度减小采煤对柳巷河水体的影响，保护下游水源地，环评提出在对柳巷河支流下资源进行开采时实施保护性开采（条带开采）。根据北京天地科技股份有限公司《彬长矿区下沟煤矿泾河下开采设计》专题研究成果，采用条带式开采的下沉系数一般为 0.12～0.13，据此计算柳巷河其下资源开采后的最大下沉值为 1.5 m，可大大减小地表沉陷对柳巷河的影响。榆林市水利局对井田内涉及的水体也提出了相关保护要求。

据评价区井泉调查，当地村民的井水水源多为第四系松散层潜水含水层。根据井下开采对地下水位影响的预测分析知，煤层开采不会沟通第四系潜水含水层，一般不会造成局部第四系潜水泄漏，水位下降，且西庄、马场滩分散居民点搬迁至麻黄梁镇煤柱留设区，麻黄梁镇供水可满足搬迁居民的生产、生活用水。因此采煤不会影响区域居民正常的生产、生活用水。一旦采煤引起井田内及周围居民生产、生活用水困难时，应由建设方负责解决。环评特提出以下供水预案。

a. 建设方可采取送水车送水、实行集中供水等切实措施保证居民用水；

b. 建设方应负责在居民区周边寻找新的水源，同时保证供水渠道的完备与畅通；

c. 建设方可将矿井水经深度处理后，经卫生检疫部门检验合格后作为周边居民生活、生产用水；

d. 必要时，在寻找到合理水源后对受影响居民进行集体搬迁。

E. 对下游榆林市水源地的影响

本项目位于榆林市饮用水源地红石峡水源地的上游，距红石峡水库约 23 km（直线距离），是该水源地的补给区。本井田开采后不会对红石峡水源地产生大的影响，主要原因如下：

a. 本区地下水的流向与地表水的流向基本一致，由东向西，且在井田内的水位高差约为 20 m。根据地表沉陷预测结果可知，煤层开采后的最大沉陷值为 8.16 m，远小于井田内的地形高差 94 m，同时也小于水位高差，因此地表沉陷不会改变井田内整体的地形地貌，即不会改变地表水及地下水的径流方向，因此从补给途径来说，双山井田开采后不会对水源地产生影响。

b. 根据计算，煤层开采后产生的导水裂缝带未贯通第四系潜水含水层，更不会贯通井田内的地表水体柳巷河，因此从补给量来说，双山井田开采后不会对水源地产生影响。

F. 地表沉陷对公路的影响

地表沉陷对公路的影响主要表现在下沉造成路面低凹起伏不平，在拉伸区和压缩区会造成路面的开裂等路面损坏，导致车速减慢。井田内的主要公路为井田南部的旧榆神公路及其他乡道，由于其等级较低，原则上采取采后修复措施。

实践证明，低等级道路及时维护后一般不会影响正常交通。根据煤柱留设情况，旧榆神公路在东部受保护煤柱的保护。

G. 地表沉陷对古长城的影响

井田内南部涉及 2.1 km 的明长城遗址，设计中对此留设了 100 m 的保护煤柱。根据预测结果，沉陷影响半径为 99.3 m，因此环评要求煤柱留设宽度增至 150 m，确保明长城遗址不受沉陷影响。煤柱留设后，明长城遗址可得到有效保护，不受开采影响。

H. 地表沉陷对电力及通讯设施的影响

井田内的电力和通讯设施主要是村际电力线路和电话线路。电杆受地表沉陷影响会发生倾斜、水平移动或下沉,杆距因此将发生变化。这种杆距变化将增大或减小电线的驰度,使电线过紧或过松,严重时可能拉断电线,或者减小对地距离,超过允许安全高度。因此必须采取纠偏或加固等防护措施。

I. 地表沉陷对水土流失的影响

本井田主要为风沙滩地和覆沙黄土丘陵,也说明了该区域水土流失较严重,加之井田的地下开采和随之产生的地表沉陷,使地表黄土沙层变松、产生裂缝,甚至在个别区域产生滑坡、陡坡坍塌,增大了水土流失强度,特别是在汛期受降雨的影响,水土流失的强度会大大增加,因此,应采取相应防治措施。

J. 采煤对土地沙化的影响

沙丘是否流动根据植被覆盖度进行分类(被覆盖度大于 40% 为固定沙丘,小于 15% 的为流动沙丘),因此,双山井田内地表沉陷对土地沙化影响主要通过地表植被变化来体现。本地区主要地貌类型为风沙滩地貌,在风沙滩地貌环境中地表植被覆盖度主要由土壤水分决定。

双山井田煤炭开采地表沉陷是一个缓慢、渐变的下沉过程。由于井田区为平缓沙丘覆盖,沉陷主要表现为整体下沉,开采下沉造成地形坡度变化只发生在采空区边界上方,只是局部区域,下沉稳定后,在整体下沉区域内地表形态变化不大。采空区边界上方是环评要求的重点整治区,应及时复垦,恢复地表植被,因此采空区边界受沉陷严重的地区在采取措施后植被覆盖度不会下降。结合采煤沉陷特征,以及当地半干旱气候、年平均降雨量约 414 mm、蒸发强度大,土壤入渗强度较大、难以形成地表径流等特点综合分析,该井田采煤沉陷对井田范围内土壤水分以及地下水没有实质性影响。该地区植被生长受地形影响因素较大,在井田区的低洼地带,局部水分条件较好,会出现一些隐域植被。我们选择矿井所在的榆神矿区 2006 年与 1999 年遥感资料对比,结合现场踏勘调查发现,在已形成的开采沉陷区内植被的生长反而比未沉陷区的好。从土壤水分角度分析,评价认为采煤沉陷对整个评价区的植被无实质影响,因此,沉陷本身不会导致土地沙化。

但应当引起注意的是,本区已封育荒漠草原植被可能会随着工业场地、矸石周转场、场外工程施工中地表的开挖、施工等人为活动加剧而遭到破坏,加剧水土流失,使局部区域土地沙化程度加重。因此,从生态环境保护和防沙治沙角度出发,一方面在项目场地开挖、施工过程中要做好水土保持工作和绿化工作;另一方面,随着采煤工作面和采区的推进,要密切观察采空区边界上方沙丘的变化趋势,及时采取预防和保护措施,防止因人为破坏而导致的土地沙化。

(2)地下水环境影响预测与评价

① 区域水文地质概况

区内分为沙漠滩地区(包括低缓黄土梁岗区)、河谷阶地区及黄土梁峁区三个地貌区。地下水类型分为新生界松散岩类孔隙及裂缝孔隙潜水,中生界碎屑岩类裂缝孔隙潜水与层间承压水两大类。

本区潜水主要接受大气降水补给,还接受区域性侧向补给及沙漠凝结水补给。松散层孔隙潜水及基岩风化裂缝潜水的径流方向受地形地貌的控制,由高至低与现代地形吻合。河谷区潜水径流方向与地表水径流方向斜交。

地下水的排泄为蒸发、人工开采及局部地段有大小不等的泉水出露外,大部分以泄流的方式排入河流。

基岩承压水除在露头处接受大气降水补给外,局部地段接受上覆含水层的下渗补给。含水层从露头处向西延伸,地下水径流和排泄条件变差,地下水交替循环亦随之减慢,径流方向基本沿岩层倾向由东向西或西南方向运移,在向西延伸的深部,构成较为封闭的储水空间,故水质亦随之变差,富水性减弱。

② 井田内的水文地质特点

井田地下水划分为两种类型(即第四系松散岩类孔隙及孔隙裂缝潜水、碎屑岩类裂缝水)和五个含水岩层(组),即全新统冲洪积层孔隙潜水、上更新统萨拉乌苏组孔隙潜水、第四系中更新统黄土孔隙裂缝潜水、侏罗系碎屑岩类风化壳裂缝水,以及碎屑岩类裂隙承压水。主要隔水层静乐组红色黏土层及基岩中的泥岩。井田范围内含(隔)水层情况见表 12-72。

井田水文地质勘探类型为二类一型,即以裂缝含水层充水为主的水文地质条件简单的矿床。

表 12-72　　　　　　　　　　　　　井田含隔水层一览表

序号	层位	地层厚度/m	含水层厚度/m	单位涌水量 $L/(s \cdot m)$	富水性	分布情况	性质
1	第四系全新统冲～洪积层潜水含水层	10～30	10.65	1.031 2	强	分布于井田东北部的淤地坝一带	具有区域供水意义重点关注,预测对象
2	第四系上更新统萨拉乌苏组孔隙潜水	0～20	5～12	0.132	中等	分布于柳巷河及其支流两侧	具有区域供水意义重点关注,预测对象
3	第四系中更新统黄土孔隙裂缝潜水	30～50	20～40	0.001 07～0.013	弱	广布全区,出露于井田的南部和北部	基本无供水意义
4	新近系静乐组红土隔水层	12.56～97.22				全区分布	较好的隔水层,广泛分布
5	侏罗系碎屑岩类风化带裂缝潜水	—	20	0.001 5	弱	全区分布	无供水意义
6	3 煤上碎屑岩类裂隙承压水	29～68	31.02～67.93	0.000 1～0.039 04	弱	3 号煤层之上	无供水意义
7	3 煤下碎屑岩类裂隙承压水	—	很薄		弱	3 号煤层至延安组底界之间层段中	无供水意义
8	泥岩隔水层	—	全区分布,厚度一般为 10～40 m,为层间裂隙承压水的隔水层				

③ 导水裂缝带高度计算

区内延安组为主要含煤地层,其中全区可采和局部可采煤层 2 层,自上而下为 3 号、3^{-1} 号煤层。一般说来煤层开采后按照垮落先后及岩石破坏程度从下到上依次形成垮落带、裂缝带及缓慢下沉带。处于缓慢下沉带的岩层只产生一定的变形,不会造成上部水体的泄漏。

垮落带高度、导水裂缝带高度、保护层和防水煤柱高度预测均选用《建筑物、水体、铁路及主要井巷煤柱留设与压煤开采规程》中推荐的公式模式。

垮落带高度的预测公式：

$$H_k = \frac{100\sum M}{4.7\sum M + 19} \pm 2.2$$

式中　H_k——垮落带高度,m;

　　$\sum M$——累计采厚,m。

导水裂缝带高度预测公式：

公式 1：$H_{li} = \frac{100\sum M}{1.6\sum M + 3.6} \pm 5.6$;

公式 2：$H_{li} = 20\sqrt{\sum M} + 10$;

式中　H_{li}——导水裂缝带高度,m;

　　$\sum M$——累计采厚,m。

保护层和防水煤柱高度预测公式分别为：$H_b = 3(\frac{\sum M}{n})$ 和 $H_{sh} = H_{li} + H_b$。

式中　H_b——保护层高度;

　　$\sum M$——累计采厚;

　　n——分层层数;

　　H_{sh}——防水煤柱高度;

　　H_{li}——导水裂缝带高度。

预测结果见表 12-73。

表 12-73　　　井田开采后导水裂缝带、垮落带、保护层和防水煤柱预测结果表

煤层	开采厚度/m		导水裂缝带/m		垮落带高度/m	保护层厚度/m	防水煤柱高度/m	煤层顶板距第四系底部/m
			模式 1	模式 2				
3	最大	11.38	57.78	77.47	17.90	34.14	111.61	139.97
	最小	8.16	54.59	67.13	16.43	24.48	91.61	131.2
	平均	9.9	56.53	72.93	17.31	29.70	102.63	134.32
3^{-1}	最大	1.9	34.21	37.57	9.00	5.70	43.27	—
	最小	1.42	29.78	33.83	7.73	4.26	38.09	—
	平均	1.65	32.04	35.69	8.37	4.95	40.64	—

④ 采煤对地下水影响预测结果及分析评价

A. 采煤对上覆含水层的影响分析

由表 12-73 预测结果可知,3 号煤层、3^{-1} 号煤层开采后,导水裂缝带最大高度分别为 77.47 m,37.57 m,防水煤岩柱高度分别为 111.61 m,43.27 m。

根据地质勘探资料,3 号煤层与 3^{-1} 号煤层间距 2.97~6.08 m,平均 4.27 m,远小于

3^{-1}煤层开采形成的导水裂缝带高度 37.57 m,可见 3 号煤层与 3^{-1} 号煤层导水裂缝带相互贯通,但 3^{-1} 号煤层导水裂缝带高度远小于 3 号煤层的,可见对上覆含水层可能造成影响的主要为 3 号煤层开采形成的导水裂缝带。

3 号煤层开采后,导水裂缝带顶部与第四系底部之间的距离为 62.5 m~64.08 m,防水煤岩柱顶部与第四系底部的距离为 28.36 m~39.59 m,3 号煤层导水裂缝带最大可发育到第三系静乐组红土隔水层下部,距离上部第四系孔隙潜水层较远,因此 3 号煤层的开采后导水裂缝贯通隔水层的几率很小,不会导通具有供水意义的第四系潜水含水层。

3 号煤层开采后影响的含水层主要为侏罗系碎屑岩类风化带裂缝潜水及碎屑岩类承压含水层(煤系地层含水层),3^{-1} 号煤层开采影响的含水层为罗系碎屑岩类承压含水层,因此侏罗系碎屑岩类风化带裂缝潜水及承压含水层为矿井的直接含水层,其富水性弱,不具供水意义。

B. 上覆含水层对井下采煤的影响

根据上述预测结果,侏罗系碎屑岩类风化带裂缝潜水及碎屑岩类承压含水层为矿井的直接充水含水层,但其含水微弱,渗透系数、涌水量均很小,因此采煤影响的岩类风化带裂缝潜水及承压含水层不会对井下采煤造成大的影响。

同时预测可知,煤层开采后导水裂缝不会贯通第四系潜水含水层。因此,上覆第四系孔隙潜水不会大量溃入井下,不影响井下安全生产。

C. 采煤对地下水位的影响

井田开采后侏罗系中统延安组第三段裂隙承含水层及上部基岩风化带裂缝潜水均会沿导水裂缝带泄漏于井下,并以井下排水的方式排往地面。该岩层内的地下水位明显下降,水位最大可降至 3^{-1} 号煤层底板。

D. 采煤对地下水质的影响

随着井下煤层开采范围的扩大,地表塌陷的范围也将随之扩大。当地表活动处于高峰期间时,地表水和第四系松散层地下水将通过岩层裂缝向下渗透,如果地表水和第四系松散层地下水受到污染,将会对地下水质形成影响。本井田内地表水的水质较好,工业场地在井田内,但矿井排水和生活污水经处理后达标回用或达标排入井田外下游地表水体,所以只要加强管理,本矿对第四系松散层地下潜水水质基本无影响。

井田开采过程中的直接充水含水层为延安组第三段裂隙承含水层及上部基岩风化带裂缝潜水。开采过程中,在煤岩巷道中,该两层地下水合并泄漏且必然产生混合,使原有的水质发生变化。从井下排出的矿井水主要增加了水体悬浮物和 COD 的含量。

E. 采煤对井田内地下水资源的影响

根据前述分析本井田影响较大的含水层为延安组和直罗组含水层。

a. 煤层开采影响地下水半径

根据中国建筑工业出版社 1993 年出版的《城市地下水工程与管理手册》,利用稳定流抽水试验计算水文地质参数中的经验公式来估算其影响半径:

$$R = 10 \times S_w \times \sqrt{K}$$

式中　R——影响半径,m;

　　　　S_w——水位下降值(取含水层厚度的 3 倍),m;

　　　　K——渗透系数,m/d。

计算结果：

延安组含水层 R 为 77.88～317.5 m,即沿采区边界外延 77.88～317.5 m。

风化裂缝带含水层 R 为 32.7 m,即沿采区边界外延 32.7 m。

b. 流失量

由于采煤引起的矿井涌水即为地下水流失量,根据矿井现有涌水量及地质条件分析结果,全矿平均涌水量为 191 m^3/h,年生产日为 330 d 计时,区域地下水流失量为 151.3×104 m^3/a。

c. 采煤对井田内地下水资源的影响

矿井充水主要为延安组第三段裂隙承含水层及上部基岩风化带裂缝潜水含水层水,这部分水本属清洁水,仅在渗入矿坑时带入煤粉、岩粉以及生产机械滴漏的石油类,属含悬浮物矿井水,经相关措施处理后可以作为地面、井下的生产补充水,由于该层水在区域上无供水意义,在一定程度上避免了煤矿生产过程中对有供水意义的含水层地下水的抽采量,节约了地下水资源度。

3 号、3^{-1} 号煤层开采后正常情况下不会对第四系潜水含水层造成影响,对该区的生产、生活用水不会产生影响;矿井的直接充水含水层为延安组第三段裂隙承含水层及上部基岩风化带裂缝潜水含水层。延安组含水层影响半径为 77.88～317.5 m,风化裂缝带含水层影响半径为 32.7 m。

根据以上预测结果,对各区的面积进行了统计,统计结果见表 12-74。

表 12-74　　　　　　　　　　全井田开采对地下水影响程度分区面积统计

分区	分区影响程度	分区面积/km²	备注
Ⅰ区	主要影响煤系含水层	8.40	
Ⅱ区	留设保护煤柱,地下水基本不受影响	2.84	场地、巷道、敏感目标煤柱留设

12.7.5 生态环境影响预测与评价

（1）对景观生态影响趋势分析

双山矿井新建工程中工业场地、风井场地、矸石周转场、场外道路和供排水管道的施工,将对原有地表形态、地层顺序、植被等发生直接的破坏,挖损产生的废弃岩土直接堆置于原地貌之上,将完全破坏施工区域内的自然景观。对土地的永久占用使原有的景观类型变为工业广场及附属设施。此外,随着与建设项目同步实施的道路建设,在路基施工中的填挖、取土、弃土等一系列施工活动,形成裸露边坡、弃土场等一些人为劣质景观,造成与周围景观的不协调。道路建成后,会对原有景观进行分隔,造成景观生态系统在空间上的不连续性,对原有的景观产生影响。

（2）对植被的影响

项目建设对植被的影响主要发生在场地、道路建设、井田开采和辅助系统建设等工程中。这些施工活动过程均要进行清除植被、开挖地表和地面建设,造成直接施工区域内地表植被的完全破坏,施工区域一定范围的植被也会遭到不同程度的破坏。施工运输、施工机械、人员践踏、临时占地等也将会使施工区及周围植被受到不同程度的影响。

在沉陷区边缘,由于地表裂缝、沉陷阶地的影响,地表土质疏松,涵养水降低,局部地段植被受损,影响植被生长;但评价区乔木极少,因此不会出现树木倒伏、倾斜。建设期及营运期产生的煤尘、粉尘、废气以及运输车辆行驶时的扬尘等,将使周边特别是沿运输线两边的农田和林草地受到危害。一般大风天气,受害范围可达 200 m 左右。在作物扬花季节,其危害会导致作物枯心死亡,使粮食减产 50% 左右。

项目建设会使原有的植被遭到局部损失,但不会使评价区植物群落的种类组成发生变化,也不会造成某一植物种的消失。

(3) 对动物资源影响分析

由于项目施工局限于工业场地征地范围及周围区域,同时营运期人为活动也主要集中于地下,生产人员辅助生活区均在工业场地场区以内,活动范围较小,对动物活动区域人口干扰较少,因此本项目对野生动物基本不存在不利影响。

(4) 对土壤侵蚀的影响分析

项目建设新增土壤侵蚀主要发生在基础设施建设期和煤矿井下开采期。建设期场地开挖、部分设施新建等活动造成施工区域内地表破坏,新增一定量的土壤侵蚀。此外临时性占地,也将不可避免地破坏自然植被和扰动原来相对稳定的地表,使土壤变得疏松,产生一定面积的裸露地面,造成新的水土流失。施工过程中产生的弃渣也将导致新的水土流失;井下开采活动造成地表沉陷,岩层和土体扰动将使土壤结构、组成及理化性质等发生变化,进而影响土壤的侵蚀状况。

在不采取任何水保措施的情况下建设期、营运期新增水土流失量分别为 2.29 万 t、7.92 万 t/a,在采取相应水保措施后新增水土流失量为 6 126 t/a。

(5) 对土壤理化性状的影响分析

本区地表林木、草地等具有水土保持功能的植被被侵占、破坏后,地表裸露,即使没有被冲刷,表土的湿度变幅增加,对土壤理化性质也会有不利影响。其中最明显的变化是有机质分解作用加强,使土壤内有机质含量降低,不利于重新栽培其他植被。另外,由于施工破坏和机械挖运,使土壤富集过程受阻,影响生物与土壤间的物质交换。

(6) 对土地利用的影响

本次工程项目实施区内主要为风沙滩地,土地利用率较低。项目建设期永久占地将会使原来的风沙滩地变为工业用地、道路用地等类型。由于项目建设用地仅占总井田面积的 1.4%,因此永久性占地不会对该区土地利用产生大的影响。

同时临时占地在施工结束后,一般 2~3 年(对于灌丛林地)内基本可恢复原有土地利用功能。

采区地表沉陷边缘裂缝和沉陷阶地,在其形成后的 1~2 个耕作季节内可使农作物、林木和草丛的生长受到较为严重的影响;在得到及时填平后,在下一个耕作季节可基本恢复土地使用功能,来年可达到原有状态。所以,地表裂缝和沉陷阶地的及时填平对土地功能的恢复是极为重要的。

(7) 社会经济和生态环境相关影响综合评价

评价区内是一个主要以自然土地资源和煤炭资源为经济动力的资源依赖型生态经济系统,而煤炭资源尚未大规模开发,处于将要开发阶段,因而农业生态系统是该区域生态经济系统的主体。

① 村庄、人口变迁对生态环境的影响

对矿井场地和附属建、构筑物、人口较多村庄留设永久保护煤柱,对井田内零星分布村庄实行搬迁。从全井田范围来看,开采人口搬迁量较少,对人居生态影响轻微。

② 农业生产结构的演变趋势

首先,矿井开发建设及其相关产业的发展对劳动力的需求,为当地剩余劳动力创造了就业的机会。目前的农业生产者(农民)中的一部分会转变为工业生产者或半工半农型的生产者。根据该矿的建设规模,至少可提供 600 余人的劳动就业机会。生产者性质的转变,必然促使农业生态结构的转变。

同时该矿井的开发,必然会减小当地农民对土地资源的依赖程度,在转移农村剩余劳动力的同时,有利于当地退耕还林还草生态规划的实施。

③ 产业结构的变化和发展

煤矿的开发也会促进和带动当地乡镇企业的发展:先是与矿井建设有关的一些行业,如机修、建材、农副产品加工等的建立与发展;然后随着区域经济水平的提高,必然会带动其他领域的乡镇企业或矿井本身劳动服务业的发展。

这样,矿井周围的整个生态环境、生产体系、社会组织结构等就应该也能够承受矿井建设所带来的生态压力,并逐步达到人与环境协调相处的境界。在此基础上,本区的生产能力、生活水平、医疗保健、社会福利、教育水平、环境质量等综合社会发展水平也会得到较大的提高。

(8) 煤矿建设生产排放"三废"对生态环境的影响

建设期"三废"主要是建筑工人的生活污水、施工粉尘及开挖土方和建筑垃圾等,它们将会对生态环境产生短暂影响,随着施工结束,这些影响基本可以消失。矿井生产过程中所排"三废"经处理和处置后可以实现零排放或达标排放,对生态环境的影响可以消除或降到与环境相容并协调发展的水平。

(9) 生态环境总体变化趋势

由以上各项分析可以看出,项目在开发后生态环境的总体变化将表现出如下趋势:

① 有利影响主要表现在社会经济方面,如区域工业产值比重的加大、居民收入的提高、人员素质的逐步提高等;

② 项目开发总体上不会引起评价区生物多样性的变化,但在局部(如工业场地周围、运输道路两侧)会使人工生态环境的比重有所加大;

③ 采煤引起的地表沉陷和局部地段的地表裂缝和沉陷阶地对土壤的涵养水产生一定的影响,会导致井田内局地农田生态系统、林草地生态系统出现不利影响,表现为植物正常生长受阻;总之,不利影响在人工措施到位的前提下大多是可逆的、轻微的,有利影响是长远的、深层次的,且与矿井的开发强度呈正相关。

12.8 公众参与

按照国家环保总局 2006 年 2 月 14 日环发〔2006〕28 号文《环境影响评价公众参与暂行办法》的要求,建设单位和环境影响评价机构通过《榆林日报》向公众发布公告,在评价机构网站公开了环境影响评价报告书的简本,并以问卷调查表形式进行了公众参与调查,汇总了公众代表对建设项目环境影响报告书提出的问题和意见,在报告书中附具对公众反馈意见采纳与不采纳的说明。

12.8.1 公众参与的组织形式及内容

（1）公告

①《榆林日报》

建设单位在 2009 年 1 月 23 日（星期五）《榆林日报》第六版发布了陕西滕晖矿业有限公司榆神矿区双山矿井及选煤厂（1.2 Mt/a）新建工程公告，声明项目目前正在进行环境影响评价工作，特向社会和公众征集有关环境保护、综合开发方面的意见及建议。

② 网站

环评单位于 2009 年 1 月 21 日在其单位网站，建设项目信息（环评）公告栏发布了双山煤矿开展环境影响评价工作的详细公告，声明项目目前正在进行环境影响评价工作，特向社会和公众征集有关环境保护、综合开发方面的意见及建议。

（2）简本公示

评价单位于 2009 年 4 月 21 日在网站（http://www.xianccri.com）公开了环境影响评价报告书的简本。简本分为 6 个内容：建设项目概述、项目区环境质量现状、建设项目环境影响概述、工程采取的主要环境保护措施、项目建设的环境可行性、要求与建议。

（3）公众参与调查

环评单位与建设单位于简本公示之后 2009 年 4 月 25 日～27 日在工程影响区内以发放调查表形式进行公众参与调查活动，公众参与调查表的形式及内容见表 12-75。

本次公众参与调查主要在榆阳区、麻黄梁镇、工业场地周围村庄及井田内村庄进行调查，重点对井田内所涉及的西庄、马场滩村，工业场地周边的麻黄梁镇进行了详细调查。调查对象有农民、工人、公务员、教师及学生等。

表 12-75　　　　　　　　　煤矿及选煤厂新建工程公众参与调查表

姓名		年龄		文化程度	
性别		职业		电话	
单位（或住址）					

工程概况：陕西腾晖矿业有限公司榆神矿区双山煤矿位于陕西省榆林市东北约 24 km 处，属于榆神矿区一期规划区建设的矿井，行政区划属榆林市榆阳区麻黄梁镇管辖，煤矿规模 1.2 Mt/a，地面配套建设同规模的选煤厂。项目静态投资 64 363.34 万元，建设周期 28.0 个月。本工程锅炉采用成熟的烟气处理技术，确保达标排放；井下和地面污废水分别采用混凝、沉淀、消毒处理工艺和二级生化处理工艺处理，处理后的污废水全部综合利用；煤矸石、灰渣优先综合利用，固体废物 100% 处置；工业场地内产噪大的设备、设施采取防噪、降噪、绿化等措施

项目建设对环境的影响	有利影响	① 利用榆神矿区的区位、资源及产品优势，将煤炭资源优势向经济优势转化，进一步推进榆神矿区规划实施，促进榆林煤炭产业基地的集约发展道路，促进区域经济快速发展。② 增加就业机会，促进经济发展，调整产业结构，加快城市化进程。③ 环境保护投入加大，生活环境质量得到提高
	不利影响	① 建设期煤矿及地面设施建设产生的扬尘、噪声对周围环境产生影响；② 生产期采煤引起的表沉陷、地下水位变化等将可能对居民和农业生产产生一定的影响，同时工业场地产生的噪声、煤尘、固废、废污水对环境会造成一定的影响。③ 随着煤矿建设和交通运输的增加，运输扬尘对公路沿线的城镇、村庄及农田将带来一定的影响

一、请选择(在您认为合适选项的□中"√")

1. 你是否知道本工程？□知道□不知道□听说过

2. 您认为煤矿开采对当地经济发展的影响:□有利□不利□无影响

3. 您认为本工程的建设与生产会给当地环境:
□带来不利影响但通过防治措施可得以弥补□带来不可弥补的不利影响□无影响

4. 您认为工程建设期和生产期中应特别注意的环境问题是:
□生态□废气□声学□废污水□水土流失

5. 您认为本工程建设可能给当地环境带来的不利影响中,下列哪项对您的生活影响较大:
□空气污染□水污染□噪声□占有土地□生态环境破坏□自然景观破坏

6. 如果本工程涉及搬迁,您是否愿意？□愿意□不愿意□依搬迁费用而定

7. 您对本工程持何种态度？□支持□不支持□无所谓

二、您对本项目建设和运行的建议与要求:

(4) 调查结果统计、分析及反馈意见

调查共向公众发放公众参与调查表 100 份、收回有效问卷 97 份,回收率为 97%。统计结果见表 12-76、表 12-77。

表 12-76　　　　　　　公众参与调查统计结果(一)

项目	统计结果
调查日期	2009 年 4 月 25 日～27 日
性别	男性 75 人,占 77.32 %;女性 22 人,占 22.68%
文化程度	接受初等教育者 52 人,占 53.61 %;接受中等教育者 32 人,占 32.99 %;接受高等教育者 13 人,占 13.40 %
职业	农民 57 人,占 58.76 %;工人 6 人,占 6.19%;干部 10 人,占 10.31 %;社会服务业 13 人,占 13.40 %;教师 5 人,占 5.15 %;学生 6 人,占 6.19 %

表 12-77　　　　　　　公众参与调查统计结果(二)

内容	选项	百分比	备注
您是否知道本工程	知道	89.03%	
	不知道	2.13%	
	听说过	8.84%	
您认为煤矿开采对当地经济发展的影响	有利影响	89.33%	
	不利影响	6.48%	
	无影响	3.19%	

内容	选项	百分比	备注	
您认为本工程的建设会给当地环境：	带来不利影响但通过防治措施可得以弥补	86.17%		
	带来不可弥补的不利影响	8.51%		
	无影响	5.32%		
您认为本工程建设期和生产期应特别注意的环境问题是：	生态	39.36%	单选	56.38%
	废气	36.17%	双选	17.02%
	声	11.70%	三选	12.77%
	废污水	74.47%	四选	10.64%
	水土流失	23.40%	五选	3.19%
您认为本工程建设可能给当地建设环境带来的不利影响中，哪项对您的影响较大：	空气污染	27.66%	单选	48.94%
	水污染	65.96%	双选	20.47%
	噪声	24.47%	三选	19.15%
	占有土地	18.09%	四选	6.38%
	生态环境破坏	47.87%	五选	1.06%
	自然景观破坏	2.13%	六选	0
如果本工程涉及搬迁，您是否愿意：	愿意	35.88%		
	不愿意	0		
	依搬迁费用而定	64.12%		
您对本工程持何种态度：	支持	94.58%		
	不支持	0		
	无所谓	5.42%		
您对本工程建设期和运行期的建议与要求：	共有23份调查表在此栏作了填写，占23.71%，主要内容见报告			

由表 12-76 可知：被调查人员中农民居多，占总调查人数的 58.76%，另外工人、干部、社会服务业、教师均占有一定程度比例；同时调查人员中接受高等教育者占 13.40%。这一结果说明本次调查既反映了项目区的地域特点，同时调查者分布范围较广，反映了各个方面公众的意见及建议，调查结果是可信的、有效的。

由表 12-77 可知：涉及本项目的麻黄梁镇居民对该工程有一定的了解，大都持积极的态度，支持该工程者占 94.58%，支持程度相当高，没有不支持者；89.33% 的被调查者认为煤矿开采有利于促进当地经济发展。

（5）建议与要求

23 名调查者对本项目的建设及生产提出了建议与要求，总结如下：

① 尽快实施本项工程。实施过程中应维护环境安全，保护公众利益。煤矿建设及生产在保证投资方利益的情况下，尽可能照顾附近群众利益（利用当地劳动力），达到双赢。

② 本项目对当地居民造成的影响及损失应给予合理的经济补偿。对搬迁居民要进行

妥善安置。

③ 严把工程质量关,加快工程进度,尽快投产;采用先进采煤工艺,提高回采率,振兴地方经济。

④ 在矿井建设和生产期生态、大气、声、废污水、水土流失都应引起足够的重视,制定相应的治理措施,确保矿区周围群众的健康和当地的环境质量。

本次调查没有持不支持态度的,持无所谓态度的调查表有 5 份。

在本次调查中当地居民对搬迁问题(方式及费用等)普遍关注,因此建设单位应及时联系当地政府部门做好本项目相应的居民搬迁工作,在搬迁中应保证居民的切实利益。

12.8.2 反馈意见采纳与不采纳的说明

本项目除以调查表的形式收到意见反馈外,项目公示和简本公示后截至报告装订前无反馈意见。对于公众参与的意见和要求建设单位通过研究,做出有关承诺,其主要内容有:

① 对工程施工单位以招标的形式进行严格筛选,确保施工队伍装备精良,人员素质高,同时重视建设期的环境监理工作,聘用具有资质的监理队伍,对工程的重要环保设施和措施实行旁站监理,以保护区域生态环境。

② 对于本项目涉及的搬迁,将协同当地政府共同完成,保证资金到位,妥善安置居民,不影响居民正常生活;同时因采煤对当地居民造成的影响及损失将给予合理的经济补偿。

③ 高度重视环境保护,采用先进成熟的污染治理技术,确保污染物达标排放,执行主管部门下达的污染物总量排放指标,坚持清洁生产,废弃物回收利用。

④ 按时足额向当地有关部门交纳生态补偿费,以保证区内生态环境的恢复与整治。

⑤ 积极开展煤矸石、灰渣综合利用,尽量避免影响当地环境。

⑥ 安全生产高起点,装备先进的自控与监测系统。

此项目对带动当地经济有重大的促进作用,会带来较高的社会效益,同时可提高当地居民的生产和生活水平。在妥善解决好公众关心的环境、经济、社会问题的前提下,项目的建设会获得公众的广泛支持。

12.9 结论与建议

12.9.1 工程概况

(1) 工程所在矿区概况

煤矿位于国家规划的 13 个大型煤炭基地陕北基地之榆神矿区一期规划区。《榆神矿区一期规划区总体规划说明书》由煤炭工业部西安设计研究院于 1998 年 6 月编制完成,国家发展计划委员会以计基础[2000]1841 号文对其进行了批复。根据规划批复,榆神矿区一期规划区煤炭资源地质储量约 160.8 亿 t、可采储量 36.33 亿 t,建设总规模为 54.6 Mt/a,矿区均衡生产服务年限为 90 a 左右。矿区南北宽约 19~38 km,东西长约 32~40 km,规划面积约 925 km²,共划分为 23 个井田。

(2) 项目工程概况

井田位于陕西省榆林市市区东北方向 24 km 处,行政区划隶属榆阳区麻黄梁镇所辖。本矿区煤炭外运条件良好,交通运输条件十分便利。

井田地理坐标为:东经 109°55′01″~109°58′13″,北纬 38°26′25″~38°29′05″,井田西北一

东南方向长约 3.93 km,西南—东北方向宽约 2.86 km,面积约 11.24 km²,井田含煤地层为侏罗系中统延安组,共含可采煤层 2 层,分别为 3 号、3^{-1}号煤层,地质储量 158.37 Mt,工业储量 157.07 Mt,可采储量 87.86 Mt,设计规模 1.2 Mt/a。煤矿是《榆神矿区一期规划区总体规划》中的 23 个矿井之一。

矿井工业场地选择在井田内南部 ZK1575 号钻孔东北方向的波状沙丘地,距麻黄梁镇西约 1 km,占地 12.60 hm²;风井位于主井场地西部约 1.0 km 处,占地 1.9 hm²。矿井采用斜井单水平开拓全井田,井田不进行盘区划分,采用长壁机械化采煤方法,全部垮落法管理顶板;矿井为中央分列式通风方式,由主斜井和副斜井进风,回风立井回风。地面选煤厂采用动筛跳汰工艺,分选粒度确定为 30 mm~300 mm。最终产品为-30 mm、30~80 mm、+80 mm。工程配套建设供热、供电、供水、排水及环保工程。在工业场地东南侧的荒沟中设置矸石周转场,占地 4.76 hm²。

工程总投资 64 363.34 万元,其中环保估算投资为 2 776.61 万元,占项目建设总投资的4.3%。矿井建井总工期为 28 个月,其中施工准备期 6 个月。

矿井总在籍人数前期 758 人,全员工效为 8.03 t/(工·d),工作面回采率为 95%。

(3)环境质量现状

井田地处毛乌素沙漠与陕北黄土高原接壤地带。

① 环境空气

煤矿新建工程评价范围内大气环境质量较好,SO_2、NO_2 小时浓度及日均浓度,TSP 日均浓度均符合《环境空气质量标准》中的二级标准。

② 地表水

井田中部的柳巷河监测断面中 NH_3-N、石油类、BOD5、COD 及 S^{2-} 分别不同程度地超过《地表水质量标准》(GB 3838—2002)中的 Ⅱ 类标准要求,超标可能与周围居民点生产、生活污水排放有关。

③ 地下水

各监测点指标监测统计结果均满足《地下水质量标准》(GB/T 14848—93)中的 Ⅲ 类标准。

④ 声环境

工业场地、风井场地现状噪声值均满足《声环境质量标准》(GB 12348—2008)中 2 类区要求,该区声环境质量较好。

(4)环境保护目标

井田范围内无自然保护区,无风景名胜区,但井田南部有古长城通过,因此环保目标除古长城外,还有井田范围内受地表沉陷影响的水体、公路、土地资源及居民点、城镇等。

(5)建设期环境影响及保护措施

① 生态环境影响及保护措施

建设工程总占地面积 29.15 hm²,其中永久性用地为 16.19 hm²,临时性用地为 12.96 hm²。工程施工过程中地表开挖、弃土弃渣对地表植被和生态环境会造成一定程度的影响,并引起水土流失量增加。

保护措施:控制工程占地,严格限制施工范围,减少对植被的破坏;在施工后期及时恢复。

② 噪声影响及保护措施

施工期主要噪声源是地面工程施工中的施工机械,以及为井筒与井巷施工服务的通风机和压风机。昼间施工噪声在距离施工场地 42 m 以外基本可达到标准限值,夜间在 237 m 处基本达到标准值。

保护措施:选择性能良好且低噪声的施工机械,并注意保养,维持其最低噪声水平;合理安排施工时间,对强噪声设备应尽量安排在白天工作,避免在夜间作业,禁止夜间打桩作业;运输车辆也安排在白天进出,减轻对道路附近村民的影响。

③ 环境空气影响及保护措施

施工期环境空气影响主要来源于物料运输、装卸、堆存时产生的扬尘,施工队伍生活炉灶排放的烟气,混凝土搅拌站产生的水泥粉尘以及施工造成裸露地表的扬尘。

保护措施:散装物料设置有围挡结构的专门堆场;施工场地、施工道路定时洒水抑尘;运输建筑材料和设备的车辆不得超载,并用篷布覆盖,防止沿途抛洒。

④ 固废环境影响及保护措施

建设期产生的垃圾,主要来源于建筑施工中的废物如水泥、砖瓦、石灰、砂石等,虽然这些废物不含有毒有害成分,但粉状废料可随降雨产生的地面径流进入水体,使水中悬浮物大量增加,严重时可使水体产生暂时的污染。

保护措施:对施工活动中产生的固体废物应有计划地堆放,并应有相应的处理措施,实现挖填平衡,严禁随处堆放。生活垃圾应运往当地市政部门指定的场地统一进行处置。

⑤ 污废水环境影响及保护措施

施工期产生的污废水主要有施工废水、井下初期少量涌水以及生活污水。施工废水和井下涌水主要是泥沙等悬浮物污染,在采取废水回收措施后,全部可用于施工过程。

保护措施:施工排放的主要废水要进行收集和处理,工地要设废水沉淀池,对施工废水进行沉淀处理,然后复用于搅拌砂浆等施工环节;施工人员集中居住地要设经过防渗处理的旱厕,对厕所应加强管理,定期喷洒药剂;食堂污水和洗漱水经收集后用于道路洒水防止二次扬尘。要求建设期污废水不得外排。

(6)营运期环境影响及保护措施

① 生态影响及其保护措施

3 号煤层开采后地表沉陷值变化于 5 058.4～7 029.7 mm 之间,平均 6 137.1 m。

全井田各煤层开采后地表沉陷最大值 8 162 mm,出现在井田西部柳巷河北侧。

地表沉陷对地表形态会产生一定的影响,但不会改变区域总体地貌类型。沉陷边缘一般会形成裂缝和沉陷阶地,可使土壤结构变松,涵水抗蚀性降低,影响植被正常生长。

本项目位于榆林市饮用水源地红石峡水源地的上游,距红石峡水库约 23 km(直线距离),是该水源地的补给区,井田开采后不会对红石峡水源地产生大的影响。根据预测结果采煤不会对柳巷河的水量及径流方向造成大的变化,故不会对柳巷河产生明显影响。设计中也未对其留设保护煤柱。为了最大限度减小采煤对柳巷河水体的影响,保护下游水源地,环评提出,在对柳巷河支流下资源进行开采时实施保护性开采(条带开采)。根据北京天地科技股份有限公司《彬长矿区下沟煤矿泾河下开采设计》专题成果,采用条带式开采的下沉系数一般为 0.12～0.13,据此计算柳巷河其下资源开采后的最大下沉值为 1.5 m,可大大减小地表沉陷对柳巷河的影响。

保护措施：一是地表沉陷保护。在采区边界、井田边界、工业场地等基础设施留设保护煤柱；麻黄梁镇留设保护煤柱，对井田西庄及马家滩零散居民点实施搬迁；三朴树水库受边界煤柱的保护；设计中柳巷河不留设保护煤柱，环评提出对柳巷河及支流下的资源实施保护性开采（条带开采）。二是沉陷区整治。沉陷区边缘地带以人工整治为主，各盘区中部以自然恢复为主的整治原则。重点区段为沉陷盆地边缘地带。三是居民搬迁安置方案。将西庄及马家滩零散住户村搬迁到麻黄梁镇。

② 地下水环境影响及保护措施

3号煤层与3^{-1}号煤层间距2.97～6.08 m，平均4.27 m，远小于3^{-1}号煤层开采形成的导水裂缝带高度37.57 m，可见3号煤层与3^{-1}号煤层导水裂缝带相互贯通，但3^{-1}号煤层导水裂缝带高度远小于3号煤层，可见对上覆含水层可能造成影响的主要为3号煤层开采形成的导水裂缝带。

3号煤层开采后，导水裂缝带顶部与第四系底部之间的距离为62.5 m～64.08 m，防水煤岩柱顶部与第四系底部的距离为28.36 m～39.59 m。3号煤层导水裂缝带最大可发育到第三系静乐组红土隔水层下部，距离上部第四系孔隙潜水层较远，因此3号煤层的开采后导水裂缝贯通隔水层的概率很小，不会导通具有供水意义的第四系潜水含水层。

3号煤层开采影响的含水层主要为侏罗系碎屑岩类风化带裂缝潜水及碎屑岩类承压含水层（煤系地层含水层），3^{-1}号煤层开采影响的含水层为侏罗系碎屑岩类承压含水层，因此侏罗系碎屑岩类风化带裂缝潜水及承压含水层为矿井的直接含水层，其富水性弱，不具供水意义。

井田内西庄及马家滩零散居民采前搬迁，井田开采不会影响居民用水。

保护措施：在生产过程中，尽可能实现废水资源化，间接保护地下水资源。加强对固废的管理，全部安全处置，防止地下水的污染。大力开展植树种草活动，尽量扩大井田内植被覆盖面积，以加快地下水位的回升。

③ 环境空气影响分析与防治措施

大气污染源主要有原煤筛分产生的粉尘，锅炉燃煤产生的SO_2和烟尘及物料运输产生的扬尘。其中SO_2排放量为34.37 t/a，烟尘排放量为10.16 t/a，煤尘排放量为40.8 t/a。

在综合气象条件下，采暖季锅炉排放的SO_2小时最大浓度为0.025 21 mg/m³，仅占GB 3095—1996二级标准限值的5.04%，无超标现象，出现距离在双山煤矿工业场地锅炉房SE方向约0.59 km处。同时，SO_2的净增浓度也满足GB 9137—88《保护农作物的大气污染物最高允许浓度》的限值。TSP小时浓度最大值范围为0.007 12 mg/m³，对周围TSP浓度影响贡献值很小。

筛分系统采取除尘措施后，排入外环境的煤尘浓度和煤尘量均低于GB 20426—2006《煤炭工业污染物排放标准》的允许限值。

污染防治措施：蒸汽锅炉配置花岗岩水浴冲击式脱硫除尘器，添加脱硫剂（双碱法NaOH和CaO，除尘效率95%、脱硫效率60%），同时常压热水锅炉采用自带除尘效率85%的环保锅炉，烟尘排放浓度为53.9 mg/m³和177.89 mg/m³，SO_2排放浓度为209.14 mg/m³和522.86 mg/m³，满足排放标准要求。原煤、产品煤采用封闭式筒仓储存，保证原煤、产品煤"不露天、不落地"；对筛分系统、输运场所的煤（粉）尘治理，结合噪声的防治同时进行，采用密封、集尘等工程措施；场地绿化系数为30%，进场道路两侧按要求绿化并定时洒水降尘。

④ 地表水环境影响及保护措施

矿井涌水量为 4 584 m³/d,采用混凝、沉淀、气浮、过滤、消毒等处理后,部分场内回用,多余部分用于麻黄梁工业集中区生产补充水。

工业场地生产生活污水 177 m³/d 经过二级生化处理后,全部场内回用,不外排。

⑤ 声环境影响及保护措施

工业场地布置的强噪声源主要有:驱动机房、空压机房、通风机房、锅炉房、坑木加工房、机修车间及动筛排矸系统等。报告书提出的保护措施:设计考虑对矿井噪声源进行综合治理,尽量选用低噪声机电设备,对于高噪声设备主要采取消声、吸声、隔声、阻尼、减振等常规声治理措施。

采取措施后主井工业场西北厂界昼、夜分别超过 GB 3096—2008《工业企业厂界环境噪声排放标准》2 类标准 4.1 dB(A)、11.9 dB(A),超标的原因主要是主井驱动机房距北厂界较近(约 18.6 m)所致,北厂界昼、夜均实现达标距离为厂界外 54 m;西厂界超标 3.8 dB(A),超标的原因主要是空压机房与驱动机房噪声共同影响所致,达标距离为厂界外 9 m处。风井工业场地南厂界昼、夜噪声分别超标 2.1 dB(A)、12.0 dB(A),超标原因主要是通风机房距南厂界较近(约 13.5 m)所致。南厂界昼、夜均实现达标距离为厂界外 41 m。

双山矿井投产运营后,生产噪声对主井工业场地北厂界、风井场地南厂界影响较明显,影响范围在厂界外 60 m 范围内,由于本项目厂界外 500 m 范围内无任何环境敏感点,因此不会对周围居民及其他敏感点产生影响。环评提出的进一步减缓噪声影响或优化方案包括强化设备减震措施,设置隔、吸声导向屏等,加强噪声源与厂界之间的绿化,进行平面布局优化等,同时提出主井工业场地西厂界外 50 m 内,北厂界和风井工业场地南厂界外 100 m 内禁止规划建设居住区。

⑥ 固废环境影响及保护措施

掘进矸石不出井,全部充填废弃巷道;洗选矸石全部综合利用于电厂作为燃料使用;锅炉灰渣用于屋顶保暖材料等;生活垃圾交由当地市政部门统一处置。

(7) 其他

① 清洁生产

通过清洁生产评价指标的对比分析,评价认为,工程采用较先进的综采采煤法,相应选用国内成熟、可靠的开采设备,实施全机械化生产,逐步扩大生产规模,采用必要的"节能、降耗、减污、增效"的清洁生产措施,除原煤水耗及回采率等三级指标外,其余指标清洁生产水平达到我国煤炭行业先进水平。双山煤矿综合清洁生产水平为我国煤炭行业基本水平。

② 污染物排放总量

双山煤矿总量控制指标为 SO₂ 37.81 t/a,总量指标正在申请中。

③ 公众参与

报告书公众参与调查采用报纸公告、网上公示和发放调查表等方式进行。

调查表共发放 100 份,回收 97 份,回收率 97%,调查结果为 94.58% 的公众支持本工程的建设,5.42% 的人对本工程的建设持无所谓态度,无反对者。

报纸公告和信息公布的有效工作日之内,未收到公众反馈意见。

部分公众反映的意见是:落实各项环保措施,降低对周围生态环境的影响;对搬迁居民进行一定的经济补偿。对于以上要求与建议,建设单位承诺积极落实。

12.9.2 结论

煤矿及选煤厂新建工程项目位于国家规划的 13 个大型煤炭基地之一陕北基地之榆神矿区一期规划区。矿井建设工程符合国家产业政策和有关规划要求;公众支持率高。在严格执行报告书和评估提出的各项污染防治和生态保护及资源综合利用措施,落实环境保护投资,严格执行环境保护"三同时"制度,加强生产管理和环境管理后,双山煤矿的开发建设对环境的影响可降低到当地环境可接受的程度。在落实移民搬迁计划,生产生活污废水及矿井水实现零排放的前提下,从环境保护角度而言,该工程建设可行。

12.9.3 建议

① 联合区内大型煤炭企业,采取国际交流、国内招标等多种方式,开展对生态脆弱区煤炭开采生态环境保护的科研工作,促进矿区的可持续发展。

② 协调有关部门,划定自然恢复区,实行封育;争取取得采区上方的部分土地的定期使用权,以进行塌陷区综合整治。

思考题

1. 简述煤矿建设项目环境影响评价的主要依据。
2. 简述煤矿建设项目环境影响评价的重点。
3. 简述煤矿建设项目主要包括哪些方面。
4. 简述煤矿矿山自然地理条件特征。
5. 简述煤矿矿山地质特征。
6. 简述煤矿矿山产生环境污染和破坏的主要方面。
7. 简述如何预测煤矿矿山对环境的影响。
8. 如何开展关于煤矿矿山环境影响的公众参与调查。
9. 简述煤矿矿山建设项目环境影响评价的结论和建议。

附　录

附录1　地质灾害危险性评估规范
(DZ/T 0286—2015)

1　范围

本标准规定了各类工程建设及城市总体规划、村庄和集镇规划地质灾害危险性评估的内容、要求、方法和程序等。

本标准适用于在地质灾害易发区内进行各类建设工程、城市总体规划、村庄和集镇规划时的地质灾害危险性评估。

2　规范性引用文件

下列文件对于本文件的应用是必不可少的。凡是注日期的引用文件,仅所注日期的版本适用于本文件。凡是不注日期的引用文件,其最新版本(包括所有的修改单)适用于本文件。

GB 50021　岩土工程勘察规范

GB 50330　建筑边坡工程技术规范

DZ/T 0097　工程地质调查规范(1∶25 000～1∶50 000)

DZ/T 0218　滑坡防治工程勘查规范

DZ/T 0220　泥石流灾害防治工程勘查规范

建市〔2007〕86 号　工程设计资质标准

3　术语和定义

下列术语和定义适用于本标准。

3.1　地质灾害　geological hazard

不良地质作用引起人类生命财产和生态环境的损失。主要包括滑坡、崩塌、泥石流、地面塌陷、地裂缝、地面沉降等灾种。

3.2　地质环境条件　geological environmental conditions

与人类生存、生活和工程设施依存有关的地质要素,包括自然地理、区域地质、地层岩性、地质构造、岩土类型及其工程地质性质、水文地质以及人类活动的影响等。

3.3　地质灾害易发区　easily occurring zone of geological hazard

具有发生地质灾害的地质环境条件、容易发生地质灾害的地区。

3.4　地质灾害危险性　risk of geological hazard

一定发育程度的地质体在诱发因素作用下发生灾害的可能性及危害程度。

3.5　地质灾害危险性评估　risk assessment for geological hazard

在查明各种致灾地质作用的性质、规模和承灾对象社会经济属性的基础上,从致灾体稳定性和致灾体与承灾对象遭遇的概率上分析入手,对其潜在的危险性进行客观评价,开展包括现状评估、预测评估、综合评估、建设用地适宜性评价及地质灾害防治措施建议等为主要内容的技术工作。

3.6 发育程度 development degree

地质体在地质作用下变形和发展的状态及空间分布特征。

3.7 危害程度 harm degree

地质灾害造成或可能造成的人员伤亡、经济损失与生态环境破坏的程度。

3.8 诱发因素 inducing factors

引起地质体发生变化的自然和人为活动要素。

4 基本规定

4.1 评估要求及工作内容

4.1.1 在地质灾害易发区内进行工程建设,应在可行性研究阶段进行地质灾害危险性评估;在地质灾害易发区内进行城市和村镇规划时,应在总体规划阶段对规划区进行地质灾害危险性评估。

4.1.2 地质灾害危险性评估的灾种主要包括:滑坡、崩塌、泥石流、岩溶塌陷、采空塌陷、地裂缝、地面沉降等。

4.1.3 地质灾害危险性评估工作,应在充分搜集利用已有的遥感影像、区域地质、矿产地质、水文地质、工程地质、环境地质和气象水文等资料基础上进行地面调查,必要时可适当进行物探、坑槽探及取样测试。

4.1.4 地质灾害危险性评估成果,应按照国土资源行政主管部门的有关规定,经专家审查和备案后,方可提交立项和用地审批使用。

4.1.5 地质灾害危险性评估的主要内容是:阐明工程建设区和规划区的地质环境条件基本特征;分析论证工程建设区和规划区各种地质灾害的危险性,进行现状评估、预测评估和综合评估;提出防治地质灾害的措施与建议,并做出建设场地适宜性评价结论。

4.1.6 评估工作结束后两年,工程建设仍未进行,应重新进行地质灾害危险性评估工作。

4.1.7 评估工作结束后,评估区地质环境条件发生重大变化或工程建设方案变化大时,应重新进行地质灾害危险性评估工作。

4.2 评估工作程序

4.2.1 接受评估委托后,进行建设项目初步分析,通过搜集有关资料和现场踏勘,对评估区地质环境条件和地质灾害发育情况做初步分析。

4.2.2 确定评估范围和划分评估等级,编制评估工作大纲或设计书。

4.2.3 进行评估区现场调查,重点查清评估范围内的地质灾害类型、数量和发育特点。

4.2.4 对评估区内地质灾害危险性和建设用地适宜性做出评估。

4.2.5 提交评估报告。评估工作程序见附录A。(本书略,感兴趣者可查阅相关资料)

4.3 评估范围与级别

4.3.1 地质灾害危险性评估范围,不应局限于建设用地和规划用地面积内,应视建设与规划项目的特点、地质环境条件、地质灾害的影响范围予以确定。

4.3.2 若危险性仅限于用地面积内,应按用地范围进行评估。

4.3.3　在已进行地质灾害危险性评估的城市规划区范围内进行工程建设,建设工程处于已划定为危险性大—中等的区段,应进行建设工程地质灾害危险性评估。

4.3.4　区域性工程建设的评估范围,应根据区域地质环境条件及工程类型确定。

4.3.5　重要的线路建设工程,评估范围一般向线路两侧扩展 500 m～1 000 m 为宜,可根据灾害类型和工程特点扩展到地质灾害影响边界。

4.3.6　滑坡、崩塌评估范围应以第一斜坡带为限;泥石流评估范围应以完整的沟道流域边界为限;地面塌陷和地面沉降的评估范围应与初步推测的可能影响范围一致;地裂缝应与初步推测可能延展、影响范围一致。

4.3.7　建设工程和规划区位于强震区,工程场地内分布有构筑物错位或开裂、构造地裂缝和活动断裂,评估范围应将其包括。

4.3.8　地质灾害危险性评估分级进行,根据地质环境条件复杂程度与建设项目重要性划分为三级,见表 1。

表 1　　　　　　　　　　　地质灾害危险性评估分级表

建设项目重要性	地质环境条件复杂程度		
	复杂	中等	简单
重要	一级	一级	二级
较重要	一级	二级	三级
一般	二级	三级	三级

4.3.9　地质环境条件复杂程度按附录 B 表 B.1 确定;建设项目重要性按附录 B 表 B.2 确定。(略)

4.3.10　在充分搜集分析已有资料基础上,编制评估工作大纲,明确任务,确定评估范围与级别,设计与部署地质灾害调查的内容、重点和工作量,提出质量监控措施和成果等。

4.4　地质灾害危险性评估指标分级

4.4.1　地质灾害诱发因素的分类见附录 C 表 C.1。(略)

4.4.2　地质灾害发育程度分为强发育、中等发育和弱发育三级,各类地质灾害的发育程度见附录 D。(略)

4.4.3　地质灾害危害程度分为危害大、危害中等和危害小三级,见表 2。

表 2　　　　　　　　　　　地质灾害危害程度分级表

危害程度	灾情		险情	
	死亡人数/人	直接经济损失/万元	受威胁人数/人	可能直接经济损失/万元
大	≥10	≥500	≥100	≥500
中等	>3～<10	>100～<500	>10～<100	>100～<500
小	≤3	≤100	≤10	≤100

注 1:灾情,指已发生的地质灾害,采用"人员伤亡情况""直接经济损失"指标评价。

注 2:险情,指可能发生的地质灾害,采用"受威胁人数""可能直接经济损失"指标评价。

注 3:危害程度采用"灾情"或"险情"指标评价。

4.4.4 地质灾害危险性依据地质灾害发育程度、危害程度分为大、中等、小三级,见表3。

表3 地质灾害危险性分级表

危害程度	发育程度		
	强	中等	弱
大	危险性大	危险性大	危险性中等
中等	危险性大	危险性中等	危险性中等
小	危险性中等	危险性小	危险性小

4.5 不同级别评估的技术要求

4.5.1 一级评估应有充足的基础资料,进行充分论证。具体包括:
   a) 应对评估区内分布的各类地质灾害体的危险性和危害程度逐一进行现状评估;
   b) 对建设场地和规划区范围内,工程建设可能引发或加剧的和本身可能遭受的各类地质灾害的可能性和危害程度分别进行预测评估;
   c) 依据现状评估和预测评估的结果,综合评估建设场地和规划区地质灾害危险性程度,分区段划分出危险性等级,说明各区段地质灾害的种类和危害程度,对建设和规划用地适宜性做出评估结论,并提出有效防治地质灾害的措施与建议。

4.5.2 二级评估应有充足的基础资料,进行综合分析。具体包括:
   a) 应对评估区内分布的各类地质灾害体的危险性和危害程度逐一进行初步现状评估;
   b) 对建设场地和规划区范围内,工程建设可能引发或加剧的和本身可能遭受的各类地质灾害的可能性和危害程度分别进行初步预测评估;
   c) 在上述评估的基础上,综合评估建设场地和规划区地质灾害危险性程度,分区段划分出危险性等级,说明各区段主要地质灾害种类和危害程度,对建设和规划用地适宜性做出评估结论,并提出可行的防治地质灾害的措施与建议。

4.5.3 三级评估应有必要的基础资料进行分析,参照一级评估要求的内容,做出概略评估。

5 地质环境条件调查

5.1 一般规定

5.1.1 在充分搜集和分析评估区及有关相邻地区已有地质环境资料的基础上,应针对拟建工程或规划区的特点,对评估区地质灾害形成的地质环境条件进行调查。

5.1.2 地质灾害危险性评估调查用图应能充分反映评估区地质环境条件和灾害体特征,便于使用和阅读,比例尺可酌情确定,一般不宜小于1∶50 000。

5.1.3 在图幅面积10 cm×10 cm的范围内,调查控制点对于一级评估不应少于5个,二级评估不应少于3个,三级评估不应少于2个。对地质灾害形成有明显控制与影响的微地貌、地层岩性、地质构造等重要部位或重点地段,可适当加密调查点。

5.1.4 通过调查,应分析地质环境条件对评估区及周边地质灾害形成、分布和发育的影响。

5.1.5 通过综合分析,对评估区地质环境条件复杂程度做出总体和分区段划分。

5.2 区域地质背景

5.2.1 搜集区域地质及构造背景资料,分析判断在其背景下可能发育的地质灾害及与评估区的关系。

5.2.2　搜集评估区及周边活动断裂资料,分析判断对评估区的影响程度。

5.2.3　搜集区域地震历史资料,分析判断地质活动对评估区的影响及地壳稳定性。

5.3　气象水文

5.3.1　搜集评估区的气象资料,主要包括气候类型特征、气温、降水、蒸发、湿度等,重点掌握与地质灾害关系密切的气象要素。

5.3.2　搜集分析评估区地表水的流域特征与水文要素,主要包括流量、水位、含沙量、历史洪水及洪涝灾情等。

5.4　地形地貌

5.4.1　搜集评估区及周边地形地貌资料,确定评估区所处的地形地貌位置。

5.4.2　调查评估区地形地貌特征,主要包括海拔、相对高差和地貌类型、成因与形态。

5.4.3　重点调查与地质灾害相关的地貌特征,主要包括以下内容:

　　a) 斜坡的形态、类型、结构、坡度、高度;沟谷、河谷、河漫滩、阶地、冲洪积扇等分布特征;微地貌的组合特征、相对年代及其演化历史;

　　b) 人工边坡、露天采矿场、水库、大坝、堤防、弃渣堆等的分布、形态、规模及稳定状态。

5.5　地层岩性

5.5.1　调查评估区地层的地质年代、成因、岩性、产状、厚度、分布及接触关系等。

5.5.2　调查评估区岩浆岩的分布、岩性、形成年代及与围岩接触关系等。

5.6　地质构造

5.6.1　调查评估区构造的分布、形态、规模、性质及组合特点等。

5.6.2　分析区域活动断裂对评估区及地质灾害的影响。

5.6.3　调查地质结构面的产状、形态、规模、性质、密度以及相互关系,分析地质结构面对地质体成灾作用的影响。

5.7　岩土体类型及其工程地质性质

5.7.1　调查岩土体的分布、岩性、成因、类型、结构及物理力学性质,重点了解新近沉积土和特殊类土的分布范围及工程地质特征。

5.7.2　岩土体分类,应符合 GB 50021 的要求。

5.8　水文地质条件

5.8.1　调查评估区含水层的分布、类型、富水性、透水性,隔水层的岩性、厚度和分布。

5.8.2　调查地下水类型,地下水的水位、水量、水质、水温等特征。

5.8.3　分析地下水与评估区岩土体的影响及地质灾害的关系。

5.9　人类活动对地质环境的影响

5.9.1　调查评估区人类活动的类型、强度、规模、分布及其对地质环境的影响。

5.9.2　调查评估区人类活动诱发或加剧的地质灾害发生的状况。

5.10　其他

　　有关区域地壳稳定性、高坝和高层建筑地基稳定性、隧道开挖过程中的工程地质问题、地下开挖过程中各种灾害(岩爆、突水、瓦斯突出等)及矿山生产中排土场、矸石山、矿渣堆、尾矿库发生的各种灾害和问题,不作为地质灾害危险性评估的内容,可在地质环境条件中进行论述,并在评估报告中建议具有相关资质的单位按专业规范和要求进行专项评价。

6 地质灾害调查及危险性现状评估

6.1 一般规定

6.1.1 基本查明评估区及周边已发生(或潜在)的各种地质灾害的形成条件、分布类型、活动规模、变形特征、诱发因素与形成机制等,对其稳定性(发育程度)进行初步评价。

6.1.2 查明评估区地质灾害对生命财产和工程设施造成的危害程度。

6.1.3 应对下列区段进行重点调查:

    a) 不同类型灾种的易发区段;

    b) 岩体破碎、土体松散、构造发育并且存在适宜的斜坡坡度、坡高、坡型的自然斜坡区段;

    c) 工程设计挖方切坡、大面积填方区段;

    d) 潜在泥石流的冲沟;

    e) 可能诱发岩溶塌陷范围;

    f) 采空区及其塌陷范围;

    g) 各类特殊性岩土分布范围。

6.1.4 根据地质灾害发育程度(稳定性)、危害程度,按灾种进行地质灾害危险性现状评估。

6.1.5 对各种地质灾害危险性现状评估可采用工程地质类比法、成因历史分析法、赤平极射投影法等定性、半定量的评估方法进行。

6.1.6 对地质灾害体的重点部位和影响范围内建筑物等宜进行拍照、录像或绘制素描图。

6.1.7 搜集和调查评估区或周边地质灾害防治工程的类型、效果和经验。

6.1.8 调查时应填写地质灾害评估调查表,见附录 E。(略)

6.2 滑坡

6.2.1 滑坡调查宜包括下列内容:

    a) 搜集评估区及周边滑坡史、易滑地层分布、水文气象、工程地质图和地质构造图等资料;

    b) 调查滑坡体上微地貌形态及其演变过程,如滑坡周界、滑坡壁、滑坡平台、滑坡舌、滑坡裂缝、滑坡鼓丘等;查明滑动带部位,滑痕指向、倾角,滑带的组成和岩土状态;

    c) 调查裂缝的位置、方向、深度、宽度、产生时间、切割关系和力学属性;

    d) 分析滑坡的主滑方向、主滑段、抗滑段及其变化;

    e) 调查滑坡体地下水和地表水的情况、泉水出露地点及流量、地表水体、湿地分布及变迁情况;

    f) 调查滑坡带内外建筑物、树木等的变形、位移及其破坏的时间和过程。

6.2.2 现状评估应符合下列要求:

    a) 按附录 D 表 D.1 确定滑坡稳定性(发育程度);(略)

    b) 按附录 C 表 C.1 分析滑坡发生的诱发因素;(略)

    c) 按表 2 确定滑坡的危害程度;

    d) 按表 3 对滑坡危险性现状进行评估。

6.3 崩塌(危岩)

6.3.1 崩塌调查宜包括下列内容:

a) 搜集评估区及周边崩塌史、易崩塌地层的分布、水文气象和所处的地质构造单元等资料；

b) 崩塌区的地形地貌及崩塌类型、规模、范围；

c) 崩塌区岩土体的岩性特征、风化程度和地下水、地表水的活动特征等；

d) 崩塌区的地质构造,岩土体结构类型、结构面的产状、组合关系、力学属性、充填情况、延展及贯穿特征,分析崩塌（危岩）的崩落方向、规模和影响范围。

6.3.2 现状评估应符合下列要求:

a) 按附录 D 表 D.3 确定崩塌（危岩）发育程度;（略）

b) 按附录 C 表 C.1 分析崩塌（危岩）发生的诱发因素;（略）

c) 按表 2 确定崩塌（危岩）的危害程度;

d) 按表 3 对崩塌危险性现状进行评估。

6.4 泥石流

6.4.1 泥石流调查范围应包括沟谷至分水岭的全部和可能受泥石流影响的地段,调查宜包括下列内容:

a) 沟谷区暴雨强度、一次最大降雨量,冰雪融化和雨洪最大流量,地下水对泥石流形成的影响;

b) 沟谷区地层岩性,地质构造,崩塌、滑坡等不良地质现象,松散堆积物的分布、物质组成和方量;

c) 沟谷的地形地貌特征,包括沟谷的发育程度、切割情况和沟床弯曲堵塞、粗糙程度,纵坡坡度,划分泥石流的形成区、流通区和堆积区,圈绘整个沟谷的汇水面积;

d) 形成区的水源类型、水量、汇水条件、山坡坡度,岩土性质及风化松散程度;

e) 流通区的沟床纵坡坡度、跌水、急湾等特征;沟床两侧山坡坡度、稳定程度,沟床的冲淤变化和泥石流的痕迹;

f) 堆积区堆积扇的分布范围、表面形态、纵坡、植被、沟道变迁和冲淤情况;堆积物质组成、厚度、一般粒径、最大粒径以及分布规律;

g) 历次泥石流的发生时间、频率、规模、形成过程、历时、流体性质、暴发前的降雨情况和暴发后产生的灾害情况。

6.4.2 现状评估应符合下列要求:

a) 按附录 D 表 D.4 确认泥石流发育程度;（略）

b) 按附录 C 表 C.1 分析泥石流发生的诱发因素;（略）

c) 按表 2 确定泥石流的危害程度;

d) 按表 3 对泥石流危险性现状进行评估。

6.5 岩溶塌陷

6.5.1 评估区位于碳酸盐岩为主的可溶岩分布地段。存在岩溶塌陷危险时,应进行岩溶塌陷灾害的调查与危险性评估。

6.5.2 岩溶塌陷调查宜包括下列内容:

a) 可溶岩分布、岩溶发育程度、上覆第四系土体类型、厚度及其工程地质性质;

b) 岩溶塌陷的发生时间、形态、规模等;

c) 地下水与地表水的水力联系及其动态变化。

6.5.3 现状评估应符合下列要求:

a) 按附录 D 表 D.7 确定岩溶塌陷发育程度;(略)

b) 按附录 C 表 C.1 分析岩溶塌陷发生的诱发因素;(略)

c) 按表 2 确定岩溶塌陷的危害程度;

d) 按表 3 对岩溶塌陷危险性现状进行评估。

6.6 采空塌陷

6.6.1 采空塌陷调查以搜集分析资料为主,调查宜包括下列内容:

a) 矿层的种类、分布、层数、厚度、深度、标高等特征,开采层顶底板的岩性、厚度及组合情况等;

b) 矿山开采历史、现状及规划,采矿巷道的布置、形态、大小、埋藏深度,采深、采厚、开采方式、开采强度、顶板管理方式;

c) 采空区的空间展布、塌落和积水情况;

d) 地面塌陷、裂缝破坏特征及其与采空区空间位置关系等;

e) 采空区附近的抽、排水情况及其对采空区稳定的影响。

6.6.2 现状评估应符合下列要求:

a) 按附录 D 表 D.8 确定采空塌陷发育程度;(略)

b) 按附录 C 表 C.1 分析采空塌陷发生的诱发因素;(略)

c) 按表 2 确定采空塌陷的危害程度;

d) 按表 3 对采空塌陷危险性现状进行评估。

6.7 地裂缝

6.7.1 地裂缝调查宜包括下列内容:

a) 地裂缝出现的时间、单缝发育规模和特征以及群缝分布特征和分布范围;

b) 地裂缝形成的地质环境条件(地形地貌、地层岩性、构造断裂等);

c) 地裂缝发展趋势。

6.7.2 现状评估应符合下列要求:

a) 按附录 D 表 D.9 确定地裂缝发育程度;(略)

b) 按附录 C 表 C.1 分析地裂缝发生的诱发因素;(略)

c) 按表 2 确定地裂缝的危害程度;

d) 按表 3 对地裂缝危险性现状进行评估。

6.8 地面沉降

6.8.1 地面沉降调查:主要调查由于常年抽汲地下水引起水位或水压下降已发生或可能发生地面沉降的地段。主要通过搜集资料调查访问,查明地面沉降原因、现状和危害情况。地面沉降调查宜包括下列内容:

a) 综合分析已有资料,查明第四纪沉积类型、地貌单元特征,特别要注意冲积、湖积和海相沉积的平原或盆地及古河道、洼地、河间地块等微地貌分布,第四系岩性、厚度和埋藏条件,特别要查明压缩层的分布;

b) 查明第四系含水层水文地质特征、埋藏条件及水力联系,搜集历年地下水动态、开采量、开采层位和区域地下水位等值线图等资料;

c) 查明地面沉降的发生时间,根据已有地面测量资料和建筑物实测资料,同时结合水文地质资料进行综合分析,初步圈定地面沉降范围,判定累计沉降量、沉降速率。

6.8.2　现状评估应符合下列要求:

a) 按附录 D 表 D.10 确定地面沉降发育程度;

b) 按附录 C 表 C.1 分析地面沉降发生的诱发因素;

c) 按表 2 确定地面沉降的危害程度;

d) 按表 3 对地面沉降危险性现状进行评估。

6.9　不稳定斜坡

6.9.1　不稳定斜坡调查宜包括下列内容:

a) 应调查建设场地范围内或规划区域内可能发生滑坡、崩塌等潜在隐患的陡坡地段。调查的内容包括:

1) 地层岩性、产状、断裂、节理、裂缝发育特征,软弱夹层岩性、产状,风化残坡积层岩性、厚度;

2) 斜坡坡度、坡向、地层倾向与斜坡坡向的组合关系;

3) 进行评估区气象、水文和人为工程活动的调查和资料搜集,分析其对斜坡的影响;

4) 对可能构成崩塌、滑坡结构面的边界条件、坡体异常情况等进行调查分析,以此判断斜坡发生崩塌、滑坡、泥石流等地质灾害的危险性及可能的影响范围。

b) 有下列情况之一者,应视为可能失稳的斜坡:

1) 各种类型的滑坡或崩塌体;

2) 斜坡岩体中有倾向坡外、倾角小于坡角的结构面存在;

3) 斜坡被两组或两组以上结构面切割,形成不稳定棱体,其底棱线倾向坡外,且倾角小于斜坡坡角;

4) 斜坡后缘已产生拉裂缝;

5) 顺坡向卸荷裂缝发育的高陡斜坡;

6) 岸边裂缝发育、表层岩体已发生蠕动或变形的斜坡;

7) 坡足或坡基存在缓倾的软弱层;

8) 位于库岸或河岸水位变动带,渠道沿线或地下水溢出带附近,工程建成后可能经常处于浸湿状态的软质岩石或第四系沉积物组成的斜坡。

6.9.2　现状评估应符合下列要求:

a) 按附录 D 表 D.1、表 D.2 确定不稳定斜坡发育程度;

b) 按附录 C 表 C.1 分析不稳定斜坡发生滑坡或崩塌的诱发因素;

c) 按表 2 确定不稳定斜坡失稳后的危害程度;

d) 按表 3 对不稳定斜坡危险性现状进行评估。

6.10　其他灾种

根据各地的实际情况,可增加调查灾种,并参照相关行业标准或当地有关技术要求进行。

7　地质灾害危险性预测评估

7.1　一般规定

7.1.1　应在现状评估的基础上,根据评估区地质环境条件和建设工程的类型和工程特点进行预测评估。

7.1.2　应对工程建设中、建成后可能引发或加剧滑坡、崩塌、泥石流、岩溶塌陷、采空塌陷、地裂缝、地面沉降等发生的可能性、发育程度、危害程度和危险性做出预测评估。

7.1.3　应对建设工程自身可能遭受已存在的滑坡、崩塌、泥石流、岩溶塌陷、采空塌陷、地裂缝、地面沉降等危害隐患的可能性、发育程度、危害程度和危险性做出预测评估。

7.1.4　对各种地质灾害危险性预测评估可采用工程地质类比法、成因历史分析法、层次分析法、数学统计法等定性、半定量的评估方法进行。

7.2　工程建设中、建成后可能引发或加剧的地质灾害危险性预测评估

7.2.1　滑坡危险性预测评估

7.2.1.1　确定工程建设与滑坡的位置关系,分析工程建设引发或加剧滑坡发生的可能性。

7.2.1.2　按附录 D 表 D.1 确定滑坡稳定性(发育程度)。

7.2.1.3　按附录 C 表 C.1 分析工程建设引发或加剧滑坡发生的诱发因素。

7.2.1.4　按表 2 确定滑坡发生后的危害程度。

7.2.1.5　按表 4 进行危险性预测评估。

表 4		滑坡危险性预测评估分级		
工程建设引发或加剧滑坡发生的可能性	危害程度	发育程度	危险性等级
工程建设位于滑坡的影响范围内,对其稳定性影响大,引发或加剧滑坡的可能性大	大	强	大
		中等	大
		弱	中等
工程建设部分位于滑坡的影响范围内,对其稳定性影响中等,引发或加剧滑坡的可能性中等	中等	强	大
		中	中等
		弱	中等
工程建设对滑坡稳定性影响小,引发或加剧滑坡的可能性小	小	强	中等
		中等	中等
		弱	小

7.2.2　崩塌(危岩)危险性预测评估

7.2.2.1　确定工程建设与崩塌(危岩)的位置关系,分析工程建设引发或加剧崩塌(危岩)发生可能性。

7.2.2.2　按附录 D 表 D.3 确定崩塌(危岩)的发育程度。

7.2.2.3　按附录 C 表 C.1 分析工程建设引发或加剧崩塌(危岩)发生的诱发因素。

7.2.2.4　按表 2 确定崩塌(危岩)发生后的危害程度。

7.2.2.5　按表 5 进行危险性预测评估。

表 5   **崩塌(危岩)危险性预测评估分级**

工程建设引发或加剧崩塌(危岩)发生的可能性	危害程度	发育程度	危险性等级
工程建设位于崩塌(危岩)影响范围内,工程建设活动对崩塌(危岩)稳定性影响大,引发或加剧崩塌的可能性大	大	强	大
		中等	大
		弱	中等
工程建设临近崩塌(危岩)影响范围,工程建设对崩塌(危岩)稳定性影响中等,引发或加剧崩塌的可能性中等	中等	强	大
		中等	中等
		弱	中等
工程建设位于崩塌(危岩)影响范围外,工程建设对崩塌(危岩)稳定性影响小,引发或加剧崩塌的可能性小	小	强	大
		中等	中等
		弱	小

7.2.3 泥石流危险性预测评估

7.2.3.1 确定工程建设与泥石流沟的位置关系,分析工程建设引发或加剧泥石流发生的可能性。

7.2.3.2 按附录 D 表 D.4 确定泥石流沟发育程度。

7.2.3.3 按附录 C 表 C.1 分析工程建设引发或加剧泥石流发生的诱发因素。

7.2.3.4 按表 2 确定泥石流发生后的危害程度。

7.2.3.5 按表 6 进行危险性预测评估。

表 6   **泥石流危险性预测评估分级**

工程建设引发或加剧泥石流发生的可能性	危害程度	发育程度	危险性等级
工程建设位于泥石流影响范围内,弃渣量大,堵塞沟道,水源丰富,引发或加剧泥石流的可能性大	大	强	大
		中等	大
		弱	中等
工程建设位于泥石流影响范围内,弃渣量较大,沟道基本通畅,水源较丰富,引发或加剧泥石流的可能性中等	中等	强发育	大
		中等	中等
		弱	小
工程建设位于泥石流影响范围外,引发或加剧泥石流的可能性小	小	强	中等
		中等	小
		弱	小

7.2.4 岩溶塌陷危险性预测评估

7.2.4.1 确定工程建设与岩溶塌陷的位置关系,分析工程建设引发或加剧岩溶塌陷发生的可能性。

7.2.4.2 按附录 D 表 D.7 确定岩溶塌陷的发育程度。

7.2.4.3 按附录 C 表 C.1 分析工程建设引发或加剧岩溶塌陷发生的诱发因素。

7.2.4.4 按表 2 确定岩溶塌陷发生后的危害程度。

7.2.4.5 按表 7 进行危险性预测评估。

表 7   **岩溶塌陷危险性预测评估分级**

工程建设引发或加剧岩溶塌陷发生的可能性	危害程度	发育程度	危险性等级
工程建设位于岩溶强塌陷及其影响范围内,引发或加剧岩溶塌陷的可能性大	大	强	大
		中等	大
		弱	大
工程建设位于岩溶塌陷影响范围内,引发或加剧岩溶塌陷的可能性中等	中等	强	大
		中等	中等
		弱	中等
工程建设临近岩溶塌陷影响范围,引发或加剧岩溶塌陷的可能性小	小	强	中等
		中等	中等
		弱	小

7.2.5 采空塌陷危险性预测评估

7.2.5.1 确定工程建设与采空塌陷的位置关系,分析工程建设引发或加剧采空塌陷发生的可能性。

7.2.5.2 按附录 D 表 D.8 确定采空塌陷的发育程度。

7.2.5.3 按附录 C 表 C.1 分析工程建设引发或加剧采空塌陷发生的诱发因素。

7.2.5.4 按表 2 确定采空塌陷发生后的危害程度。

7.2.5.5 按表 8 进行危险性预测评估。

表 8   **采空塌陷危险性预测评估分级**

工程建设引发或加剧采空塌陷发生的可能性	危害程度	发育程度	危险性等级
工程建设位于采空区及采空塌陷影响范围内,引发或加剧采空塌陷的可能性大	大	强	大
		中等	大
		弱	大
工程建设位于采空区范围内,引发或加剧采空塌陷的可能性中等	中等	强	大
		中等	中等
		弱	中等
工程建设临近采空区及其影响范围,引发或加剧采空塌陷的可能性小	小	强	中等
		中等	中等
		弱	小

7.2.6 地裂缝危险性预测评估

7.2.6.1 确定工程建设与地裂缝的位置关系,分析工程建设引发或加剧地裂缝发生的可能性。

7.2.6.2 按附录 D 表 D.9 确定地裂缝的发育程度。

7.2.6.3 按附录 C 表 C.1 分析工程建设引发或加剧地裂缝发生的诱发因素。

7.2.6.4 按表 2 确定地裂缝发生后的危害程度。

7.2.6.5 按表 9 进行危险性预测评估。

表 9   地裂缝危险性预测评估分级

工程建设引发或加剧地裂缝发生的可能性	危害程度	发育程度	危险性等级
工程建设位于地裂缝影响范围内,工程活动引起地表不均匀沉降明显,引发或加剧地裂缝的可能性大	大	强	大
		中等	大
		弱	大
工程建设位于地裂缝影响范围内,工程活动引起地表不均匀沉降较明显,引发或加剧地裂缝的可能性中等	中等	强	大
		中等	大
		弱	中等
工程建设临近地裂缝影响范围,引发或加剧不均匀沉降的可能性小	小	强	大
		中等	中等
		弱	小

7.2.7   地面沉降危险性预测评估

7.2.7.1   确定工程建设与地面沉降的位置关系,分析工程建设引发或加剧地面沉降发生的可能性。

7.2.7.2   按附录 D 表 D.10 确定地面沉降的发育程度。

7.2.7.3   按附录 C 表 C.1 分析工程建设引发或加剧地面沉降发生的诱发因素。

7.2.7.4   按表 2 确定地面沉降发生后的危害程度。

7.2.7.5   按表 10 进行危险性预测评估。

表 10   地面沉降危险性预测评估分级

工程建设引发或加剧地面沉降发生的可能性	危害程度	发育程度	危险性等级
工程建设位于地面沉降影响范围内,工程活动引发或加剧地面沉降的可能性大	大	强	大
		中等	大
		弱	中等
工程建设位于地面沉降影响范围内,工程活动引发或加剧地面沉降的可能性中等	中等	强	大
		中等	中等
		弱	中等
工程建设临近地面沉降影响范围,工程活动引发或加剧地面沉降的可能性小	小	强	中等
		中等	中等
		弱	小

7.2.8   不稳定斜坡危险性预测评估

7.2.8.1   确定工程建设与不稳定斜坡的位置关系,分析工程建设引发或加剧不稳定斜坡发生滑坡或崩塌的可能性。

7.2.8.2   按附录 D 表 D.1 分析不稳定斜坡的发育程度。

7.2.8.3   按附录 C 表 C.1 分析工程建设引发或加剧不稳定斜坡发生滑坡或崩塌的诱发因素。

7.2.8.4   按表 2 确定不稳定斜坡发生滑坡或崩塌后的危害程度。

7.2.8.5   按表 11 进行危险性预测评估。

表 11　　　　　　　　　　　　　　不稳定斜坡危险性预测评估分级

岩土体类型		坡高/m	发育程度	危害程度	危险性等级
滨海堆积、湖沼沉积		<3	弱	小	小
		3～5	中等	中等	中等
		>5～10	强	大	大
大陆流水堆积、风积		<10	弱	小	小
		10～20	中等	中等	中等
		>20	强	大	大
风化带、构造破碎带、成岩程度较差的泥岩		<10	弱	小	小
		10～15	中等	中等	中等
		>15	强	大	大
层状岩体*	有泥页岩软弱夹层	<15	弱	小	小
		15～20	中等	中等	中等
		>20	强	大	大
	均质较坚硬的碎屑岩和碳酸岩类	<15	弱	小	小
		15～30	中等	中等	中等
		>30	强	大	大
较完整坚硬的变质岩和火成岩类		<20	弱	小	小
		20～40	中等	中等	中等
		>40	强	大	大

＊注:层状岩体主要指近似水平岩层,不包括顺向坡岩体。

7.3　建设工程自身可能遭受已存在的地质灾害危险性预测评估

7.3.1　工业与民用建筑

7.3.1.1　工业与民用建筑工程主要包括房屋建(构)筑物,按表 12 进行地质灾害危险性预测评估。

表 12　　　　　　　房屋建(构)筑物遭受地质灾害危险性预测评估分级

建设工程遭受地质灾害的可能性	危害程度	发育程度	危险性等级
建设工程位于地质灾害影响范围内,遭受地质灾害的可能性大	大	强	大
		中等	大
		弱	中等
建设工程邻近地质灾害影响范围,遭受地质灾害的可能性中等	中等	强	大
		中等	中等
		弱	小

建设工程遭受地质灾害的可能性	危害程度	发育程度	危险性等级
建设工程位于地质灾害影响范围外,遭受地质灾害的可能性小	小	强	中等
		中等	小
		弱	小

7.3.2 道路交通工程

7.3.2.1 道路交通包括铁路和公路。

7.3.2.2 速度大于 200 km/h 铁路按表 13 进行地质灾害危险性预测评估。

7.3.2.3 公路和速度小于 200 km/h 铁路主要包括隧道进出口、桥梁基础、路基、服务管理站场、高边坡、高填方。

7.3.2.4 隧道进出口按表 14 进行危险性预测评估。

7.3.2.5 桥梁基础按表 15 进行危险性预测评估。

7.3.2.6 路基按表 16 进行危险性预测评估。

7.3.2.7 服务管理站场工程按"7.3.1 工业与民用建筑"进行地质灾害危险性预测评估。

7.3.2.8 高边坡、高填方、深挖路堑可参考"7.2.8 不稳定斜坡危险性预测评估"。

表 13　速度大于 200 km/h 铁路工程遭受地质灾害危险性预测评估分级

建设工程位置及遭受地质灾害的可能性	危害程度	发育程度	危险性等级
建设工程位于地质灾害影响范围内,遭受地质灾害的可能性大	大	强	大
		中等	大
		弱	大
建设工程邻近地质灾害影响范围,遭受地质灾害的可能性中等	中等	强	大
		中等	大
		弱	中等
建设工程位于地质灾害影响范围外,遭受地质灾害的可能性小	小	强	大
		中等	中等
		弱	小

表 14　隧道工程遭受地质灾害危险性预测评估分级

建设工程位置及遭受地质灾害的可能性	危害程度	发育程度	危险性等级
建设工程位于地质灾害影响范围内,遭受地质灾害的可能性大	大	强	大
		中等	大
		弱	中等

建设工程位置及遭受地质灾害的可能性	危害程度	发育程度	危险性等级
建设工程邻近地质灾害影响范围,遭受地质灾害的可能性中等	中等	强	大
		中等	中等
		弱	中等
建设工程位于地质灾害影响范围外,遭受地质灾害的可能性小	小	强	中等
		中等	小
		弱	小

表 15　桥梁基础遭受地质灾害危险性预测评估分级

建设工程位置及遭受地质灾害的可能性	危害程度	发育程度	危险性等级
建设工程位于地质灾害影响范围内,遭受地质灾害的可能性大	大	强	大
		中等	大
		弱	大
建设工程邻近地质灾害影响范围,遭受地质灾害的可能性中等	中等	强	大
		中等	中等
		弱	中等
建设工程位于地质灾害影响范围外,遭受地质灾害的可能性小	小	强	中等
		中等	小
		弱	小

表 16　路基遭受地质灾害危险性预测评估分级

建设工程位置及遭受地质灾害的可能性	危害程度	发育程度	危险性等级
建设工程位于地质灾害影响范围内,遭受地质灾害的可能性大	大	强	大
		中等	中等
		弱	中等
建设工程邻近地质灾害影响范围,遭受地质灾害的可能性中等	中等	强	大
		中等	中等
		弱	小
建设工程位于地质灾害影响范围外,遭受地质灾害的可能性小	小	强	中等
		中等	小
		弱	小

7.3.3　油气管道工程

7.3.3.1　油气管道工程主要包括输油气管道、阀室场站和储油(气)库等。

7.3.3.2　输油(气)管道按表 17 进行地质灾害危险性预测评估。

7.3.3.3 阀室场站和储油(气)库按表18进行地质灾害危险性预测评估。

表17　　　　　　　　输油(气)管道遭受地质灾害危险性预测评估分级

建设工程位置及遭受地质灾害的可能性	危害程度	发育程度	危险性等级
建设工程位于地质灾害影响范围内,遭受地质灾害的可能性大	大	强	大
		中等	大
		弱	大
建设工程邻近地质灾害影响范围,遭受地质灾害的可能性中等	中等	强	大
		中等	中等
		弱	中等
建设工程位于地质灾害影响范围外,遭受地质灾害的可能性小	小	强	中等
		中等	中等
		弱	小

表18　　　　　　　阀室场站和储油(气)库遭受地质灾害危险性预测评估分级

建设工程位置及遭受地质灾害的可能性	危害程度	发育程度	危险性等级
建设工程位于地质灾害影响范围内,遭受地质灾害的可能性大	大	强	大
		中等	大
		弱	大
建设工程邻近地质灾害影响范围,遭受地质灾害的可能性中等	中等	强	大
		中等	大
		弱	中等
建设工程位于地质灾害影响范围外,遭受地质灾害的可能性小	小	强	大
		中等	中等
		弱	小

7.3.4　水利水电工程

7.3.4.1 水利水电工程主要包括:坝址枢纽、新建公路、水库区、引(输)水管道、移民搬迁新址区。

7.3.4.2 坝址枢纽按表19进行地质灾害危险性预测评估。

7.3.4.3 新建公路按"7.3.2道路交通工程"进行地质灾害危险性预测评估。

7.3.4.4 水库区按表20进行地质灾害危险性预测评估。

7.3.4.5 引(输)水管道工程按表21进行地质灾害危险性预测评估。

7.3.4.6 移民搬迁新址区按"7.3.1工业与民用建筑"进行地质灾害危险性预测评估。

表 19　　　　　　　　　**坝址枢纽遭受地质灾害危险性预测评估分级**

建设工程遭受地质灾害的可能性	危害程度	发育程度	危险性等级
建设工程位于地质灾害影响范围内,遭受地质灾害的可能性大	大	强	大
		中等	大
		弱	中等
建设工程邻近地质灾害影响范围,遭受地质灾害的可能性中等	中等	强	大
		中等	中等
		弱	中等
建设工程位于地质灾害影响范围外,遭受地质灾害的可能性小	小	强	中等
		中等	小
		弱	小

表 20　　　　　　　　　**水库区遭受地质灾害危险性预测评估分级**

建设工程遭受地质灾害的可能性	危害程度	发育程度	危险性等级
建设工程位于地质灾害影响范围内,遭受地质灾害的可能性大	大	强	大
		中等	中等
		弱	中等
建设工程邻近地质灾害影响范围,遭受地质灾害的可能性中等	中等	强	大
		中等	中等
		弱	中等
建设工程位于地质灾害影响范围外,遭受地质灾害的可能性小	小	强	中等
		中等	小
		弱	小

表 21　　　　　　　　　**引(输)水管道遭受地质灾害危险性预测评估分级**

建设工程位置及遭受地质灾害的可能性	危害程度	发育程度	危险性等级
建设工程位于地质灾害影响范围内,遭受地质灾害的可能性大	大	强	大
		中等	中
		弱	中
建设工程邻近地质灾害影响范围,遭受地质灾害的可能性中等	中等	强	大
		中等	中等
		弱	小
建设工程位于地质灾害影响范围外,遭受地质灾害的可能性小	小	强	中等
		中等	小
		弱	小

7.3.5 港口码头工程

7.3.5.1 港口码头工程主要工程包括:码头和船坞、护岸和内河航道、船闸和陆地建筑物。

7.3.5.2 码头和船坞按表22进行危险性预测评估。

7.3.5.3 护岸和内河航道、陆地建筑物按"7.3.1工业与民用建筑"进行地质灾害危险性预测评估。

7.3.5.4 船闸按"7.3.4水利水电工程"的表19坝址枢纽工程进行危险性预测评估。

表 22   码头和船坞遭受地质灾害危险性预测评估分级

建设工程遭受地质灾害的可能性	危害程度	发育程度	危险性等级
建设工程位于地质灾害影响范围内,遭受地质灾害的可能性大	大	强	大
		中等	大
		弱	大
建设工程邻近地质灾害影响范围,遭受地质灾害的可能性中等	中等	强	大
		中等	中等
		弱	中等
建设工程位于地质灾害影响范围外,遭受地质灾害的可能性小	小	强	中等
		中等	中等
		弱	小

7.3.6 城市和村镇规划区

7.3.6.1 城市和村镇规划区按表23进行地质灾害危险性预测评估。

表 23   城市和村镇规划区遭受地质灾害危险性预测评估分级

建设工程遭受地质灾害的可能性	危害程度	发育程度	危险性等级
建设工程位于地质灾害影响范围内,遭受地质灾害的可能性大	大	强	大
		中等	大
		弱	中等
建设工程邻近地质灾害影响范围,遭受地质灾害的可能性中等	中等	强	大
		中等	中等
		弱	中等
建设工程位于地质灾害影响范围外,遭受地质灾害的可能性小	小	强	中等
		中等	小
		弱	小

8 地质灾害危险性综合评估及建设用地适宜性评价

8.1 一般规定

8.1.1 依据地质灾害危险性现状评估和预测评估结果,充分考虑评估区地质环境条件的差异和潜在地质灾害隐患点的分布、危害程度,确定判别区段危险性的量化指标。

8.1.2　根据"区内相似,区际相异"的原则,采用定性、半定量分析法,进行评估区地质灾害危险性等级分区(段)。

8.1.3　根据地质灾害危险性、防治难度和防治效益,对评估区建设场地的适宜性做出评估,提出防治地质灾害的措施和建议。

8.2　地质灾害危险性综合评估

8.2.1　地质灾害危险性综合评估,危险性划分为大、中等、小三级。

8.2.2　地质灾害危险性综合评估,应根据各区(段)存在的和可能引发的灾种多少、规模、发育程度和承灾对象社会经济属性等,按"就高不就低"的原则综合判定评估区地质灾害危险性的等级区(段)。

8.2.3　分区(段)评估结果,应列表说明各区(段)的工程地质条件、存在和可能诱发的地质灾害种类、规模、发育程度、对建设工程危害情况并提出防治要求。

8.3　建设用地适宜性评价

8.3.1　建设用地适宜性分为适宜、基本适宜、适宜性差3个等级,见表24。

表 24　　　　　　　　　　　　　　建设用地适宜性分级

级　别	分级说明
适宜	地质环境复杂程度简单,工程建设遭受地质灾害的可能性小,引发、加剧地质灾害的可能性小,危险性小,易于处理
基本适宜	不良地质现象中等发育,地质构造、地层岩性变化较大,工程建设遭受地质灾害的可能性中等,引发、加剧地质灾害的可能性中等,危险性中等,但可采取措施予以处理
适宜性差	地质灾害发育强烈,地质构造复杂,软弱结构成发育区,工程建设遭受地质灾害的可能性大,引发、加剧地质灾害的可能性大,危险性大,防治难度大

8.3.2　地质灾害危险性小,基本不设计防治工程的,土地适宜性为适宜;地质灾害危险性中等,防治工程简单的,土地适宜性为基本适宜;地质灾害危险性大,防治工程复杂的,土地适宜性为适宜性差。

9　成果提交

9.1　一般规定

9.1.1　地质灾害危险性一、二级评估,提交地质灾害危险性评估报告书;三级评估,提交地质灾害危险性评估说明书。

9.1.2　地质灾害危险性评估成果包括:地质灾害危险性评估报告书或说明书,并附评估区地质灾害分布图、地质灾害危险性综合分区评估图和有关的照片、地质地貌剖面图等。

9.1.3　报告书要力求简明扼要、相互联贯、重点突出、论据充分、措施有效可行、结论明确;附图规范、时空信息量大、实用易懂、图面布置合理、美观清晰、便于使用单位阅读。

9.2　评估报告

9.2.1　地质灾害危险性评估报告应在调查和综合分析全部资料的基础上进行编写。

9.2.2　评估报告成果提交应按附录 F.1 进行。(略)

9.2.3 评估工作概述主要是阐述建设或规划项目概况、以往工作程度、工作方法及工作量、评估范围和本次评估级别。

9.2.4 地质环境条件主要包括建设或规划区的气象与水文、地形地貌、地层岩性、地质构造、地震、岩土类型、水文地质及人类工程活动影响等。

9.2.5 地质灾害危险性现状评估应阐述地质灾害类型和危险性现状。包括评估区内发生和潜在的灾害种类、数量、分布、规模、灾害损失等,并按灾种分别论述危险性现状等级。

9.2.6 地质灾害危险性综合评估应阐述工程建设现场或规划区内引发或加剧以及工程或规划区本身可能遭受的地质灾害危险性。

9.2.7 地质灾害危险性综合评估论述综合评估原则、评估指标的选定和综合分区。在此基础上,阐述建设或规划区用地适宜性。

9.2.8 结论与建议主要是对本次评估的结论进行表述,同时围绕评估结果,有针对性地提出地质灾害防治建议。

9.3 成果图件

9.3.1 成果图件主要包括地质灾害分布图、地质灾害危险性综合分区评估图,以及其他需要的专项图件。

9.3.2 成果图件比例尺以能便于阅读,并考虑委托单位使用方便,酌情确定。

9.3.3 成果图件的编制要求按附录 F.2 执行。(略)

附录 2　旅游规划通则(GB/T 18971—2003)

1　范围

本标准规定了旅游规划(包括旅游发展规划和旅游区规划)的编制的原则、程序和内容以及评审的方式,提出了旅游规划编制人员和评审人员的组成与素质要求。

本标准适用于编制各级旅游发展规划及各类旅游区规划。

2　规范性引用文件

下列标准的条款通过本标准的引用而成为本标准的条款。凡是注日期的引用文件,其随后所有的修改单(不包括勘误的内容)或修订版均不适用于本标准,然而,鼓励根据本标准达成协议的各方研究是否可使用这些文件的最新版本。凡是不注日期的引用文件,其最新版本适用于本标准。

GB 3095—1996　环境空气质量标准

GB 3096—1993　城市区域环境噪声标准

GB 3838　地面水环境质量标准

GB 5749　生活饮用水卫生标准

GB 9663　旅游业卫生标准

GB 9664　文化娱乐场所卫生标准

GB 9665　公共浴室卫生标准

GB 9666　理发店、美容店卫生标准

GB 9667　游泳场所卫生标准

GB 9668　体育馆卫生标准

GB 9669　图书馆、博物馆、美术馆、展览馆卫生标准

GB 9670　商场(店)、书店卫生标准

GB 9671　医院候诊室卫生标准

GB 9672　公共交通等候室卫生标准

GB 9673　公共交通工具卫生标准

GB 12941—1991　景观娱乐用水水质标准

GB 16153　饭馆(餐厅)卫生标准

GB/T 18972—2003　旅游资源分类、调查与评价

3　术语和定义

下列术语和定义适用于本标准。

3.1 旅游发展规划 tourism development plan

根据旅游业的历史、现状和市场要素的变化所制定的目标体系，以及为实现目标体系在特定的发展条件下对旅游发展的要素所做的安排。

3.2 旅游区 tourism area

以旅游及其相关活动为主要功能或主要功能之一的空间或地域。

3.3 旅游区规划 tourism area plan

为了保护、开发、利用和经营管理旅游区，使其发挥多种功能和作用而进行的各项旅游要素的统筹部署和具体安排。

3.4 旅游客源市场 tourist source market

旅游者是旅游活动的主体，旅游客源市场是指旅游区内某一特定旅游产品的现实购买者与潜在购买者。

3.5 旅游资源 tourism resources

自然界和人类社会凡能对旅游者产生吸引力，可以为旅游业开发利用，并可产生经济效益、社会效益和环境效益的各种事物和因素。

3.6 旅游产品 tourism product

旅游资源经过规划、开发建设形成旅游产品。旅游产品是旅游活动的客体与对象，可分为自然、人文和综合三大类。

3.7 旅游容量 tourism carrying capacity

在可持续发展前提下，旅游区在某一时间段内，其自然环境、人工环境和社会经济环境所能承受的旅游及其相关活动在规模和强度上极限值的最小值。

4 旅游规划编制的要求

4.1 旅游规划编制要以国家和地区社会经济发展战略为依据，以旅游业发展方针、政策及法规为基础，与城市总体规划、土地利用规划相适应，与其他相关规划相协调；根据国民经济形势，对上述规划提出改进的要求。

4.2 旅游规划编制要坚持以旅游市场为导向，以旅游资源为基础，以旅游产品为主体，经济、社会和环境效益可持续发展的指导方针。

4.3 旅游规划编制要突出地方特色，注重区域协同，强调空间一体化发展，避免近距离不合理重复建设，加强对旅游资源的保护，减少对旅游资源的浪费。

4.4 旅游规划编制鼓励采用先进方法和技术。编制过程中应当进行多方案的比较，并征求各有关行政管理部门的意见，尤其是当地居民的意见。

4.5 旅游规划编制工作所采用的勘察、测量方法与图件、资料，要符合相关国家标准和技术规范。

4.6 旅游规划技术指标，应当适应旅游业发展的长远需要，具有适度超前性。技术指标参照本标准的附录 A（资料性附录）选择和确立。（略）

4.7 旅游规划编制人员应有比较广泛的专业构成，如旅游、经济、资源、环境、城市规划、建筑等方面。

5 旅游规划的编制程序

5.1 任务确定阶段

5.1.1 委托方确定编制单位

委托方应根据国家旅游行政主管部门对旅游规划设计单位资质认定的有关规定确定旅游规划编制单位。通常有公开招标、邀请招标、直接委托等形式。

公开招标:委托方以招标公告的方式邀请不特定的旅游规划设计单位投标。

邀请招标:委托方以投标邀请书的方式邀请特定的旅游规划设计单位投标。

直接委托:委托方直接委托某一特定规划设计单位进行旅游规划的编制工作。

5.1.2 制定项目计划书并签订旅游规划编制合同

委托方应制定项目计划书并与规划编制单位签定旅游规划编制合同。

5.2 前期准备阶段

5.2.1 政策法规研究

对国家和本地区旅游及相关政策、法规进行系统研究,全面评估规划所需要的社会、经济、文化、环境及政府行为等方面的影响。

5.2.2 旅游资源调查

对规划区内旅游资源的类别、品位进行全面调查,编制规划区内旅游资源分类明细表,绘制旅游资源分析图,具备条件时可根据需要建立旅游资源数据库,确定其旅游容量,调查方法可参照 GB/T 18972 执行。

5.2.3 旅游客源市场分析

在对规划区的旅游者数量和结构、地理和季节性分布、旅游方式、旅游目的、旅游偏好、停留时间、消费水平进行全面调查分析的基础上,研究并提出规划区旅游客源市场未来的总量、结构和水平。

5.2.4 旅游资源综合评价

对规划区旅游业发展进行竞争性分析,确立规划区在交通可进入性、基础设施、景点现状、服务设施、广告宣传等各方面的区域比较优势,综合分析和评价各种制约因素及机遇。

5.3 规划编制阶段

5.3.1 在前期准备工作的基础上,确立规划区旅游主题,包括主要功能、主打产品和主题形象。

5.3.2 确立规划分期及各分期目标。

5.3.3 提出旅游产品及设施的开发思路和空间布局。

5.3.4 确立重点旅游开发项目,确定投资规模,进行经济、社会和环境评价。

5.3.5 形成规划区的旅游发展战略,提出规划实施的措施、方案和步骤,包括政策支持、经营管理体制、宣传促销、融资方式、教育培训等。

5.3.6 撰写规划文本、说明和附件的草案。

5.4 征求意见阶段

规划草案形成后,原则上应广泛征求各方意见,并在此基础上,对规划草案进行修改、充实和完善。

6 旅游发展规划

6.1 旅游发展规划按规划的范围和政府管理层次分为全国旅游业发展规划、区域旅游业发展规划和地方旅游业发展规划。地方旅游业发展规划又可分为省级旅游业发展规划、地市级旅游业发展规划和县级旅游业发展规划等。

地方各级旅游业发展规划均依据上一级旅游业发展规划,并结合本地区的实际情况进行编制。

6.2 旅游发展规划包括近期发展规划(3 年～5 年)、中期发展规划(5 年～10 年)或远期发展规划(10 年～20 年)。

6.3 旅游发展规划的主要任务是明确旅游业在国民经济和社会发展中的地位与作用,提出旅游业发展目标,优化旅游业发展的要素结构与空间布局,安排旅游业发展优先项目,促进旅游业持续、健康、稳定发展。

6.4 旅游发展规划的主要内容

6.4.1 全面分析规划区旅游业发展历史与现状、优势与制约因素,以及与相关规划的衔接。

6.4.2 分析规划区的客源市场需求总量、地域结构、消费结构及其他结构,预测规划期内客源市场需求总量、地域结构、消费结构及其他结构。

6.4.3 提出规划区的旅游主题形象和发展战略。

6.4.4 提出旅游业发展目标及其依据。

6.4.5 明确旅游产品开发的方向、特色与主要内容。

6.4.6 提出旅游发展重点项目,对其空间及时序作出安排。

6.4.7 提出要素结构、空间布局及供给要素的原则和办法。

6.4.8 按照可持续发展原则,注重保护开发利用的关系,提出合理的措施。

6.4.9 提出规划实施的保障措施。

6.4.10 对规划实施的总体投资分析,主要包括旅游设施建设、配套基础设施建设、旅游市场开发、人力资源开发等方面的投入与产出方面的分析。

6.5 旅游发展规划成果包括规划文本、规划图表及附件。规划图表包括区位分析图、旅游资源分析图、旅游客源市场分析图、旅游业发展目标图表、旅游产业发展规划图等。附件包括规划说明和基础资料等。

7 旅游区规划

7.1 旅游区规划层次

旅游区规划按规划层次分总体规划、控制性详细规划、修建性详细规划等。

7.2 旅游区总体规划

7.2.1 旅游区在开发、建设之前,原则上应当编制总体规划。小型旅游区可直接编制控制性详细规划。

7.2.2 旅游区总体规划的期限一般为 10 年～20 年,同时可根据需要对旅游区的远景发展作出轮廓性的规划安排。对于旅游区近期的发展布局和主要建设项目,亦应作出近期规划,期限一般为 3 年～5 年。

7.2.3 旅游区总体规划的任务,是分析旅游区客源市场,确定旅游区的主题形象,划定旅游区的用地范围及空间布局,安排旅游区基础设施建设内容,提出开发措施。

7.2.4　旅游区总体规划内容

7.2.4.1　对旅游区的客源市场的需求总量、地域结构、消费结构等进行全面分析与预测。

7.2.4.2　界定旅游区范围,进行现状调查和分析,对旅游资源进行科学评价。

7.2.4.3　确定旅游区的性质和主题形象。

7.2.4.4　确定规划旅游区的功能分区和土地利用,提出规划期内的旅游容量。

7.2.4.5　规划旅游区的对外交通系统的布局和主要交通设施的规模、位置;规划旅游区内部的其他道路系统的走向、断面和交叉形式。

7.2.4.6　规划旅游区的景观系统和绿地系统的总体布局。

7.2.4.7　规划旅游区其他基础设施、服务设施和附属设施的总体布局。

7.2.4.8　规划旅游区的防灾系统和安全系统的总体布局。

7.2.4.9　研究并确定旅游区资源的保护范围和保护措施。

7.2.4.10　规划旅游区的环境卫生系统布局,提出防止和治理污染的措施。

7.2.4.11　提出旅游区近期建设规划,进行重点项目策划。

7.2.4.12　提出总体规划的实施步骤、措施和方法,以及规划、建设、运营中的管理意见。

7.2.4.13　对旅游区开发建设进行总体投资分析。

7.2.5　旅游区总体规划的成果要求

7.2.5.1　规划文本。

7.2.5.2　图件,包括旅游区区位图、综合现状图、旅游市场分析图、旅游资源评价图、总体规划图、道路交通规划图、功能分区图等其他专业规划图、近期建设规划图等。

7.2.5.3　附件,包括规划说明和其他基础资料等。

7.2.5.4　图纸比例,可根据功能需要与可能确定。

7.3　旅游区控制性详细规划

7.3.1　在旅游区总体规划的指导下,为了近期建设的需要,可编制旅游区控制性详细规划。

7.3.2　旅游区控制性详细规划的任务是,以总体规划为依据,详细规定区内建设用地的各项控制指标和其他规划管理要求,为区内一切开发建设活动提供指导。

7.3.3　旅游区控制性详细规划的主要内容

7.3.3.1　详细划定所规划范围内各类不同性质用地的界线。规定各类用地内适建、不适建或者有条件地允许建设的建筑类型。

7.3.3.2　规划分地块,规定建筑高度、建筑密度、容积率、绿地率等控制指标,并根据各类用地的性质增加其他必要的控制指标。

7.3.3.3　规定交通出入口方位、停车泊位、建筑后退红线、建筑间距等要求。

7.3.3.4　提出对各地块的建筑体量、尺度、色彩、风格等要求。

7.3.3.5　确定各级道路的红线位置、控制点坐标和标高。

7.3.4　旅游区控制性详细规划的成果要求

7.3.4.1　规划文本。

7.3.4.2　图件,包括旅游区综合现状图,各地块的控制性详细规划图,各项工程管线规划图等。

7.3.4.3　附件,包括规划说明及基础资料。

7.3.4.4 图纸比例一般为(1∶1 000)～(1∶2 000)。

7.4 旅游区修建性详细规划

7.4.1 对于旅游区当前要建设的地段,应编制修建性详细规划。

7.4.2 旅游区修建性详细规划的任务是,在总体规划或控制性详细规划的基础上,进一步深化和细化,用以指导各项建筑和工程设施的设计和施工。

7.4.3 旅游区修建性详细规划的主要内容

7.4.3.1 综合现状与建设条件分析。

7.4.3.2 用地布局。

7.4.3.3 景观系统规划设计。

7.4.3.4 道路交通系统规划设计。

7.4.3.5 绿地系统规划设计。

7.4.3.6 旅游服务设施及附属设施系统规划设计。

7.4.3.7 工程管线系统规划设计。

7.4.3.8 竖向规划设计。

7.4.3.9 环境保护和环境卫生系统规划设计。

7.4.4 旅游区修建性详细规划的成果要求

7.4.4.1 规划设计说明书。

7.4.4.2 图件,包括综合现状图、修建性详细规划总图、道路及绿地系统规划设计图、工程管网综合规划设计图、竖向规划设计图、鸟瞰或透视等效果图等。图纸比例一般为(1∶500)～(1∶2 000)。

7.5 旅游区可根据实际需要,编制项目开发规划、旅游线路规划和旅游地建设规划、旅游营销规划、旅游区保护规划等功能性专项规划。

8 旅游规划的评审、报批与修编

8.1 旅游规划的评审

8.1.1 评审方式

8.1.1.1 旅游规划文本、图件及附件的草案完成后,由规划委托方提出申请,上一级旅游行政主管部门组织评审。

8.1.1.2 旅游规划的评审采用会议审查方式。规划成果应在会议召开五日前送达评审人员审阅。

8.1.1.3 旅游规划的评审,需经全体评审人员讨论、表决,并有四分之三以上评审人员同意,方为通过。评审意见应形成文字性结论,并经评审小组全体成员签字,评定意见方为有效。

8.1.2 规划评审人员的组成

8.1.2.1 旅游发展规划的评审人员由规划委托方与上一级旅游行政主管部门商定;旅游区规划的评审人员由规划委托方商当地旅游行政主管部门确定。旅游规划评审组由7人以上组成。其中行政管理部门代表不超过三分之一,本地专家不少于三分之一。规划评审小组设组长1人,根据需要可设副组长1～2人。组长、副组长人选由委托方与规划评审小组协商产生。

8.1.2.2　旅游规划评审人员应由经济分析专家、市场开发专家、旅游资源专家、环境保护专家、城市规划专家、工程建筑专家、旅游规划管理官员、相关部门管理官员等组成。

8.1.3　规划评审重点

旅游规划评审应围绕规划的目标、定位、内容、结构和深度等方面进行重点审议，包括：

　　a）旅游产业定位和形象定位的科学性、准确性和客观性；

　　b）规划目标体系的科学性、前瞻性和可行性；

　　c）旅游产业开发、项目策划的可行性和创新性；

　　d）旅游产业要素结构与空间布局的科学性、可行性；

　　e）旅游设施、交通线路空间布局的科学合理性；

　　f）旅游开发项目投资的经济合理性；

　　g）规划项目对环境影响评价的客观可靠性；

　　h）各项技术指标的合理性；

　　i）规划文本、附件和图件的规范性；

　　j）规划实施的操作性和充分性。

8.2　规划的报批

旅游规划文本、图件及附件，经规划评审会议讨论通过并根据评审意见修改后，由委托方按有关规定程序报批实施。

8.3　规划的修编

在规划执行过程中，要根据市场环境等各个方面的变化对规划进行进一步的修订和完善。

附录3　国土资源部办公厅关于做好矿山地质环境保护与土地复垦方案编报有关工作的通知

国土资规〔2016〕21号

各省、自治区、直辖市国土资源主管部门,新疆生产建设兵团国土资源局:

为贯彻落实党中央、国务院关于深化行政审批制度改革的有关要求,切实减少管理环节,提高工作效率,减轻矿山企业负担,按照《土地复垦条例》、《矿山地质环境保护规定》的有关规定,现就做好矿山企业矿山地质环境保护与治理恢复方案和土地复垦方案合并编报有关工作通知如下。

一、总体要求

自本通知下发之日,施行矿山企业矿山地质环境保护与治理恢复方案和土地复垦方案合并编报制度。矿山企业不再单独编制矿山地质环境保护与治理恢复方案、土地复垦方案。合并后的方案以采矿权为单位进行编制,即一个采矿权编制一个方案。方案名称为:矿业权人名称+矿山名称+矿山地质环境保护与土地复垦方案。

除采矿项目外的其他生产建设项目土地复垦方案编报审查,依照土地复垦法律法规及相关规定执行。

二、方案编制

(一)采矿权申请人在申请办理采矿许可证前,应当自行编制或委托有关机构编制矿山地质环境保护与土地复垦方案。

(二)在办理采矿权变更时,涉及扩大开采规模、扩大矿区范围、变更开采方式的,应当重新编制或修订矿山地质环境保护与土地复垦方案。

(三)在办理采矿权延续时,矿山地质环境保护与土地复垦方案超过适用期或方案剩余服务期少于采矿权延续时间的,应当重新编制或修订。矿山企业原矿山地质环境保护与治理恢复方案和土地复垦方案其中一个超过适用期的或方案剩余服务期少于采矿权延续时间的,应重新编制矿山地质环境保护与土地复垦方案。

(四)矿山地质环境保护与土地复垦方案的编制按照《矿山地质环境保护与土地复垦方案编制指南》执行。矿山企业在编制矿山地质环境保护与土地复垦方案过程中,应当充分听取相关权利人意见。

三、方案审查

(一)采矿权申请人或采矿权人编制的矿山地质环境保护与土地复垦方案,应按采矿权发证权限,报具有相应审批权的国土资源主管部门组织审查。审查费用列入部门预算,不得向矿山企业和编制单位收取费用。

(二)组织审查的国土资源主管部门应建立完善方案评审专家库,委托具有一定技术力量的事业单位或行业组织承担具体评审工作,并向社会公告。

（三）评审单位应按相关法律法规、技术规范和相关文件要求，在评审时限内，公平、公开、公正地组织评审工作。地质环境保护要重点评审矿区地面塌陷、地裂缝等地质灾害、含水层破坏、地形地貌景观破坏等内容；土地复垦要重点评审节约集约利用土地和保护耕地情况，促进损毁土地优先复垦为耕地，达到可供利用状态。

（四）有关国土资源主管部门应将评审结果向社会公示，公示期7个工作日。在公示期满无异议后，及时向社会公告审查结果。公示期内存在异议的，有关国土资源主管部门应当组织核实并提出处理意见。

（五）矿山企业和编制单位应对方案所引用相关数据的真实性负责，并按国家相关保密规定对社会公示文本进行相应处理。

四、监督管理

（一）矿山企业应当依据经审查通过的方案，开展矿山地质环境保护与土地复垦工作，于每年12月31日前向县级以上国土资源主管部门报告当年矿山地质环境保护与土地复垦情况。

（二）国土资源部将按照《国土资源部随机抽查事项清单》的规定，加强对经部审查的矿山地质环境保护与土地复垦方案执行情况的监督检查。

（三）地方各级国土资源主管部门要加强对方案编制审查工作的组织领导和对方案实施情况的监督管理，按照"双随机一公开"要求，督促矿山企业切实履行地质环境保护与土地复垦义务。矿山企业不复垦或者复垦不符合要求的，应当依法缴纳土地复垦费。对未按规定履行地质环境治理与土地复垦义务的矿山企业，列入矿业权人异常名录或严重违法名单，责令整改。整改不到位的，不得批准其申请新的采矿许可证或者申请采矿许可证延续、变更、注销，不得批准其申请新的建设用地。

五、其他

（一）各省（区、市）国土资源主管部门要按本通知要求，尽快出台矿山地质环境保护与治理恢复方案和土地复垦方案合并编报的办法。

（二）本通知下发之日起，《国土资源部办公厅关于做好矿山地质环境保护与治理恢复方案编制审查及有关工作的通知》（国土资厅发〔2009〕61号）同时废止。

本通知有效期为5年。

2017年1月3日

附录4 矿山地质环境保护与土地复垦方案编制指南

中华人民共和国国土资源部 2016 年 12 月

前言

根据《土地复垦条例》和《矿山地质环境保护规定》,矿山企业必须开展矿山地质环境保护与土地复垦工作,为了切实减少管理环节,提高工作效率,减轻矿山企业负担,将现由矿山企业分别编制的《土地复垦方案》和《矿山地质环境保护与治理恢复方案》合并编制。为指导编制矿山地质环境保护与土地复垦方案,特制订《矿山地质环境保护与土地复垦方案编制指南》。

本指南包括四个部分,第一部分方案信息表,第二部分编写提纲,第三部分编写技术要求,第四部分方案格式。

第一部分 方案信息表

矿山地质环境保护与土地复垦方案信息表

矿山企业	企业名称				
	法人代表		联系电话		
	单位地址				
	矿山名称				
	采矿许可证	□新申请 □持有 □变更			
		以上情况请选择一种并打"√"			
编制单位	单位名称				
	法人代表		联系电话		
	主要编制人员	姓名	职责		联系电话
审查申请	我单位已按要求编制矿山地质环境保护与土地复垦方案,保证方案中所引数据的真实性,同意按国家相关保密规定对文本进行相应处理后进行公示;承诺按批准后的方案做好矿山地质环境保护与土地复垦工作。请予以审查。 申请单位(矿山企业)盖章 联系人: 联系电话:				

第二部分　编写提纲

前言

一、任务的由来

二、编制目的

三、编制依据

四、方案适用年限

五、编制工作概况

第一章　矿山基本情况

一、矿山简介

二、矿区范围及拐点坐标

三、矿山开发利用方案概述

四、矿山开采历史及现状

第二章　矿区基础信息

一、矿区自然地理

(一)气象

(二)水文

(三)地形地貌

(四)植被

(五)土壤

二、矿区地质环境背景

(一)地层岩性

(二)地质构造

(三)水文地质

(四)工程地质

(五)矿体地质特征

三、矿区社会经济概况

四、矿区土地利用现状

五、矿山及周边其他人类重大工程活动

六、矿山及周边矿山地质环境治理与土地复垦案例分析

第三章　矿山地质环境影响和土地损毁评估

一、矿山地质环境与土地资源调查概述

二、矿山地质环境影响评估

(一)评估范围和评估级别

(二)矿山地质灾害现状分析与预测

(三)矿区含水层破坏现状分析与预测

(四)矿区地形地貌景观(地质遗迹、人文景观)破坏现状分析与预测

(五)矿区水土环境污染现状分析与预测

三、矿山土地损毁预测与评估

（一）土地损毁环节与时序

（二）已损毁各类土地现状

（三）拟损毁土地预测与评估

四、矿山地质环境治理分区与土地复垦范围

（一）矿山地质环境保护与恢复治理分区

（二）土地复垦区与复垦责任范围

（三）土地类型与权属

第四章　矿山地质环境治理与土地复垦可行性分析

一、矿山地质环境治理可行性分析

（一）技术可行性分析

（二）经济可行性分析

（三）生态环境协调性分析

二、矿区土地复垦可行性分析

（一）复垦区土地利用现状

（二）土地复垦适宜性评价

（三）水土资源平衡分析

（四）土地复垦质量要求

第五章　矿山地质环境治理与土地复垦工程

一、矿山地质环境保护与土地复垦预防

（一）目标任务

（二）主要技术措施

（三）主要工程量

二、矿山地质灾害治理

（一）目标任务

（二）工程设计

（三）技术措施

（四）主要工程量

三、矿区土地复垦

（一）目标任务

（二）工程设计

（三）技术措施

（四）主要工程量

四、含水层破坏修复

（一）目标任务

（二）工程设计

（三）技术措施

（四）主要工程量

五、水土环境污染修复

（一）目标任务

(三)矿山地质环境问题预测图

(四)矿区土地损毁预测图

(五)矿区土地复垦规划图

(六)矿山地质环境治理工程部署图

二、附表

三、其他附件

第三部分 编写技术要求

1 适用范围

本指南适用于与矿山生产建设有关的矿山地质环境保护与土地复垦。

2 方案服务年限与基准期的确定

新建矿山的方案适用年限根据开发利用方案确定,生产矿山的方案适用年限原则上根据采矿许可证的有效期确定。

方案基准期按以下原则确定:新建矿山以矿山正式投产之日算起;生产矿山以相关部门批准该方案之日算起。

3 规范性引用文件

下列文件中的条款通过本标准的引用而成为本标准的条款。凡是注日期的引用文件,其随后所有的修改单(不包括勘误的内容)或修订版均不适用于本标准,然而,鼓励根据本标准达成协议的各方研究是否可使用这些文件的最新版本。凡是不注日期的引用文件,其最新版本适用于本标准。

GB/T 958—2015	区域地质图图例
GB/T 12328—1990	综合工程地质图图例及色标
GB 12719—1991	矿区水文地质工程地质勘探规范
GB/T 14538—1993	综合水文地质图图例及色标
GB/T 21010—2007	土地利用现状分类
GB 50021—2001	岩土工程勘察规范
GB 50330—2013	建筑边坡工程技术规范
GB 3100—3102—1993	量和单位
GB 3838—2002	地表水环境质量标准
GB 11607—1989	渔业水质标准
GB 15618—2008	土壤环境质量标准
GB/T 16453—2008	水土保持综合治理技术规范
GB/T 18337.2—2001	生态公益林建设技术规程
GB/T 19231—2003	土地基本术语
DZ/T 0157—1995	1:50 000 地质图地理底图编绘规范
DZ/T 0179—1997	地质图用色标准及用色原则(1:50 000)

DZ/T 0218—2006	滑坡防治工程勘查规范
DZ/T 0219—2006	滑坡防治工程设计与施工技术规范
DZ/T 0220—2006	泥石流灾害防治工程勘查规范
DZ/T 0221—2006	崩塌、滑坡、泥石流监测规范
SL/T 183—2005	地下水监测规范
TD/T 1012—2000	土地开发整理项目规划设计规范
HJ/T 192—2015	生态环境状况评价技术规范(试行)
LY/T 1607—2003	造林作业设计规程
NY/T 1120—2006	耕地质量验收技术规范
NY/T 1634—2008	耕地地力调查与质量评价技术规程
NY/T 1342—2007	人工草地建设技术规程
TD/T 1007—2003	耕地后备资源调查与评价技术规程
TD/T 1014—2007	第二次全国土地调查技术规程
TD/T 1036—2013	土地复垦质量控制标准
TD/T 1044—2014	生产项目土地复垦验收规程
DZ/T 0223—2011	矿山地质环境保护与恢复治理方案编制规范
TD/T 1031—2011	土地复垦方案编制规程

4 术语与定义

4.1 矿山地质环境
采矿活动所影响到的岩石圈、水圈、土壤圈、生物圈相互作用的客观地质体。

4.2 矿山地质环境问题
受采矿活动影响而产生的地质环境破坏的现象。主要包括矿区地面塌陷、地裂缝、崩塌、滑坡、含水层破坏、地形地貌景观破坏、水土环境污染等。

4.3 矿山地质环境影响评估
按照一定的指标要求和技术方法,定性或定量地评价和估算采矿活动对地质环境的影响程度。

4.4 矿山地质环境监测
对主要矿山地质环境要素与矿山地质环境问题进行的时空动态变化的观测。

4.5 含水层破坏
含水层结构改变、地下水位下降、水量减少或疏干、水质恶化等现象。

4.6 地形地貌景观(地质遗迹、人文景观)破坏
因矿山建设与采矿活动而改变原有的地形条件与地貌特征,造成地质遗迹、人文景观等破坏现象。

4.7 土地复垦
对生产建设活动和自然灾害损毁的土地,采取整治措施,使其达到可供利用状态的活动。

4.8 土地复垦率
复垦的土地面积占复垦责任范围土地面积的百分比。

4.9 生产项目

具有相应审批权的国土资源管理部门批准采矿权的开采矿产资源、挖沙采石、烧制砖瓦等项目。

4.10 土地损毁

人类生产建设活动造成土地原有功能部分或完全丧失的过程,包括土地挖损、塌陷、压占和污染等损毁类型。

4.11 水土环境污染

因矿山建设、生产过程中排放污染物,造成水体、土壤原有理化性状恶化,使其部分或全部丧失原有功能的过程。

4.12 永久性建设用地

依法征收并用于建设工业场地、公路和铁路等永久性建筑物、构筑物及相关用途的土地。

4.13 复垦区

生产建设项目损毁土地和永久性建设用地构成的区域。

4.14 土地复垦责任范围

复垦区中损毁土地及不再留续使用的永久性建设用地构成的区域。

5 总则

5.1 矿山地质环境保护与土地复垦方案是实施矿山地质环境保护、治理和监测及土地复垦的技术依据之一。本方案不代替相关工程勘查、治理设计。

5.2 矿山建设项目的地质灾害危险性评估工作纳入本方案中的矿山地质环境影响评估,参照地质灾害危险性评估的有关要求和技术规范执行。

5.3 编制矿山地质环境保护与土地复垦方案,要坚持"预防为主,防治结合"、"在保护中开发,在开发中保护"、"科学规划、因地制宜、综合治理、经济可行、合理利用"的原则。

5.4 矿山地质环境保护与土地复垦方案应在矿山地质环境和矿区土地复垦调查和矿产资源开发利用方案或矿山开采设计等基础上编制,并符合相关规划。

5.5 矿山地质环境保护与土地复垦方案编制的区域范围包括开采区及采矿活动的影响区。

5.6 矿山企业扩大开采规模、扩大矿区范围或变更用地位置、改变开采方式的,应当重新编制或修订矿山地质环境保护与土地复垦方案。

5.7 矿山地质环境保护与土地复垦义务人和方案编制单位应对方案的真实性和科学性负责。

5.8 建筑用砂石粘土、油气、水气类的矿山,矿山地质环境保护与土地复垦方案可依据相关规范简化编制。

6 工作程序

编制矿山地质环境保护与土地复垦方案按图 1 程序进行。

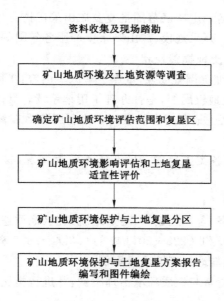

图 1 工作程序框图

7 矿山基础信息调查

7.1 矿山地理位置

矿山与附近城镇的位置关系,矿山所在的县(区)、乡镇村组,矿区拐点坐标(图形文件采用 1980 国家大地坐标系,高程系统采用"1985 年国家高程基准",投影方式采用高斯—克吕格投影,分带采用 3 度或 6 度分带),交通状况(交通位置图)。

7.2 矿山自然概况

主要包括气候、水文、地形地貌、土壤、植被等。具体要求参照 TD/T 1031.1—2011 中的 6.3.2 条款。

7.3 矿区社会经济概况

主要包括人口、农业、工业、经济发展水平等。具体要求参照 TD/T 1031.1—2011 中的 6.3.3 条款。

7.4 矿山开发利用方案

收集矿山开采设计或者矿产资源开发利用方案。重点了解以下内容:采矿用地组成、矿山生产规模、矿山开拓布局、开拓工程参数、剥采比或采掘比、开采段高、采矿方法、掘进施工工艺、采矿生产工艺、采场生产能力、采场技术参数和接续方式,矿山批准的开采层位、开采范围、开采深度、矿山资源及储量、矿山设计生产服务年限、年生产能力、采区布置、矿山阶段划分、开采接替顺序、开采方式、顶板管理方法,矿山防水方法、表土堆放方案、规模、面积,矿山固体废弃物和废水的排放量、处置情况等。还应收集以下图件:总工程平面布置图、地下开采矿山开拓系统平面图与剖面图、露天开采矿山地表开采境界和底部境界图等。

7.5 矿山开采历史与现状

7.5.1 矿山开采历史情况,包括矿权的延续和变更、矿权人情况、采矿许可证取得情况,历史时期矿山开采范围、层位、开采方式、深度、生产规模、开采量、开采年限等。

7.5.2 矿山现状情况,包括划定矿区范围批复及矿山采矿许可证情况,矿山生产状态、开采范围、层位、开采方式、深度、开采规模、矿山剩余生产服务年限等。

7.6 矿区土地利用现状及土地损毁现状

7.6.1 根据最新土地年度变更调查成果,重点了解以下内容:矿区土地利用类型、数量、耕地质量、是否涉及基本农田、土地权属等,是否办理了用地手续。具体要求参照 TD/T 1031.1—2011 中的 6.4.2 条款。矿区土地利用现状表与土地利用权属表参照 TD/T 1031.1—2011 附录 F 中表 F.1 和表 F.2。

7.6.2 矿山开采以来矿区各类土地的损毁与土地复垦情况,参照 TD/T 1031.1—2011 中的 6.4.1.2 条款。

7.7 矿山地质环境问题

主要包括矿山地质灾害、含水层破坏、地形地貌景观(地质遗迹、人文景观)破坏、水土环境污染等,具体要求参照 DZ/T 0223—2011 中的 6.3.4、6.3.5 和 6.3.6 条款。

7.8 矿山及周边土地复垦与地质环境治理案例

收集矿区及周边土地复垦与地质环境治理案例,并进行类比分析。

8 矿区土地损毁评估与矿山地质环境影响评估

8.1 矿区土地损毁现状分析评估

8.1.1 矿区土地损毁现状分析评估应对照损毁前地形地貌景观、土壤类型、土地利用类型、土地生产力及生物多样性等进行评估。

8.1.2 评估时应结合土地损毁的环节与时序,说明矿山生产建设过程中可能导致土地损毁的生产建设工艺及流程。明确项目区已损毁土地的类型、范围、面积及损毁程度。分析已损毁土地被重复损毁的可能性。说明已损毁土地已复垦情况,包括复垦面积、范围、复垦方向及复垦效果。

8.2 矿区土地损毁动态预测评估

8.2.1 矿区土地损毁动态预测评估应依据项目或工程类型、生产建设方式、地形地貌特征等,确定拟损毁土地的预测方法,预测拟损毁土地的方式、类型、面积、程度。生产服务年限较长的矿山需分时段和区段预测土地损毁的方式、类型、面积、程度,并结合对土地利用的影响进行土地损毁程度分级。分级应参考国家和地方相关部门规定的划分标准,也可结合类比确定,尤其是山区、丘陵区的井工开采的矿山。

8.2.2 矿区土地损毁现状分析评估与动态预测评估以及应附图件,参照 TD/T 1031—2011(通则、露天煤矿、井工煤矿、金属矿、石油天然气)中的 6.4.1、6.4.2、6.4.3 条款,以及 DZ/T 0223—2011 中的 7.2.2 和 7.2.3 条款规定的执行。

8.3 矿山地质环境问题现状评估

在资料收集和调查的基础上,详细阐述已产生的矿山地质灾害、含水层破坏、地形地貌景观(地质遗迹、人文景观)破坏和水土环境污染等问题的分布、规模、特征和危害等,分析评价上述问题的影响。具体要求参照 DZ/T 0223—2011 中的 7.2.2、7.3 和 7.4 条款。

8.4 矿山地质环境问题预测评估

在分析已产生的矿山地质环境问题现状基础上,依据矿山开发利用方案和开采计划,结合矿山地质环境条件,分析阐述未来矿产资源开发可能引发的矿山地质灾害、含水层破坏、地形地貌景观(地质遗迹、人文景观)破坏和水土环境污染等问题的分布、规模、特征和危害等,预测评估上述问题的影响。具体要求参照 DZ/T 0223—2011 中的 7.2.3、7.3 和 7.4 条款。

8.5　矿山地质环境保护与治理恢复分区

具体要求参照 DZ/T 0223—2011 中的 8.1 和 8.2 条款。

9　矿山地质环境治理与土地复垦可行性分析

9.1　矿山地质环境治理可行性分析

根据采矿活动已产生的和预测将来可能产生的矿山地质灾害、含水层破坏、地形地貌景观(地质遗迹、人文景观)破坏和水土环境污染等问题的规模、特征、分布、危害等,按照问题类型分别阐述实施预防和治理的可行性和难易程度。

9.2　矿区土地复垦可行性分析

9.2.1　复垦区土地利用现状按 TD/T 1031.1—2011 中的 6.4.2 条款执行。

9.2.1.1　土地利用类型

a) 列表说明复垦区及复垦责任范围内土地利用类型、数量、质量、损毁类型与程度,说明基本农田所占比例、农田水利和田间道路等配套设施情况、主要农作物生产水平。

b) 土地利用现状分类体系应采用 GB/T 21010—2007,明确至二级地类。土地利用现状的统计数据应与所附的土地利用现状图上的信息一致。

c) 土地利用现状表参见 TD/T 1031.1—2011 中的附录 F。

9.2.1.2　土地权属状况

a) 说明复垦区土地所有权、使用权和承包经营权状况。集体所有土地权属应具体到行政村或村民小组。需要征(租)收土地的项目应说明征(租)收前权属状况。

b) 土地利用权属表参见 TD/T 1031.1—2011 中的附录 F。

9.2.2　土地复垦适宜性评价一般按 TD/T 1031.1—2011 中的 6.4.4 条款执行。

a) 露天煤矿还应按 TD/T 1031.2 的 6.4.4 条款执行。

b) 井工煤矿还应按 TD/T 1031.3 的 6.4.3 条款执行。

c) 金属矿还应按 TD/T 1031.4 的 6.4.4 条款执行。

d) 石油天然气项目还应按 TD/T 1031.5 的 6.5.1 条款执行。

e) 铀矿还应按 TD/T 1031.7 的 6.4.4 条款执行。

9.2.2.1　根据对损毁土地的分析和预测结果,划分评价单元、选择评价方法。

9.2.2.2　明确评价依据及过程,列表说明各评价单元复垦后的利用方向、面积、限制性因素。

9.2.2.3　依据土地利用总体规划及相关规划,按照因地制宜的原则,在充分尊重土地权益人意愿的前提下,根据原土地利用类型、土地损毁情况、公众参与意见等,在经济可行、技术合理的条件下,确定拟复垦土地的最佳利用方向(应明确至二级地类),划分土地复垦单元。

9.2.2.4　土地复垦适宜性评价方法与步骤参见 TD/T 1031.1—2011 中的附录 C。

9.2.3　水土资源平衡分析一般按 TD/T 1031.1—2011 中的 6.4.5 条款执行,铀矿还应按 TD/T 1031.7—2011 中的 6.4.5 条款执行。

9.2.3.1　应结合复垦区表土情况、复垦方向、标准和措施,进行表土量供求平衡分析。

9.2.3.2　需外购土源的,应说明外购土源的数量、来源、土源位置、可采量,并提供相关证明材料。无土源情况下,可综合采取物理、化学与生物改良措施。

9.2.3.3　复垦工程中涉及灌溉工程的,应进行用水资源分析,明确用水水源地和水量供需及水质情况。

9.2.3.4　铀矿还应结合铀废石场、尾矿库及其他场所防氡析出标准要求,设计所需覆盖层厚度,并测算所需土方量。

9.2.4　土地复垦质量要求一般按 TD/T 1031.1—2011 中的 6.5.1 条款和 TD/T 1036—2013 相关条款执行。金属矿还应按 TD/T 1031.4—2011 中的 6.5.1 条款执行;石油天然气矿还应按 TD/T 1031.5—2011 中的 6.6.1 条款执行;铀矿还应按 TD/T 1031.7—2011 中的 6.5.1 条款执行。

9.2.4.1　依据土地复垦相关技术标准,结合复垦区实际情况,针对不同复垦方向提出不同土地复垦单元的土地复垦质量要求。

9.2.4.2　土地复垦质量制定不宜低于原(或周边)土地利用类型的土壤质量与生产力水平。复垦为耕地的应符合当地省级土地开发整治工程建设标准的要求;复垦为其他方向的建设标准应符合相关行业的执行标准。

10　矿山地质环境治理与土地复垦工程设计

依据矿山所涉及的矿山地质环境治理与土地复垦工程类型,做出工程设计。

10.1　矿山地质环境保护与土地复垦预防工程

阐明矿山地质环境保护预防工程的目标和主要任务,提出预防措施。

a)矿山地质灾害预防措施,参照 DZ/T 0223—2011 中的 9.1.1 条款。

b)含水层保护措施,参照 DZ/T 0223—2011 中的 9.1.2 条款。

c)地形地貌景观(地质遗迹、人文景观)保护措施,参照 DZ/T 0223—2011 中的 9.1.3 条款。

d)水土环境污染预防措施主要包括:提高矿山废水综合利用率,减少有毒有害废水排放,防止水土环境污染;采取污染源阻断隔离工程,防止固体废物淋滤液污染地表水、地下水和土壤;采取堵漏、隔水、止水等措施防止地下水串层污染。

e)土地复垦预防控制措施,参照《土地复垦方案编制规程》(第一部分 通则)TD/T 1031.1—2011 中的 6.5.2 条款。

10.2　矿山地质灾害治理工程

阐明矿山地质灾害治理工程的目标任务、主要工程措施和工程量。具体工程措施参照 DZ/T0223—2011 中的 9.1.1、9.2.2、9.2.3、9.2.4 条款。

10.3　矿区土地复垦工程

依据土地复垦适宜性评价结果,阐明土地复垦的目标任务、主要工程措施和工程量。一般按 TD/T 1031.1—2011 中的 6.6.1 条款执行。露天煤矿还应按 TD/T 1031.2—2011 中的 6.6.1 条款执行;井工煤矿还应按 TD/T 1031.3—2011 中的 6.6.1 条款执行;金属矿还应按 TD/T 1031.4—2011 中的 6.6.1 条款执行;石油天然气矿还应按 TD/T 1031.5—2011 中的 6.7.1 条款执行;铀矿还应按 TD/T 1031.7—2011 中的 6.6.1 条款执行。

10.3.1　根据确定的土地复垦方向和质量要求,针对不同土地复垦单元不同措施进行复垦工程设计。土地复垦质量要求参照 TD/T 1036—2013 执行。

10.3.2 工程措施的设计内容包括:确定各种措施的主要工程形式及其主要技术参数。工程措施的设计可根据项目类型、生产建设方式、地形地貌、区域特点等有所侧重,主要工程设计应附平面布置图、剖面图、典型工程设计图。

10.3.3 生物措施的设计内容包括:植物种类筛选、苗木(种籽)规格、配置模式、密度(播种量)、土壤生物与土壤种子库的利用、整地规格等。

10.3.4 化学措施的设计内容包括:复垦土地改良以及污染土地修复等。

10.3.5 监测措施的设计内容包括:监测点的数量、位置及监测内容(土地损毁情况与土地复垦效果)。

10.3.6 管护措施的设计内容包括:管护对象、管护年限、管护次数及管护方法。

10.4 含水层修复工程

根据含水层结构及地下水赋存条件,结合采矿工程,在矿山地质环境问题现状分析和预测分析的基础上,详细说明含水层修复工程的目标、任务、具体措施、主要内容、工程量等。具体要求参照 DZ/T 0223—2011 中的 9.2.5 条款。

10.5 水土环境污染修复工程

阐明水土环境污染修复工程的目标任务、主要工程措施和工程量。水土环境污染修复方法主要包括物理处置方法和化学处置方法。污染土地的治理修复可参照 TD/T 1036—2013 中的 6.1.4.1 条款。

10.6 矿山地质环境监测工程

在矿山地质环境问题现状分析和预测分析的基础上,结合矿山开发利用方案和开采设计,详细说明矿山地质环境监测工程的目标、任务、监测对象、监测内容、监测方法、监测要求等。具体要求参照 DZ/T 0223—2011 中的 9.3.1 和 9.3.2 条款。

10.7 矿区土地复垦监测和管护工程

10.7.1 矿山土地复垦监测

矿山土地复垦监测包括土地损毁监测和复垦效果监测两方面。其中,复垦效果监测部分包括:土壤质量监测、植被恢复情况监测、农田配套设施运行情况监测等。阐明土地复垦监测的目标任务、监测点的布设、监测内容、监测方法、监测频率及技术要求、监测时限等。

10.7.2 矿山土地复垦管护

管护工程主要包括复垦土地植被管护和农田配套设施工程管护等。主要内容是对林地、果园地、草地等的补种,病虫害防治,排灌与施肥,以及对农田排灌设施的管护等。植被管护时间应根据区域自然条件及植被类型确定,一般地区 3～5 年,生态脆弱区 6～10 年。

11 矿山地质环境治理与土地复垦工作部署

11.1 根据矿山地质环境治理与土地复垦工程设计,提出矿山地质环境保护与土地复垦总体目标任务,说明总工程量构成,做出矿山服务期限内的总体工作部署和实施计划。

11.2 按照矿山所涉及的各类工程,分别部署落实工程实施期限,重点细化方案适用期限内的工程实施计划,按年度阐明工作安排。

11.3 生产建设服务年限超过 5 年的,原则上以 5 年为一个阶段进行矿山地质环境治理与土地复垦工作安排,应明确每阶段的目标、任务、位置、单项工程量及费用安排。生产建设服务年限小于 5 年的,应分年度细化工作任务及工作部署,并制定第一个年度的矿山地质环境治理与土地复垦工作实施计划。

12 经费估算与进度安排

按照矿山地质环境治理与土地复垦两个方面分别估算经费。矿山地质环境治理工程包括:矿山地质环境保护预防工程、矿山地质灾害治理工程、含水层修复工程、水土环境污染修复工程和矿山地质环境监测工程;土地复垦工程包括矿区土地复垦工程和矿区土地复垦监测和管护工程。

12.1 矿山地质环境治理工程经费估算

a) 说明经费估算依据、取费标准及计算方法。

b) 根据所涉及的工程类型、工程设计、工程部署、工程量及工程技术手段等,参照相关标准,进行经费估算,并列表汇总。

c) 费用构成主要包括前期费用(勘察费、设计费)、施工费、设备费、监测费、工程监理费、竣工验收费、业主管理费、预备费(基本预备费和风险金)等。

12.2 土地复垦工程经费估算

a) 说明经费估算依据、取费标准及计算方法。

b) 根据不同土地复垦单元工程措施、生物措施、化学措施、监测和管护措施的设计内容,参照相关标准,分别估算复垦费用并列表汇总。

c) 土地复垦费用构成包括前期费用(勘察费、设计费)、施工费、设备费、监测与管护费、工程监理费、竣工验收费、业主管理费、预备费(基本预备费和风险金)等。

d) 土地复垦费用估算表格参见 TD/T 1031.1—2011 中的附录 E。

12.3 总费用汇总与经费进度安排

按照费用构成项汇总矿山环境治理工程和土地复垦工程经费,统计出总投资估算。根据方案适用期的工程部署和年度实施计划,按年度做出经费分解。

13 保障措施与效益分析

13.1 保障措施

a) 组织保障:按照"谁开发,谁保护、谁破坏,谁治理"和"谁损毁,谁复垦"原则,明确方案实施的组织机构及其职责。

b) 费用保障:明确落实土地复垦费用来源、预存、管理、使用和审计等制度的措施。

c) 监管保障:落实阶段治理与复垦费用,严格按照方案的年度工程实施计划安排,分阶段有步骤的安排治理与复垦项目资金的预算支出,定期向项目所在地县级以上国土资源主管部门报告当年治理复垦情况,接受县级以上国土资源主管部对工程实施情况的监督检查,接受社会监督。

d) 技术保障:加强对矿山企业技术人员的培训,组织专家咨询研讨,开展试验示范研究,引进先进技术,跟踪监测,追踪绩效。

e) 公众参与:制定全面、全程的公众参与方案,公众参与形式及内容应公开、科学、合理,参照《土地复垦方案编制规程》(第一部分 通则)TD/T 1031.1—2011 中的 6.10.5 条款。

13.2 效益分析

对方案实施后所产生的社会效益、环境效益和经济效益进行客观的分析评价。

第四部分　方案格式

一、封面格式

矿权人名称矿山名称(注:小一号仿宋)
矿山地质环境保护与土地
复垦方案(注:一号黑体)

申报单位名称(二号宋体)

20××年×月(二号宋体)

二、扉页格式

矿权人名称矿山名称(注:小一号仿宋)

矿山地质环境保护与土地复垦方案(注:一号黑体)

申报单位：×××××(注:以下为三号宋体)

法人代表：×××

总工程师：×××

编制单位：×××××

法人或院长：×××

总工程师：×××

项目负责人：×××

编写人员：××× ××× ×××

制图人员：×××

注:加盖编制单位公章,如有其它信息可适当增加、增页,申报单位即矿权人名称。

三、矿山地质环境调查表

按照 DZ/T 0223—2011 附录 J 标准样式填写,表格全部填满,调查但无数据填"0",无调查无数据填"—",调查人员签字,矿山企业和编制单位盖章。

四、装订顺序

1. 封面
2. 扉页
3. 方案编制信息表
4. 目录
5. 正文(宋体小四,1.5 倍行间距)
6. 附图
7. 矿山地质环境调查表
8. 其他附表
9. 编制方案的委托书或者合同书(复印件)。
10. 采矿许可证副本或划定矿区范围的批复文件(复印件)
11. 其他附件(水质分析报告、内审意见等)(复印件)。

参 考 文 献

[1] 蔡晓明.生态系统生态学[M].北京:科学出版社,2000.

[2] CHAPIN F S,PAMELA A M.陆地生态系统生态学原理[M].李博,赵斌,彭容豪,等,译.北京:高等教育出版社,2005

[3] 陈安泽,卢云亭.旅游地学概论[M].北京:北京大学出版社,1991.

[4] 崔军.循环经济理论指导下的现代农业规划理论探讨与案例分析[J].农业工程学报,2011,27(11):283-287.

[5] 杜润生.中国农村制度变迁[M].成都:四川人民出版社,2003.

[6] 郭力宇.陕西南秦岭南宫山景区地质遗迹特征及其研究[J].安徽农业科学,2010,38(31):17753-17755.

[7] 郭力宇,王树洗,赵东宏,等.陕西洛南陶湾群三岔口组砾岩研究[J].地球学报,1997,18(4):352-357.

[8] 侯湖平,张绍良,李明明,等.基于遥感的潞安矿区土地利用及景观格局演变研究[J].生态经济,2008,203(10):337-340.

[9] 李烈荣,姜建军,王文.中国地质遗迹资源及其管理[M].北京:中国大地出版社,2002.

[10] 李玉辉.地质公园研究[M].北京:商务印书馆,2006.

[11] 刘吉余,隋新光,于润涛,等.地质储量精细计算方法研究[J].海洋地质动态,2003,19(9):31-34.

[12] 刘吉余,杨玉华,于润涛.地质储量计算区块面积确定方法研究[J].物探化探计算技术,2005,27(2):147-149.

[13] 陕西省地质矿产局.陕西省区域地质志[M].北京:地质出版社,1989.

[14] 石菊松,石玲,吴树仁,等.滑坡风险评估实践中的难点与对策[J].地质通报,2009,28(8):1020-1030.

[15] 唐宇文,石和春.基于循环经济理论的产业园区可持续发展探析[J].湖南农业大学学报(社会科学版),2006,7(1):38-40.

[16] 吴成基,孟彩萍.西安翠华山山崩地质遗迹资源保护[J].山地学报,2002,20(6):757-760.

[17] 吴树仁,石菊松,张春山.地质灾害风险评估技术指南初论[J].地质通报,2009,28(8):995-1005.

[18] 伍光和,王乃昂,胡双熙,等.自然地理学[M].北京:高等教育出版社,2008.

[19] 辛岭.我国建设现代农业的区域布局分析[J].农业经济问题,2007(S1):26-31.

[20] 徐嘉兴.李钢,陈国良.土地复垦矿区的景观生态质量变化[J].农业工程学报,2013,29(1):232-237.

[21] 徐占军,侯湖平,张绍良,等.采矿活动和气候变化对煤矿区生态环境损失的影响[J].农业工程学报,2012,28(5):232-240.

[22] 薛滨瑞,彭永祥,张立文.陕西延川黄河蛇曲国家地质公园地质遗迹特征与旅游开发价值[J].地球学报,2011,32(2):217-224.

[23] 张国伟,等.秦岭造山带的形成及其演化[M].西安:西北大学出版社,1987.

[24] 赵逊,赵汀.中国地质公园地质背景浅析和世界地质公园建设[J].地质通报,2003,22(8):620-630.

[25] 赵逊,赵汀.地质公园发展与管理[J].地球学报,2009,30(3):301-308.

[26] ZHAO T,ZHAO X. Geoscientific significance and classification of national geoparks of China[J]. Acta geologica sinica(English Edition),2004,78(3):854-865.